rowohlt
POLARIS

Dr. med. Viyan Sido

DIE LONGEVITY-STRATEGIE FÜR FRAUEN

Sieben Säulen für ein langes und gesundes Leben

Mit Grafiken
von Ole Häntzschel

ROWOHLT POLARIS

Dieses Buch wurde nach bestem Wissen und Gewissen auf Grundlage aktueller wissenschaftlicher Erkenntnisse und klinischer Erfahrung verfasst und dient der Information und Orientierung. Es ersetzt keine ärztliche Beratung, medizinische Entscheidungen sollten daher immer individuell und im persönlichen Gespräch mit einer Ärztin oder einem Arzt getroffen werden.

1. Auflage August 2026

Originalausgabe
Veröffentlicht im Rowohlt Taschenbuch Verlag,
Kirchenallee 19, 20099 Hamburg, August 2026

Redaktion Ulrike Gallwitz

Covergestaltung Hauptmann & Kompanie Werbeagentur, Zürich
Coverabbildung Asja Caspari
Satz aus der Mercury bei Dörlemann Satz, Lemförde
Druck und Bindung CPI books GmbH, Leck
ISBN 978-3-499-01994-4

Kontaktadresse nach EU-Produktsicherheitsverordnung:
produktsicherheit@rowohlt.de

INHALT

Teil IV

DEINE INDIVIDUELLE LONGEVITY-STRATEGIE 411

Dieses Buch ist für alle Frauen.
Als Erinnerung daran, dass Gesundheit kein Luxus ist, sondern die Grundlage für alles, was noch kommen darf. Und dass Prävention keinen Verzicht bedeutet, sondern eine Entscheidung für ein langes, gesundes und glückliches Leben.

VORWORT

Liebe Leserin,

es gibt Momente im Leben, in denen man glaubt, bereits vieles erreicht zu haben, was von außen als Erfolg gilt. Mit 36 Jahren leitete ich eine Hochschulambulanz für geschlechterspezifische Medizin mit einer eigenen Frauensprechstunde und trug Verantwortung für Patientinnen und Patienten sowie für funktionierende klinische Strukturen. Ich war Herzchirurgin, Titel und Anerkennung waren vorhanden, ich operierte regelmäßig, arbeitete wissenschaftlich und setzte mich für eine präventive, ganzheitliche Frauengesundheit mit besonderem Fokus auf die Wechseljahre in der Herzmedizin ein. Zudem hatte ich als Chirurgin früh gelernt, präzise zu entscheiden, schnell zu handeln und nebenbei im Operationssaal Leben zu retten. Und doch kamen irgendwann Fragen in mir auf, die sich schließlich nicht mehr ausblenden ließen: Warum stellen sich so viele Frauen erst so spät bei uns Ärztinnen und Ärzten vor? Warum werden Symptome, die wir bei Männern sofort ernst nehmen würden, bei Frauen häufig als stressbedingt oder harmlos eingeordnet? Warum beruhigen wir oft erst einmal, statt bei Frauen genauer hinzuschauen?

In meiner Sprechstunde saßen Frauen mit Erschöpfung, diffusen Brustschmerzen, Schlafstörungen oder Gewichtszunahme, oft mit einem Gefühl von großer Verunsicherung oder Verzweiflung. Ihre Laborwerte waren teilweise «im Normbereich», ihre Beschwerden dagegen nicht. Ich merkte, dass sich etwas bei mir veränderte, aber nicht etwa in meinem Lebenslauf, sondern in meiner Haltung zur Medizin. Der Status verlor plötzlich an Bedeutung, wenn ich abends wusste, dass wir operativ zwar korrekt am Herzen rekonstruiert hatten, aber häufig erst in einem späten Stadium der Erkrankung eingriffen. Prävention spielt im klinischen Alltag oft nur eine untergeordnete Rolle, und viele Erkenntnisse zur Frauengesundheit basieren weiterhin überwiegend auf Daten aus männlichen Studienpopulationen in der Vergangenheit.

Für mich persönlich reichte es irgendwann nicht mehr aus, als Ärztin innerhalb dieses Systems nur erfolgreich zu funktionieren. Ich wollte verstehen, warum Herzinfarkte bei Frauen häufig anders verlaufen und später erkannt werden, warum die Wechseljahre kein Randthema, sondern ein kardiovaskulär relevanter Lebensabschnitt sind und warum wir zwar in Leitlinien über geschlechterspezifische Unterschiede sprechen, diese als Ärzt:innen im Alltag jedoch noch zu selten konsequent berücksichtigen.

Das war keineswegs ein Abschied von der Hochleistungsmedizin, sondern eine bewusste persönliche Entscheidung aus der Überzeugung heraus, dass wir Gesundheit früher denken müssen und Prävention mehr Aufmerksamkeit verdient als bisher – besonders bei Frauen, deren Symptome immer noch häufiger übersehen werden als die von Männern, deren Lebensrealitäten komplexer sind und deren biologisches Altern anderen Mustern folgt. Mich von der Herzchirurgie zu lösen, bedeutete daher auch nicht, ein Fachgebiet hinter mir zu lassen, sondern es bedeutete, den Fokus zu verschieben.

Die Herzchirurgie greift ein, wenn Erkrankungen bereits strukturell manifest sind und oft ein jahrelanger Prozess krankhafter Veränderungen im Körper vorausgegangen ist. Die Allgemeinmedizin hingegen setzt früher an, dort, wo Risikofaktoren meist entstehen und metabolische Veränderungen beginnen. Hier geht es um den Versuch, Risiken und Erkrankungen möglichst früh zu erkennen und ihre Entstehung zu verhindern. Und genau deshalb habe ich mich entschieden, meinen Fokus stärker auf Prävention und den Erhalt von Gesundheit zu legen.

Fakt ist: Wir leben heute länger als jede Generation vor uns. Gleichzeitig fühlen sich viele von uns Frauen innerlich älter und erschöpfter als je zuvor. Das ist eines der großen Paradoxe unserer Zeit. Wir wissen heute mehr über unseren Körper als jemals zuvor. Wir messen Schritte, Kalorien, Blutzucker, Cholesterin und Cortisol. Wir tracken nahezu alles, was messbar ist. Und trotzdem fehlt vielen von uns genau das, was sich nicht in Zahlen ausdrücken lässt, nämlich ein echter Bezug zum eigenen Körper. Wir wissen theoretisch, was uns guttun würde – mehr Bewegung, besserer Schlaf, weniger Stress. Und trotzdem gelingt es uns im Alltag oft nicht, dieses Wissen praktisch umzusetzen.

Mit dem bloßen Versuch, das Alter zu bekämpfen, werden wir auf Dauer nicht weiterkommen. Viel wichtiger ist aus meiner Sicht, dass wir die biologischen Grundlagen des Alterns verstehen und nicht länger passiv warten, bis etwas kaputtgeht, sondern früh erkennen, was uns gesund hält. Es sollte uns also nicht darum gehen, unsere Lebensjahre um jeden Preis zu verlängern. Entscheidend ist vielmehr, die Jahre, die uns bleiben, möglichst in guter Gesundheit zu verbringen. Die Medizin, in der ich ausgebildet wurde, war brillant im Heilen und Reparieren, aber sie war schwach im Vorbeugen. Wir haben Leben gerettet und dabei manchmal vergessen, was Leben eigentlich bedeutet. Die Präventions- und Longevity-Medizin, der ich mich heute zugewandt habe, verfolgt einen anderen Ansatz: Sie greift früh in altersassoziierte Prozesse ein, mit dem Ziel, die gesunden Lebensjahre zu verlängern.

Longevity beginnt also nicht mit dem Wunsch, möglichst alt zu werden. Sie beginnt vielmehr mit der Entscheidung, gesund zu leben und gesund zu altern. Es geht nicht darum, das Leben um jeden Preis zu verlängern. Es geht darum, die Jahre, die wir haben, möglichst lange in guter Gesundheit zu verbringen. Es ist eine Haltung, die mit Neugier verbunden ist und der Bereitschaft, den eigenen Körper wieder ernst zu nehmen. Stell dir vor, du wachst eines Morgens auf und stellst fest, dass du nicht nur älter geworden bist, sondern auch gesünder. Nicht durch Perfektion, sondern durch bewusste und persönliche Entscheidungen und Routinen in deinem Alltag.

Die richtige Reihenfolge beim Essen, bewusste Mahlzeiten, stabile Blutzuckerwerte, regelmäßige Bewegung und ausreichend Erholung, all das trägt unter anderem dazu bei, dass unser Körper optimal funktioniert und uns Tag für Tag durchs Leben trägt. Und genau darum soll es in diesem Buch gehen: um die Säulen, auf denen gesunde Langlebigkeit ruht, und zwar nicht isoliert betrachtet, sondern im Zusammenspiel. Diese sieben Säulen sind Schlaf, Bewegung, Ernährung, Darmgesundheit, Stressreduktion, oxidative Entgiftung und die sozialen Beziehungen. Dabei geht es nicht um starre Regeln oder kurzfristige Optimierung, sondern um ein Verständnis für die zugrunde liegenden biologischen Prozesse. Prävention entsteht selten durch einzelne Maßnahmen, sondern vor allem durch die Summe konsistenter Entscheidungen im Alltag. Man könnte also auch sagen: Langlebigkeit ist das Ziel, Prävention der Weg dorthin. Auf all diese Punkte und wie du sie in deinem Leben berücksichtigen kannst, werde ich in Teil II des Buches ausführlich eingehen.

Die gute Nachricht vorab ist, dass bereits kleine und konsequente Veränderungen meist mehr bringen als radikale Umstellungen, weshalb du in diesem Buch keine starren Regeln findest, sondern einfache und auch persönlich erprobte Tipps, die sich leicht in den Alltag integrieren lassen. Es geht darum, bewusste Entscheidungen zu treffen, ohne dabei auf Genuss zu verzichten. Denn ein gesunder Lebensstil sollte sich gut anfühlen, nicht nach Verzicht, sondern nach mehr Lebensqualität.

Während der Trend der sogenannten Longevity in den USA längst etabliert ist, nimmt er hier gerade erst richtig Fahrt auf. Longevity – allein das Wort klingt schon so verheißungsvoll. Doch es ist weit mehr als nur ein Trend. Langlebigkeit steht für ein langes Leben in guter gesundheitlicher Verfassung, und wer würde sich das nicht wünschen? Kein Wunder also, dass sich in den letzten Jahren rund um das Thema eine ganze Gesundheitsindustrie gebildet hat.

Die sieben Säulen für ein langes und gesundes Leben

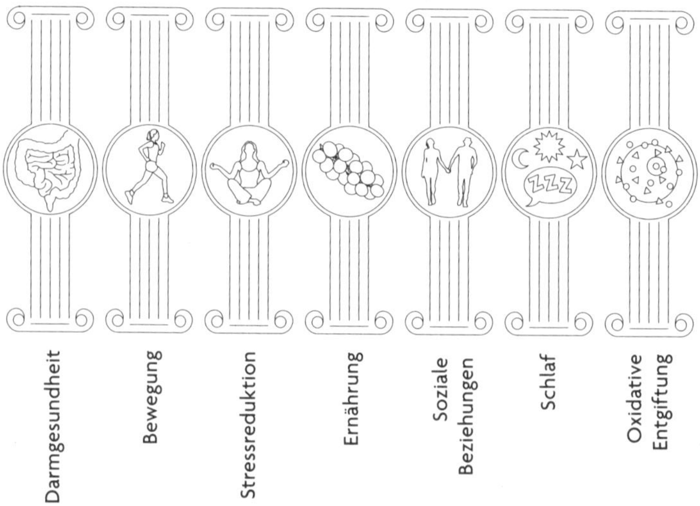

Longevity ist zum regelrechten Hype geworden. Es ist nicht nur ein Zukunftsthema, sondern längst ein Milliardenmarkt und damit für viele sicherlich auch ein lukratives Geschäftsmodell. Ob NAD+-Infusionen, Spermidin-Kapseln, Methylenblau, Kältekammern, personalisierte Bluttests, Biohacking oder Anti-Aging-Kuren, die Liste an Produkten, Methoden und Versprechen wird von Jahr zu Jahr länger.

Ja, ich gebe zu, einige der genannten Supplemente haben auch in meiner eigenen Routine ihren Platz gefunden. Sicherlich nicht, weil ich jedem Hype blind folge, sondern weil ich mich genau wie viele andere auf die Suche nach sinnvollen, wissenschaftlich plausiblen Möglichkeiten gemacht habe, meinen persönlichen Alterungsprozess positiv zu beeinflussen. Nicht alles davon ist bisher eindeutig belegt, vieles entwickelt sich noch. Aber manches ist vielversprechend genug, um es genauer zu betrachten. Und eins ist sicher, der Markt boomt, getrieben von einem kollektiven Bedürfnis, die verbleibenden Lebensjahre in bestmöglicher Gesundheit zu genießen.

Aber was davon ist tatsächlich sinnvoll? Was ist wissenschaftlich belegt und was möglicherweise eher gutes Marketing als medizinische Realität? Genau hier möchte ich etwas Orientierung geben. Der Fokus liegt heute nicht mehr nur auf dem Altern in Würde. Das wollen wir natürlich auch, gleichzeitig aber streben wir nach einer Verlängerung der Jugendlichkeit selbst. Neue medizinische Verfahren wie Kältebehandlungen oder Hormon- und Peptidtherapien versprechen zum Teil spektakuläre Ergebnisse, sind aber oft sehr teuer und in einigen Fällen wissenschaftlich noch nicht ausreichend abgesichert. Wenn du dir diese aufwendigen Behandlungen nicht leisten kannst, brauchst du jedoch nicht zu verzweifeln. Die wirksamen Strategien für ein langes, gesundes Leben sind nämlich weder besonders teuer noch exklusiv. Im Gegenteil, zahlreiche Studien zeigen, dass die einfachsten Maßnahmen oft den größten Effekt auf unsere Gesundheitsspanne haben können. Man muss sie eben nur kennen.

Ich möchte dich dazu anregen, genauer hinzuschauen, nachzudenken und nicht einfach alles hinzunehmen, was dir präsentiert wird, besonders, wenn es um deine eigene Gesundheit geht. Denn es ist wichtig, dass du dir eine eigene und informierte Meinung bildest. Mit meinem Buch will ich Orientierung geben in einem Feld, das voller Potenzial, aber auch voller offener Fragen steckt. Es soll dir helfen, die Zusammenhänge besser zu verstehen und fundierte Entscheidungen für dich selbst und deine Gesunderhaltung zu treffen.

Um einen guten Effekt auf deine Gesundheit zu erzielen, musst du keineswegs ab sofort auf alles verzichten, dich überfordern, jeden Tag Sport machen, mehr als acht Stunden schlafen und dabei jeglichen Spaß am Leben verlieren. Es geht vielmehr darum, in Bewegung zu kommen und zu bleiben, mit kleinen Schritten zu beginnen, Routinen zu etablieren und bewusstere Entscheidungen im Alltag zu treffen, ohne den Anspruch, alles sofort und auf einmal richtig machen zu müssen. Denn Veränderung beginnt nicht mit Perfektion, sondern mit Ehrlichkeit zu sich selbst und einem ersten Schritt. Deshalb hältst du dieses Buch in den Händen, weil es dich stärken soll, den ersten Schritt zu machen – und zwar in deinem eigenen Tempo.

Willkommen auf deiner Longevity-Reise!

Deine Viyan Sido

Teil I

LONGEVITY UND DIE WISSENSCHAFT DES ALTERNS

WARUM LONGEVITY NICHT NUR EIN TREND IST

Longevity. Hinter diesem Begriff verbirgt sich kein oberflächliches Versprechen, sondern ein grundlegender Wandel darin, wie wir über Gesundheit denken sollten. Im Kern geht es eigentlich um eine sehr persönliche Frage: Was kann ich selbst tun, um mein biologisches Altern positiv zu beeinflussen? Gemeint ist damit nicht das Alter in Jahren, also unser chronologisches Alter, sondern das biologische Alter unseres Körpers, wie alt unsere Zellen tatsächlich sind. Richtig verstanden bedeutet Longevity daher ein Umdenken im Umgang mit der eigenen Gesundheit. Es geht nicht nur darum, das Altern hinauszuzögern, so wünschenswert das auch sein mag, sondern vielmehr darum, unsere verbleibenden Lebensjahre in möglichst gesunde Jahre zu verwandeln.

Ich bin überzeugt, dass Gesundheit der wahre Luxus unserer Zeit ist, und dieser Luxus beginnt nicht bei mir im Wartezimmer oder mit der nächsten Diagnose, sondern viel früher, nämlich bei uns selbst, in unserem täglichen Leben. Was dabei häufig vergessen wird: Selbst die beste Therapie bleibt begrenzt wirksam, wenn etwas Entscheidendes fehlt, ein Leben, das sich sinnvoll anfühlt, Menschen, die uns nahestehen, und Freundschaften, die uns Kraft schenken. Auch das gehört zu Longevity. Und vielleicht ist genau das der eigentliche Kern der Prävention, nicht nur Risiken zu reduzieren, sondern Bedingungen zu schaffen, unter denen Gesundheit überhaupt entstehen kann.

Bevor wir uns damit beschäftigen, wie gesundes Altern gelingen kann, lohnt es sich, zunächst die biologischen und gesundheitlichen Grundlagen zu betrachten.

HEALTH CARE STATT SICK CARE

In der Schulmedizin behandeln wir Krankheiten häufig erst, wenn sie bereits manifest sind. Es ist ein System, das vor allem dann greift, wenn Symptome auftreten. Man spricht deshalb auch von *Sick Care*, also einer Medizin, die reagiert, statt vorzubeugen. Diese Reparaturmedizin hat in Deutschland über viele Jahre den Ton angegeben. Prävention spielte lange Zeit nur eine Nebenrolle, obwohl wir wissen, dass sie die wirksamste Form der Medizin ist. Auch die aktuellen Daten zeigen das deutlich. Deutschland erreicht im *Public Health Index 2025* nur 36,9 von 100 möglichen Punkten und liegt damit im europäischen Präventionsvergleich zu anderen Ländern erstaunlich weit hinten, wenn es um Vorsorge, Gesundheitskompetenz und präventive Strukturen geht. Trotz der höchsten (!) Pro-Kopf-Gesundheitsausgaben in der EU wird Deutschland somit als eines der europäischen Präventions-Schlusslichter eingestuft. Das wirkt zunächst paradox, weil wir ein sehr fortschrittliches Gesundheitssystem haben. Wie kann es sein, dass wir im Public Health Index in Deutschland so schlecht abschneiden und in drei von vier Bereichen – Tabak, Alkohol und Ernährung – auf den hinteren Plätzen landen? Lediglich im Bereich Bewegung schneidet Deutschland zumindest mittelmäßig ab.

Aber vielleicht liegt genau darin ein Teil der Erklärung. Wir investieren sehr viel in die Behandlung von Krankheiten, jedoch vergleichsweise wenig in echte Prävention und gesundheitsfördernde Lebenswelten. Vor allem beim Tabakkonsum zeigt sich seit Jahren, dass politische Maßnahmen zurückhaltender umgesetzt werden als in vielen anderen europäischen Ländern. Die Werbung für Tabak ist hierzulande ziemlich lange sichtbar geblieben, die Preise sind noch moderat, und strukturelle Prävention erreicht vor allem die jungen Menschen nur begrenzt. Ähnlich sieht es beim Alkohol aus, gesellschaftlich zeigt sich hier eine starke Akzeptanz, der Alkohol bleibt leicht verfügbar und ist auch nach wie vor kulturell und gesellschaftlich tief verankert. Gesundheitspolitisch wird Alkohol selten wie ein relevanter Risikofaktor behandelt, obwohl alkoholbedingte Erkrankungen einen erheblichen Anteil an der Krankheitslast in der Bevölkerung ausmachen.

Länder wie Großbritannien oder Finnland gehören im internationalen Vergleich zu den Spitzenreitern, weil sie wissenschaftliche Erkenntnisse konsequent in die Gesundheitspolitik integrieren. Sie greifen wirksam in den Tabak- und Alkoholkonsum ein, schaffen gesundheitsfördernde Ernährungsumfelder und sorgen dafür, dass Bewegung früh und selbstverständlich Teil des Alltags der Bevölkerung wird, etwa durch verbindliche Programme in Schulen. Prävention wird dort nicht dem Einzelnen überlassen, sondern strukturell und gesellschaftlich ermöglicht und reguliert.

PRÄVENTION ALS INDIVIDUELLE ENTSCHEIDUNG

Viele präventivmedizinische Ansätze in Deutschland kreisen noch immer um die Idee der individuellen Verantwortung. Wir sprechen über Disziplin, über Aufklärung und über die vermeintlich richtigen Entscheidungen im Alltag. Doch menschliches Verhalten entsteht nicht ausschließlich aus Eigenverantwortung, es entsteht häufig im Kontext der Bedingungen, die uns täglich umgeben. Wenn also Tabakprodukte weiterhin sichtbar beworben werden, wenn alkoholische Getränke jederzeit verfügbar und teilweise günstiger sind als gesunde Alternativen, wenn hochverarbeitete Lebensmittel omnipräsent sind und gleichzeitig Bewegungsangebote im Alltag fehlen, dann kann Gesundheit nicht allein als Ergebnis persönlicher Willenskraft verstanden werden.

Schließlich folgen Entscheidungen selten nur rationalen Überlegungen. Sie orientieren sich an dem, was leicht zugänglich ist, was sozial akzeptiert wird und was als normal erscheint. Gesundheit ist daher nicht nur eine individuelle Leistung, sondern auch ein Spiegel unserer gesellschaftlichen Strukturen. Prävention bedeutet in diesem Zusammenhang nicht, Menschen zu mehr Disziplin aufzufordern, sondern Rahmenbedingungen zu schaffen, in denen gesunde Entscheidungen überhaupt realistisch werden. Erst wenn das gesündere Verhalten nicht mehr die schwierigere Option ist, beginnt Prävention nachhaltig zu wirken.

GESUND ALTERN IN EINER ALTERNDEN WELT

Die Alterung der Weltbevölkerung gehört zu den prägendsten demografischen Veränderungen unserer Zeit. Angesichts des wachsenden Drucks auf soziale und gesundheitliche Versorgungssysteme weltweit rückt die Frage, wie gesundes Altern in Gemeinschaften gelingen kann, zunehmend in den Mittelpunkt. Dabei geht es weniger um medizinische Einzelmaßnahmen als um den Lebensstil als tragende Säule der Gesundheitsförderung und darum, Gesundheit über längere Lebensphasen hinweg zu erhalten. Langlebigkeit wird häufig als sichtbarer Endpunkt von Gesundheit verstanden. Und das bedeutet auch, dass der Anteil älterer Menschen in der Bevölkerung deutlich zunimmt, während gleichzeitig weniger junge Menschen nachkommen, wodurch sich Bedürfnisse, Krankheitsmuster, Versorgungsstrukturen und auch soziale Systeme, etwa im Gesundheitswesen, im Arbeitsmarkt und in der Pflege, verändern.

Innerhalb weniger Jahrzehnte ist die globale Lebenserwartung von etwa 46 Jahren auf über 70 Jahre gestiegen. In Ländern wie Japan, Italien oder der Schweiz liegt sie inzwischen bei deutlich über 80 Jahren. Gleichzeitig zeigen sich weltweit große Unterschiede, in vielen einkommensschwachen Regionen, insbesondere in Teilen Afrikas, bleibt die Lebenserwartung deutlich niedriger. Und doch gilt eines überall gleichermaßen: Der Anteil älterer Menschen wächst in allen Ländern stetig, unabhängig vom Entwicklungsstand.

Laut aktuellen Prognosen der World Health Organization

(WHO) werden bis zum Jahr 2050 weltweit mehr als zwei Milliarden Menschen über 60 Jahre alt sein. Diese Entwicklung ist kein Zufall, sondern das Ergebnis sinkender Geburtenraten, verbesserter medizinischer Versorgung und einer erfolgreichen Bekämpfung infektiöser Erkrankungen weltweit. Parallel dazu hat sich auch das Krankheitsspektrum grundlegend verändert. An die Stelle infektiöser Erkrankungen sind zunehmend chronische, degenerative Erkrankungen getreten: Herz-Kreislauf-Erkrankungen, Krebs oder Diabetes. Diese betreffen ältere Menschen besonders häufig und sind deshalb auch eng mit der steigenden Lebenserwartung verknüpft. Die Alterung der Bevölkerung verstärkt diesen epidemiologischen Übergang zusätzlich, viele leben nicht nur mit einer, sondern gleich mit mehreren chronischen Erkrankungen.

Diese sogenannte Multimorbidität, also das gleichzeitige Vorliegen mehrerer chronischer Erkrankungen bei einer einzigen Person, stellt Betroffene, aber auch unsere Gesundheitssysteme vor enorme Herausforderungen, sie macht die Versorgung komplexer und kostenintensiver. Besonders in wohlhabenden Ländern führt die steigende Zahl älterer Menschen mit funktionellen Einschränkungen zu einer wachsenden Belastung von Gesundheitssystemen, Pflegeinfrastrukturen und Rentensystemen. Unsere Gesundheitssysteme stehen zunehmend vor der Aufgabe, den steigenden Versorgungsbedarf zu decken und zugleich ihre langfristige Tragfähigkeit zu sichern. Ein rein krankheitsorientierter Ansatz, so wie bisher, reicht dafür nicht mehr aus, und Fachkräftemangel und strukturelle Engpässe verschärfen diese Situation zusätzlich. In Ländern mit mittlerem oder niedrigem Einkommen vollzieht sich dieser demografische Wandel oft noch schneller, häufig ohne die notwendigen infrastrukturellen Voraussetzungen. Alterung wird damit zu einer globalen Frage von Gerechtigkeit und gesellschaftlicher Verantwortung.

Dabei ist Altern kein einheitlicher Prozess. Wie Menschen altern, unterscheidet sich erheblich. Genetische Faktoren spielen eine wichtige Rolle, aber noch wichtiger sind der Lebensstil, Ernährung, Bewegung, soziale Einbindung und auch der Zugang zu medizinischer Versorgung. Soziale Ungleichheiten wirken sich ebenfalls deutlich aus, Menschen mit niedrigerem sozioökonomischem Status, geringerer Bildung oder eingeschränktem Zugang zu Gesundheitsleistungen altern im Durchschnitt früher.

David A. Sinclair ist Professor für Genetik an der Harvard Medical School, forscht am Paul F. Glenn Center for Biology of Aging und gehört zu den international einflussreichsten Wissenschaftler:innen im Bereich der Alternsforschung, insbesondere durch seine Arbeiten zu den biologischen Ursachen des Alterns und der Frage, inwieweit sich diese Prozesse beeinflussen lassen. Seine zentrale These ist bewusst zugespitzt: Altern sei nicht einfach ein unvermeidlicher Teil des Lebens, sondern ein biologischer Zustand, der prinzipiell behandelbar, vielleicht sogar vermeidbar, ist. Damit stellt er die klassische Sichtweise infrage und eröffnet eine neue Perspektive auf Prävention und medizinische Intervention im höheren Lebensalter. Longevity bedeutet für Mediziner:innen wie Sinclair nicht nur die Abwesenheit von Krankheit, sondern den Erhalt der sogenannten intrinsischen Kapazität, also jener körperlichen und geistigen Ressourcen, die es Menschen ermöglichen, ihr Leben selbstbestimmt zu gestalten.

Zentral ist daher ein Perspektivwechsel hin zu einem Public-Health-Ansatz, der Prävention, eine frühzeitige medizinische Begleitung und den Erhalt funktioneller Fähigkeiten in den Mittelpunkt stellt. Ebenso wichtig ist eine unterstützende Umwelt – Städte, Gesundheitssysteme und gesellschaftliche Strukturen, die so gestaltet sein müssen, dass sie uns Autonomie ermöglichen und uns nicht einschränken. Altern wird damit nicht nur zu einer individuellen, sondern zu einer kollektiven Aufgabe der Gesellschaft.

LEBENSERWARTUNG IST KEIN ZUFALL

Verbesserte Hygiene, Antibiotika, Impfungen, sichere Geburten, eine bessere Akutmedizin und sicherlich auch Fortschritte in der kardiovaskulären Therapie haben dazu geführt, dass Menschen schwere Infektionen, Unfälle oder Herzinfarkte überleben, an denen die Generationen vor uns deutlich früher gestorben wären. Gleichzeitig nehmen jedoch nicht übertragbare Erkrankungen deutlich zu. Herz-Kreislauf-Erkrankungen, Diabetes Mellitus Typ 2, Adipositas, Krebs, neurodegenerative Erkrankungen und chronische Entzündungszustände begleiten viele Menschen über Jahrzehnte. Wir leben also inzwischen länger, aber nicht unbedingt gesünder. Dank der Fortschritte in der Medizin haben wir zwar Lebensjahre gewonnen, aber nicht im gleichen Maß gesunde Jahre, in denen wir frei von chronischen Erkrankungen sind. Daher wäre es gerade jetzt entscheidend, unser System stärker auf Prävention auszurichten, auf das, was Menschen befähigt, gesund zu bleiben, statt auf Krankheiten, die man erst behandelt, wenn sie längst ihren Lauf genommen haben.

Longevity verfolgt genau diesen Ansatz, nämlich Gesundheit so früh wie möglich zu fördern und die individuellen Risikofaktoren zu minimieren, bevor sie sich zu einem Krankheitsbild entwickeln können. Es geht einfach gesagt um frühzeitige individuelle Prävention, ganzheitlich und langfristig gedacht. Doch seien wir mal ehrlich: Die Grundlagen eines langen, gesunden Lebens sind meist keine wissenschaftlichen Geheimnisse, sondern persönliche Alltagsentscheidungen. Leider lenken derzeit zahlreiche Hightech-Versprechen und ein milliardenschwerer Markt aus überteuerten «Longevity»-Supplementen und vermeintlichen Anti-Aging-Formeln davon ab, was tatsächlich den größten Einfluss auf unsere Gesundheit hat, nämlich unser persönlicher Lebensstil.

Ernährung, Bewegung, Schlaf, Stressmanagement und soziale Beziehungen, all das wirkt sich auf unsere Gesundheit aus, oftmals sogar viel mehr, als uns bewusst ist. Dazu kommen individuelle

Faktoren wie genetische Veranlagung, hormonelle Balance, der persönliche Mikronährstoffstatus oder unsere Entzündungsmarker. Viele dieser Faktoren lassen sich heute erfassen, gezielt beeinflussen und im Verlauf erneut überprüfen. So wird Gesundheit zu einem Prozess, den wir nachvollziehbar und messbar begleiten können. Longevity bedeutet für mich, diese Parameter zu verstehen, zu beobachten und gezielt zu optimieren, und zwar informiert und auch reflektiert.

Gesundheit beginnt aber nicht erst mit Laborwerten, sondern mit den kleinen Entscheidungen im Alltag, die wir jeden Tag für unseren Körper treffen. Viele wissenschaftliche Arbeiten der vergangenen Jahre haben gezeigt, dass wir einen erheblichen Einfluss darauf haben, wie wir altern, und dass ein großer Teil unserer Gesundheit durch unsere Lebensstilfaktoren positiv beeinflusst werden kann. Neuere Studien aus dem Jahr 2026 zeichnen allerdings ein differenzierteres Bild. Wie stark unsere Gene beeinflussen, wie alt wir werden, lässt sich besonders gut in Zwillingsstudien untersuchen. Dabei zeigt sich, dass genetische Faktoren einen viel größeren Anteil an der Lebensspanne haben als bisher angenommen.

Während frühere Schätzungen von einem relativ geringen genetischen Anteil ausgingen, deuten aktuelle Daten darauf hin, dass die biologische Alterung und die maximale Lebensdauer zu einem deutlich größeren Teil, vielleicht sogar zur Hälfte, erblich mitbestimmt sein könnten. Obwohl man lange davon ausging, dass der Einfluss eher gering ist, zeigen neue Analysen: Wenn man äußere Todesursachen wie Unfälle oder Infektionen ausklammert, wird der genetische Anteil deutlich größer. Dann erklären Gene mehr als die Hälfte der Unterschiede in unserer Lebensspanne.

Gleichzeitig zeigen diese Forschungsarbeiten aber auch, dass Gene nicht gleichbedeutend mit unserem Schicksal sind. Unser Lebensstil, unsere Umwelt, soziale Faktoren und metabolische Gesundheit, also wie gut dein Körper Energie verarbeitet und reguliert, entscheiden auch weiterhin maßgeblich darüber mit, ob genetische Risiken tatsächlich klinisch relevant werden. Anders gesagt, Gene beeinflussen vielleicht unsere Ausgangslage, doch unser Alltag und unsere Routinen bestimmen in vielen Fällen den Verlauf. Gesundheit entsteht daher immer im Zusammenspiel dieser beiden Ebenen. Moderne Präventionsmedizin bedeutet heute nicht mehr, Gene gegen Lebensstil auszuspielen, sondern zu verstehen, wie biologische Voraussetzungen und tägliche Gewohnheiten gemeinsam Einfluss auf gesundes Altern nehmen. Statt also ausschließlich auf allgemeine Lebensstilmaßnahmen zu vertrauen, braucht es ein präziseres Verständnis individueller Risikoprofile und deren frühzeitige Einordnung durch zum Beispiel ein Angebot an Screening-Möglichkeiten. Eine moderne Präventionsmedizin berücksichtigt dabei konsequent auch geschlechtsspezifische Unterschiede und integriert sie in Diagnostik und therapeutische Entscheidungen.

Welch großen Effekt schon minimale Veränderungen haben können, zeigt eine aktuelle, im Fachjournal *The Lancet* erschienene Übersichtsstudie. Sie kommt zu dem Ergebnis, dass sich bis zu zehn Prozent aller Todesfälle vermeiden ließen, wenn wir unsere tägliche Aktivität um nur fünf Minuten steigern oder die sitzende Zeit um 30 Minuten reduzieren würden. Und trotzdem fällt uns Prävention so schwer. Der Grund liegt weniger im fehlenden Wissen als in unseren Strukturen und Gewohnheiten. Vielleicht liegt es auch daran, dass unser moderner Alltag kaum auf Langlebigkeit ausgelegt ist.

WENN UNSER ALLTAG GESUNDHEIT VERHINDERT

Die Ursachen dafür reichen tiefer, als wir oft annehmen. Unser Alltag ist strukturell nicht auf Gesundheit ausgerichtet, sondern auf Effizienz. Wir leben in einer Leistungsgesellschaft, in der Produktivität häufig mit körperlicher Immobilität einhergeht. Acht bis zehn Stunden am Schreibtisch gelten als normal, Wege werden verkürzt, Prozesse optimiert und Zeit möglichst eingespart. Bewegung erscheint dadurch wie ein zusätzliches To-do auf der Liste, das erst nach der Arbeit stattfinden soll, obwohl genau diese Arbeit oft der Grund für die Erschöpfung am Abend ist.

Aus präventivmedizinischer Sicht entsteht hier ein großer Widerspruch. Wir erwarten und fordern individuelles Gesundheitsverhalten in einer Umgebung, die Bewegung systematisch reduziert. Prävention wird damit für uns alle zur persönlichen Disziplinaufgabe, obwohl sie eigentlich eine Frage von Rahmenbedingungen ist. Evolutionär gesehen ist unser Körper auf regelmäßige Aktivität ausgelegt, nicht auf konzentriertes Sitzen über den Großteil des Tages.

Vielleicht ist die entscheidende Frage deshalb nicht, warum Menschen sich zu wenig bewegen, sondern warum unser Alltag Bewegung so konsequent ausschließt. Prävention beginnt dort, wo Bewegung wieder selbstverständlich wird und nicht erst als Ausgleich nach einem langen, unbewegten Tag stattfinden muss. Ich glaube, wir sollten deshalb weniger darüber nachdenken, wie wir Bewegung in unseren Alltag einbauen, sondern eher darüber, wie ein Alltag aussehen müsste, in dem Bewegung wieder ganz selbstverständlich stattfindet.

PRÄVENTION ALS MIX AUS BEWEGUNG, SCHLAF UND ERNÄHRUNG

Meine Top 3 für eine wirksame Alltagsprävention bleiben Bewegung, Schlaf und Ernährung! Wir können uns noch so ausgewogen ernähren, wenn wir uns nicht bewegen, fehlt unserem Körper ein zentraler Reiz, ohne den unser Stoffwechsel, unser Herz-Kreislauf-System und auch unsere Hormonachsen nicht stabil funktionieren können. Bewegung wirkt dabei häufig wie ein biologischer Verstärker und verbessert unsere Insulinsensitivität, also wie gut die Körperzellen auf das Hormon Insulin reagieren und Glukose aus dem Blut aufnehmen können. Deshalb ist es so wichtig, sich nach dem Essen kurz zu bewegen oder zumindest die Wadenmuskulatur für einige Minuten zu aktivieren, das stärkt die Gefäße und fördert unsere mitochondriale Aktivität, führt also dazu, dass unsere Zellen gut mit Energie versorgt sind und wir leistungsfähiger werden.

Es muss gar nicht immer der große Spaziergang um den See sein. Auch kleine, unscheinbare Bewegungen können einen messbaren Effekt haben. Wusstest du, dass schon das rhythmische Wippen der Beine im Sitzen nach dem Essen die Muskulatur aktiviert, die Durchblutung verbessert und die Glukoseaufnahme in die Zellen unterstützt? Der Blutzuckeranstieg fällt dadurch flacher aus und die Insulinbelastung sinkt. Man sitzt oder steht und hebt wiederholt die Fersen an, während die Fußballen auf dem Boden bleiben. So kontrahiert die Wadenmuskulatur rhythmisch, wodurch der venöse Rückstrom verbessert wird und die Muskulatur vermehrt Glukose aus dem Blut aufnimmt. Gerade an langen Arbeitstagen, wenn Bewegung kaum möglich ist, können solche Mikro-Bewegungen helfen, den Stoffwechsel minimal zu entlasten. Prävention beginnt oft nicht mit mehr Disziplin, sondern mit kleinen Alltagsentscheidungen. Als Ärztin sehe ich täglich, wie stark der Faktor Bewegung unterschätzt wird.

Dasselbe gilt für den Schlaf. In dieser Phase repariert unser Körper, was repariert werden muss, reguliert und entgiftet. Ein guter Stoffwechsel beginnt eben nicht erst auf dem Teller, sondern in der Nacht zuvor. Es mag vielleicht verwirrend klingen, ist aber im Grunde ganz einfach. Schlafmangel erhöht die Ghrelinproduktion, das ist das Hormon, das Hunger signalisiert, und senkt gleichzeitig Leptin, das Sättigung vermittelt. Das Ergebnis kennst du wahrscheinlich selbst aus dem Alltag. Wir haben plötzlich mehr Appetit, vor allem auf schnelle Kohlenhydrate, und ein instabilerer Stoffwechsel macht sich bemerkbar, wenn wir in der Nacht zuvor weniger geschlafen haben. In diesem Zusammenspiel entstehen Prozesse, die auch ein Supplement nicht ersetzen kann, und genau hier liegt der Kern moderner Präventionsmedizin. Gesundheit entsteht nicht durch Einzelmaßnahmen, sondern durch das Zusammenspiel körpereigener Regelkreise, die du kennen solltest und die ich deshalb in diesem Buch vorstelle.

Auch die Stressreduktion spielt in diesem Zusammenhang eine zentrale Rolle. Chronischer Stress hält den Cortisolspiegel länger oben, als wir es wollen. Das beeinflusst dauerhaft unseren Blutzuckerspiegel, unsere Fettverteilung, unseren Schlaf und erhöht sogar die Entzündungsaktivität in unserem Körper. Viele Patient:innen merken erst im Nachhinein, wie stark die ständige Anspannung ihren Körper belastet hat, oft berichten sie zunächst von schlechtem Schlaf, innerer Unruhe oder dem Gefühl, trotz Erschöpfung nicht wirklich abschalten zu können. Der Appetit verändert sich, oft hin zu schnellen Kohlenhydraten, und das Gewicht nimmt zu, insbesondere im Bauchbereich, obwohl sich an der Ernährung oder Bewegung wenig geändert hat. Aber auch unspezifische Beschwerden wie häufige Infekte, Gelenk- oder Muskelschmerzen oder eine geringere Belastbarkeit können hinzutreten.

Wenn wir aber Stress regulieren, normalisieren sich nicht nur Cortisol und Adrenalin, sondern auch der Parasympathikus, unser vegetatives Nervensystem, bekommt wieder Raum, und das bedeutet, dass unser Herz viel ruhiger schlägt, die Verdauung sich wieder stabilisiert und auch der Schlaf tiefer wird. Das ist ein enorm wichtiger Hebel, und wir sehen daran sehr deutlich, wie eng letztlich alles miteinander verknüpft ist. Es reicht nicht, nur einen dieser Bereiche gut im Blick zu haben. Als Ärztin erlebe ich oft, dass Menschen große Veränderungen erwarten, aber meist nur an einer Stellschraube drehen. In diesem Buch wirst du neben meinen hier genannten Top 3 noch vier weitere Säulen der Langlebigkeit kennenlernen, Bereiche, die du aktiv beeinflussen kannst und die deine Longevity-Reise maßgeblich mit formen werden.

LIFESPAN UND HEALTHSPAN

Wir alle wollen möglichst alt werden, aber Hand aufs Herz: Was bringt es uns, wenn wir lange leben, aber die letzten Jahre nur noch irgendwie durchhalten? Und genau darum geht es, wenn wir über zwei Begriffe sprechen, die oft gleichgesetzt werden, aber grundlegend verschieden sind. Diese begriffliche Klärung ist unabdingbar, wenn wir Longevity verstehen wollen.

Der *Lifespan* beschreibt ganz einfach die Anzahl unserer Lebensjahre, also wie alt wir werden. Doch ein langes Leben allein sagt wenig darüber aus, wie gut sich diese Jahre tatsächlich anfühlen. Der *Healthspan* hingegen meint die Zeit, in der wir wirklich gesund sind, beweglich und funktionsfähig im Alltag und ohne relevante chronische Erkrankungen. Denn niemand wünscht sich, die letzten zehn oder sogar zwanzig Jahre nur mit Arztterminen, Medikamenten und Einschränkungen zu verbringen. Die Lebenserwartung ist zwar in den letzten Jahren deutlich gestiegen, doch Menschen verbringen nicht automatisch mehr Jahre in guter Gesundheit. Im Gegenteil, der Anteil der Lebenszeit, der mit Krankheit gelebt wird, hat zugenommen. Die Differenz zwischen der gesamten Lebensdauer und den Jahren in guter Gesundheit wird als Healthspan-Lifespan Gap bezeichnet.

In einer aktuellen Studie aus den USA wurde diese Lücke weltweit analysiert, über 183 Länder hinweg. Die Studie konnte zeigen, dass Menschen weltweit im Durchschnitt rund 9,1 Jahre ihres Lebens mit Krankheit oder funktionellen Einschränkungen verbringen. Dieser Healthspan-Lifespan Gap zählt zu den zentralen Themen der modernen Longevity-Forschung. Die gute Nachricht: Wir haben mehr Einfluss auf unseren Healthspan, als viele denken. Es liegt an uns, den Gap zwischen Lifespan und Healthspan so klein wie möglich zu halten, damit aus einem langen Leben auch ein gesundes Leben wird. Ehrlicherweise wäre es aber unseriös, so zu tun, als gäbe es den einen Weg zur ewigen Jugend. Deshalb braucht es auch unser kritisches Bewusstsein. Es ist wichtig,

Dinge zu hinterfragen und nicht alles unreflektiert zu übernehmen.

Es gibt viele verschiedene Strategien, unsere Gesundheit positiv zu beeinflussen, und wenn wir sie klug einsetzen, können sie uns helfen, unser Leben gesünder und vielleicht auch ein bisschen länger zu gestalten. Dabei müssen wir gar nicht alles perfekt machen, sondern es geht vielmehr darum, sich überhaupt erstmal auf den Weg zu begeben und Schritt für Schritt herauszufinden, was dem eigenen Körper und der ganz persönlichen mentalen Gesundheit wirklich guttut. Entscheidend ist auch, wie sich diese Erkenntnisse realistisch und nachhaltig in den eigenen Alltag integrieren lassen.

FAKT: Longevity ist kein Versprechen, das man kaufen kann, sondern das Ergebnis einer nachhaltigen Beeinflussung zentraler Risikofaktoren über den gesamten Lebensverlauf hinweg.

BLUE ZONES

Hast du schon einmal von den sogenannten *Blue Zones* gehört? Gemeint sind bestimmte Regionen der Welt, in denen auffallend viele Menschen sehr alt werden und dabei lange körperlich und geistig gesund bleiben. Das klingt zunächst unspektakulär, fast zu einfach, und vielleicht ist genau das der Punkt. Das ursprünglich rein demografische Konzept der Blue Zones wurde von Dr. Michel Poulain und Kolleg:innen eingeführt, die die erste der Blue Zones in der Provinz Ogliastra auf Sardinien identifizierten. Bekannt wurden diese Regionen später aber auch durch die Arbeit von Dan Buettner, einem US-amerikanischen Autor, der gemeinsam mit Demografen und Epidemiologen jene Lebensräume untersucht und öffentlich gemacht hat, in denen Langlebigkeit eher die Regel als die Ausnahme ist. Dabei handelt es sich um demografisch be-

Healthspan-Lifespan Gap

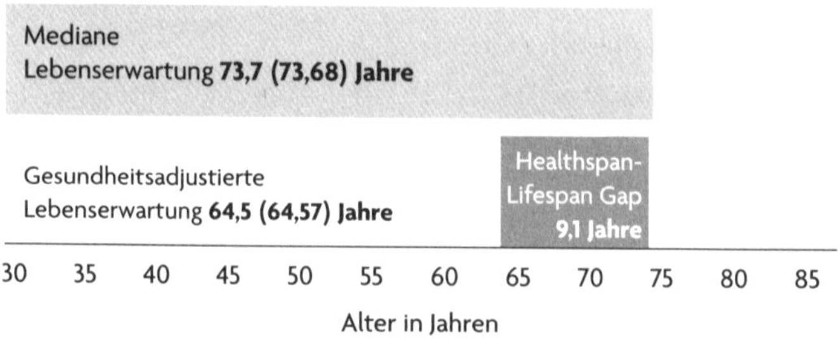

Quelle: A. Garmany, A. Terzic: «Healthspan-lifespan gap differs in magnitude and disease contribution across world regions», *Communications Medicine* 5, S. 381 (2025).

stätigte und geografisch klar abgegrenzte Gebiete, in denen Menschen in außergewöhnlich hoher Zahl ein außergewöhnlich hohes Lebensalter erreichen, nämlich hundert Jahre (*Centenarians*) und älter. Als *Supercentenarians* bezeichnet man Menschen, die ein Alter von 110 oder mehr Jahren erreicht haben.

Der Begriff Blue Zones ist dabei weniger ein wissenschaftlicher Begriff als ein gut erzähltes Konzept, das Buettner sich, soweit mir bekannt ist, sogar hat schützen lassen. Menschen in den Blue Zones leben nicht nur länger, sondern führen laut Buettner auch ein aktives und sinnhaftes Leben, sind häufig bis ins hohe Alter körperlich und geistig fit und stark in ihre Familien und Gemeinschaften eingebunden.

Die fünf Blue Zones, die Buettner identifiziert hat, sind:

- **Okinawa (Japan)**: Insel mit Fokus auf Gemeinschaft und pflanzlicher Ernährung. Es wird großer Wert darauf gelegt, Sinn und Freude im Leben zu finden.
- **Sardinien (Italien)**: In den Bergregionen der Insel gibt es einen starken Familienzusammenhalt und eine traditionelle Lebensweise, pflanzenbasierte Ernährung sowie reichlich Bewegung in der Natur.

- **Ikaria (Griechenland):** Insel mit mediterraner Diät, Entspannung und wenig Stress, familiärer Zusammenhalt spielt hier eine wichtige Rolle.
- **Nicoya (Costa Rica):** Halbinsel mit Fokus auf natürliche Bewegung, starke Familienbande und einer Diät mit Bohnen und Mais.
- **Loma Linda (USA):** Eine Gemeinde von Siebenten-Tags-Adventisten mit gesunden Lebensgewohnheiten, u. a. Verzicht auf Alkohol und Zigaretten.

Spannend ist nicht so sehr der Name Blue Zones als vielmehr das, was sich vor Ort beobachten lässt. In diesen Regionen gibt es keine Fitnessstudios wie bei uns und keine starren Trainingspläne. Die Menschen dort bewegen sich überwiegend zu Fuß und integrieren tägliches Gehen ganz selbstverständlich in ihren Alltag. Während Bewegung dort Teil des Tages ist, zeigt sich bei uns ein anderes Bild. Unser Alltag ist selten auf körperliche Aktivität ausgerichtet, Bewegung muss meist aktiv eingeplant werden und konkurriert häufig mit beruflichen Verpflichtungen, Familie oder Erschöpfung am Abend. Die Menschen in den Blue Zones arbeiten täglich im Garten oder steigen Treppen, der Körper wird viel mehr genutzt als trainiert, um irgendwelchen Idealen zu entsprechen. Genau darin liegt eine Qualität, die wir in modernen Gesundheitssystemen oft unterschätzen. Diese Form der Bewegung ist unaufgeregt, aber nachhaltig und regelmäßig. Bei so viel Bewegung bleibt kaum Zeit zum Altern.

Ähnlich verhält es sich mit der Ernährung. Sie ist überwiegend pflanzenbasiert, einfach, und die Lebensmittel sind kaum verarbeitet. Gegessen wird, was verfügbar ist, manchmal wird sogar selbst angebaut, meist selbst zubereitet, und all das ist eingebettet in feste und regelmäßige Mahlzeiten. Es geht hier nicht um Makronährstoffe, Kalorienzählen oder Instagram-Superfood-Trends, sondern um Gewohnheit und ein moderates Maß bei der Nahrungsaufnahme. Essen ist in diesen Regionen nichts, worüber man ständig nachdenken muss. Niemand propagiert Videos wie *What I eat in a day* oder inszeniert einen vermeintlich perfekten Healthy-Lifestyle. Ernährung ist Teil des Alltags, nicht Teil einer Selbstdarstellung. Man isst, weil der Körper Nahrung braucht und weil es einfach dazugehört, gemeinsam mit der Familie oder Freunden zu essen.

Ein zentraler Faktor, der in allen Blue Zones auffällt, ist die soziale Einbettung. Familie, Nachbarschaft und verlässliche Beziehungen sind dort Teil des Alltags. Häufig leben mehrere Generationen unter einem Dach oder zumindest in enger Nähe zueinander. Ältere Menschen bleiben damit familiär und gesellschaftlich ziemlich lange eingebunden, übernehmen zudem Aufgaben innerhalb ihrer Gemeinschaft, geben Wissen weiter und werden «gebraucht». Dieses Gefühl, noch eine Rolle zu haben und gebraucht zu werden, ist weit mehr als ein emotionaler Luxus, den sich viele hierzulande vielleicht wünschen würden, sondern es ist gesundheitlich sehr relevant. Sinnhaftigkeit (Purpose) wird hier zu einem entscheidenden Faktor für Gesundheit.

Insgesamt zeichnen sich Blue Zones durch eine positive Haltung gegenüber älteren Menschen aus, mit häufigen, selbstverständlichen Interaktionen zwischen älteren Bewohner:innen und dem übrigen Teil der Gemeinschaft.

Einsamkeit, die in westlichen Gesellschaften längst als eigenständiger Risikofaktor gilt, entwickelt sich zunehmend zu einem globalen Gesundheitsproblem und spielt in diesen Regionen eine deutlich geringere Rolle. Nähe entsteht automatisch durch gemeinsames Leben, gemeinsames Essen und gegenseitige Verantwortung, diese sozialen Beziehungen wirken dabei wie ein biologischer Schutzfaktor. Sie stabilisieren das Herz-Kreislauf-System, beeinflussen das Immunsystem positiv und sind eng mit psychischer Gesundheit verknüpft. Gemeinschaft ist hier somit ein tragendes Fundament von Gesundheit. Der Vergleich zeigt, dass Einsamkeit in westlichen Gesellschaften deutlich häufiger auftritt.

Schätzungen zufolge erleben etwa 15 bis 30 Prozent der Bevölkerung chronische Einsamkeit. Aus präventionsmedizinischer Perspektive ist das entscheidend, denn Einsamkeit ist längst kein rein psychosoziales Phänomen mehr, sondern hat messbare biologische Effekte und kann krank machen.

Auch der Umgang mit Stress unterscheidet sich spürbar. Belastungen gibt es selbstverständlich auch in den Blue Zones. Dennoch scheinen ein klar empfundener Sinn im Leben, religiöse oder kulturelle Rituale, gemeinsame Mahlzeiten und bewusst verbrachte Zeit mit anderen den Alltag in besonderer Weise zu strukturieren. Was dabei überwiegt, ob Glaube, Gemeinschaft oder Gewohnheit, lässt sich kaum trennen, und vielleicht ist genau diese Untrennbarkeit entscheidend. Prävention bedeutet in den Blue Zones letztlich etwas sehr Bodenständiges, es ist diese besondere Art zu leben. Es wird angenommen, dass Gesundheit hier durch ein Umfeld entsteht, das den Körper und die Psyche täglich mitträgt, und genau darin liegt auch die Besonderheit. Hier greifen vermutlich viele Faktoren ineinander, die sich über ein ganzes Leben hinweg aufsummieren.

Gleichzeitig ist es wichtig, die Blue Zones nicht zu romantisieren. Nicht alles lässt sich eins zu eins übertragen, die wissenschaftliche Evidenz ist differenziert zu betrachten und nicht lückenlos belegt. Dennoch liefern die Beobachtungen bezüglich dieser Regionen wertvolle Hinweise darauf, dass Langlebigkeit weniger mit strenger Disziplin zu tun hat als mit Kontinuität und einem Lebensrhythmus, der sich uns anpasst.

FAKT: Aus präventivmedizinischer Sicht können die Blue Zones als Inspiration dienen, Gesundheit wieder stärker in unseren Alltag zu integrieren. Sie zeigen, dass Langlebigkeit aus dem Zusammenspiel alltäglicher Gewohnheiten entsteht, etwa in der Art, wie wir leben, uns bewegen, essen, schlafen, arbeiten und miteinander verbunden sind.

Zwischen Mythos und Realität – die Blue Zones im Realitätscheck

Trotz der großen Faszination, die das Konzept der Blue Zones auslöst, lohnt sich auch ein nüchterner und realistischer Blick darauf. Die Idee hat in der Vergangenheit große Aufmerksamkeit erfahren, weil sie Regionen beschreibt, in denen Menschen ein auffallend hohes Lebensalter erreichen, und das scheinbar unabhängig von moderner Hochleistungsmedizin, High-Tech-Versprechen oder gezielter Leistungsoptimierung. Die beschriebenen Lebensweisen wirken alle sehr einfach, alltagstauglich und regelmäßig. Gerade diese Einfachheit erklärt einen Teil der starken Aufmerksamkeit, die das Konzept in der öffentlichen Diskussion bisher gefunden hat.

Gleichzeitig ist in den letzten Jahren eine zunehmende wissenschaftliche Einordnung erforderlich geworden. Viele der ursprünglich herangezogenen Altersangaben beruhen auf retrospektiven Erhebungen, unvollständigen Registern oder historisch unsicheren Geburtsdaten. In einzelnen Regionen wurden sogar systematische Verzerrungen beschrieben, etwa durch fehlende amtliche Dokumentation. Neuere Analysen zeigen daher, dass die außergewöhnliche Langlebigkeit einzelner Bevölkerungsgruppen weniger eindeutig belegbar ist, als es frühere Darstellungen nahelegten. Studien zufolge wurde das Alter langlebiger Menschen in Sardinien besonders sorgfältig validiert. Dafür glich man Geburts- und Taufregister ab, rekonstruierte vollständige Stammbäume und zog ergänzend Daten zu Geschwistern heran, um die Angaben zu verifizieren. Dennoch relativieren diese Erkenntnisse das Narrativ extremer Lebensverlängerung, ohne die grundsätzlichen Beobachtungen vollständig zu entwerten.

Der zentrale Erkenntnisgewinn der Blue-Zones-Forschung liegt nicht in der maximalen Lebensspanne einzelner Menschen, sondern in der Art und Weise, wie Gesundheit im Alltag entsteht und erhalten bleibt. Beschrieben werden Lebensbedingungen, in denen körperliche Aktivität integraler Bestandteil des Tagesablaufs ist,

Ernährung primär der Versorgung dient und soziale Einbindung eine konstante Größe darstellt. Diese Faktoren reduzieren chronischen Stress und wirken langfristig stabilisierend und messbar auf unseren Stoffwechsel und das Herz-Kreislauf-System. Epidemiologische Studien zeigen, dass solche Lebensstilfaktoren mit einer moderaten, aber klinisch relevanten Verlängerung gesunder Lebensjahre assoziiert sind. Die Effekte äußern sich vor allem in einer geringeren Inzidenz chronischer Erkrankungen und einer längeren funktionellen Selbstständigkeit der Menschen. Präventionsmedizin beginnt genau hier, nicht mit der Erwartung von spektakulärer Lebensverlängerung, sondern mit dem Ziel, den genannten Funktionsverlust zu reduzieren.

Was wir aus Japan lernen können

Japan wird als eine der Blue Zones häufig als Beispiel für Regionen mit außergewöhnlich hoher Lebenserwartung herangezogen. Dort wird traditionell auf niedrigen Sitzflächen oder direkt am Boden an Teetischen gesessen. Dieses alltägliche Bewegungsmuster bedeutet, dass Menschen regelmäßig aus einer tiefen Sitzposition aufstehen und sich wieder absetzen, funktionell betrachtet nichts anderes als wiederholte Kniebeugen im Alltag. Vielleicht liegt ein Teil dieses Effekts genau in solchen Gewohnheiten.
Eine Studie zeigt, dass bereits kurze, regelmäßige Einheiten aus langsamem Hinsetzen und Aufstehen nach dem Rei-ho-Prinzip die Kraft der Kniestrecker deutlich verbessern können. Schon etwa fünf Minuten Training pro Tag, durchgeführt an vier Tagen pro Woche mit 20 bis 22 kontrollierten Wiederholungen über drei Monate, führen zu messbaren Kraftzuwächsen. Gerade weil die Beinkraft entscheidend für Selbstständigkeit im Alter ist, wird hieran deutlich, wie wirksam einfache, alltagsnahe Bewegungen sein können. Auch wissen wir inzwischen sehr gut, dass Muskelkraft eng mit der Lebenserwartung verknüpft ist. Menschen mit besserer Beinkraft und höherer funktioneller Fitness haben ein

geringeres Risiko für Stürze, kardiovaskuläre Erkrankungen und frühzeitige Mortalität. Kraft ist damit nicht nur eine Frage von Leistungsfähigkeit, sondern auch ein zentraler Marker für gesundes Altern.

Vor diesem Hintergrund erscheint es sinnvoll, den Fokus von geografisch definierten Blue Zones auf übertragbare Prinzipien zu verlagern. Entscheidend ist, wie moderne Lebens- und Arbeitswelten gestaltet werden können, ohne dauerhaft physiologischen Stress zu erzeugen, wie Ernährung als stabile Grundlage dienen kann und wie wir soziale Beziehungen als gesundheitsrelevante Ressource berücksichtigen können.

Für Frauen ist diese Differenzierung besonders relevant, da biologische Alterungsprozesse stark durch hormonelle Übergangsphasen geprägt sind. Veränderungen im Stoffwechsel, im Schlaf und in der Stressverarbeitung verlaufen häufig nicht kontinuierlich, sondern phasenweise. Prävention sollte daher lebensphasenbezogen und individuell erfolgen. Der Körper einer 25-jährigen Frau funktioniert nicht wie der einer 45-Jährigen in der Perimenopause oder einer 70-Jährigen. Diese Unterschiede sind nicht nur graduell, sondern biologisch relevant. Pauschale Empfehlungen greifen da zu kurz.

Lebensphasenbezogene Prävention bedeutet deshalb auch, Maßnahmen an die jeweilige Lebensphase anzupassen. Ja, es ist ein Perspektivwechsel und bedeutet weg von einer universellen Empfehlung hin zu einem Ansatz, der die richtige Intervention zum richtigen Zeitpunkt für jeden Einzelnen in den Mittelpunkt stellt. In jüngeren Jahren stehen die Stabilisierung des Schlafs und eine gute Stressregulation im Vordergrund, gleichzeitig ist es eine entscheidende Phase für den Aufbau von Muskelmasse und kardiovaskulärer Fitness. Mit zunehmendem Alter verschieben sich diese Prioritäten. Hormonelle Veränderungen, insbesondere in der Perimenopause, beeinflussen Schlaf und beispielsweise auch die

Stressantwort. Der Körper reagiert sensibler, Erholung wird zunehmend wichtiger, und kardiovaskuläre Risiken rücken stärker in den Fokus.

Dieses Buch versteht Langlebigkeit daher nicht als Ziel an sich, sondern als natürliche Folge eines gesunden Alterns. Im Mittelpunkt steht die Frage, wie unsere körperliche, mentale und soziale Gesundheit langfristig erhalten werden kann, realistisch und wirksam, für jeden Einzelnen von uns. Du solltest dich dabei nicht unter Druck setzen oder deinen Alltag plötzlich nach Langlebigkeitskriterien überoptimieren. Du darfst dein Leben weiterhin genießen, aber gleichzeitig profitieren wir natürlich davon, wenn wir bestimmte Routinen etablieren, die unsere Gesundheit langfristig unterstützen. Niemand wird innerhalb weniger Tage zur Expertin oder zum Experten für Longevity. Entscheidend ist ein realistischer Umgang mit dem eigenen Körper, der sich in den Alltag integrieren lässt und dauerhaft tragfähig ist.

DIE BIOLOGISCHEN GRUNDLAGEN DES ALTERNS

Auch wenn es sich oft anders anfühlt, Altern ist kein plötzlich einsetzender Zustand, sondern ein biologischer Prozess, der früh beginnt und kontinuierlich abläuft, und zwar lange bevor wir im Spiegel unsere ersten Fältchen wahrnehmen oder uns insgesamt weniger belastbar fühlen. Bereits ab dem dritten Lebensjahrzehnt lassen sich messbare Veränderungen auf zellulärer und molekularer Ebene nachweisen, auch bei Menschen, die sich gesund fühlen und äußerlich keinerlei Anzeichen des Alterns zeigen. Diese frühen Veränderungen bilden gewissermaßen die Grundlage für viele Prozesse, die wir erst Jahre oder Jahrzehnte später als «Altern» wahrnehmen.

Die aktuelle Forschung zeigt dabei eindeutig, dass Altern kein ausschließlich genetisch festgelegter Prozess ist. Genetische Faktoren setzen zwar einen Rahmen, doch wie schnell wir biologisch altern, wird in hohem Maß auch durch äußere Einflüsse bestimmt. Ernährung, Bewegung, Schlaf, Stress und Umweltbedingungen wirken direkt auf unsere zentralen Alterungsmechanismen ein. Altern ist also grundsätzlich beeinflussbar – und genau hier setzt Prävention an.

Prävention will nicht das Altern verhindern, sondern zielt darauf ab, altersbedingte Funktionsverluste zu verlangsamen und die Phase guter Gesundheit möglichst lange zu erhalten. Die Veränderungen, die wir über die Jahre bei uns beobachten, entstehen dabei nie isoliert, sondern aus dem Zusammenspiel von genetischen Voraussetzungen, unserem Lebensstil und Umwelteinflüssen. Laut Definition der Weltgesundheitsorganisation (WHO) wird

Altern als ein lebenslanger Prozess verstanden, in dem sich nach und nach molekulare und zelluläre Schäden ansammeln, während gleichzeitig unsere körperliche und kognitive Leistungsfähigkeit allmählich abnimmt. Diese Veränderungen erhöhen im Verlauf des Lebens unsere Anfälligkeit für Erkrankungen und führen schließlich zu einem steigenden Sterberisiko.

Während des Alterungsprozesses teilen sich Zellen seltener, obwohl genau diese Teilung die Grundlage für die Erneuerung und Reparatur unseres Körpers ist. Gleichzeitig werden zelluläre Reparaturmechanismen träger, Entzündungsprozesse nehmen zu und Stoffwechselprozesse laufen nicht mehr so effizient ab wie in den Jahren zuvor. Die Wissenschaft fasst diese Veränderungen unter dem Begriff «Biologie des Alterns» zusammen. Sie beschreibt die grundlegenden Ursachen und Mechanismen, die dazu führen, dass wir altern. Altern ist dabei keineswegs auf höhere Lebewesen wie Tiere oder Pflanzen beschränkt, auch sehr einfache Organismen, etwa einzellige Lebewesen wie Bakterien, bestimmte Protozoen oder Pilze, zeigen Alterungsprozesse – ein Punkt, der lange umstritten war. Altern ist somit ein universeller Prozess des Lebens, dem alle biologischen Systeme unterliegen.

CHRONOLOGISCHES VS. BIOLOGISCHES ALTER

Kennst du das Gefühl, dass du dich manchmal jünger oder auch älter fühlst, als du tatsächlich bist? Das liegt daran, dass es zwei Arten von Alter gibt, das chronologische Alter und das biologische Alter. Das chronologische Alter ist einfach die Zahl der Jahre, die seit deiner Geburt vergangen sind. Wenn du also 35 Jahre alt bist, dann ist dein nachweisliches chronologisches Alter eben 35, ganz klar und objektiv. Das biologische Alter hingegen sagt aus, wie «alt» dein Körper, deine Organe und deine Körperzellen sind. Es hängt davon ab, wie gut dein Herz, deine Haut, deine Muskeln und auch dein Gehirn funktionieren. Manche Menschen sind mit 50 Jahren biologisch eher 40 Jahre alt, während andere sich mit 40 Jahren bereits wie 60 fühlen, weil ihre Zellen schneller gealtert sind.

Eine der modernsten Methoden, um das biologische Alter zu bestimmen, ist die Analyse der DNA-Methylierung. Dabei wird untersucht, wie stark bestimmte Abschnitte unserer DNA mit sogenannten Methylgruppen markiert sind. Das sind kleine chemische Veränderungen, die beeinflussen, welche Gene ein- oder ausgeschaltet werden. Diese Muster verändern sich mit dem Alter auf eine bisher gut erforschte Weise und betreffen vor allem Gene, die die Entwicklung und Zellfunktion steuern. Die sogenannten epigenetischen Uhren analysieren Tausende definierter Methylierungsstellen in unserem Genom und vergleichen sie mit altersabhängigen Referenzmustern anderer Menschen. Sie geben damit Auskunft darüber, wie alt unsere Zellen funktionell sind, nicht wie alt ein Mensch chronologisch ist. Die epigenetische Uhr gilt daher heute als wichtiger Altersmarker und eröffnet uns neue Perspektiven für die Prävention und Longevity-Forschung.

Ob wir jünger oder älter «ticken», hängt stark von unserem Lebensstil ab, denn Ernährung, Schlaf, Bewegung, Stress, all das hinterlässt Spuren. Und genau auf diese Faktoren können wir Einfluss nehmen. Insgesamt gibt es viele Ansätze und Methoden, die ein längeres Leben versprechen, doch nicht alle sind unumstritten. Eines ist jedoch klar, mit zunehmendem Alter steigen die Herausforderungen für unsere Gesundheit. Erkrankungen wie Demenz, Diabetes, Herz-Kreislauf-Erkrankungen und Krebs treten vermehrt im höheren Lebensalter auf, und viele dieser Erkrankungen ließen sich durch frühzeitige Prävention zumindest hinauszögern oder, noch besser, ganz vermeiden.

FAKT: Unser Geburtsdatum ist unveränderlich, doch wie sich unser Körper im Laufe der Jahre biologisch entwickelt, wird in hohem Maß durch unsere Lebensweise mitgestaltet.

DAS «RISIKOBASIERTE ALTER» ALS HILFREICHE MOMENTAUFNAHME

Lange Zeit haben wir versucht, das biologische Alter möglichst exakt in eine Zahl zu pressen. Doch in der klinischen Praxis stellt sich oft schnell eine ernüchternde Frage: Was fangen wir mit dieser Zahl eigentlich an? Zwei Frauen mit dem gleichen chronologischen Alter können biologisch in völlig unterschiedlichen Welten leben. Die eine ist körperlich aktiv, schläft gut, hat stabile Stoffwechselwerte und kaum Entzündungszeichen. Die andere kämpft mit Schlafmangel, chronischem Stress, Stoffwechselstörungen und frühen kardiovaskulären Risikofaktoren. Beide sind zwar chronologisch gleich alt, aber ihr biologischer Zustand ist es nicht.

Genau hier setzt ein neues Verständnis von biologischem Alter an. Statt es als feste Zahl zu betrachten, sollten wir es eher als «risikobasiertes Alter» betrachten. Nicht die Frage «Wie alt bist du biologisch?» steht im Mittelpunkt, sondern vielmehr die Frage: «Wo stehst du eigentlich auf der Skala für zukünftige Gesundheitsrisiken?» Biologisches Alter wird damit zu einer Art Übersetzung für uns Ärzt:innen, denn es kann uns gut beschreiben, welchem Risiko für Erkrankungen oder Funktionsverlust jemand aktuell ausgesetzt ist. Dieser Ansatz könnte biologische Alterungsmarker klinisch deutlich besser nutzbar machen als bisher, da er das individuelle Risiko jedes Einzelnen widerspiegelt, wodurch sich wesentlich konkretere medizinische Entscheidungen ableiten lassen. Prävention wird dann nicht mehr an starren Altersgrenzen festgemacht, sondern an biologischer Realität.

Besonders wichtig ist, dass dieses «risikobasierte biologische Alter» veränderbar ist, denn es ist eine Momentaufnahme – Schlaf, Bewegung, Ernährung, Stressreduktion, hormonelle Balance und gezielte medizinische Interventionen können es im Verlauf positiv beeinflussen. Biologisches Alter wird damit zu einem dynamischen Vitalparameter, ähnlich wie Blutdruck oder Blutzucker, der sich wiederholt messen lässt. Es beschreibt einen Wert, den wir durch unseren Lebensstil verbessern können, und erlaubt uns, früher hinzuschauen und Prävention nicht länger als abstraktes Versprechen, sondern als messbaren Prozess zu begreifen.

Schon heute erlebe ich in meiner Praxis viele Patient:innen, die ihr biologisches Alter kennen möchten, weil sie verstehen wollen, wo sie gesundheitlich stehen und an welchen Stellschrauben sie noch etwas verändern können. Für viele ist dieser Wert ein Ausgangspunkt, um gezielt gegenzusteuern und ihre Gesundheit aktiv zu verbessern. Es ist gut vorstellbar, dass es in Zukunft ganz selbstverständlich wird, auch das biologische Alter regelmäßig zu bestimmen, ähnlich wie andere zentrale Gesundheitsparameter.

HALLMARKS OF AGING

Für Nicht-Mediziner:innen mag das, was nun folgt, zunächst etwas theoretisch klingen. Doch gerade diese Grundlagen sind entscheidend, um zu verstehen, was im Körper während des Alterungsprozesses tatsächlich passiert. So spricht man in der Forschung von den sogenannten *Hallmarks of Aging*, das sind die zentralen biologischen Mechanismen, die das Altern auf zellulärer Ebene prägen. Es geht dabei nicht um Krankheiten, sondern um die Prozesse, durch die unser Körper mit der Zeit anfälliger für Krankheiten wird, weshalb sie für Prävention und Longevity so zentral sind. Denn Altern ist ein biologischer Prozess, der mit einem zunehmenden Verlust an Funktionsfähigkeit einhergeht und als unausweichliche Folge unseres Lebens auftritt. Er sorgt dafür, dass unsere Zellen und unser Stoffwechsel im Alter nicht mehr so zuverlässig funktionieren wie früher in «jüngeren Jahren».

Die Hallmarks of Aging machen deutlich, wie komplex und vielschichtig Alterungsprozesse tatsächlich sind. Die einzelnen Mechanismen greifen ineinander, beeinflussen sich gegenseitig und lassen sich oft nur schwer voneinander trennen. Bis heute ist nicht eindeutig geklärt, welche Prozesse das Altern maßgeblich antreiben und welche eher begleitend wirken oder sich gegenseitig verstärken. Von einem vollständigen Verständnis menschlicher Alterung sind wir trotz enormer wissenschaftlicher Fortschritte noch weit entfernt.

Einen wichtigen Meilenstein stellte das Jahr 2013 dar, als diese zentralen biologischen Merkmale des Alterns erstmals systematisch beschrieben wurden, im Jahr 2023 wurden die ursprünglich neun dann auf zwölf Hallmarks of Aging erweitert. Dieses Konzept

Zentrale biologische Mechanismen des Alterns

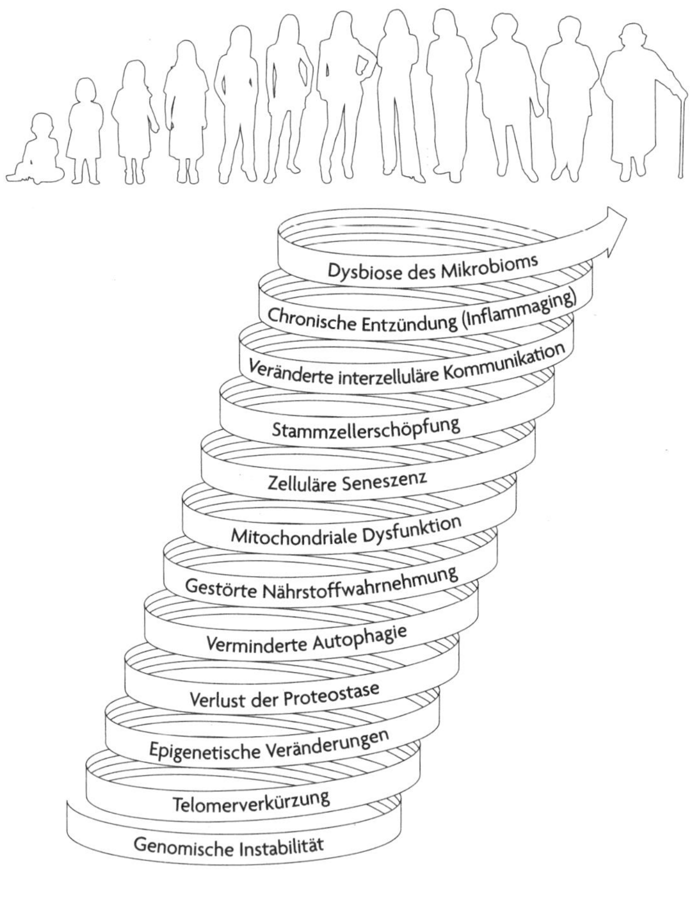

wurde maßgeblich von Carlos López-Otín und seinem Team entwickelt und dient heute als ein zentrales Modell, um die biologischen Grundlagen des Alterns zu beschreiben.

Das Modell ist für die Präventionsmedizin so wertvoll, weil es den Blick verschiebt, weg von einzelnen Erkrankungen, hin zu den biologischen Grundlagen der Gesundheitsspanne. Zudem erklärt es, warum Bewegung, Schlaf, Ernährung, Stressregulation oder auch hormonelle Lebensphasen eine so tiefgreifende Wirkung auf das Altern haben.

1. Genomische Instabilität

Einer der zentralen Mechanismen, um die Alterungsprozesse zu verlangsamen, ist die sogenannte «genomische Stabilität», also die Fähigkeit unserer Zellen, Schäden an der DNA zu reparieren. «Genomische Instabilität» beschreibt folglich die Schädigung unserer Erbinformation im Laufe des Lebens. Mit zunehmendem Alter häufen sich Fehler im Erbgut, da unsere DNA ständig Belastungen ausgesetzt ist, von außen durch physikalische, chemische und biologische Einflüsse wie Umweltgifte, UV-Strahlung oder Nikotinkonsum, und von innen durch Replikationsfehler bei der DNA-Verdopplung, spontane molekulare Abbauprozesse sowie oxidativen Stress (siehe dazu auch das Kapitel «Oxidative Entgiftung und zelluläre Regeneration»).

Besonders fehleranfällig ist die DNA während der Zellteilung, da sie jedes Mal vollständig kopiert werden muss. Trotz hochentwickelter Reparaturmechanismen, die wir alle besitzen, schleichen sich dabei immer wieder kleine Fehler ein. In jungen Jahren kann der Körper diese Schäden meist effektiv korrigieren, mit zunehmendem Alter stoßen die Reparatursysteme jedoch an ihre Grenzen. Problematisch ist, dass Zellen mit beschädigter DNA nicht zwangsläufig absterben, sie können weiterleben, sich teilen und fehlerhafte Informationen weitergeben. Dadurch steigt langfristig das Risiko für Funktionsverlust und sogar für die Entstehung bösartiger Erkrankungen wie Krebs.

2. Telomerverkürzung

Auch die sogenannten Telomere, die Schutzkappen an den Enden unserer Chromosomen, spielen eine sehr wichtige Rolle im Alterungsprozess. Man kann sie sich wie die Plastikhüllen an Schnürsenkeln vorstellen: Jedes Mal, wenn sich eine Zelle teilt, werden diese Enden ein Stück kürzer, werden sie zu kurz, fransen die «Schnürsenkel» aus und die Zellen verlieren ihre Teilungsfähigkeit. Infolgedessen verkürzen sich die Telomere nach mehreren Zellteilungen erheblich, was zu genomischer Instabilität führt und letztlich entweder Apoptose, also den Zelltod, oder zelluläre Seneszenz auslöst, das heißt, die Zellen stellen ihr Wachstum und ihre Funktion ein.

Studien konnten zeigen, dass Menschen mit längeren Telomeren tendenziell langsamer altern und ein geringeres Risiko für chronische Krankheiten haben. Vor diesem Hintergrund wird die Telomerlänge häufig als Marker des biologischen Alters herangezogen, da sie Hinweise darauf gibt, welchen Belastungen Zellen im Laufe des Lebens ausgesetzt waren. Und jetzt die gute Nachricht für uns Frauen: Wir haben längere Telomere und eine höhere Telomeraseaktivität als Männer. Dieser Unterschied besteht bereits bei unserer Geburt und bleibt über das gesamte Leben hinweg erhalten, was maßgeblich auf die protektive Wirkung von Östrogen auf die Telomerstabilität und den Schutz vor oxidativem Stress zurückzuführen ist. Die Geschwindigkeit der Telomerverkürzung wird hingegen durch Alter, genetische Varianten sowie Lebensstil und soziale Faktoren beeinflusst.

Um die Telomere gesund zu erhalten, empfehlen sich die folgenden Superfoods:

Blaubeeren: Reich an Polyphenolen, insbesondere Anthocyanen, die als antioxidative Pflanzenstoffe oxidativen Stress reduzieren und damit zur Stabilisierung der Telomere beitragen können.

Nüsse: Enthalten gesunde Fettsäuren, Vitamin E und sekundäre

Pflanzenstoffe, die zur Stabilisierung der Zellmembranen beitragen und Telomere vor oxidativer Schädigung schützen können.
Grüner Tee: Liefert Polyphenole, insbesondere EGCG (Epigallocatechingallat), die entzündungshemmend wirken und Prozesse der zellulären Alterung verlangsamen können.
Spinat: Reich an Folat, Vitaminen und Antioxidantien, unterstützt dadurch die DNA-Integrität sowie die zelluläre Regeneration.
Lachs: Reich an Omega-3-Fettsäuren, die Entzündungsprozesse regulieren und mit einer langsameren Telomerverkürzung assoziiert sind.
Avocado: Enthält einfach ungesättigte Fettsäuren, Vitamin E und das Antioxidans Glutathion, welche die Zellen vor oxidativem Stress schützen und die mitochondriale Funktion unterstützen.
Brokkoli: Liefert Sulforaphan, das antioxidative Schutzmechanismen aktiviert, zelluläre Entgiftungsenzyme stimuliert und die DNA vor oxidativen Schäden schützen kann.
Granatapfel: Reich an Ellagsäure und weiteren Polyphenolen, die die zelluläre Regeneration unterstützen und Telomere vor vorzeitiger Verkürzung schützen können.
Kurkuma: Enthält Curcumin, das entzündungshemmend und antioxidativ wirkt und in Studien mit einer günstigen Beeinflussung von Zellalterungsprozessen und der oxidativen Balance in Verbindung gebracht wird.

Mit diesen Lebensmitteln lassen sich keine Wunder bewirken, aber sie liefern uns Bausteine, die unsere Zellgesundheit und Reparaturmechanismen unterstützen – ein zentrales Prinzip gesunder Langlebigkeit. Die Wirkung entsteht vor allem durch regelmäßigen Konsum im Rahmen einer ausgewogenen, mediterranen Ernährung.

Studien zeigen zudem, dass auch regelmäßige Bewegung einen direkten Einfluss auf die Telomerlänge haben kann. Insbesondere aerobes Training – also Belastungen, bei denen der Körper genügend Sauerstoff zur Energiegewinnung nutzen kann –, das über mindestens sechs Monate konsequent durchgeführt wird, scheint die Verkürzung der Telomere messbar zu verlangsamen. Entscheidend ist dabei weniger die einzelne Trainingseinheit als die Kontinuität über die Zeit. Sobald Bewegung verlässlich in den Alltag integriert ist, entsteht ein stabiler sowie regelmäßiger Effekt. Die zugrunde liegenden Mechanismen sind plausibel: Regelmäßige körperliche Aktivität reduziert systemische Entzündungsprozesse, unter anderem durch eine Abnahme von CRP und Interleukin-6, beides Marker für Entzündungsprozesse im Körper. Gleichzeitig gibt es Hinweise darauf, dass eine gesteigerte kardiorespiratorische Fitness mit einer erhöhten Telomerase-Aktivität einhergeht. Bewegung setzt damit genau an den biologischen Prozessen an, die die Telomerverkürzung beschleunigen.

FAKT: Regelmäßige körperliche Aktivität (zügiges Gehen, Wandern, Joggen, Schwimmen), insbesondere über einen Zeitraum von mehr als sechs Monaten, kann den altersbedingten Abbau der Telomerlänge verlangsamen, vor allem durch aerobes Training.

3. Epigenetische Veränderungen

Obwohl jede Zelle unseres Körpers die gleiche DNA besitzt, unterscheiden sich Zellen stark in ihrer Funktion. Der Grund dafür liegt in der Epigenetik, die steuert, welche Gene aktiv oder inaktiv sind. Darunter versteht man Anpassungen, die die Aktivität von Genen steuern, ohne die DNA selbst zu verändern, etwa vergleichbar mit Schaltern, die Gene an- bzw. ausschalten. Dieses Regulationssystem reagiert sensibel auf äußere Einflüsse wie Ernährung, Bewegung, Stress oder Umweltfaktoren. So erhält jede Zelle ihre individuelle Identität und Aufgabe. Mit zunehmendem Alter gerät diese fein abgestimmte Steuerung aus dem Gleichgewicht, und

Gene werden zur falschen Zeit aktiviert oder abgeschaltet. Dadurch verlieren Zellen ihre funktionelle Stabilität. Epigenetische Veränderungen tragen wesentlich zu altersbedingten Funktionsstörungen bei, auch können sie entzündliche Prozesse verstärken und die Entstehung chronischer Erkrankungen begünstigen, einschließlich Krebs.

Im Zusammenhang mit epigenetischen Veränderungen ist insbesondere die Forschung von Steve Horvath relevant, der gezeigt hat, dass sich biologisches Alter anhand epigenetischer Muster messbar erfassen lässt. Die von ihm entwickelte epigenetische Uhr funktioniert in fast allen Geweben und zeigt, wie alt unsere Zellen wirklich sind – Stammzellen wirken dabei fast wie «neugeboren», Tumorgewebe dagegen oft deutlich «älter». Menschen, deren epigenetische Uhr schneller läuft, haben somit ein höheres Risiko für Krankheiten. Das Entscheidende ist jedoch, dass diese Uhr auf unseren Lebensstil reagiert und sich mit gezielten Maßnahmen tatsächlich verlangsamen oder sogar teilweise zurückdrehen lässt. Genau das macht die Epigenetik zu einem der stärksten Argumente dafür, dass Longevity in unserem Alltag beginnt und von unseren eigenen Entscheidungen bestimmt wird.

Veränderungen der DNA-Methylierung begleiten den Alterungsprozess, ihre ursächliche Rolle ist jedoch bislang nicht eindeutig belegt. Ob sie Alterung aktiv vorantreiben oder eher ein begleitendes Phänomen sind, ist noch unklar und auch zukünftig Gegenstand aktueller Forschung. Entscheidend wird es sein zu verstehen, welche Mechanismen diese Veränderungen steuern und inwieweit ihre Stabilisierung tatsächlich Einfluss auf unsere Lebensspanne hat.

4. Verlust der Proteostase

Proteine werden mit zunehmendem Alter häufiger fehlerhaft gefaltet oder nicht mehr ausreichend abgebaut, was zu Funktionsverlust und zur Bildung von Ablagerungen führen kann, insbesondere im Nervensystem. Proteine sind zentrale Funktionsmoleküle des Körpers, sie ermöglichen Muskelarbeit, steuern biochemische

Reaktionen, sind an Reparaturprozessen beteiligt und bilden die Grundlage kognitiver Leistungsfähigkeit. Damit Proteine ihre Aufgaben erfüllen können, müssen sie korrekt gefaltet und beschädigte Moleküle zuverlässig abgebaut werden. Studien zeigen, dass eine hohe Genauigkeit bei der Proteinherstellung mit einer längeren Lebensspanne einhergehen kann, während fehleranfällige Prozesse Alterung beschleunigen. Gerade bei Erkrankungen wie Alzheimer oder Parkinson besteht ein enger Zusammenhang mit einer gestörten Proteinhomöostase, also dem Gleichgewicht der Eiweiße im Körper. Dabei kommt es zur Ansammlung fehlgefalteter oder veränderter Proteine, die die normale Zellfunktion zunehmend beeinträchtigen.

5. Verminderte Autophagie

Es gibt zahlreiche Hinweise darauf, dass eine gesteigerte Autophagie sowohl die Gesundheitsspanne als auch die Lebensspanne in verschiedenen Modellsystemen verlängern kann. Die Autophagie beschreibt unser zelluläres Recyclingsystem, mit dem beschädigte oder überflüssige Bestandteile abgebaut werden. Sie stellt eine zentrale Schutzfunktion und einen natürlichen Selbstreinigungsmechanismus dar und trägt wesentlich zur Gesunderhaltung der Zellen bei. Da diese Reinigungsleistung mit zunehmendem Alter jedoch abnimmt, wird der zelluläre Abfall nicht mehr effizient entfernt, und dadurch sammeln sich funktionsgestörte Bestandteile in der Zelle an. Verminderte Autophagie verstärkt viele Alterungsprozesse und beschleunigt damit den Funktionsverlust von Geweben, während Bewegung, bestimmte Nahrungsbestandteile oder Phasen von Energiemangel, wie beispielsweise Fastenzustände, diese Aktivität wieder anregen und so die Zellgesundheit verbessern können.

Auch bestimmte Substanzen scheinen in der Lage zu sein, die Autophagie zu aktivieren. In experimentellen Modellen konnte beispielsweise gezeigt werden, dass die Gabe von Spermidin die Autophagie in verschiedenen Organen steigert und die Lebensspanne um bis zu 25 Prozent verlängert, begleitet von einer verbesserten Herzgesundheit. Diese Effekte scheinen direkt von der Autophagie abhängig zu sein. Interessanterweise zeigen auch Immunzellen älterer Menschen unter Spermidin wieder Eigenschaften, die eher jüngeren Zellen entsprechen, insbesondere im Hinblick auf ihre Autophagie-Aktivität. Darüber hinaus gibt es weitere Substanzen, die gezielt die sogenannte Mitophagie fördern, also den Abbau geschädigter Mitochondrien. Dazu gehören Vorstufen von NAD+, wie z. B. NMN, sowie Urolithin A. Klinische Studien zeigen hier erste positive Effekte, etwa eine verbesserte Insulinsensitivität, eine Reduktion von Entzündungsprozessen oder eine Zunahme der Muskelkraft. Insgesamt deuten zumindest diese Ergebnisse darauf hin, dass die Aktivierung der Autophagie ein vielversprechender Ansatz ist, um Alterungsprozesse zu verlangsamen und altersbedingte Erkrankungen positiv zu beeinflussen.

6. Gestörte Nährstoffwahrnehmung

Eins ist inzwischen klar: Ernährung gehört zu den zugänglichsten Ansatzpunkten, wenn es um den Einfluss auf Alterungsprozesse geht. Was wir täglich essen, wirkt direkt auf zentrale zelluläre Steuermechanismen. Unsere Zellen müssen kontinuierlich erkennen, ob ausreichend Energie vorhanden ist oder ob Spar- und Reparaturprogramme aktiviert werden sollen. Diese Entscheidungen werden über zentrale Signalwege wie mTOR oder AMPK gesteuert. Das sogenannte mTOR (mechanistic Target of Rapamycin) wirkt wie ein Signalgeber, der bei Nahrungsüberschuss aktiviert wird und Zellen dazu anregt, neue Strukturen aufzubauen. Phasen reduzierter Nährstoffzufuhr lösen hingegen genau die gegenteiligen Prozesse aus: AMPK wird dann aktiv, wenn Energie knapp ist, etwa beim Fasten oder bei einer reduzierten Kalorienzufuhr, und fördert Reparaturprozesse sowie die Autophagie. Beide Systeme müssen im Gleichgewicht bleiben, denn ein dauerhaft aktiviertes mTOR, wie es bei ständigem Essen und Überernährung vorkommt, kann Alterungsprozesse beschleunigen.

AMPK aktiviert dagegen Programme für Zellschutz und Reparatur, die mit Langlebigkeit assoziiert sind, und Strategien wie regelmäßige Bewegung oder intermittierendes Fasten nutzen genau diesen Mechanismus. Mit zunehmendem Alter verliert dieses fein abgestimmte Regulationssystem jedoch an Präzision, und die Zellen reagieren nicht mehr angemessen auf Nährstoffangebot oder Energiemangel. Wachstumsprozesse können dann überaktiv sein, während Reparaturmechanismen vernachlässigt werden. Diese Fehlsteuerung trägt wesentlich zur Alterung und zur Entstehung metabolischer Erkrankungen bei, die häufig auf einer gestörten Regulation des Stoffwechsels beruhen, also darauf, wie der Körper Energie nutzt oder Nährstoffe verarbeitet, und viele der präventiven Ansätze, von Bewegung bis Kalorienrestriktion, setzen genau hier an.

Studien deuten darauf hin, dass insbesondere intermittierendes Fasten metabolische Marker verbessern kann, ohne zwangsläufig zu einem dauerhaften Gewichtsverlust zu führen. Ich selbst bin ein großer Fastenfan, aber mir ist bewusst, dass dies nicht immer für jeden kompatibel ist. So oder so gilt: Nicht nur, was wir essen, sondern auch wann und wie häufig wir essen, beeinflusst unsere zentralen Alterungsprozesse. Jetzt erst wird vielleicht klar, wie tief Ernährung in unsere biologischen Systeme eingreift und mitentscheidet, wie anpassungsfähig wir im Laufe der Zeit bleiben.

FAKT: Der mTOR-Signalweg gilt als einer der zentralen Regulatoren von Wachstum und Alterungsprozessen. Eine chronische Überaktivierung wird mit beschleunigtem Altern, Tumorentstehung und metabolischen Erkrankungen in Verbindung gebracht. Umgekehrt zeigen zahlreiche experimentelle Studien, dass eine gezielte Hemmung von mTOR, beispielsweise durch Rapamycin oder Kalorienrestriktion, die Lebens- und Gesundheitsspanne verlängern kann.

7. Mitochondriale Dysfunktion

Mitochondrien sind die Energiezentralen unserer Zellen, sie produzieren Adenosintriphosphat (ATP), das als Energieträger für nahezu alle zellulären Prozesse benötigt wird. Mit zunehmendem Alter nimmt die Funktion der Mitochondrien schrittweise ab. Ursachen sind unter anderem Mutationen in der mitochondrialen DNA oder zum Beispiel Störungen in der Proteinqualität. Eine zentrale Rolle spielt dabei auch das Molekül NAD+, das den Elektronentransport ermöglicht. Mit zunehmendem Alter nimmt die Effizienz der Mitochondrien ab. Werden sie schwächer, sinkt nicht nur unsere körperliche Energie, sondern auch unsere Widerstandskraft gegen Krankheiten lässt nach. Gleichzeitig steigt die Produktion freier Radikale, das sind Moleküle, die unsere DNA, Proteine oder Zellmembranen angreifen und deren Struktur verändern und schädigen können. Noch dazu nimmt die Fähigkeit der Zellen ab, defekte Mitochondrien zu entfernen, wodurch schließlich ein Teufelskreis aus Energiemangel, oxidativem Stress und chronischer Entzündung entsteht.

Mitochondrien werden nicht durch Schonung leistungsfähiger, sondern durch gezielte, wiederkehrende Belastungen. Klassische Beispiele sind körperliche Aktivität, insbesondere Ausdauertraining, aber auch Kälteexposition, das Hypoxietraining oder Phasen reduzierter Nahrungszufuhr. Diese Reize erhöhen kurzfristig den oxidativen Stress, und entscheidend ist die anschließende Anpassung. Die Zelle reagiert mit einer verbesserten Regulation, effizienterer Energieproduktion und einer gesteigerten Widerstandsfähigkeit der Mitochondrien.

Dieses Prinzip wird als Mitohormesis bezeichnet. Milde, kontrollierte Stressreize können die Funktion von Zellen langfristig stabilisieren und verbessern.

8. Zelluläre Seneszenz

Zelluläre Seneszenz ist eine Reaktion auf akute oder chronische Schädigung der Zellen. Mit zunehmendem Alter sammeln sich solche seneszenten Zellen in verschiedenen Geweben an, beim Menschen oft zwei- bis zwanzigfach häufiger im Vergleich zwischen jungen und älteren gesunden Personen. Diese sogenannten seneszenten Zellen sind es, die sich nicht mehr teilen können, aber trotzdem im Gewebe verbleiben und entzündungsfördernde Substanzen abgeben. Diese chronische Entzündungsaktivität, auch «Inflammaging» genannt, ist ein Haupttreiber vieler altersassoziierter Erkrankungen wie Arteriosklerose, Diabetes oder Alzheimer. Ein wesentlicher Auslöser ist unter anderem die Verkürzung der Telomere. Auch Gewebe mit geringer Zellteilung, wie Gehirn oder Herz, können seneszente Zellen enthalten. Ausgelöst wird Seneszenz durch unterschiedliche Formen von Zellstress, etwa DNA-Schäden, sehr kurze Telomere, mitochondriale Dysfunktion, Infektionen oder oxidativen Stress. Die Zellen hören auf, sich zu teilen, bleiben aber metabolisch aktiv.

9. Stammzellerschöpfung

Mit zunehmendem Alter nimmt die Fähigkeit des Körpers ab, Gewebe zu erneuern und nach Verletzungen zu reparieren. Stammzellen sind vor allem für die Reparatur und Regeneration unserer Gewebe verantwortlich, sie können sich teilen und in spezialisierte Zellen verwandeln. Während dem Körper in jungen Jahren eine große regenerative Reserve zur Verfügung steht, nimmt die Anzahl funktionsfähiger Stammzellen mit zunehmendem Alter ab, gleichzeitig verlieren sie an Teilungsfähigkeit. Dadurch verlaufen Reparaturprozesse langsamer, Wundheilung sowie Gewebeerneuerung sind eingeschränkt und Organe verlieren nach und nach ihre Anpassungsfähigkeit. Die Erschöpfung der Stammzellen ist daher ein zentrales Kennzeichen des Alterns.

10. Veränderte interzelluläre Kommunikation

Ebenso bedeutsam ist die veränderte interzelluläre Kommunikation. Zellen stehen ständig über chemische Botenstoffe, Hormone und elektrische Signale miteinander in Kontakt. Diese interzelluläre Kommunikation ist notwendig, um Wachstum und Reparaturprozesse zu koordinieren. Im Alter wird diese Abstimmung zunehmend unpräzise, Signale können dann fehlinterpretiert werden, und dadurch reagieren Zellen nicht mehr angemessen auf ihre Umgebung. Die gestörte Zellkommunikation wirkt daher als übergreifender Verstärker anderer Alterungsmechanismen.

11. Chronische Entzündung (Inflammaging)

Wenn es um Alterungsprozesse geht, kommen wir an Inflammaging nicht vorbei, einer chronischen, niedriggradigen Entzündungsaktivität, die viele altersassoziierte Erkrankungen mitprägt. Typisch dafür sind erhöhte Werte bestimmter Entzündungsmarker im Blut und in Geweben, selbst dann, wenn eigentlich keine akute Erkrankung vorliegt. Der italienische Geriater Luigi Ferrucci und sein Team zeigten, dass diese stillen Entzündungen das Risiko für zahlreiche chronische Erkrankungen wie Herz-Kreislauf-Erkrankungen, Typ-2-Diabetes, Krebs oder neurodegenerative Erkrankungen deutlich erhöhen. Als Ursachen des Inflammaging gelten unter anderem genetische Faktoren, zunehmendes viszerales Fett, Veränderungen der Darmbarriere und des Mikrobioms sowie die bereits beschriebene zelluläre Seneszenz.

Ob ein frühes Gegensteuern gegen Inflammaging durch Lebensstil, Ernährung, Bewegung oder gezielte Therapien möglich ist, ist noch nicht abschließend geklärt. Einige Studien, wie z. B. die CALERIE-Studie, zeigen jedoch, dass bereits eine moderate Kalorienreduktion über zwei Jahre ausreicht, um Entzündungen zu senken, zu verbessern und biologische Alterungsprozesse zu verlangsamen. Lebensstilmaßnahmen wie Bewegung, Schlaf, Stressmanagement und gezielte Ernährung wirken auf diese Mechanismen ein – oft stärker, als jede Pille es kann!

FAKT: Ein zentraler Mechanismus des Alterns ist das sogenannte Inflammaging, eine chronisch niedriggradige Entzündung im Körper, die über Jahre hinweg unbemerkt bleibt und zahlreiche altersassoziierte Erkrankungen begünstigen kann.

12. Dysbiose des Mikrobioms

Der menschliche Darm ist von einer Vielzahl an Mikroorganismen besiedelt, die essenzielle Aufgaben erfüllen. Sie unterstützen die Verdauung, beeinflussen den Stoffwechsel und stabilisieren sogar unser Immunsystem. Entscheidend sind die Vielfalt und das Gleichgewicht dieser Darmflora, mit zunehmendem Alter nimmt diese Diversität jedoch häufig ab. Ungünstige Ernährung, Bewegungsmangel, Stress und Medikamente können diesen Prozess verstärken. Wenn das Mikrobiom aus dem Gleichgewicht gerät, wird die Darmbarriere durchlässiger, und entzündungsfördernde Substanzen gelangen in den Blutkreislauf, dadurch wirkt eine Dysbiose systemisch auf den gesamten Alterungsprozess.

Mit zunehmendem Alter verändert sich das Mikrobiom folglich schrittweise. Die Zusammensetzung ist grundsätzlich sehr individuell und wird durch genetische Faktoren, Ernährung, Lebensstil und Umwelt geprägt. Dennoch zeigen sich über verschiedene Studien hinweg konsistente Muster. Während sich das Mikrobiom nach der Kindheit relativ stabil verhält, nimmt im Alter die bakterielle Vielfalt insgesamt ab.

FRAUEN UND MÄNNER ALTERN UNTERSCHIEDLICH

Globale Gesundheitsdaten aus dem Jahr 2024 zeigen eindrücklich, wie früh sich geschlechterspezifische Unterschiede zwischen Frauen und Männern abzeichnen. Bereits in der Jugend beginnen die Verläufe zu divergieren und verstärken sich über das ganze Leben hinweg. Männer sind dabei insgesamt stärker von Erkrankungen betroffen, die früh tödlich verlaufen, während Frauen zwar eine höhere Lebenserwartung haben, dafür aber deutlich mehr Jahre mit chronischen, nicht-tödlichen, jedoch funktionell einschränkenden Erkrankungen leben. So steigt bei Frauen mit dem Rückgang der Östrogene rund um die Menopause unter anderem das Risiko für Herz-Kreislauf-Erkrankungen, Knochen- und Muskelschwund sowie Diabetes-Erkrankungen, die bei uns Frauen maßgeblich zur Krankheitslast im höheren Lebensalter beitragen.

Biologische und soziale Faktoren verstärken sich im Lebensverlauf gegenseitig und erklären damit, warum Gesundheit und Krankheit bei Frauen und Männern so unterschiedlich ausgeprägt sind. Dieses Muster wird als Male-Female-Health-Survival-Paradox bezeichnet und ist in wohlhabenden Ländern des 20. Jahrhunderts gut belegt.

Interessant sind in diesem Zusammenhang auch die sogenannten «Klosterstudien», die zeigen, dass sich die Lebenserwartung von Männern und Frauen nur geringfügig unterscheidet, wenn sie unter vergleichbaren Bedingungen leben, wie es bei Mönchen und Nonnen der Fall ist. Das legt nahe, dass ein Teil der beobachteten Unterschiede weniger biologisch bedingt ist, als häufig angenommen wird. Gründe für die Unterschiede scheinen vielmehr Lebensstil, Arbeitsbelastung und der Zugang zu medizinischer Versorgung zu sein. Gleichzeitig verdeutlichen diese Daten, wie stark Umwelt- und Verhaltensfaktoren wie die Abwesenheit von Stress unsere Gesundheit über die Lebensspanne beeinflussen können.

FAKT: Die Lebenserwartung von Nonnen und Mönchen in Klöstern unterscheidet sich nur geringfügig, meist um etwa 1 bis 2 Jahre. In der Allgemeinbevölkerung ist der Unterschied hingegen deutlich größer.

BIOLOGISCHER VORTEIL DER FRAUEN

Dass Frauen in den meisten Ländern im Durchschnitt etwa vier bis fünf Jahre länger leben als Männer, beruht unter anderem auf hormonellen sowie genetischen Schutzmechanismen. Dazu gehört auch der Umstand, dass wir Frauen über zwei X-Chromosomen verfügen, auf denen zahlreiche für Immunfunktion, DNA-Reparatur und Stoffwechsel relevante Gene lokalisiert sind. Diese genetische Redundanz kann dazu beitragen, Funktionsverluste auf zellulärer Ebene teilweise zu kompensieren, ein Mechanismus, der Männern in dieser Form nicht zur Verfügung steht. Das trägt dazu bei, dass Männer für bestimmte genetisch bedingte Erkrankungen und zelluläre Funktionsstörungen häufig anfälliger sind.

Zu unserem eingebauten «Back-up-System» kommen zudem hormonelle Effekte hinzu. So wirken Östrogene unter anderem gefäßschützend, entzündungsmodulierend und unterstützen Reparaturmechanismen in den Zellen, was über viele Jahre zu einer höheren Resilienz – insbesondere in unserem Herz-Kreislauf-System – beiträgt. Zusammengenommen kann unsere genetische und hormonelle Ausstattung zu einer robusteren Zellreparatur und einem insgesamt geringeren Risiko für bestimmte Erkrankungen führen. Mit Blick auf Langlebigkeit haben wir Frauen den Männern also einiges voraus – wie gut wir dieses Potenzial nutzen, hängt aber stark davon ab, wie wir mit unserem Körper umgehen und wie unser Lebensstil ist.

DER HORMONELLE SHIFT IN DER MENOPAUSE

Von zentraler Bedeutung für die Alterung von uns Frauen ist der hormonelle Shift, der sich während der Menopause vollzieht, denn Östrogen wirkt nicht nur im Reproduktionssystem, sondern auch in unseren anderen Organen, wie zum Beispiel Gefäßen, Herz, sogar im Gehirn, Knochen, Muskulatur, Immunsystem und im Darm. Fällt mit der Menopause das Östrogen abrupt ab, so beschleunigt sich die biologische Alterung bei Frauen messbar. Frauen, die früher in die Menopause kommen, weisen daher häufig ein biologisches Alter auf, das im Vergleich zu ihrem chronologischen Alter etwas weiter fortgeschritten ist. Umgekehrt scheinen Frauen unter menopausaler Hormonersatztherapie in bestimmten Geweben eine etwas verlangsamte epigenetische Alterung zu zeigen, was ein Hinweis darauf ist, dass Hormone tatsächlich in die Alterungsprogramme eingreifen und nicht nur «Begleitphänomen» sind wie immer angenommen.

Nach wie vor sind Herz-Kreislauf-Erkrankungen Todesursache Nummer eins bei Frauen. Lange galten sie zwar als «Männerkrankheit», aber wir sehen heute sehr klar, dass mit zunehmendem Alter das Risiko für Frauen ansteigt, und zwar dann, wenn der schützende Effekt von Östrogen auf die Gefäße nachlässt. Auch die Fettverteilung verschiebt sich in den Wechseljahren zunehmend zum viszeralen Fett, und die inflammatorische Aktivität steigt. In der scheinbar gesunden Prämenopause einen präventiven Blick auf spezifische Risikofaktoren für Herz-Kreislauf-Erkrankungen zu werfen, wäre daher nicht nur sinnvoll, sondern auch ausgesprochen wertvoll. In der klinischen Praxis ist ein solches Vorgehen jedoch bislang noch nicht flächendeckend etabliert. Wie wäre es also mit einem speziell auf Frauen abgestimmten Herzgesundheits-Check?

Auch das Gehirn altert bei uns Frauen anders als bei Männern, wobei das Hormon Östrogen wieder eine zentrale Rolle spielt. Es beeinflusst die Signalübertragung zwischen Nervenzellen sowie die Energiegewinnung in den Mitochondrien. Sinkt der Östrogenspiegel in der Peri- und frühen Postmenopause, geraten diese Prozesse bei vielen Frauen vorübergehend aus dem Gleichgewicht. Das zeigt sich häufig durch Schlafstörungen, Stimmungsschwankungen und eine erhöhte Stressanfälligkeit.

Ähnliche Zusammenhänge finden sich in unserem Bewegungsapparat und in unserem Stoffwechsel. Vor der Menopause ist die Knochendichte bei uns Frauen in der Regel gut erhalten. Der sinkende Östrogenspiegel während der Wechseljahre führt dann jedoch zu einem beschleunigten Knochenabbau, und dieser Abbau führt wiederum zu einer Abnahme der Knochendichte und auch der Knochenmasse. Als Folge steigt das Risiko für Knochenbrüche bei uns Frauen. Eine aktuelle große Kohortenstudie bei postmenopausalen Frauen konnte zeigen, dass ein erhöhtes kardiovaskuläres Risiko auch mit einem höheren Risiko für Frakturen, insbesondere Hüftfrakturen, verbunden ist. Beide Prozesse sind Ausdruck gemeinsamer biologischer Mechanismen wie chronischer Entzündung, oxidativem Stress und hormonellen Veränderungen. Das bedeutet, dass Herz-Kreislauf-Risiko und Knochengesundheit nicht getrennt betrachtet werden sollten. Gerade in der Perimenopause entsteht ein entscheidendes Zeitfenster, in dem präventive Maßnahmen beide Systeme gleichzeitig positiv beeinflussen können.

Die Muskelmasse reagiert ebenfalls empfindlich auf den hormonellen Wandel. Mit abnehmendem Östrogen sinkt zunehmend die Fähigkeit des Körpers, auf Training und Eiweißzufuhr mit Muskelaufbau adäquat zu reagieren, gleichzeitig nimmt die Insulinsensitivität ab, was beides langfristig Muskelschwund und Stoffwechselstörungen begünstigt.

Zu guter Letzt ist auch das Immunsystem von Frauen von Anfang an anders reguliert als das von Männern. Wir Frauen haben im Durchschnitt eine stärkere Immunantwort – starten also zumindest immunologisch mit einem kleinen Extra-Boost ins Leben. Das kann uns besser vor Infektionen schützen, leider kann dadurch aber auch unser Risiko für Autoimmunerkrankungen erhöht sein. Mit zunehmendem Alter verschiebt sich genau dieses Gleichgewicht in Richtung einer chronischen, niedriggradigen Entzündung, wofür wiederum der sinkende Östrogenspiegel verantwortlich ist. Das zeigt deutlich, dass Frauen ihre adaptive Immunität über viele Jahre stabiler aufrechterhalten als Männer, es jedoch mit der Menopause zu einer spürbaren Verschiebung kommt. Mit dem Abfall der Östrogenspiegel verliert das Immunsystem einen wichtigen regulierenden Einfluss, wodurch entzündliche Prozesse an Dynamik gewinnen.

Aktuelle Studien zeigen, dass Lebensstilfaktoren wie körperliche Fitness, Körpergewicht oder Rauchen bei Frauen besonders eng mit einer beschleunigten biologischen Alterung verbunden sind, gleichzeitig zeigt sich, dass regelmäßige Bewegung und gezieltes Training die körperliche und geistige Leistungsfähigkeit im Alter stabilisieren können.

WAS DIE WECHSELJAHRE MIT GENDERMEDIZIN ZU TUN HABEN

Die geschlechterspezifische Medizin, oder auch Gendermedizin, ist ein Bereich mit deutlichem Nachholbedarf, besonders in der Frauengesundheit. Das beginnt bei der Arzneimittelforschung, reicht über die Erforschung von Symptomen bis hin zu grundlegenden Datenlücken, dem sogenannten Gender Data Gap. Die Wechseljahre sind insofern ein zentrales Thema der geschlechterspezifischen Medizin, als sie eindrücklich zeigen, wie stark biologische Geschlechterunterschiede Gesundheit, Symptome und medizinische Versorgung prägen und wie lange diese Unterschiede in Forschung und Praxis in der Vergangenheit übersehen wurden. Im Kern untersucht die Gendermedizin, wie sich Krankheiten in

Entstehung, Symptomatik, Verlauf und Therapie zwischen Frauen und Männern unterscheiden und welche Konsequenzen sich daraus für Diagnostik und Behandlung ergeben.

Die Wechseljahre sind dafür ein besonders deutliches Beispiel, da sie ausschließlich Frauen betreffen, jedoch weit über das reproduktive System hinaus wirken. Obwohl große Studien wie die Women's Health Initiative (WHI) oder die Million Women Study durchgeführt wurden, ist es lange nicht gelungen, die weibliche Lebensrealität wirklich abzubilden. Die Wechseljahre wurden über Jahrzehnte hinweg weniger als relevante gesundheitliche Übergangsphase verstanden als vielmehr unter Risikoaspekten betrachtet. Und genau hier zeigt sich der Gender Data Gap: Viele Symptome der Peri- und Postmenopause wurden nicht systematisch differenziert untersucht, Therapien selten gezielt für diese Lebensphase geprüft und Leitlinien nur verzögert angepasst. Gleichzeitig galten Erkrankungen, deren Risiko nach der Menopause deutlich ansteigt, insbesondere Herz-Kreislauf-Erkrankungen, lange als «männliche Krankheiten». Eine Medizin, die solche biologischen und lebensphasenspezifischen Unterschiede nicht konsequent berücksichtigt, bleibt zwangsläufig unvollständig in der Versorgung von Frauen.

Viele Medikamente wurden überwiegend an männlichen Probanden getestet, Dosierungen orientieren sich häufig am männlichen Körper, obwohl Stoffwechsel, Hormonlage und Nebenwirkungsprofile bei Frauen oft anders sind. Hinzu kommt, dass diese Themen im Medizinstudium bislang nur unzureichend verankert sind. Über die Wechseljahre lernen angehende Ärztinnen und Ärzte häufig kaum mehr als grundlegende Definitionen, und auch die geschlechterspezifische Medizin wird vielerorts noch eher am Rande behandelt oder beiläufig erwähnt, wenngleich sich hier derzeit auch in Deutschland ein Wandel abzeichnet. Das führt dazu, dass viele Ärzt:innen sich im klinischen Alltag unsicher fühlen, was dich aber nicht davon abhalten sollte, bei deiner Ärztin oder deinem Arzt gezielt nachzufragen.

Es ist legitim, nach geschlechterspezifischen Unterschieden zu fragen, nach Dosierungsanpassungen oder danach, ob Medikamente auch an Frauen ausreichend untersucht wurden. Informierte Fragen sind kein Zeichen von Misstrauen, sondern Ausdruck eines wachsenden Gesundheitsbewusstseins seitens der Patient:innen und ein wichtiger Bestandteil guter medizinischer Versorgung. Der Gender Data Gap ist real, und er hat konkrete Folgen für Diagnostik, Therapie und Prävention. Gleichzeitig zeigen sich erste Fortschritte, etwa in der Herz-Kreislauf-Medizin, wo lange übersehene geschlechterspezifische Unterschiede nun zunehmend berücksichtigt werden.

EWIGE JUGEND BEI FRAUEN?

Wenn es um die Unterschiede im Altern von Frauen und Männern geht, sind nicht zuletzt auch die gesellschaftlichen Bilder und Erwartungen interessant, die unser Verständnis von Altern bis heute prägen. So wurde der «Wert» von Frauen viel zu lange über Fruchtbarkeit, Jugend und körperliche Attraktivität definiert, während Macht, Wissen und sozialer Status überwiegend den Männern vorbehalten waren. Mit dem Ende der reproduktiven Phase verloren Frauen gesellschaftlich an Bedeutung – ein Narrativ, das sich über Jahrhunderte in Medizin, Kunst und auch Literatur verfestigt hat. Kulturell und sozial wird dieses Muster bis heute weiterhin reproduziert. Egal ob in den Medien oder in der Werbung, Schönheitsideale koppeln Erfolg und Sichtbarkeit von Frauen an eine jugendliche Erscheinung, während Altern bei Frauen als Makel und bei Männern als Reife gelesen wird. Viele Frauen versuchen deshalb, jünger auszusehen, nicht aus Eitelkeit, sondern als Reaktion auf soziale Erwartungen und Normen, vielleicht auch aus dem Wunsch heraus, anerkannt zu werden. Wenn man es nüchtern betrachtet, ist das ziemlich unfair, denn der gesellschaftliche Druck lastet hier deutlich stärker auf Frauen als auf Männern.

All die genannten Muster sind nicht nur subjektive Wahrnehmungen, sie sind auch durch Forschung gut belegt. Betrachtet man die Frage unter historischen und sozialen Aspekten genauer, werden mehrere ineinandergreifende Faktoren sichtbar, die erklären, weshalb viele Frauen Jugendlichkeit besonders stark priorisieren. Zunächst ist das Ideal der jugendlichen Schönheit kein Naturgesetz, sondern ein «kulturelles Konstrukt». In vielen Gesellschaften Europas und Nordamerikas gewann im 19. und 20. Jahrhundert ein Bild von weiblicher Attraktivität an Bedeutung, das eng mit Jugend, makelloser Haut, schlanker Figur und einem traditionellen Lebensverlauf – jung Mutter zu werden, gehörte definitiv dazu – verknüpft war. Diese Ideale wurden durch Bildende Kunst, später durch Fotografie, Film und schließlich durch die globale Werbeindustrie verfestigt und haben sich tief in unser kollektives Verständnis eingeschrieben.

Empirische Studien aus Psychologie und Soziologie bestätigen, dass Frauen stärker als Männer von Altersdiskriminierung betroffen sind. Forschende haben zum Beispiel gezeigt, dass in Arbeitskontexten die Wahrnehmung von Kompetenz und Führungsfähigkeit bei Frauen mit zunehmendem Alter stärker sinkt als bei Männern, was sich unter anderem anhand von Einstellungs- und Leistungsbeurteilungen erkennen lässt. Es liegt also nicht nur ein individueller Wunsch vor, sondern auch ein struktureller Druck von außen, der uns Frauen dazu bringt, sichtbare Alterszeichen zu bekämpfen. Dieser Mechanismus sollte endlich hinterfragt und beendet werden.

Aus der Gesundheits- und Konsumforschung wissen wir, dass Anti-Aging-Produkte und -Behandlungen einen der größten Zukunftsmärkte der Kosmetik- und Wellnessbranche darstellen. Frauen geben im Durchschnitt deutlich mehr Geld für Hautpflege, kosmetische Eingriffe und Anti-Aging-Technologien aus als Männer, nicht nur aus persönlicher Präferenz, sondern weil diese Produkte als notwendig dargestellt werden, um soziale Bewertungskriterien zu erfüllen. Zudem gibt es neuropsychologische und entwicklungspsychologische Arbeiten, die zeigen, dass Selbstwahrnehmung und soziale Akzeptanz eng miteinander verknüpft sind. Wenn Frauen erleben, dass sie mit jugendlicher Erscheinung eher belohnt werden, sei es in sozialen Interaktionen, am Arbeitsplatz oder in Medienrepräsentationen, dann verstärkt das den Wunsch, möglichst lange jugendlich auszusehen.

Genau hier setzt dieses Buch an, denn es geht nicht um äußere Optimierung oder das Streben nach einem bestimmten Ideal, sondern um ein tiefes Verständnis der biologischen Prozesse, die unser Altern formen, und darum, wie wir sie gezielt beeinflussen können. Im Fokus sollte dabei der Erhalt unserer funktionellen Gesundheit und Lebensqualität über die Jahre hinweg stehen. Nicht, um jünger zu wirken, sondern um den eigenen Körper in seiner Entwicklung bewusst zu begleiten und nachhaltig zu stärken.

BIOMARKER DER WEIBLICHEN LANGLEBIGKEIT – WAS DEIN KÖRPER ÜBER DEIN ALTER VERRÄT

Wie du mittlerweile gesehen hast, lässt sich Altern nicht an einem einzelnen Laborwert ablesen, weder bei Frauen noch bei Männern, sondern biologisches Altern ist immer das Ergebnis mehrerer ineinandergreifender Prozesse. Dass wir biologisches Altern heute messbar machen können, ist besonders für uns Frauen relevant, denn viele Biomarker wurden lange Zeit überwiegend an männlichen Populationen untersucht. Hormonelle und zyklische Veränderungen, Schwangerschaften oder die Perimenopause waren in der Vergangenheit in vielen Datensätzen unterrepräsentiert. Erst in den letzten Jahren wird klarer, wie stark sich Alterungsprozesse zwischen den Geschlechtern unterscheiden.

Ich schätze besonders die Biomarker, die uns nicht nur einen aktuellen Zustand beschreiben, sondern ein zukünftiges Risiko greifbar machen. Lipoprotein(a), der HOMA-Index oder auch Homocystein gehören für mich zu diesen frühen Signalen. Sie werden leider im Alltag viel zu selten bestimmt, dabei geben sie uns die Möglichkeit, zukünftige gesundheitliche Entwicklungen zu erkennen, bevor sie klinisch relevant werden, um rechtzeitig gegenzusteuern. Gerade aus herzchirurgischer, aber auch aus präventivmedizinischer Perspektive finde ich das wichtig. Denn hier sieht man nicht mehr nur die manifeste Erkrankung, sondern versteht besser, welche Prozesse vorausgehen. Ein erhöhtes Lipoprotein(a) etwa ist kein Zufallsbefund, sondern ein klarer Hinweis auf ein genetisch geprägtes kardiovaskuläres Risiko. Der HOMA-Index ist ein etablierter Marker zur Abschätzung der Insulinresistenz und zeigt im Falle einer Erhöhung an, dass eine metabolische Dysregulation längst begonnen hat, auch wenn der Blutzucker und HbA1c noch unauffällig erscheinen. Er zeigt nicht nur, wie gut unser Körper auf Insulin reagiert, sondern auch, wie stabil zentrale Stoffwechselprozesse reguliert sind. Und Homocystein verweist auf subtile Störungen im Methylierungs- und Gefäßsystem, die sich langfristig auf unsere Gefäßgesundheit auswirken können. Erhöhte Werte werden unter anderem mit endothelialen Schäden, Arteriosklerose sowie einem erhöhten Risiko für Herzinfarkte und Schlaganfälle in Verbindung gebracht.

Wie bereits geschildert, gelten epigenetische Veränderungen wie die DNA-Methylierung, die Telomerlänge, Entzündungsparameter, metabolische Marker, hormonelle Profile oder funktionelle Tests als zentrale Werkzeuge, um das biologische Alter unabhängig vom Geburtsdatum einzuordnen. Sie machen sichtbar, was Lebensstilmaßnahmen, Medikamente oder neue, auch als Biohacking bezeichnete Interventionen zur Förderung gesunden Alterns tatsächlich bewirken können. Besonders die DNA-Methylierung und die Telomerlänge haben sich als stabile und gut reproduzierbare Marker des biologischen Alterns erwiesen.

Gut zu beobachten sind hier wiederum die geschlechtsspezifischen Unterschiede. Unser Stoffwechsel reagiert kontinuierlich auf das Zusammenspiel von Ernährung, körperlicher Aktivität, Schlafqualität, Stressbelastung und hormonellen Veränderungen.

Gerade bei uns Frauen verändern sich diese Prozesse im Laufe des Lebens deutlich, insbesondere in der Perimenopause und nach der Menopause. Metabolische Veränderungen können deshalb oft schon früh sichtbar werden. Ein besonders wichtiger Marker ist in diesem Zusammenhang der Nüchterninsulinwert. Während in der klassischen Medizin häufig vor allem der Blutzucker im Fokus steht, kann Insulin deutlich früher anzeigen, ob sich eine Insulinresistenz entwickelt. Ein erhöhter Insulinspiegel bedeutet, dass der Körper immer mehr hormonellen Aufwand betreiben muss, um den Blutzucker im Gleichgewicht zu halten. Diese Phase kann über viele Jahre bestehen, lange bevor ein erhöhter Blutzucker oder ein Diabetes diagnostiziert wird. Aus präventivmedizinischer Sicht liegt genau hier der entscheidende Moment: nicht erst bei der manifesten Erkrankung, sondern bereits dann, wenn das metabolische Gleichgewicht aus der Balance gerät. Eng damit verbunden ist der HbA1c-Wert, der den durchschnittlichen Blutzucker der letzten drei Monate widerspiegelt. So zeigen epidemiologische Studien, dass bereits leicht erhöhte Werte mit einem erhöhten Risiko für Herz-Kreislauf-Erkrankungen, kognitive Einschränkungen und beschleunigtes biologisches Altern verbunden sein können.

Gerade weil diese Werte so aussagekräftig sind, sollten sie aus meiner Sicht im Rahmen präventiver Untersuchungen konsequent miterfasst werden. Besonders wenn eine familiäre Vorbelastung oder erste Hinweise auf eine gestörte Glukoseregulation vorliegen, können solche Marker helfen, metabolische Veränderungen frühzeitig zu erkennen, bevor sich eine manifeste Erkrankung entwickelt.

Ein weiterer wichtiger Bereich ist der Lipidstoffwechsel. Eine große Kohortenstudie konnte zeigen, dass klassische Laborwerte wie Cholesterin zwar seit Jahrzehnten in der Medizin verankert sind, jedoch nur begrenzt geeignet sind, biologisches Altern oder Mortalitätsrisiken differenziert abzubilden. Deutlich aussagekräftiger waren Marker, die Entzündungsprozesse oder epigenetische Veränderungen erfassen.

Das bedeutet aber keineswegs, dass Lipide irrelevant sind, sondern dass sie kein vollständiges Bild liefern, um Langlebigkeit und gesundes Altern zu beurteilen. Sie beschreiben einen Teil des Risikos, aber nicht die Komplexität des Alterns. Und dennoch zeigt sich in Studien in der Gesamtbetrachtung, dass unsere metabolische Gesundheit, u. a. definiert durch stabile Blutzucker- und Lipidwerte, einer der stärksten Prädiktoren für gesundes Altern ist, auch wenn klassische Lipidparameter wie Cholesterin in diesem Kontext kein zuverlässiger Biomarker für biologisches Altern oder Mortalität sind.

Auch die chronische Entzündung spielt hier eine Rolle, denn viele metabolische Veränderungen gehen mit einer subtilen, dauerhaften Aktivierung des Immunsystems einher, dem bereits beschriebenen Inflammaging. Eine aktuelle Studie von Forscher:innen an der Charité in Berlin zeigt sehr deutlich, dass chronische, niedriggradige Entzündung eine übergeordnete Rolle spielt, wenn es um biologisches Altern und Mortalität geht. Marker wie IL-6 und CRP waren konsistenter mit dem Sterberisiko assoziiert als klassische metabolische Parameter wie Cholesterin. Auch in der Kardiologie sehen wir zunehmend, dass Atherosklerose eben nicht nur ein Lipidproblem ist, sondern meist auch ein inflammatorischer Prozess.

Marker wie der CRP-Wert können anzeigen, ob ein solcher niedriggradiger Entzündungszustand besteht. Selbst leichte Erhöhungen sind mit einem erhöhten Risiko für kardiovaskuläre Erkrankungen und metabolische Störungen verbunden. In diesem Zusammenhang verdienen auch Lebermarker Aufmerksamkeit. So gilt die nicht-alkoholische Fettleber heute als eine der häufigsten metabolischen Erkrankungen in westlichen Gesellschaften und wird zunehmend als Teil eines systemischen Stoffwechselproblems verstanden.

In der Longevity-Medizin werden die verschiedenen metabolischen Marker dabei nicht isoliert betrachtet, sondern im Kontext eines größeren Bildes. Sie spiegeln wider, wie flexibel unser Stoffwechsel auf Belastungen reagiert und wie stabil unsere hormonellen Regulationsmechanismen noch funktionieren. Zudem sind metabolische Marker nicht nur diagnostische Parameter, sondern sie sind auch unmittelbar beeinflussbar. Mit Änderungen in der Ernährung, Bewegung, Schlafqualität und Stressregulation kannst du innerhalb weniger Monate messbare Veränderungen bewirken. Und da sich bereits kleine Veränderungen im Alltag langfristig in den biologischen Markern des Alterns widerspiegeln, kann es sinnvoll sein, solche Parameter nach einer Phase gezielter Lebensstilveränderungen erneut bestimmen zu lassen, um zu sehen, welche Effekte sich tatsächlich im Körper abbilden.

Neben hormonellen Markern wie FSH, Estradiol, AMH oder SHBG, die reproduktive und endokrine Alterungsprozesse widerspiegeln, sind außerdem noch funktionelle Marker relevant. Muskelkraft, insbesondere Handkraft, ist beispielsweise ein erstaunlich starker Prädiktor für Mortalität. Für uns Frauen ist Krafttraining deshalb ein zentraler Bestandteil gesunder Langlebigkeit. Nicht zuletzt, weil Muskelmasse im Laufe des Lebens kontinuierlich abnimmt und gerade in der zweiten Lebenshälfte eine entscheidende Rolle für Stoffwechselgesundheit, Knochendichte und funktionelle Selbstständigkeit spielt.

Wichtig ist jedoch: Es gibt nicht diesen einen Biomarker, der eine adäquate Aussage im Gesamtkontext des Alterns treffen kann. Das biologische Alter ergibt sich aus der Kombination epigenetischer, inflammatorischer, metabolischer, hormoneller und funktioneller Parameter. Und spätestens jetzt wird klar: Der Übergang in die Menopause ist kein Randthema der Alterung, sondern ein wichtiger biologischer Wendepunkt. Wenn du also frühzeitig Biomarker messen lässt und verstehst, kannst du den Verlauf deutlich beeinflussen.

Eine aktuelle Studie mit über 1600 Teilnehmenden konnte zeigen, dass Biomarker des Alterns sehr unterschiedlich darin sind, wie gut sie das Risiko für Sterblichkeit abbilden. Besonders aussagekräftig waren dabei die epigenetische Uhr, entzündliche

Marker wie IL-6 sowie funktionelle Parameter wie Handkraft, Gleichgewicht und kognitive Leistungsfähigkeit. Gerade diese Kombination aus molekularen und funktionellen Markern scheint dem biologischen Alter besonders nahe zu kommen. Interessanterweise zeigte sich zugleich, dass ein kleines, gezielt ausgewähltes Set an Biomarkern nahezu die gleiche Vorhersagekraft hatte wie ein umfassendes Panel. Das spricht dafür, dass viele dieser Marker ähnliche biologische Prozesse widerspiegeln und sich in ihrer Aussage teilweise überschneiden.

Gleichzeitig wurde deutlich, dass klassische Laborwerte wie Cholesterin oder Glukose allein keine verlässlichen Marker für biologisches Altern sind. Vielmehr entsteht ein aussagekräftiges Bild erst durch das Zusammenspiel verschiedener Ebenen, und zwar von der Entzündung über Zellalterung bis hin zur körperlichen Funktion.

Für die Präventionsmedizin bedeutet das: Biomarker sind ein Instrument, um komplexe Prozesse sichtbar zu machen. Sie helfen uns zu verstehen, wie der Körper altert und an welchen Stellen wir gezielt eingreifen können, lange bevor Krankheit entsteht.

DER EINFLUSS UNSERER HORMONE AUF GESUNDHEIT UND ALTERN

Du hast es bereits bemerkt: Wenn wir über Frauengesundheit sprechen, kommen wir an Hormonen nicht vorbei. Es gibt inzwischen viele großartige Bücher, die sich sehr detailliert mit Hormonen beschäftigen und genau erklären, was in unserem weiblichen Körper passiert. Dieses Kapitel hat deshalb nicht den Anspruch, jedes Hormon in all seinen biochemischen Feinheiten zu erklären, sondern ich möchte Hormone für dich dort sichtbar machen, wo sie unsere Gesundheit ganz konkret beeinflussen. In meiner täglichen Arbeit erlebe ich immer wieder, wie verunsichert viele Frauen sind, weil sie manchmal die Zusammenhänge zwischen den Hormonen gar nicht verstehen. Im Folgenden will ich deshalb grundlegende Zusammenhänge verständlich machen und wichtige Begriffe für dich einordnen.

Wie du im vorausgehenden Kapitel schon gesehen hast, wirken Hormone nicht isoliert, sondern immer im Zusammenspiel, und begleiten uns Frauen durch alle Lebensphasen. So entscheiden sie nicht nur über unseren Zyklus oder unsere Fruchtbarkeit, sondern beeinflussen auch unsere Energie, unsere Belastbarkeit und unsere emotionale Stabilität. Es geht also darum, diese Wechselwirkungen zu verstehen, um ein Gespür dafür zu entwickeln, wie eng Schlaf, Stoffwechsel, Stressregulation und Zyklus miteinander verbunden sind. Denn viele Veränderungen, die wir Frauen im Laufe unseres Lebens wahrnehmen, sind kein Zeichen von Schwäche, sondern einfach nur Ausdruck eines Körpers, der sich ständig anpasst an genau diese verschiedenen Lebensphasen.

Das kann sich phasenweise für uns Frauen sehr fordernd anfühlen, denn mit dem Ausbleiben der Monatsblutung verschwinden unsere Beschwerden keineswegs automatisch. Unser weiblicher Organismus arbeitet rhythmisch, hormonelle Prozesse verändern sich mit dem Alter und mit den Lebensumständen, mit denen wir im Alltag zu kämpfen haben, wie Stress, Ernährung oder auch unserem veränderten Schlaf. Diese Dynamik erklärt auch, warum sich unsere Bedürfnisse im Laufe der Jahre verschieben und warum Strategien, die in früheren Lebensphasen vielleicht gut funktioniert haben, später nicht mehr passen müssen. Wenn du diese Zusammenhänge erkennst, kannst du Veränderungen besser einordnen, frühzeitig reagieren und deinen Körper bewusster durch die verschiedenen Lebensabschnitte begleiten. Es geht also nicht nur um Hormone. Es geht darum, über sie den Zugang zu den grundlegenden Mechanismen von Gesundheit zu bekommen.

WARUM IST ES SO WICHTIG, ÜBER HORMONE ZU SPRECHEN?

Weltweit sind über eine Milliarde Frauen postmenopausal. Viel zu lange wurden Frauengesundheit und besonders die Bedürfnisse von Frauen in der Lebensmitte medizinisch unterschätzt. Beschwerden rund um Zyklusveränderungen, Perimenopause und Menopause galten in der Vergangenheit oft als unvermeidlich oder wurden vorschnell als psychisch eingeordnet. Dabei betrifft dieses Thema allein in Deutschland rund neun Millionen Frauen, die sich aktuell in der Peri- oder Postmenopause befinden.

Erst langsam rückt das Verständnis in den Vordergrund, dass weibliche Gesundheit zyklisch und phasenabhängig ist, und erst langsam wird klar, dass es sich bei den Wechseljahren um einen zentralen Abschnitt im Leben vieler Frauen handelt, mit realen körperlichen und psychischen Auswirkungen. Viele spüren die Auswirkungen tatsächlich nicht aus Überempfindlichkeit, sondern weil hormonelle Veränderungen tief in unsere Stimmung oder beispielsweise unsere Herz-Kreislauf-Gesundheit und Lebensqualität eingreifen. Das wachsende medizinische und gesellschaftliche Interesse zeigt, wie notwendig es ist, Frauengesundheit endlich konsequent ernst zu nehmen.

Hinzu kommt ein Aspekt, der lange kaum benannt wurde. Mit dem Ende der Fruchtbarkeit verändert sich zwar die körperliche Funktion, doch die Bedeutung, die ihr zugeschrieben wird, ist nicht biologisch vorgegeben, sondern kulturell geprägt. Manche Frauen erleben diese Phase tatsächlich als Verlust oder hinterfragen ihr eigenes Weiblichkeitsgefühl, viele andere jedoch nicht. Für sie bedeutet dieser Lebensabschnitt weder weniger Attraktivität noch weniger Stärke. Das zeigt, dass ein vermeintlicher Zusammenhang zwischen Fruchtbarkeit und Weiblichkeit keine Selbstverständlichkeit ist, sondern das Ergebnis eines gesellschaftlichen Konstrukts, das Weiblichkeit über Jahrzehnte eng an Reproduktion geknüpft hat, oft weiter, als es der gelebten Realität entspricht.

Auch deshalb richtet sich dieses gesamte Buch, vor allem aber dieses Kapitel, an all die starken Frauen da draußen, die in ihrem bisherigen Leben enorm viel getragen und geleistet haben: Kinder großgezogen, Partnerschaften mitgestaltet, beruflich Verantwortung übernommen, Familien zusammengehalten, organisiert, vermittelt, ermöglicht haben, oft gleichzeitig, oft ohne große Anerkennung. Aber es richtet sich auch an all die Frauen, deren Lebensweg ein anderer war. Frauen ohne Kinder, bewusst oder unbewusst, Frauen, die ihre Energie in andere Formen von Fürsorge, Verantwortung, Kreativität oder Aufbau gesteckt haben.

Zwei X-Chromosomen zu haben, heißt sicherlich nicht, alles leichter zu haben. Es heißt, belastbarer und vielleicht auch anpassungsfähiger zu sein. Eine Form von Höchstleistung! Auch wenn unsere patriarchal geprägte Gesellschaft bis heute häufig ein anderes Bild vermittelt, denn Anpassung wird als selbstverständlich vorausgesetzt und nicht etwa als Leistung erkannt. Veränderungen im weiblichen Körper gelten daher schnell als Zeichen von Schwäche, statt als Ausdruck komplexer biologischer Anpassungsprozesse, und genau hier zeigt sich die Diskrepanz zwischen der tatsächlichen weiblichen Lebensrealität und den über Jahrzehnte geprägten gesellschaftlichen Deutungen.

DER WEIBLICHE ZYKLUS

Beginnen wir beim Menstruationszyklus. Dieser wird über ein fein abgestimmtes hormonelles Zusammenspiel zwischen Gehirn und Eierstöcken reguliert, der sogenannten Hypothalamus-Hypophysen-Ovar-Achse. Zu Beginn des Zyklus, in der Follikelphase, gibt der Hypothalamus pulsartig das Gonadotropin-Releasing-Hormon (GRH) ab, wodurch die Hypophyse zur Ausschüttung von follikelstimulierendem Hormon (FSH) und luteinisierendem Hormon (LH) angeregt wird. Unter dem Einfluss von FSH reift im Eierstock ein Follikel heran, der zunehmend Östradiol produziert. Dieses Hormon fördert den Aufbau der Gebärmutterschleimhaut und bereitet sie zum Beispiel auch auf eine mögliche Schwangerschaft vor. Ein charakteristischer Anstieg des LH-Spiegels löst schließlich den Eisprung aus; anschließend beginnt die Lutealphase, in der der verbleibende Follikel als Gelbkörper vor allem Progesteron bildet und damit die zweite Zyklushälfte hormonell prägt.

Der Menstruationszyklus beeinflusst nicht nur unsere reproduktive Gesundheit, sondern wirkt sich auch auf viele andere körperliche Prozesse aus. Hormonelle Schwankungen können Beschwerden und Erkrankungen wie Migräne oder neurologische Symptome im Verlauf des Zyklus messbar verändern. Gleichzeitig geben Lebensereignisse wie der Zeitpunkt der ersten Regelblutung (Menarche) oder der Menopause wichtige Hinweise auf die langfristige Gesundheit.

FAKT: Der Menstruationszyklus ist ein bislang unterschätztes, zugleich jedoch sehr aussagekräftiges Instrument, um die gynäkologische und die allgemeine

Gesundheit von Frauen über die gesamte Lebensspanne hinweg besser zu verstehen, von der Menarche bis über die Menopause hinaus.

Im Durchschnitt dauert ein Zyklus etwa 28 Tage, Schwankungen zwischen 21 und 35 Tagen gelten als normal. Der erste Zyklustag beginnt mit der Menstruation, in dieser Phase sind Östrogen und Progesteron niedrig. Viele Frauen fühlen sich während dieser Phase körperlich etwas ruhiger, manchmal auch erschöpfter. In der sich anschließenden Follikelphase steigt das Östrogen langsam an. Energie, Konzentration und soziale Offenheit nehmen zu, die Haut wirkt oft klarer.

Zyklusphasen und hormonelle Veränderungen im Leben einer Frau

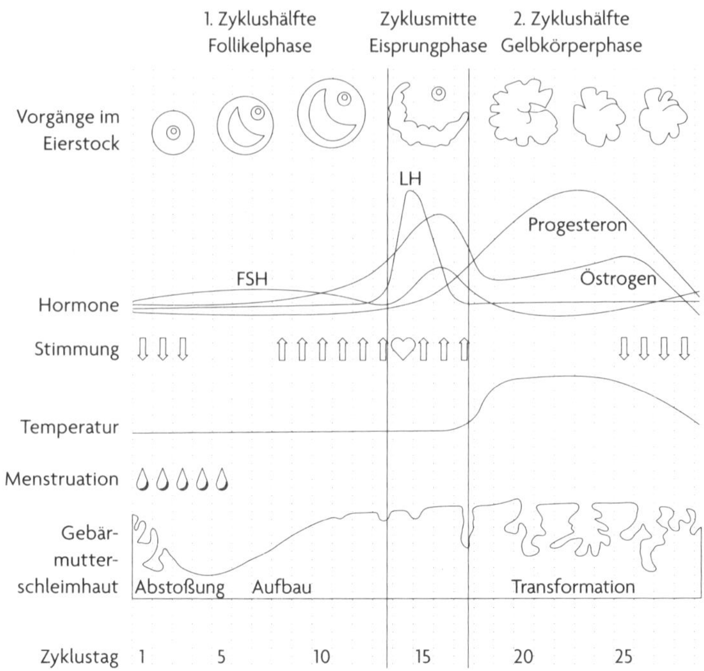

Um den Eisprung herum, also zwischen dem 13. und 14. Zyklustag, erreicht das Östrogen seinen Höhepunkt. Viele von uns fühlen sich in dieser Phase besonders leistungsfähig und extrovertiert. Nach dem Eisprung übernimmt Progesteron die Führung und steigt an. In der Lutealphase (Gelbkörperphase) wirkt es stabilisierend und beruhigend, solange es ausreichend vorhanden ist. Sinkt Progesteron im Verhältnis zu Östrogen, können typische prämenstruelle Beschwerden (PMS) entstehen, wie Reizbarkeit, Wassereinlagerungen oder Schlafprobleme.

Dieser monatliche Wechsel folgt einem biologischen Rhythmus. Ihn zu verstehen hilft uns, unseren Alltag, Sport, Arbeit und Erholung besser an die eigene Physiologie anzupassen. So gibt es Frauen, die ihr Körpertraining und auch ihre Ernährungsgewohnheiten auf ihren Zyklus ausrichten. In Phasen höherer hormoneller Belastbarkeit profitieren nämlich viele unter uns von intensiverem Training und einer höheren Energiezufuhr, während in anderen Zyklusabschnitten sanftere Bewegung, mehr Regeneration und angepasste Ernährung sinnvoll sein können. Dadurch kann das zyklusorientierte Vorgehen manchen Frauen helfen, Überlastung zu vermeiden und langfristig gesünder mit dem eigenen Körper umzugehen.

Viele Studien zum Zusammenhang von Menarche (erste Menstruationsblutung im Leben einer Frau, also Beginn der reproduktiven Phase), Menopause und Lebensspanne zeigen vor allem eins: Entscheidend ist weniger das einzelne Ereignis, sondern die Länge der hormonell aktiven Phase im Leben einer Frau. Daten aus großen Kohorten wie der Women's Health Initiative (WHI) legen nahe, dass eine längere reproduktive Lebensspanne mit einer höheren Wahrscheinlichkeit für ein hohes Alter assoziiert ist. Gleichzeitig zeigen mehrere Arbeiten, dass ein späteres Menarchealter mit einer geringeren Gesamt- und kardiovaskulären Mortalität einhergeht.

HORMONELLE LEBENSPHASEN EINER FRAU

In den jungen Jahren, von der Pubertät bis etwa Mitte 30, ist das Hormonsystem meist anpassungsfähig. Der Zyklus ist häufig regelmäßig, und Östrogen- und Progesteronspiegel sind gut aufeinander abgestimmt. Dennoch können Stress, Essverhalten, exzessiver Sport oder Schlafmangel das Gleichgewicht stören.

Ab etwa dem 40. Lebensjahr beginnt im Körper der Frau ein zunächst schleichender Prozess, bei dem es zu feinen hormonellen Verschiebungen kommen kann. Nicht jede Frau nimmt diese Veränderungen bewusst wahr. Viele Frauen, auch Patientinnen in meiner Sprechstunde, beschreiben diese Zeit aber rückblickend als Phase, in der sie «irgendwie anders» waren. Plötzlich wird der Zyklus unregelmäßiger, der Schlaf leichter, und auch die Energie kann im Alltag stärker fluktuieren. Medizinisch betrachtet beginnt in dieser Lebensphase das Progesteron, das Hormon der Ruhe und Balance, allmählich zu sinken. Es wird vom Gelbkörper produziert, der wiederum nach dem Eisprung entsteht. Doch weil mit zunehmendem Alter die Zahl der Eisprünge abnimmt, sinkt auch die Progesteronproduktion oft, lange bevor der Östrogenspiegel tatsächlich fällt. Das erklärt, warum viele von uns in ihren Dreißigern oder Vierzigern schon erste Veränderungen spüren, obwohl sie offiziell eigentlich noch «hormonell gesund» oder im Gleichgewicht sind.

Die Wechseljahre lassen sich in vier Phasen einteilen: Die *Prämenopause* ist die Zeit vor der letzten Blutung, in der der Zyklus meist noch vorhanden ist, sich hormonell jedoch bereits etwas verändert. Typisch ist hier vor allem ein früher Abfall des Progesterons, während der Östrogenspiegel oft noch stabil bleibt.

Als *Perimenopause* wird die Zeit rund um die Menopause beschrieben. Sie kann mehrere Jahre vor der Menopause beginnen. Diese Phase kann sich über einen Zeitraum von fünf bis zehn Jahren erstrecken. Die Perimenopause ist eine Zeit hormoneller Instabilität, in der die hormonellen Schwankungen deutlicher werden. In dieser Phase sinkt neben dem Progesteron zunehmend auch das

Östrogen, oft unregelmäßig und nicht linear. Diese Schwankungen sind Ausdruck einer beginnenden Erschöpfung der ovariellen Follikel, und sie erklären viele der körperlichen und emotionalen Veränderungen, die Frauen in dieser Zeit wahrnehmen.

Symptome der frühen Perimenopause

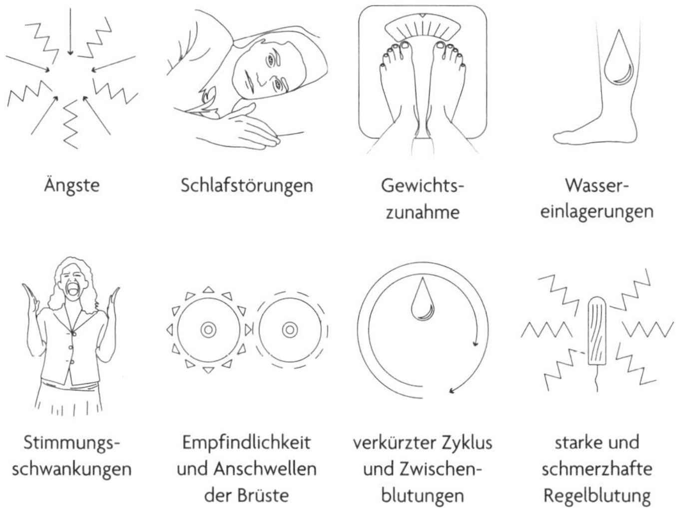

Die *Menopause* wird klinisch als der Zeitpunkt definiert, der zwölf Monate nach der letzten Menstruation liegt. Die natürliche Menopause tritt im Durchschnitt um das 50. bis 51. Lebensjahr ein. Abweichungen davon sind jedoch klinisch relevant: Eine frühe Menopause ist mit einem erhöhten Risiko für kardiovaskuläre Erkrankungen assoziiert, während ein späterer Zeitpunkt eher mit einer verlängerten hormonellen Schutzphase einhergeht. Der Zeitpunkt der Menopause stellt damit einen Marker für biologische Alterungsprozesse. Der menopausale Übergang geht häufig mit Beschwerden wie Hitzewallungen, Herzklopfen, Schlafstörungen oder innerer Unruhe einher. Das Ausbleiben der Menstruation ist dabei nur ein sichtbares Zeichen der ovariellen Alterung. Dahinter stehen hormonelle Veränderungen, die mit vielfältigen gesundheitlichen Auswirkungen auf verschiedene Organsysteme verbunden sein können.

In der *Postmenopause* stabilisieren sich die Hormonspiegel auf einem niedrigeren Niveau. Viele Beschwerden bessern sich wieder, während andere – etwa das Risiko für Osteoporose oder Herz-Kreislauf-Erkrankungen – stärker in den Fokus rücken.

ÖSTROGEN ALS SCHUTZFAKTOR

Unsere hormonellen Lebensphasen prägen uns nicht nur von innen, sondern auch von außen. In den fruchtbaren Jahren sorgen stabile Östrogenspiegel für eine elastische Haut, eine gute Knochendichte, einen aktiven Stoffwechsel und ein belastbares Herz-Kreislauf-System. Wenn nun Östrogen als schützender Faktor fehlt, kann sich das äußerlich etwa in trockenerer Haut oder veränderter Fettverteilung zeigen. Das ist auch einer der Gründe, weshalb wir in dieser Phase häufig mehr Fett ansetzen, insbesondere im Bauchraum und an den Hüften. Der Körper reagiert auf den Östrogenmangel mit einer veränderten Stoffwechselsteuerung, Fett wird leichter gespeichert, während unser Energieverbrauch sinkt und es parallel zu einer alters- und hormonbedingt abnehmenden Muskelmasse kommt. Gleichzeitig treten vermehrt Gelenkbeschwerden auf, was unter anderem mit dem Verlust entzündungsmodulierender Effekte von Östrogen auf das Gelenkgewebe zusammenhängt.

Viele Frauen erleben um die Menopause zudem diverse vasomotorische Symptome wie Hitzewallungen und Schweißausbrüche, weil das Temperaturzentrum im Hypothalamus empfindlicher reagiert und die Wärmeregulation aus dem Gleichgewicht gerät. Auch der Schlaf verändert sich häufig. Östrogen wirkt im Gehirn auf die Regulation von Melatonin und Serotonin, sodass ein Mangel dieser Hormone das Ein- und Durchschlafen erschweren kann.

Stimmungsschwankungen, innere Unruhe oder Konzentrationsprobleme lassen sich ebenfalls neurobiologisch erklären, da Östrogen unter anderem die Dopaminaktivität beeinflusst und damit vor allem unsere emotionale Stabilität mitsteuert.

Gleichzeitig ist diese Übergangsphase aber nicht durch reinen Verlust, sondern vielmehr durch Anpassung geprägt. Unser Körper findet neue Wege der Regulation – und genau hier liegt für uns Frauen eine große Chance für unsere Prävention und auch dafür, unseren eigenen Lebensstil zu verbessern und unsere Gesundheit bewusst zu gestalten.

Verschiedene Studien zeigen, dass nicht nur das Vorhandensein von Östrogen, sondern vor allem die Dauer der natürlichen Östrogenexposition im Leben einer Frau eine Rolle für Gesundheit und Lebenserwartung spielt. Frauen, die später in die Menopause kommen und dadurch länger körpereigenem Östrogen ausgesetzt sind, weisen häufig eine geringere Gesamtmortalität auf. Vereinfacht gesagt bedeutet das: Je länger der hormonelle Schutz anhält, desto länger profitiert unser Stoffwechsel von den stabilisierenden Effekten des Östrogens. Diese Beobachtungen deuten darauf hin, dass hormonelle Lebensphasen weit über die reine Fruchtbarkeit hinausreichen und langfristige Alterungsprozesse mitprägen. Über Jahrzehnte hinweg prägen Östrogene also, wie elastisch unsere Gefäße im Alter bleiben und wie gut Zellen mit Stress umgehen, und dieser Einfluss entscheidet wiederum darüber, wie widerstandsfähig unser Körper altert.

Östrogenwirkung auf das Herz

Wie ich an der einen oder anderen Stelle bereits habe anklingen lassen, haben Östrogene auch einen direkten und langfristig schützenden Einfluss auf unser Herz-Kreislauf-System. Vor der Menopause sind wir Frauen durch das Östrogen besser vor Herzinfarkt, Bluthochdruck und Arteriosklerose geschützt, ein wichtiger biologischer Vorteil, der uns viele Jahre lang begleitet. Nach der Menopause jedoch nimmt dieser hormonelle Schutz langsam ab, und die gesundheitliche Lücke zwischen Frauen und Männern beginnt sich zu schließen. Das ist auch der Grund, warum jüngere Frauen deutlich seltener von einem Herzinfarkt betroffen sind, was ich auch als Ärztin in der Herzchirurgie beobachten konnte. Lässt die gefäßschützende Wirkung des Östrogens nach, können sich Fett- und Kalkablagerungen in den Arterien bilden, was im weiteren Verlauf zu akuten Gefäßverschlüssen im Herzen oder im Gehirn führen kann. Die möglichen Folgen sind Herzinfarkt, Schlaganfall oder auch eine kritische Organminderdurchblutung, die mit zum Teil lebensbedrohlichen Konsequenzen einhergehen können.

Auf Ebene der Blutgefäße fördert Östrogen die Bildung von Stickstoffmonoxid (NO). Dieses Molekül sorgt dafür, dass sich die Gefäße entspannen, elastisch bleiben und der Blutdruck besser reguliert wird. Viele Frauen erfahren in dieser Zeit erstmals – häufig als Zufallsbefund bei einer Routineuntersuchung –, dass sie einen erhöhten Blutdruck haben. Was vorher durch den hormonellen Schutz kompensiert wurde, tritt nun klarer zutage. Auch das Risiko für Fettstoffwechselstörungen und Insulinresistenz nimmt zu, was in Kombination wiederum das Herzinfarktrisiko für Frauen deutlich erhöhen kann.

In meiner Praxis erlebe ich häufig, dass Frauen überrascht sind, wenn sich ihr Cholesterinprofil rund um die Menopause verändert. Über viele Jahre waren die Werte unauffällig, weshalb ihnen verständlicherweise wenig Bedeutung beigemessen wurde. Mit dem hormonellen Übergang steigen LDL-Cholesterin und Triglyzeride jedoch nicht selten an, unabhängig davon, ob sich Lebensstil oder Gewicht wesentlich verändert haben. Frühere Normalwerte schützen also nicht automatisch vor einem späteren Risiko, denn mit dem Rückgang der Östrogene verändert sich auch der Fettstoffwechsel grundlegend.

Der Östrogenrückgang markiert folglich eine metabolische Zeitenwende. Der Körper braucht nun andere Strategien, um Herz und Gefäße zu schützen. Bewegung, Ernährung, Schlaf und Stressmanagement werden in dieser Lebensphase zur wichtigsten Präventionsmedizin. Du merkst: Östrogen ist weit mehr als ein Hormon der Fruchtbarkeit, es ist ein multifaktorieller Regulator, der Herz, Gehirn und Stoffwechsel miteinander verbindet, und genau das macht es zu einem zentralen biologischen Faktor für die langfristige Gesundheit von uns Frauen.

Östrogenmangel

Doch wie fühlt sich ein Östrogenmangel nun eigentlich an? Hier ist es wichtig, zwischen einem akuten und einem chronischen Mangel zu unterscheiden. Ein akuter Östrogenabfall kann sich durch Hitzewallungen, Zyklusstörungen mit verlängerten oder unregelmäßigen Zyklen, sehr starke Blutungen oder auch durch das vollständige Ausbleiben der Menstruation äußern. Hinzu kommen häufig Haarausfall, Herzklopfen oder Herzstolpern. Viele Frauen beschreiben in dieser Phase ein Gefühl, als sei ihr Körper plötzlich nicht mehr verlässlich.

Typisch für einen chronischen Östrogenmangel sind trockene Schleimhäute, nicht nur im Bereich von Vagina und Vulva, sondern auch an Augen, Mund und im Darm. Langfristig kommt es zudem zu beschleunigtem Knochenabbau mit zunehmendem Osteoporoserisiko. Da Östrogen ein zentraler Schutzfaktor für Gefäße, Gehirn und Knochen ist, verändern sich mit seinem Rückgang auch metabolische und vaskuläre Regulationsmechanismen. Dadurch steigt das Risiko für die sogenannte Insulinresistenz, aber auch für eine Gewichtszunahme, zu beobachten ist insbesondere eine Ansammlung von Köperfett im Bauchbereich. Ein chronischer Östrogenmangel kann zudem das Auftreten von depressiven Verstimmungen begünstigen.

Studien zeigen, dass Frauen mit einem abrupten Abfall des Östrogenspiegels, etwa nach einer Ovarektomie oder Chemotherapie, langfristig ein erhöhtes Risiko für kardiovaskuläre Ereignisse, neurodegenerative Erkrankungen und das metabolische Syndrom aufweisen. Gerade weil diese Veränderungen mehrere Körpersysteme gleichzeitig betreffen, sollte Prävention idealerweise an verschiedenen Ebenen gleichzeitig ansetzen. Regelmäßige Bewegung nimmt dabei eine Schlüsselrolle ein. Sowohl Krafttraining als auch Ausdauertraining verbessern die Insulinsensitivität, wirken Entzündungen entgegen und stabilisieren die Gefäßfunktion.

PROGESTERON, DAS HORMON DER INNEREN BALANCE

Während die Östrogenspiegel in unseren Dreißigern meist noch stabil sind, verändert sich mit den Jahren unmerklich das feine Gleichgewicht zwischen unseren Geschlechtshormonen. Das Hormon Progesteron, das diese Balance aufrechterhält, verdient deshalb weit mehr Aufmerksamkeit, als wir ihm üblicherweise schenken. Progesteron kann als der ruhige Gegenspieler zum aktiven, aufbauenden Östrogen angesehen werden. Es stabilisiert unsere Stimmung, den Schlaf und sogar das Nervensystem. So hat Progesteron direkte Rezeptoren im Gehirn, in den Gefäßen und im Immunsystem. Es moduliert GABA (Gamma-Aminobuttersäure), den wichtigsten beruhigenden Botenstoff im menschlichen Gehirn, was es zum natürlichen Angstlöser macht. Progesteron wirkt zudem entwässernd sowie entzündungshemmend und schützt die Brustdrüse.

Wenn unsere Zyklen mit zunehmendem Alter häufiger anovulatorisch werden, also kein Eisprung mehr stattfindet, entsteht auch kein Gelbkörper und damit kein Progesteron. In der Konsequenz passt unser Körper seinen Rhythmus an, denn plötzlich steht nicht mehr die Fortpflanzung im Fokus, sondern der Erhalt. Dieses feine Umschalten kann allerdings das gesamte hormonelle System beeinflussen. Fehlt Progesteron, verliert der Körper einen Teil seiner inneren Balance. Viele Frauen spüren in dieser Zeit, dass sich ihr Schlaf verändert, er wird oberflächlicher, das Durchschlafen fällt schwerer, die innere Gelassenheit nimmt ab. Dinge, die früher mühelos gingen, brauchen plötzlich mehr Geduld.

Eine kanadische Studie aus dem Jahr 2023 hat untersucht, ob bioidentisches, mikronisiertes Progesteron in dieser Phase helfen kann. Obwohl sich nicht alle Beschwerden verbesserten, berichteten viele Frauen von spürbaren Erleichterungen in zentralen Bereichen ihres Alltags. Vor allem nächtliche Schweißausbrüche gingen zurück, der Schlaf wurde als tiefer und erholsamer empfunden, und die Symptome wurden insgesamt als weniger störend erlebt, körperlich wie emotional. Gleichzeitig erwies sich die Behandlung als gut verträglich.

Die Studie unterstreicht, dass vasomotorische Beschwerden in der Perimenopause weniger aus einem dauerhaften Hormonmangel als vielmehr aus hormonellen Schwankungen und einer erhöhten Sensibilität des Nervensystems entstehen. Hier kann Progesteron gezielt unterstützen und zumindest teilweise stabilisieren.

> **FAKT:** Progesteron ist ein zentrales Hormon für Zyklusstabilität, Schlaf und Stressregulation und wirkt auf unser Nervensystem beruhigend. Es sinkt oft früher ab als Östrogen, insbesondere in der Perimenopause, nicht selten beginnen diese Veränderungen Jahre, bevor die letzte Menstruation eintritt.

Präventionsstrategien zur Stabilisierung deines Hormonhaushalts

Wenn Dauerstress über erhöhte Cortisol- und Prolaktinspiegel die feine Abstimmung der Hormonachsen stört, können regelmäßige Atemübungen, Yoga oder Meditation stabilisierend auf unser Nervensystem wirken. Hierzu findest du im Kapitel zur Stressresilienz eine vertiefende Einordnung. Auch feste Abendroutinen mit reduzierter Lichtexposition können dir dabei helfen, deinen Körper aus dem Alarmmodus in die Regeneration zu führen. Ebenso entscheidend ist die Ernährung. Durch eine ausreichende Zufuhr von

Proteinen und Mikronährstoffen wie beispielsweise Magnesium, B-Vitaminen und Zink unterstützt du die Funktion des Gelbkörpers. Besonders Vitamin B6 spielt eine wichtige Rolle in der Progesteronsynthese und wird im Alltag häufig unterschätzt.

Bei Zyklusstörungen kann auch eine pflanzliche Unterstützung sinnvoll sein. So kann beispielsweise Mönchspfeffer (Vitex agnus-castus) regulierend auf den Progesteronspiegel wirken, vorausgesetzt, er wird gezielt und nicht wahllos eingesetzt. Du solltest aber wissen, dass pflanzliche Präparate insgesamt langsamer und subtiler wirken und die Wirkung auch nicht bei jeder Frau gleich ausfällt. Beziehe also auf jeden Fall deine Gynäkologin mit ein und besprich mit ihr gemeinsam, was individuell sinnvoll ist.

Dein Lebensstil bildet letztlich die Grundlage jeder hier im Buch beschriebenen Präventionsstrategie. Ausreichender Schlaf, moderates Krafttraining sowie eine ausgewogene Ernährung können dazu beitragen, deine hormonelle Balance zu stabilisieren und deinen Körper langfristig widerstandsfähiger zu machen. Die konkreten Ansätze und ihre Umsetzung stelle ich im zweiten Teil des Buches ausführlich dar.

DAS ZUSAMMENSPIEL VON ÖSTROGEN UND PROGESTERON

Wie du gesehen hast, agieren Östrogen und Progesteron in unserem Körper teilweise als Gegenspieler. Beide sind entscheidend für den Zyklus, die Fruchtbarkeit, den Aufbau der Gebärmutterschleimhaut und die Knochengesundheit. Während Östrogene die Gebärmutterschleimhaut sowie das Brustdrüsengewebe aufbauen, sorgt Progesteron dafür, dass dieser Aufbau kontrolliert abläuft. Dieses Gleichgewicht ist entscheidend, denn ein dauerhaft ungebremster Aufbau von Schleimhaut oder Drüsengewebe kann langfristig auch das Risiko für Neubildungen erhöhen, im ungünstigen Fall auch für unkontrolliertes Wachstum. In diesem Zusammenspiel sind Östrogen und Progesteron also keine Gegner, sondern Partner mit unterschiedlichen Aufgaben. Erst das Gleichgewicht zwischen beiden Hormonen sorgt für Stabilität und Sicherheit auf zellulärer Ebene.

Auch für die Knochengesundheit spielen beide Hormone eine zentrale Rolle. So bremst Östrogen den Knochenabbau, während Progesteron den aktiven Knochenaufbau unterstützt. Gemeinsam tragen sie dazu bei, die Knochendichte zu erhalten, und sorgen für stabile, belastbare Knochen. Mit den hormonellen Veränderungen rund um die Menopause verschiebt sich dieses Gleichgewicht, was wiederum erklärt, warum das Osteoporoserisiko in dieser Lebensphase deutlich ansteigt.

Und auch im Bereich der Blutgerinnung zeigen sich unterschiedliche Wirkungen. Während Östrogene die Gerinnungsbereitschaft des Blutes fördern, hat Progesteron eher eine ausgleichende oder neutralisierende Wirkung. Wird nun Östrogen isoliert oder in höherer wirksamer Dosierung zugeführt, kann sich dadurch das Risiko für venöse Thrombosen erhöhen. Genau das ist bei vielen kombinierten oralen Kontrazeptiva relevant. Das erklärt unter anderem auch, warum das Thromboserisiko unter der Pille insbesondere in den ersten Einnahmemonaten messbar erhöht ist. Dieses Risiko steigt zusätzlich, wenn weitere Faktoren hinzukommen, etwa genetische Gerinnungsstörungen, Rauchen, Übergewicht oder längere Immobilisation. Auch wenn das Risiko für eine Thrombose bei jungen, gesunden Frauen vielleicht insgesamt niedrig ist, zeigt dies doch, dass Hormone nie isoliert betrachtet werden sollten, sondern immer im Zusammenhang mit Dosierungshöhe, Vorerkrankungen, Risikofaktoren oder beispielsweise der Einnahmedauer.

Weitere Unterschiede zwischen den beiden Hormonen zeigen sich in unserem Stoffwechsel. So verbessert Östrogen unsere Insulinempfindlichkeit und wirkt damit schützend gegenüber der Entwicklung eines Diabetes. Dieser Effekt ist für uns Frauen lange ein metabolischer Vorteil, gerade in jungen Jahren. Progesteron ergänzt diese Regulation, indem es vor starken Blutzuckerschwankungen schützt und zur Stabilität beiträgt. Sinkt das Progesteron, wie es häufig in der Prämenopause der Fall ist, berichten viele Frauen über vermehrte Heißhungerattacken, insbesondere auf Süßes oder schnelle Kohlenhydrate. Diese Veränderungen sind kein Zeichen von mangelnder Disziplin, sondern Ausdruck einer hormonellen Verschiebung.

HORMONERSATZTHERAPIE – WAS WIRD EMPFOHLEN?

Ist nun also für alle Frauen eine Hormonersatztherapie empfehlenswert, um gesünder zu altern? Ganz sicher nicht. Nicht jede Frau braucht Hormone, und nicht jede Frau hat Beschwerden, die behandelt werden müssen. Wie bei jeder medizinischen Intervention gilt es auch hier, Nutzen und Risiken individuell abzuwiegen. Denn auch Hormone sind keine Garantie für besseres Altern. Sie sind kein Longevity-Versprechen und kein Ersatz für einen gesunden Lebensstil.

> **FAKT:** Eine Hormonersatztherapie (HRT) ist keine Standardmaßnahme für gesundes Altern, sondern eine individuelle medizinische Option, deren Nutzen vom richtigen Zeitpunkt, der passenden Indikation und der persönlichen Risikokonstellation abhängt.

Der Kern der Empfehlung lässt sich eigentlich sehr klar zusammenfassen. Die Leitlinie der Deutschen Gesellschaft für Gynäkologie und Geburtshilfe (DGGG) versteht die Menopause nicht als Erkrankung, sondern als Lebensphase, in der Beschwerden behandelbar sind, und zwar wirksam für alle Frauen. Wenn Frauen in der Peri- oder Postmenopause unter typischen vasomotorischen Symptomen wie Hitzewallungen, nächtlichem Schwitzen oder daraus resultierenden Schlafstörungen leiden, sollte eine Hormonersatztherapie aktiv angeboten werden.

Entscheidend ist dabei nicht ein schematisches Vorgehen, sondern ein ausführliches Gespräch mit deiner Ärztin oder deinem Arzt, in dem Nutzen und mögliche Risiken für dich individuell besprochen werden. Die Therapie ist ausdrücklich eine gemeinsame Entscheidung. Therapeutisch unterscheidet man nach der anatomischen Situation: Besteht der Uterus noch, wird Östrogen immer mit einem Gestagen kombiniert, um eine Verdickung der Gebärmutterschleimhaut sowie eine Karzinomentwicklung zu verhindern. Nach einer Hysterektomie, also der Entfernung der Gebärmutter, genügt eine reine Östrogentherapie, da dieser Schutzmechanismus dann nicht mehr erforderlich ist.

Die Leitlinie formuliert dabei sehr eindeutig, dass Östrogene die effektivste Behandlung gegen klimakterische Beschwerden darstellen. Andere Maßnahmen können unterstützen, erreichen aber in der Regel nicht dieselbe Wirksamkeit. Gleichzeitig wird betont, dass die Indikation immer individuell gestellt werden muss, abhängig von Alter, Zeit seit der Menopause, Risikoprofil und persönlicher Symptomlast. Nicht jede Frau braucht demnach Hormone, aber Frauen mit relevanten Beschwerden sollten sie kennen, verstehen und als mögliche Option angeboten bekommen.

Women's Health Initiative

Die Women's Health Initiative (WHI)-Studie wurde ursprünglich durchgeführt, um die Wirksamkeit und Sicherheit der menopausalen Hormonersatztherapie bei postmenopausalen Frauen zu untersuchen. Sie wurde jedoch vorzeitig beendet, nachdem sich nicht signifikante Hinweise auf ein erhöhtes Risiko gynäkologischer Krebserkrankungen zeigten. Die Studie hat die Wahrnehmung der Hormonersatztherapie über viele Jahre geprägt und lange Zeit verzerrt. Plötzlich galten Hormone als gefährlich, Therapien wurden abgesetzt, und Empfehlungen änderten sich über Nacht.

Zwischen 1993 und 1998 nahmen mehr als 16608 postmenopausale Frauen im Alter von 50 bis 79 Jahren an der WHI-Studie teil, viele von ihnen wurden bis zu 20 Jahre nachbeobachtet. Sie ist damit eine der größten und einflussreichsten Studien im Bereich der Frauengesundheit überhaupt. Der durchschnittliche Studieneintritt lag jedoch deutlich jenseits der Menopause, viele Teilnehmerinnen waren über 60 Jahre alt und hatten bereits ein deutlich erhöhtes kardiovaskuläres Risiko, was die Aussagekraft der Studie in dieser Hinsicht einschränkt.

Als die Studie 2002 vorzeitig abgebrochen wurde, sorgten die veröffentlichten Ergebnisse für große Verunsicherung. Berichtet wurde damals unter anderem über ein um etwa 41 Prozent erhöhtes Schlaganfallrisiko, 29 Prozent mehr Herzinfarkte sowie eine Verdopplung von Thrombosen und Lungenembolien unter kombinierter Hormonersatztherapie. Auch das relative Risiko für Brustkrebs war laut Studie erhöht. Was damals kaum kommuniziert wurde: Das absolute Risiko für die einzelne Frau war insgesamt gering.

Die pauschale Ablehnung der Hormonersatztherapie, die daraufhin folgte, hatte weitreichende Konsequenzen. Viele Frauen setzten ihre Therapie abrupt ab, oft ohne ärztliche Begleitung, und eine ganze Generation verlor das Vertrauen in eine wirksame Behandlung von Wechseljahresbeschwerden. Heute, Anfang 2026, hat die FDA, die amerikanische Lebens- und Arzneimittelüberwachungsbehörde, hingegen Warnhinweise zu kardiovaskulären Risiken auf vielen Hormonpräparaten abgeschwächt oder neu eingeordnet, weil neuere Daten die frühere pauschale Risikoannahme nicht mehr stützen.

Neuere Auswertungen der WHI-Daten, unter anderem 2024 in der medizinischen Fachzeitschrift *JAMA* veröffentlicht, zeichnen ein deutlich differenzierteres Bild. So sind die zentralen Ergebnisse heute zumindest klarer als damals. Die WHI zeigt, dass eine Hormonersatztherapie nicht zur Vorbeugung von Herz-Kreislauf-Erkrankungen, Demenz oder anderen chronischen Erkrankungen geeignet ist. Gleichzeitig bestätigt sie aber sehr deutlich, dass Hormone wirksam sind, wenn es um die Behandlung belastender

Wechseljahresbeschwerden wie Hitzewallungen oder nächtliche Schweißausbrüche geht.

Besonders relevant ist dabei das Timing. Wird eine Hormonersatztherapie vor dem 60. Lebensjahr oder innerhalb von etwa zehn Jahren nach der Menopause gestartet, gilt sie nach heutiger Datenlage nicht nur als sicher, sondern ist zudem mit einer Reduktion koronarer Ereignisse und einer niedrigeren kardiovaskulären Mortalität assoziiert. Gleichzeitig zeigt sich, dass Hormone kein Präventionsmittel für jede Frau und jedes Lebensalter sind, sondern eine sinnvolle therapeutische Option für Frauen mit ausgeprägten Symptomen in der Perimenopause. Eine Hormonersatztherapie wird somit nicht zur Langzeitprävention von Herzinfarkten oder anderen chronischen Erkrankungen empfohlen, sondern ihr Stellenwert liegt in der symptomorientierten Behandlung und in der Verbesserung der Lebensqualität.

Nutzen einer Hormonersatztherapie

Eine Hormonersatztherapie in den Wechseljahren ist somit kein Anti-Aging-Versprechen oder ein Versprechen für ewige Jugend. Sie ersetzt weder Schlaf, Bewegung noch einen gesunden Lebensstil. Gleichzeitig ist sie aber längst nicht mehr das pauschale Risikothema, zu dem sie nach den ersten Schlagzeilen rund um die WHI-Studie geworden war. Heute betrachten wir sie differenzierter, denn die Hormonersatztherapie ist eine wirksame medizinische Behandlung mit klar definierten Indikationen, nicht mehr und nicht weniger. In den vergangenen Jahren hat sich unser Verständnis deutlich weiterentwickelt. Wir wissen mehr über das Zeitfenster, in dem eine Therapie sinnvoll sein kann, über niedrigere und individuell angepasste Dosierungen, über unterschiedliche Applikationsformen und darüber, dass Risiken nicht universell gelten, sondern stark vom persönlichen Risikoprofil einer jeden Frau abhängen. Rückblickend wird außerdem klar, dass viele der damaligen Sorgen aus einer Behandlungsrealität stammen, die sich erheblich von der heutigen unterscheidet. Häufig wurden Frauen erst viele Jahre nach der Menopause behandelt, teilweise mit höheren Dosierungen und Präparaten, die in dieser Form heute kaum noch eingesetzt werden. Die moderne menopausale Hormonersatztherapie ist daher weniger eine ideologische Frage als eine individuelle medizinische Entscheidung, die sorgfältig abgewogen und gemeinsam getroffen wird.

Entscheidend ist in diesem Zusammenhang deshalb nicht die pauschale Frage «dafür oder dagegen», «richtig oder falsch», sondern für welche Frau unter uns ist sie sinnvoll, mit welchem Ziel, zu welchem Zeitpunkt, in welcher Form und über welchen Zeitraum? Der größte und am besten belegte Nutzen liegt in der Lebensqualität. Und das ist keineswegs ein zu vernachlässigendes Argument.

Hitzewallungen und nächtliches Schwitzen können massiv in den Alltag eingreifen und unsere Lebensqualität in den Wechseljahren, oder auch schon zuvor, beeinflussen. Diese Hitzewallungen können den Schlaf stören, müde machen, erschöpfen und Reizbarkeit fördern. Sie können die Konzentration, Leistungsfähigkeit und oft auch die Arbeitsfähigkeit beeinträchtigen. Nicht selten entsteht daraus eine Abwärtsspirale aus Erschöpfung und Gewichtszunahme, erhöhter Schmerzempfindlichkeit und geringerer Stressresistenz. In dieser Situation ist die systemische Hormonersatztherapie manchmal die wirksamste Behandlung, die wir haben. Ähnlich unterschätzt werden häufig Beschwerden wie Schmerzen beim Sex oder wiederkehrende Harnwegsprobleme. Gerade hier können lokale Östrogene als Gel oft sehr gezielt und mit geringem Risiko helfen und für viele Frauen spürbar Lebensqualität zurückbringen.

Ein weiterer wichtiger Aspekt ist die Knochengesundheit. Eine Hormonersatztherapie kann das Risiko für osteoporotische Frakturen senken, vor allem wenn sie im passenden Zeitfenster begonnen wird. In bestimmten Situationen kann sie sogar eine sinnvolle präventive Option sein, etwa wenn zusätzlich klimakterische Beschwerden bestehen oder andere Osteoporose-Medikamente nicht vertragen werden. Auch Effekte auf Stoffwechsel und Gefäße sind gut belegt.

Aktuelle Studien deuten darauf hin, dass die Hormonersatztherapie darüber hinaus helfen kann, den altersbedingten Kraftverlust zu verlangsamen und die körperliche Leistungsfähigkeit zu stabilisieren. Durch die hormonellen Veränderungen verlieren Frauen zunehmend an fettfreier Masse, besonders im Rumpfbereich. Parallel nimmt die Muskelkraft ab, was sich beispielsweise an der Hand- und Greifkraft zeigen kann, die ab dem mittleren Lebensalter deutlich schneller sinkt. Besonders überzeugend sind die Effekte, wenn eine Hormonersatztherapie mit regelmäßigem Kraft- und Bewegungstraining kombiniert wird. Hier scheint sich ein additiver Nutzen zu ergeben, vor allem für die Muskelkraft. Gleichzeitig bleibt die Datenlage uneinheitlich, insbesondere bei älteren Frauen oder bei kurzen Behandlungszeiträumen von weniger als sechs Monaten.

In der ELITE-Studie (Early versus Late Intervention Trial with Estradiol) wurde zudem untersucht, ob der Zeitpunkt des Therapiebeginns eine Rolle für deren Nutzen spielt. Das Ergebnis war eindeutig: Beginnt eine Östrogentherapie früh, kann sie die Progression der Atherosklerose verlangsamen; wird sie erst spät begonnen, zeigt sich dieser Effekt nicht mehr. Dieses sogenannte Timing-Konzept gilt heute als ein zentrales Prinzip im Verständnis hormoneller Prävention bei Frauen.

Gleichzeitig muss uns klar sein, dass eine Hormonersatztherapie weder die verschiedenen Säulen der Langlebigkeit, wie Bewegung oder Ernährung, noch die Kontrolle klassischer Risikofaktoren ersetzt. Sie ist auch keine Primärprävention für einen Herzinfarkt oder Schlaganfall. Sicher hat auch diese falsche Erwartung die Diskussion über Jahre hinweg unnötig polarisiert.

FAKT: Vieles spricht dafür, dass ein frühzeitiger Beginn einer Hormonersatztherapie einen günstigen Einfluss auf das Herz-Kreislauf-System haben kann. Hinweise darauf liefert unter anderem die WHI-Studie.

Risiken der Hormonersatztherapie

Dem Nutzen der Hormonersatztherapie stehen aber auch Risiken gegenüber, die offen benannt werden müssen. Das zentrale Thema ist das Brustkrebsrisiko, das aber nicht für jede Frau gleich ist. Es hängt unter anderem von der Art der Therapie, der Dauer der Anwendung, dem verwendeten Gestagen und vom individuellen, genetischen Ausgangsrisiko ab. Entscheidend ist daher für uns Ärzt:innen immer, zunächst die persönliche Situation zu klären. Familiäre Vorbelastung, eigene Vorerkrankungen und bisherige Befunde sollten herangezogen werden. Ein weiteres relevantes Risiko betrifft Thrombosen, wobei vor allem orale Östrogene das Risiko für venöse Thromboembolien erhöhen können. Auch das Schlaganfallrisiko nimmt mit steigendem Alter und größerem Abstand zur Menopause zu. Deshalb kann dieselbe Therapie bei einer 51-jährigen Frau mit starken Beschwerden gut vertretbar sein, während sie bei einer 63-jährigen Frau mit mehreren Risikofaktoren eine ganz andere Nutzen-Risiko-Abwägung erfordert.

Ist die Gebärmutter noch vorhanden, braucht es zudem einen verlässlichen Schutz des Endometriums, also der Gebärmutterschleimhaut. Ohne diesen kann das Risiko für Schleimhautveränderungen bis hin zum Endometriumkarzinom möglicherweise steigen. Auch Nebenwirkungen wie Blutungsstörungen, Brustspannen, Migräneverschlechterung oder Stimmungsschwankungen sind möglich. Sie sollten ernst genommen werden, denn eine Therapie, die zwar theoretisch sinnvoll ist, sich für dich aber nicht gut anfühlt, ist keine gute Therapie.

FAKT: Die häufigste relevante Komplikation einer Hormonersatztherapie ist das Auftreten thromboembolischer Ereignisse. Auch wenn die Behandlung zusätzliche präventive Effekte haben kann, etwa eine Reduktion osteoporotischer Frakturen, bleibt die Behandlung belastender klimakterischer Beschwerden die zentrale Indikation für den Einsatz einer Hormonersatztherapie.

TESTOSTERON UND DHEA

Testosteron wurde ursprünglich vor allem im Zusammenhang mit männlichen Geschlechtsmerkmalen erforscht. Das lag weniger an der Biologie als an der Perspektive der damaligen Medizin, die sich auf Bartwuchs, Muskelmasse und Libido beim Mann konzentrierte und das Hormon entsprechend einordnete. Dass auch Frauen lebenslang Testosteron bilden, war zwar bekannt, wurde aber leider lange als biologisches Randthema abgetan. Dabei ist Testosteron auch für uns Frauen ein zentrales Hormon. Es beeinflusst Energie, Konzentration, Muskelkraft und Libido und spielt zudem eine wichtige Rolle für unsere kognitive Leistungsfähigkeit.

Testosteron wird bei Frauen zu etwa 25 Prozent in den Ovarien, zu 25 Prozent in den Nebennieren und zu 50 Prozent aus Vorstufen wie DHEA im peripheren Gewebe gebildet. Ein stabiler Testosteronspiegel unterstützt den Erhalt von Muskelmasse und Knochendichte und trägt damit wesentlich zur körperlichen Stabilität und Belastbarkeit bei. Gleichzeitig beeinflusst Testosteron den Stoffwechsel und fördert die Fettverbrennung, insbesondere im Bereich des viszeralen Fetts, das aus medizinischer Sicht besonders relevant ist. Darüber hinaus spielt Testosteron eine wichtige Rolle für die geistige Klarheit und den Fokus. Über dopaminerge Signalwege wirkt es stabilisierend auf die Stimmung, kann Antrieb und Motivation fördern und trägt zu einem Gefühl von innerer Stärke und Selbstvertrauen bei. Auch die Libido ist eng mit einem ausgewogenen Testosteronspiegel verbunden. Wir sollten Testosteron daher nicht als «männliches Hormon» missverstehen, sondern es als einen zentralen Baustein hormoneller Gesundheit anerkennen, auch bei uns Frauen.

Testosteronmangel und -substitution

Ab dem 35. Lebensjahr sinkt die Testosteronproduktion in den Ovarien und Nebennieren schrittweise. Dieser Abfall bleibt oft unbemerkt, bis Symptome auftreten, die schwer einzuordnen sind. So kann sich Testosteronmangel bei Frauen durch Erschöpfung, geringere Belastbarkeit, reduzierte Stressresilienz oder nachlassende Lust bemerkbar machen, ein Thema, das gerade in der Lebensmitte vieler Frauen relevanter wird. Sorgfältig dosiert kann Testosteron auch bei Frauen therapeutisch eingesetzt werden, die Dosierungen liegen jedoch deutlich unter denen von Männern. In der Regel erfolgt die Anwendung als Creme auf der Haut, in seltenen Fällen auch lokal im Bereich der Vulva, beispielsweise bei Libidoverlust.

Eine der am besten untersuchten Studien zur Testosterontherapie bei Frauen wurde 2008 im *New England Journal of Medicine* veröffentlicht. In dieser Untersuchung erhielten postmenopausale Frauen mit ausgeprägtem vermindertem sexuellem Verlangen, die keine Östrogentherapie einnahmen, über ein Jahr entweder ein niedrig dosiertes transdermales Testosteronpflaster oder ein Placebo. Dabei zeigte sich in der ersten Gruppe eine moderate, aber messbare Verbesserung des sexuellen Verlangens sowie der Zahl befriedigender sexueller Erfahrungen im Vergleich zur Placebogruppe. Gleichzeitig traten Nebenwirkungen wie vermehrter Haarwuchs häufiger auf, und hinsichtlich der Langzeitsicherheit, insbesondere der Brustgesundheit, blieben offene Fragen bestehen.

Bei nachgewiesenem Testosteronmangel kann eine niedrig dosierte, individuell angepasste Substitution mit bioidentischem Testosteron oder DHEA sinnvoll sein, um die hormonelle Balance wiederherzustellen – jedoch ausschließlich unter ärztlicher Begleitung. Studien berichten zudem über mögliche Verbesserungen von Schlafqualität, Libido und subjektivem Wohlbefinden unter kontrollierter DHEA-Substitution, jedoch ohne typische maskulinisierende Effekte. Aber: Testosteron ist für uns Frauen kein

«Longevity-Hormon», sondern, wie oben bereits beschrieben, eine gezielte Therapieoption bei ausgeprägtem Libidoverlust, mit klar begrenzter, aber gut belegter Wirkung. Es zeigen sich bislang keine überzeugenden Effekte auf Stimmung oder kognitive Leistungsfähigkeit, sodass weitere Studien notwendig sind, um einen möglichen Nutzen verlässlich beurteilen zu können.

DHEA

DHEA (Dehydroepiandrosteron) ist das am häufigsten vorkommende Steroidhormon im Körper und dient als Vorläufer für Testosteron und Östrogen. Etwa dreißig Prozent des DHEA werden bei Frauen in den Eierstöcken produziert. In der Perimenopause nimmt diese Produktion ab. Rund siebzig Prozent stammen aus der Nebennierenrinde. DHEA erreicht seinen Höchstwert um das 25. bis 30. Lebensjahr. Danach fällt es jährlich um etwa zwei Prozent, ein Signal unseres biologischen Alterns. DHEA stärkt das Immunsystem, wirkt entzündungshemmend und schützt das Gehirn vor oxidativem Stress. Ein niedriger DHEA-Spiegel ist mit einem höheren Risiko für Depressionen, Osteoporose, Muskelschwäche und Immunschwäche assoziiert.

TESTOSTERON ALS LONGEVITY BOOSTER?

Testosteron und DHEA beeinflussen direkt die Mitochondrienfunktion, also die Energieproduktion in jeder Zelle, sie erhöhen dadurch die Insulinsensitivität, senken Entzündungsmarker und verbessern die muskuläre Regeneration. Ein stabiler Testosteronspiegel schützt die Muskelmasse, die in der Longevity-Forschung als einer der stärksten Prädiktoren für gesundes Altern gilt.

Eine Studie aus China, veröffentlicht 2019 in der Fachzeitschrift *Scientific Reports*, untersuchte über 90-Jährige und Hundertjährige und fand einen klaren Zusammenhang zwischen Muskelmasse und Lebenserwartung. Frauen mit niedriger Muskelmasse hatten ein deutlich höheres Sterblichkeitsrisiko, unabhängig von Alter und Begleiterkrankungen. Auch Einschränkungen in Bewegung und kognitiver Funktion wirkten sich stark auf die Überlebenswahrscheinlichkeit aus. Die Autor:innen der Studie betonen, dass Muskelkraft, Mobilität und geistige Aktivität zentrale Faktoren für ein langes, gesundes Leben im hohen Alter sind und dass Prävention hier deutlich früher beginnen sollte.

Die körpereigene Produktion der Androgene Testosteron und DHEA lässt sich vor allem über den Lebensstil positiv beeinflussen. Den stärksten natürlichen Stimulus stellt Krafttraining dar. Bereits zwei bis drei gezielte Trainingseinheiten pro Woche können die Androgenspiegel messbar erhöhen und wirken dabei sowohl auf die Muskulatur als auch auf den Hormonstoffwechsel. Ebenso zentral ist ausreichender Schlaf, vor allem die REM-Phasen in der Nacht sind entscheidend für die hormonelle Regeneration. Chronischer Schlafmangel wirkt sich dagegen direkt hemmend auf die Androgenproduktion aus. Auch die Ernährung spielt eine grundlegende Rolle. Gesunde Fette sind essenziell, da Cholesterin die biochemische Vorstufe unserer Steroidhormone ist. Lebensmittel wie Avocado, Olivenöl, Nüsse oder Eigelb liefern hierfür wichtige Bausteine. Ergänzend sind Mikronährstoffe wie Zink und Magnesium bedeutsam, da sie als Cofaktoren an der Androgensynthese beteiligt sind und bei Mangel die Hormonbildung limitiert sein kann.

FAKT: Eine Kombination aus regelmäßigem Krafttraining, nährstoffreicher Ernährung, Schlaf und gezieltem Stressmanagement kann die DHEA-Spiegel um bis zu 30 Prozent steigern – ganz ohne Hormonersatz.

SEXUALITÄT UND LEBENSERWARTUNG

Sexualität wird in der Medizin selten mit Langlebigkeit in Verbindung gebracht, dabei zeigen Studien seit Jahren, dass beides enger zusammenhängt als lange angenommen. Menschen mit aktiver und als positiv erlebter Sexualität weisen im Durchschnitt bessere körperliche und psychische Gesundheitsparameter auf, was nicht nur das subjektive Wohlbefinden betrifft, sondern auch messbare biologische Prozesse.

Eine große Langzeitstudie des Amsterdam University Medical Center zeigte, dass für die Befragten nicht die Häufigkeit sexueller Aktivität entscheidend war, sondern ob Sexualität als wichtig empfunden und als erfüllend erlebt wurde. Menschen, für die Sexualität auch im Alter eine Bedeutung hatte und die sie positiv erlebten, zeigten im Durchschnitt eine höhere Lebenserwartung. Gleichzeitig zeigte sich kein Nachteil für diejenigen, bei denen Sexualität im Laufe des Lebens an Bedeutung verloren hatte.

Eine US-amerikanische Studie aus dem Jahr 2010 legt ebenfalls nahe, dass Sexualität weit über einen rein privaten Lebensbereich hinausgeht und auch Hinweise auf den allgemeinen Gesundheitszustand geben kann. So beobachteten die Forschenden, dass sexuelle Aktivität und Zufriedenheit häufig mit körperlicher Leistungsfähigkeit, psychischem Wohlbefinden und sozialer Einbindung einhergehen. Menschen in guter körperlicher und mentaler Verfassung sind demnach häufiger sexuell aktiv, erleben ihre Sexualität als erfüllender und behalten länger Interesse daran. Sexualität erscheint damit weniger als isoliertes Phänomen, sondern vielmehr als Ausdruck eines insgesamt guten Gesundheitszustands.

Auf hormoneller Ebene geht sexuelle Aktivität mit der Ausschüttung von Oxytocin, Endorphinen und Dopamin einher, während gleichzeitig der Cortisolspiegel sinkt. Diese neurobiologische Kombination wirkt entspannend, fördert emotionale Bindung und trägt zur Regulation des autonomen Nervensystems bei. Da chronischer Stress als einer der wesentlichen Beschleuniger biologischer Alterungsprozesse gilt, bekommt jede nachhaltige Form der Stressreduktion auch aus Longevity-Perspektive eine besondere Bedeutung.

Eine Studie der Universität Wien aus dem Jahr 2025 untersuchte über einen Zeitraum von zwei Wochen, wie Stress mit sexuellem Verlangen und sexueller Aktivität zusammenhängt, und zwar bei Frauen und Männern gleichermaßen. Durch wiederholte Messungen des Stresshormons Cortisol im Tagesverlauf konnte nicht nur eine Momentaufnahme, sondern das tatsächliche Erleben im Alltag abgebildet werden. Dabei zeigte sich, dass höherer wahrgenommener Stress unabhängig vom Geschlecht konsistent mit geringerem sexuellem Verlangen und reduzierter sexueller Erregung einherging. Umgekehrt war jedoch nicht festzustellen, dass sexuelles Verlangen oder Erregung den empfundenen Stress unmittelbar senkten. Sexualität reagiert also sensibel auf Stress, während Stress selbst stärker durch äußere Lebensumstände und den jeweiligen Kontext geprägt wird.

Die Zusammenhänge zwischen Stresshormonen und Sexualität waren interessanterweise bei Frauen ausgeprägter als bei Männern, und höhere Cortisolwerte standen bei Frauen stärker mit einem reduzierten sexuellen Verlangen in Verbindung, was darauf hindeutet, dass weibliche Sexualität biologisch sensibler auf Stress reagiert. Diese Unterschiede lassen sich auch hormonell erklären. Denn Cortisol beeinflusst die hormonellen Regelkreise, die für Sexualität relevant sind, insbesondere die Achsen zwischen Gehirn, Nebenniere und Geschlechtsdrüsen. Die Ergebnisse sprechen dafür, dass diese hormonellen Wechselwirkungen bei Frauen und Männern unterschiedlich funktionieren.

Stressreduktion ist also nicht nur für Schlaf, Stoffwechsel oder Herzgesundheit relevant, sondern auch eine zentrale Voraussetzung für unsere sexuelle Gesundheit und Lebensqualität. Epidemiologische Studien zeigen zudem, dass sexuelle Aktivität und sexuelle Zufriedenheit mit einer geringeren Depressivität, einer günstigeren Herz-Kreislauf-Gesundheit und einer höheren Lebensqualität verbunden sind. In großen Beobachtungsstudien findet sich sogar ein Zusammenhang mit einer niedrigeren Gesamtsterblichkeit. Da die Sexualität bei Frauen eng mit hormoneller Balance, Stressniveau, Schlaf und emotionaler Sicherheit verknüpft ist, kann ein Rückgang der sexuellen Aktivität in hormonellen Übergangsphasen wie der Perimenopause daher vorwiegend als Ausdruck biologischer Veränderungen angesehen werden und weniger als deren Ursache. Umgekehrt kann eine gute sexuelle Gesundheit das gesunde Altern unterstützen.

So zeigte eine auf Daten der English Longitudinal Study of Ageing (ELSA) basierende Studie, dass sexuelle Aktivität im höheren Lebensalter mit einer höheren Lebensfreude verbunden ist. Ältere Menschen, die sexuell aktiv waren und emotionale Nähe zu ihrem Partner erlebten, berichteten insgesamt über mehr Lebenszufriedenheit, sowohl Männer als auch Frauen. Entscheidend war dabei vor allem das Erleben von emotionaler Verbundenheit. Die Ergebnisse widersprechen damit dem verbreiteten Bild, Sexualität verliere im Alter an Bedeutung. Ein erfülltes Sexualleben kann vielmehr auch im höheren Alter ein relevanter Bestandteil von Lebensqualität sein.

Aus wissenschaftlicher Sicht verlängert Sex also nicht automatisch das Leben. Aber Sexualität integriert viele Faktoren, die für Langlebigkeit entscheidend sind, wie Stressregulation, hormonelle Stabilität, soziale Bindung, Schlaf und psychische Gesundheit. Genau deshalb gehört sexuelle Gesundheit zu einer modernen Präventions- und Longevity-Strategie.

DIE SCHILDDRÜSE UND IHRE HORMONE

Die Schilddrüse ist das Zentrum des weiblichen Stoffwechsels. Sie steuert zudem weitere grundlegende Funktionen in unserem Körper, wie Herzfrequenz und Temperaturregulation. Die von ihr gebildeten Hormone T3 (Trijodthyronin) und T4 (Thyroxin) bestimmen, wie effizient jede Zelle Energie produziert.

Besonders bei uns Frauen ist dieses System empfindlich und reagiert sensibel auf Stress, Nährstoffmängel und hormonelle Verschiebungen. Bereits geringe Veränderungen der Schilddrüsenfunktion können Müdigkeit, Gewichtszunahme, Stimmungsschwankungen, Haarausfall oder Zyklusveränderungen verursachen, oft lange bevor Laborwerte auffällig sind.

Schilddrüsenerkrankungen gehören zu den häufigsten endokrinen Erkrankungen bei Frauen und sind in allen Lebensphasen relevant, von der reproduktiven Phase über die Schwangerschaft bis in die Wechseljahre. Epidemiologische Daten zeigen, dass Frauen deutlich häufiger betroffen sind als Männer. Schilddrüsenerkrankungen betreffen dabei nicht nur den Stoffwechsel, sondern auch Zyklus, Fruchtbarkeit, Schwangerschaft und langfristig das Herz-Kreislauf-System. Studien zeigen, dass Funktionsstörungen der Schilddrüse mit Zyklusveränderungen, eingeschränkter Fruchtbarkeit, Fehlgeburten und Schwangerschaftskomplikationen zusammenhängen können. Auch mildere, sogenannte subklinische Formen bleiben dabei nicht folgenlos.

Die Autoimmunerkrankung Hashimoto-Thyreoiditis betrifft Frauen bis zu zehnmal häufiger als Männer. Die Ursachen sind multifaktoriell: genetische Prädisposition, Östrogeneinflüsse auf Immunzellen, chronischer Stress und Nährstoffmangel (vor allem Selen, Zink, Eisen, Jod). Auch hormonelle Übergangsphasen, Schwangerschaft, Stillzeit, das Absetzen hormoneller Verhütung oder die Perimenopause können stille Entzündungsprozesse triggern oder den Hormonhaushalt durcheinanderbringen.

FAKT: Eine ausreichende Versorgung mit Eiweiß, Selen, Jod und Eisen schafft die metabolischen Voraussetzungen dafür, dass die Schilddrüse Hormone bilden und aktivieren kann. Fehlen diese Bausteine, können Beschwerden bestehen bleiben, selbst wenn Labor-

Die Schilddrüse – ein wichtiges Organ der Frauengesundheit

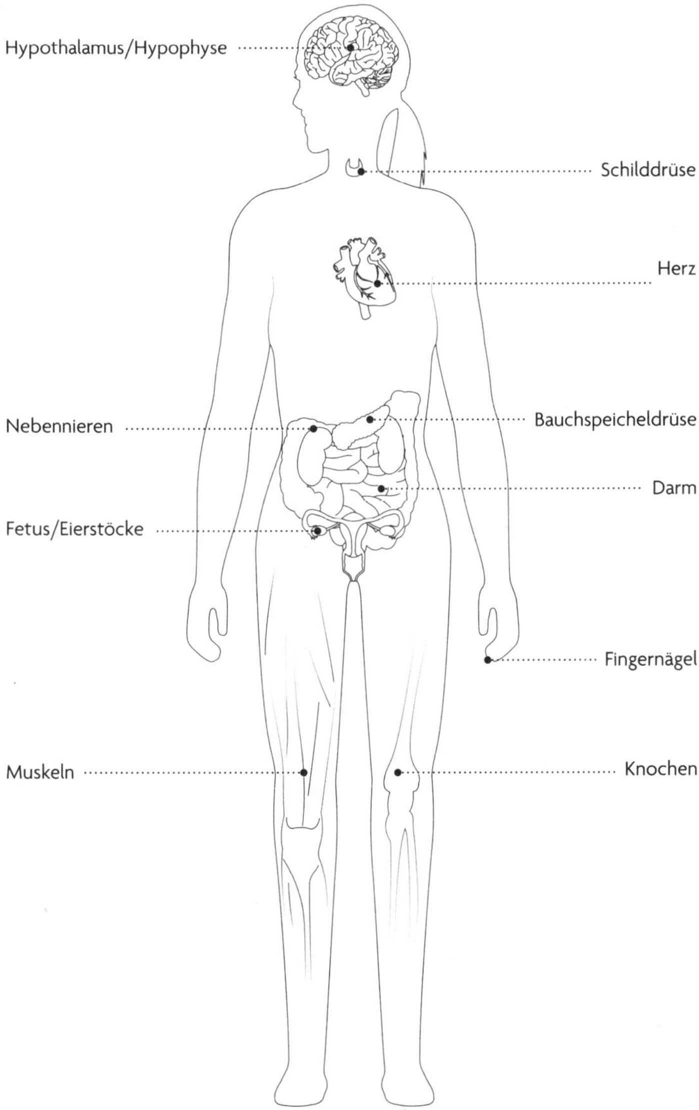

werte keine größeren Auffälligkeiten zeigen. Gleichzeitig gilt: Eine Substitution sollte nie unkritisch oder «blind» erfolgen, sondern immer auf einer fundierten klinischen Entscheidung basieren.

Schilddrüsenunterfunktion (Hypothyreose)

Die Hashimoto-Thyreoiditis ist in Regionen mit ausreichender Jodversorgung die häufigste Ursache einer Schilddrüsenunterfunktion und verantwortlich für bis zu 85 Prozent aller Fälle einer primären Hypothyreose. Das Risiko steigt unter anderem bei genetischer Veranlagung, nach Halsoperationen oder Bestrahlung, während oder nach einer Schwangerschaft, bei bestehender Autoimmunerkrankung sowie unter bestimmten Medikamenten oder Immuntherapien.

Eine Schilddrüsenunterfunktion ist mit Veränderungen der Blutfette, einer erhöhten Insulinresistenz und einem steigenden Risiko für Herz-Kreislauf-Erkrankungen verbunden. Durch die Verlangsamung des Stoffwechsels führt sie häufig zu unspezifischen Beschwerden wie Müdigkeit, Gewichtszunahme, Konzentrations- und Gedächtnisproblemen sowie Zyklusstörungen. Auch depressive Verstimmungen oder eine reduzierte Belastbarkeit sind typisch. Der Puls ist oft verlangsamt, die Haut kühl, und viele Frauen fühlen sich «wie ausgebremst». Die Symptome entwickeln sich meist schleichend und werden deshalb lange nicht eindeutig der Schilddrüse zugeordnet. Mehr zum Thema Schilddrüse und zur richtigen Einordnung der einzelnen Parameter findest du im Kapitel «Deine Laborwerte» im vierten Teil.

FAKT: Standardisierte Referenzbereiche sind oft zu breit gefasst und erfassen subklinische Hypothyreosen nicht zuverlässig. Entscheidend ist daher, nicht nur Laborwerte zu betrachten, sondern die Patientin in ihrer gesamten klinischen Situation zu verstehen. Der

TSH-Wert allein reicht dafür nicht aus. Erst im Zusammenspiel mit den freien Hormonen fT3 und fT4, rT3 entsteht ein stimmiges Bild der tatsächlichen Schilddrüsenfunktion.

Schilddrüsenüberfunktion (Hyperthyreose)

Die Schilddrüsenüberfunktion betrifft weltweit etwa 2 bis 2,5 Prozent der Erwachsenen und tritt deutlich häufiger bei Frauen als bei Männern auf. Die häufigste Ursache ist die Autoimmunerkrankung Morbus Basedow, gefolgt von autonomen Schilddrüsenknoten. Unbehandelt kann eine Hyperthyreose zu Herzrhythmusstörungen, Herzinsuffizienz, Osteoporose, metabolischen Entgleisungen und ungünstigen Schwangerschaftsverläufen führen.

Wenn der Körper zu viele Schilddrüsenhormone bildet, werden zahlreiche Prozesse, wie beispielsweise der Stoffwechsel, dauerhaft beschleunigt und viele Funktionen laufen über das notwendige Maß hinaus. Das kann sich unter anderem durch ungewollten Gewichtsverlust, vermehrtes Schwitzen, innere Unruhe, Nervosität oder Herzrasen und Herzklopfen äußern. Langfristig belastet eine Schilddrüsenüberfunktion zudem das Herz-Kreislauf-System und erhöht das Risiko für entsprechende Erkrankungen. Viele Betroffene fühlen sich innerlich getrieben und gleichzeitig erschöpft. Auch Zyklusstörungen und eine verminderte Stressresilienz können auftreten.

FAKT: Wenn du unter Zyklusstörungen leidest oder eine ausgeprägte Müdigkeit verspürst, lass bei deiner Hausärztin oder deinem Hausarzt deine Schilddrüsenwerte bestimmen. Das kann ein sinnvoller Schritt sein, auch wenn solche Symptome nicht zwangsläufig auf ein Ungleichgewicht der Schilddrüsenhormone hinweisen müssen.

Subklinische Schilddrüsenstörungen

Bei subklinischen Schilddrüsenstörungen liegen die freien Schilddrüsenhormone noch im Normbereich, während der TSH-Wert bereits verändert ist. Genau diese Konstellation wurde lange unterschätzt. Bis zu zehn Prozent der älteren Bevölkerung sind von einer subklinischen Hypothyreose betroffen, die meist ohne typische Symptome verläuft. Bei einer subklinischen Schilddrüsenunterfunktion sind die kardiovaskulären Effekte uneinheitlich, werden aber relevanter, wenn zusätzliche Risikofaktoren bestehen. Eine subklinische Hyperthyreose (Überfunktion) ist durch einen erniedrigten TSH-Wert bei normalen Schilddrüsenhormonen gekennzeichnet. Schon milde Formen sind mit einem deutlich erhöhten Risiko für Vorhofflimmern, Herzinsuffizienz und erhöhter Gesamtmortalität assoziiert.

Subklinisch bedeutet somit nicht, dass die Erkrankung klinisch irrelevant wäre. Therapieentscheidungen sollten sich hier nicht allein am Laborwert orientieren, sondern am individuellen Risiko, insbesondere dem Alter, der Symptomatik, bestehenden Herz-Kreislauf-Erkrankungen und anderen Begleitfaktoren.

DIE BEDEUTUNG VON INSULIN FÜR GESUNDES ALTERN

Wenn man über weibliche Hormone spricht, denkt man meist nur an Östrogen und Progesteron. Doch die Botenstoffe Insulin und Cortisol beeinflussen die hormonelle Balance entscheidend mit, indem sie darüber bestimmen, wie gut die übrigen Hormone wirken. Ein stabiles Verhältnis dieser Stoffwechselhormone ist eine der zentralen Grundlagen für unsere hormonelle Gesundheit und für unser gesundes Altern.

Das Insulin wird in der Bauchspeicheldrüse gebildet und reguliert unseren Blutzuckerspiegel. Es sorgt dafür, dass Glukose in die Zellen gelangt, wo sie uns als Energiequelle dient. Doch chronisch hohe Insulinspiegel – ausgelöst durch zuckerreiche Ernährung, ständiges Snacken zwischendurch oder Schlafmangel – können zu einer Insulinresistenz führen. Das bedeutet, die Zellen reagieren weniger empfindlich auf Insulin, und der Körper produziert immer mehr davon.

Ein chronisch erhöhter Insulinspiegel kann bei Frauen die ovarielle Androgenproduktion steigern, die hormonelle Balance zwischen Östrogen und Progesteron verschieben und damit den Eisprung beeinträchtigen. Gleichzeitig fördert eine Insulinresistenz niedriggradige Entzündungsprozesse und metabolischen Stress, die mit beschleunigten biologischen Alterungsprozessen assoziiert sind – ein Phänomen, das zunehmend als «metabolisches Altern» beschrieben wird.

Östrogen verbessert die Insulinempfindlichkeit und wirkt damit protektiv gegenüber der Entwicklung einer Insulinresistenz und eines Typ-2-Diabetes, während Progesteron unter anderem zur Stabilisierung des Blutzuckerspiegels beiträgt. Sinkt der Progesteronspiegel, wie es in der Prämenopause häufig der Fall ist, berichten viele Frauen über vermehrte Heißhungerattacken, besonders auf schnell verfügbare Kohlenhydrate. Diese Veränderungen sind kein Ausdruck mangelnder Disziplin, sondern spiegeln hormonelle Anpassungsprozesse wider.

Bereits ab dem dritten Lebensjahrzehnt beginnt für viele von uns Frauen eine Phase körperlicher Veränderungen. Der Stoffwechsel reagiert sensibler, und unsere Bedürfnisse nach Ernährung, Erholung oder Bewegung können sich verschieben. Wenn du diese Signale früh wahrnimmst, kannst du gegensteuern, bevor Beschwerden wie Erschöpfung, Gewichtszunahme, Zyklusunregelmäßigkeiten oder Schlafprobleme chronisch werden. Das Ziel ist dabei nicht, die Hormone zu kontrollieren, sondern ihre Veränderung zu verstehen und den eigenen Lebensstil im Einklang mit ihnen anzupassen.

FAKT: Eine stabile Insulinsensitivität gilt heute als einer der zentralen Marker für gesundes Altern. Sie sagt häufig mehr über metabolische Gesundheit aus als das Körpergewicht allein und steht in engem Zusammenhang mit einem geringeren Risiko für Diabetes, Herz-Kreislauf-Erkrankungen und altersassoziierte Erkrankungen.

CORTISOL UND DIE STRESSREGULATION

Cortisol ist kein Feind, wird aber oft gefürchtet. Es stabilisiert unseren Kreislauf und Blutdruck, reguliert den Glukosestoffwechsel, beeinflusst Immunantwort und Entzündungsaktivität und steuert unseren zirkadianen Rhythmus. Ohne dieses Hormon wäre der menschliche Organismus sicherlich nicht überlebensfähig. Gleichzeitig gilt, dass sowohl dauerhaft erhöhte als auch pathologisch niedrige Spiegel krank machen können. Endokrinologisch sprechen wir dann von einem Hyperkortisolismus (Cushing-Syndrom) beziehungsweise von einer echten Nebenniereninsuffizienz.

Das Cortisol wird in der Nebennierenrinde gebildet und folgt einem strengen, zirkadianen Rhythmus: Es ist morgens hoch und abends niedrig. Cortisol ist somit unser «Aufwachhormon» und stellt uns Energie bereit. Doch chronischer Stress, Überforderung oder dauerhaftes Multitasking, gerade bei uns Frauen, können diesen Rhythmus verschieben, und zwar mit weitreichenden Folgen.

Ein dauerhaft erhöhter Cortisolbedarf beeinflusst die Balance zwischen Stress- und Sexualhormonen, was sich unter anderem in Zyklusunregelmäßigkeiten, ausbleibendem Eisprung oder einer Östrogendominanz zeigen kann. Gleichzeitig wirkt ein anhaltend erhöhter Cortisolspiegel auf Stoffwechsel, Fettverteilung, Schlaf und Stimmung und kann indirekt auch die Schilddrüsenfunktion beeinflussen, etwa über Veränderungen der Hormonumwandlung und der Gewebeempfindlichkeit.

Veränderungen in der Stressregulation wirken sich dabei häu-

Symptome eines chronisch erhöhten Cortisolspiegels

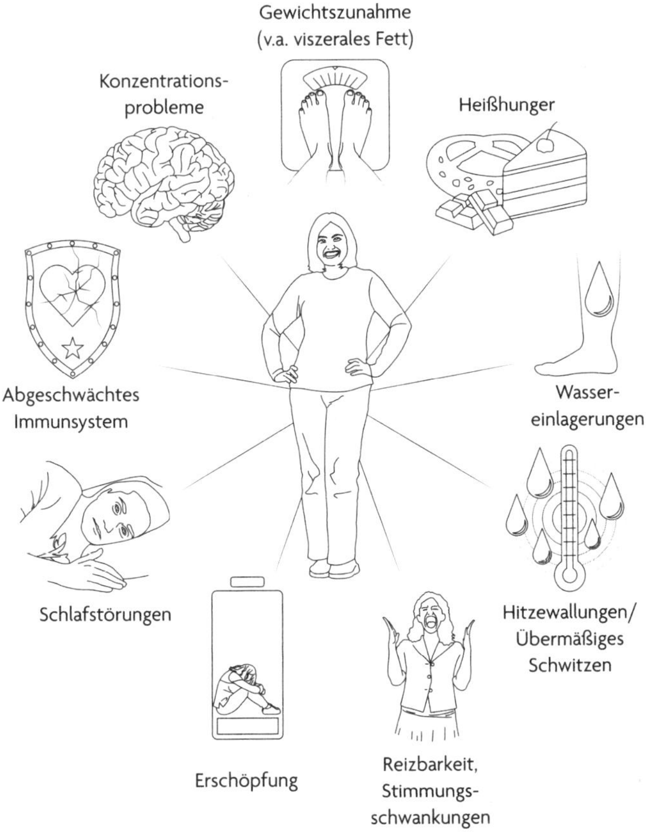

fig auf andere hormonelle Achsen aus. So priorisiert chronischer Stress kurzfristig das Überleben des Organismus gegenüber Regeneration und Fortpflanzung. Langfristig kann diese Verschiebung zu Erschöpfung, Gewichtszunahme und dem Gefühl eines gestörten inneren Gleichgewichts beitragen.

Hinter den Veränderungen, die viele Frauen zu spüren beginnen, steht also häufig kein einzelnes Hormon, sondern eine veränderte Regulation mehrerer Stoffwechselachsen. Cortisol und Insulin stehen hier in enger Wechselwirkung. Chronischer Stress kann über dauerhaft erhöhte Cortisolspiegel die Insulinfreisetzung und damit die Entwicklung einer Insulinresistenz begünstigen. Umgekehrt erschweren stabile hohe Insulinspiegel die physiologische Absenkung des Cortisols, insbesondere in den Abendstunden, wodurch der natürliche Tag-Nacht-Rhythmus aus dem Gleichgewicht geraten kann. Der Zustand anhaltender metabolischer Aktivierung beeinflusst Energiehaushalt, Fettverteilung, Schlafqualität und Regenerationsprozesse und wirkt langfristig auch auf entzündliche und zelluläre Alterungsmechanismen.

Genau hier berührt das Thema Hormone wieder einmal die Longevity-Medizin, denn gesundes Altern hängt wesentlich davon ab, wie gut unsere Stressregulation und hormonelle Balance miteinander abgestimmt bleiben, nicht durch einzelne Hormonwerte, sondern durch das Zusammenspiel unserer gesamten physiologischen Systeme.

ALLTAGSSTRATEGIEN FÜR EINE GUTE HORMONELLE BALANCE

Für unsere hormonelle Gesundheit und langfristiges gesundes Altern sind oft nicht komplexe Interventionen entscheidend, sondern konsequent gelebte Alltagsroutinen. Ein zentraler Einflussfaktor ist Licht, denn natürliches Tageslicht in der ersten Stunde nach dem Aufstehen wirkt als biologischer Zeitgeber. Es stabilisiert den morgendlichen Cortisolanstieg und synchronisiert zugleich Serotonin- und Melatoninrhythmen. Damit unterstützt es unsere Schlafqualität und auch unser Energielevel häufig effektiver als viele ergänzende Maßnahmen. Ebenso wichtig ist abendliche Dunkelheit, damit der Organismus rechtzeitig in den Ruhemodus wechseln kann. Und auch der Zeitpunkt des Kaffeekonsums kann eine Rolle spielen. Koffein unmittelbar nach dem Aufstehen, besonders auf nüchternen Magen, kann die ohnehin physiologische Cortisolausschüttung zusätzlich verstärken. Doch

Vorsicht, die häufig propagierte Empfehlung, Kaffee am Morgen bewusst zu verzögern, ist physiologisch nachvollziehbar, aber wissenschaftlich nicht eindeutig belegt. Entscheidend ist weniger der exakte Zeitpunkt als vielmehr dein individuelles Konsummuster und deine persönliche Reaktion auf Koffein.

Ein weiterer Schlüssel liegt im bewussten Umgang mit Stress. Kurze, sorgfältig gewählte Pausen, Atemübungen, Achtsamkeitsmomente oder ein kurzer Spaziergang können Stressreaktionen messbar dämpfen. Bewegung entfaltet ihre regulierende Wirkung dabei vor allem durch Balance. Während dauerhaft exzessives Training die Stressachse wiederum aktivieren kann, unterstützt ein moderates Krafttraining langfristig die hormonelle Regulation. Entscheidend bleibt auch hier das Zusammenspiel von (Stress-) Reiz und ausreichender Regeneration.

Alle im Kapitel genannten Hormone wirken, wie du gesehen hast, in einem fein abgestimmten Netzwerk. Schon kleine Verschiebungen, etwa durch Stress, Schlafmangel, Ernährung oder Zyklusunregelmäßigkeiten, können große Auswirkungen haben. Das erklärt, warum Frauen ab 30 so unterschiedlich auf Lebensstil, Medikamente oder Belastung reagieren.

Unsere eigenen Hormone zu betrachten, ist daher keine Nebensache, sondern die Grundlage moderner, präventiver Medizin. Denn gerade in der Allgemein- und Präventionsmedizin geht es darum, Frühzeichen hormoneller Dysbalancen zu erkennen, bevor sie zu manifesten Erkrankungen führen.

Am Ende geht es nicht darum, einzelne Werte zu optimieren, sondern die zugrunde liegenden Zusammenhänge zu verstehen und dort anzusetzen, wo Gesundheit entsteht, lange bevor Krankheit sichtbar wird. Und genau deshalb geht es in Teil II dieses Buches um die sieben Säulen und darum, wie du sie gesundheitsfördernd in dein Leben integrieren kannst.

Teil II

DIE 7 SÄULEN DER LONGEVITY-FORSCHUNG

SÄULE 1:

ERNÄHRUNG ALS SCHLÜSSEL ZU HEALTHY AGING

Unbestritten ist: Die Basis jeder Langlebigkeitsstrategie ist eine ausgewogene Ernährung. Wenn wir von Healthy Aging sprechen, geht es dabei nicht um kurzfristige Diäten oder Ernährungstrends, sondern vielmehr um Ernährungsmuster, die für jeden und jede von uns über Jahre hinweg stabil und alltagstauglich sind. Studien zeigen, dass eine nährstoffreiche, überwiegend pflanzenbasierte und entzündungsarme Ernährung mit moderatem Fleischkonsum und wenig Zucker mit einem geringeren Risiko altersassoziierter Erkrankungen verbunden ist. Gerade für uns Frauen spielt Ernährung eine zentrale Rolle, da sie viele Prozesse beeinflusst, die sich bei uns im Laufe des Lebens verändern.

Ich werde häufig zu Dinnerpartys bei Freunden eingeladen und nehme mir jedes Mal fest vor, mich mit Ernährungstipps zurückzuhalten, denn bei einem geselligen Abend möchte verständlicherweise niemand so etwas hören. In diesem Kapitel ist das nun anders. Hier darf ich all das aussprechen, was sonst oft unausgesprochen bleibt. Und zwar nicht, um dir den Genuss am Essen zu nehmen, sondern um deine Ernährungsgewohnheiten medizinisch und präventiv einzuordnen. Ich glaube, Ernährung ist eines der sensibelsten Themen überhaupt, weil sie so eng mit Emotionen verbunden ist, vielleicht auch mit Erinnerungen und sozialen Ritualen. Gleichzeitig ist Ernährung eine der mächtigsten Stellschrauben, die du für dein langes und gesundes Leben selbst in der Hand hast, und das bedeutet keineswegs Verzicht, sondern

Bewusstsein. Es geht mir keinesfalls darum, jedes Dinner zu optimieren oder jede Entscheidung zu perfektionieren. Ich möchte vielmehr, dass du noch besser verstehst, was Ernährung in deinem Körper wirklich macht, wann es also sinnvoll ist, bewusst hinzuschauen, und wann du einfach genießen darfst.

Ein Blick auf die bereits erwähnten Blue Zones – also jene Regionen mit besonders vielen über 100-Jährigen – zeigt, dass dort maßvoller Nahrungsverzicht Teil des Alltags ist. In Okinawa etwa gilt das Prinzip des «Hara Hachi Bu». Man isst nur so viel, bis man zu etwa 80 Prozent satt ist. Dieses natürliche Kaloriendefizit fördert aktiv die Stoffwechselgesundheit, senkt Entzündungen und aktiviert zelluläre Reparaturmechanismen. Und mal ehrlich: Zu 80 Prozent satt zu sein, bedeutet nicht, dass 20 Prozent Lebensfreude fehlen. Meistens sind es nur 20 Prozent Gewohnheit!

Viele Studien bestätigen, dass regelmäßige Phasen des Nahrungsverzichts die Lebensspanne verlängern und altersassoziierte Erkrankungen, wie beispielsweise Herz-Kreislauf-Erkrankungen, reduzieren können. Neben klassischen Fastenkuren haben sich inzwischen verschiedene Formen des Intervallfastens bewährt, etwa das 16:8-Modell (16 Stunden Fasten, 8 Stunden Essensfenster), die 5:2-Methode (an zwei Tagen pro Woche eine stark reduzierte Kalorienzufuhr) oder ein 24-Stunden-Fasten-Tag, alternierend alle ein bis zwei Wochen. All diese Ansätze können die Autophagie fördern, also den zellulären Reinigungs- und Recyclingprozess, bei dem beschädigte oder nicht mehr funktionsfähige Zellbestandteile abgebaut und wiederverwertet werden. Gleichzeitig verbessern sie die Insulinsensitivität, also die Fähigkeit unserer Körperzellen, auf Insulin zu reagieren und Glukose aus dem Blut aufzunehmen, und tragen damit zu einem stabileren Blutzuckerspiegel bei. So können sie, sofern medizinisch nichts dagegenspricht, einen wichtigen Beitrag zu gesundem Altern leisten.

FAKT: Sättigungssignale aus dem Magen-Darm-Trakt erreichen das Gehirn zeitverzögert, meist erst nach etwa 15 bis 20 Minuten. Langsames, bewusstes Essen verbessert die Wahrnehmung von Sättigung und ist in Studien mit einer geringeren Kalorienaufnahme sowie einer besseren glykämischen Kontrolle, also der Stabilisierung des Blutzuckerspiegels, assoziiert. Das Prinzip «Hara Hachi Bu» unterstützt damit auf nachvollziehbare Weise die Vermeidung von Überessen, auch wenn es kein klar definiertes medizinisches Therapiekonzept ist.

DIE VORTEILE EINER MEDITERRANEN ERNÄHRUNG

Die Forschung belegt, dass kalorienreduzierte Ernährung und intermittierendes Fasten zu einer besseren Zellgesundheit und Zellregeneration beitragen können. Dabei geht es nicht um reinen Verzicht, sondern um bewusstes Genießen und ausgewählte Nährstoffe, die du eventuell zusätzlich zuführen kannst. Mehrere im *New England Journal of Medicine* publizierte Arbeiten weisen darauf hin, dass eine Ernährung mit hohem Anteil an Antioxidantien, Omega-3-Fettsäuren und pflanzlichen Proteinen ebenfalls mit günstigeren Alterungsprozessen assoziiert ist.

Eine der bedeutendsten Studien zur gesunden Ernährung ist die PREDIMED-Interventionsstudie. Sie untersuchte über 7400 Personen, davon fast 57 Prozent Frauen, ohne manifeste (koronare) Herzkrankheit, aber mit einem erhöhten Risiko für Herz-Kreislauf-Erkrankungen und verglich drei Ernährungsformen: eine fettarme Diät, eine mediterrane Ernährung mit nativem Olivenöl extra und eine mediterrane Ernährung mit einer täglichen Portion Nüssen. Nach fast fünf Jahren zeigte sich ein eindrucksvolles Ergebnis. Beide mediterranen Gruppen hatten ein um etwa 30 Prozent niedrigeres Risiko für schwere kardiovaskuläre Ereignisse (wie zum

Die mediterrane Ernährungspyramide als Modell einer gesundheitsfördernden Ernährungsweise

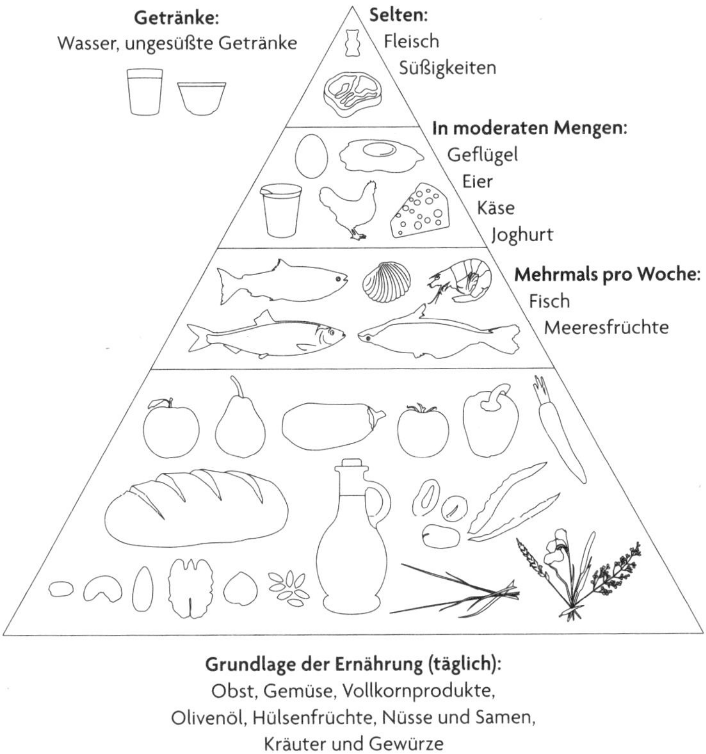

Lebensstil:
Regelmäßige körperliche Aktivität, Mahlzeiten gemeinsam genießen, ausreichend Schlaf und Stressreduktion u.a.

Beispiel Herzinfarkt oder Schlaganfall) im Vergleich zur fettarmen Diät.

Die mediterrane Ernährung wirkt auf mehreren Ebenen gesundheitsfördernd, denn sie ist reich an gesunden Fetten, also an einfach oder mehrfach ungesättigten Fettsäuren. Einfach ungesättigte Fettsäuren aus Olivenöl, Avocado oder Nüssen stabilisieren unseren Fettstoffwechsel. Mehrfach ungesättigte Fettsäuren, vor allem Omega-3 aus Fisch, Leinsamen oder Walnüssen, wirken darüber hinaus entzündungsregulierend und unterstützen unsere Gefäßgesundheit.

Auch Gemüse, Hülsenfrüchte, Vollkornprodukte, Obst, Fisch und Nüsse sind Bestandteile der mediterranen Ernährung. In Studien zeigt sich, dass dieses Ernährungsmuster zudem das Fettstoffwechselprofil verbessert, unseren oxidativen Stress reduziert und zusätzlich unsere Gefäßfunktion unterstützt. Was eindrucksvoll unterstreicht, dass Ernährung eben nicht nur Prävention, sondern eine therapeutische Intervention sein kann und eine pflanzenbetonte, fettreiche Kost effektiver schützt als klassische fettarme Empfehlungen.

Gerade für Frauen ab 40 Jahren ist das besonders bedeutsam, da das Risiko für Herz-Kreislauf-Erkrankungen nach der Menopause deutlich ansteigt und eine mediterrane Ernährung hier nachweislich schützend wirken kann. In Phasen hormoneller Veränderungen wird Ernährung damit zu einem entscheidenden Ansatz, mit dem du deine kardiovaskuläre Gesundheit langfristig und aktiv unterstützen kannst.

POSITIVE EFFEKTE VON KALORIENRESTRIKTION

Neben der aufgenommenen Kalorienmenge und der Makronährstoffzusammensetzung ist auch der Zeitpunkt der Nahrungsaufnahme relevant. Zeitlich begrenztes Essen, intermittierendes Fasten und periodische Fastenformen zeigen in Studien positive Effekte auf den Stoffwechsel und somit auch auf unsere Lebensspanne. Die wohl am besten untersuchte und zugleich älteste bekannte Strategie zur Verlängerung von Lebens- und Gesundheitsspanne ist die Kalorienrestriktion. Seit den 1930er-Jahren zeigen Experimente an Hefen, Würmern, Mäusen und auch an Primaten, dass eine dauerhaft reduzierte Kalorienzufuhr diese zentralen Alterungsprozesse deutlich verlangsamen kann.

Beim Menschen deuten Studien wie die amerikanische CALERIE-Studie darauf hin, dass eine moderate Kalorienreduktion über zwei Jahre mehrere bekannte Risikofaktoren für chronische Krankheiten günstig beeinflusst. Dazu zählen neben der bereits erwähnten verbesserten Insulinsensitivität auch niedrigere Entzündungsmarker sowie eine Senkung von Blutdruck und LDL-Cholesterin. LDL-Cholesterin wird oft als «schlechtes» Cholesterin bezeichnet, weil hohe Werte dazu beitragen können, dass sich Cholesterin in unseren Gefäßwänden ablagert und so das Risiko für Herz-Kreislauf-Erkrankungen steigt.

Diese Effekte treten auf, obwohl die Gewichtsabnahme selbst moderat bleibt. Dies könnte ein Hinweis darauf sein, dass es nicht nur ums Körpergewicht geht, sondern um eine tiefgreifende metabolische Anpassung, die vielleicht auf den ersten Blick gar nicht sichtbar ist. Da die genannte Studie nur über einen Zeitraum von zwei Jahren lief, konnte eine Verlängerung der Lebensspanne nicht untersucht werden, wohl aber eine messbare Verbesserung der Gesundheitsspanne. Eine Verlängerung der Lebensspanne lässt sich in Studien kaum direkt erfassen, weil sie sehr lange Beobachtungszeiträume erfordern würde. Gemeint ist damit die reine Dauer des Lebens, also wie viele Jahre ein Mensch insgesamt lebt.

Die Gesundheitsspanne beschreibt dagegen die Jahre, die ein Mensch in guter körperlicher und geistiger Verfassung verbringt, ohne relevante chronische Erkrankungen oder funktionelle Einschränkungen. Genau dieser Abschnitt ist in Studien besser messbar, weil sich Veränderungen im Gesundheitszustand früher und differenzierter abbilden lassen.

Kalorienrestriktion greift also tief in unsere zentralen Stoffwechsel- und Signalwege ein, was unter anderem unserem Krebsrisiko entgegenwirken kann. Parallel dazu aktiviert der Organismus Erhaltungsmechanismen, die Reparaturprozesse nehmen zu, geschädigte Zellbestandteile werden effizienter abgebaut, die DNA-Stabilität verbessert sich und oxidativer Stress wird vermindert. So hat unser Organismus mehr Ressourcen für Regeneration zur Verfügung, was langfristig unsere Alterungsprozesse verlangsamen kann. Man könnte sagen, der Körper räumt besser auf, wenn er nicht ständig mit Nahrungsverarbeitung beschäftigt ist.

Positiv wirkt sich auch die Abstimmung unserer Ernährung auf zirkadiane Steuerungsmechanismen aus, also auf die innere biologische Uhr unseres Körpers. Viele Stoffwechselprozesse folgen einem 24-Stunden-Rhythmus. Regelmäßige Ess- und Fastenphasen können die Synchronisation dieser biologischen Rhythmen unterstützen. Wird dagegen über den gesamten Tag hinweg kontinuierlich gegessen, kann dies die zirkadiane Organisation unseres Stoffwechsels stören und langfristig metabolische Prozesse ungünstig beeinflussen.

Nicht nur die Menge der aufgenommenen Kalorien, sondern auch der Zeitpunkt der Nahrungsaufnahme spielt also eine entscheidende Rolle für Stoffwechselgesundheit und Alterungsprozesse. Dabei ergeben starre Regeln langfristig jedoch oft wenig Sinn, weil der Körper und auch der Alltag irgendwann dagegen arbeiten und man eher resigniert als profitiert. Nachhaltiger ist ein Ansatz, der sich an deinem eigenen Rhythmus und Lebensstil orientiert. Ernährung und Essenszeiten sollten sich möglichst in dein Leben einfügen, nicht umgekehrt. Wenn Lebensstiländerungen realistisch und flexibel bleiben, lassen sie sich dauerhaft umsetzen und können ihre gesundheitliche Wirkung überhaupt erst entfalten.

FAKT: Idealerweise sollte man mindestens vier Stunden vor dem Schlafengehen nichts mehr essen. Viele merken, dass der Schlaf dadurch ruhiger wird und sie sich am nächsten Morgen deutlich erholter fühlen, gleichzeitig stabilisiert sich der nächtliche Blutzucker, was sich spürbar positiv auf Stimmung und Energie am folgenden Tag auswirkt.

DIE AUTOPHAGIE – MÜLLABFUHR UND VERJÜNGUNG VON INNEN

Einer der wichtigsten Prozesse, die durch Kalorienrestriktion oder Fasten aktiviert werden, ist die Autophagie. Vereinfacht gesagt ist das die «Müllabfuhr» unserer Zellen. Denn alles, was beschädigt, alt oder fehlerhaft ist, ob Proteine, Zellbestandteile oder auch eingedrungene Mikroorganismen, wird abgebaut und wiederverwertet. Dieser innere Recyclingmechanismus hält unsere Zellen funktionsfähig, schützt uns vor Krankheiten und gilt als einer der zentralen Schlüssel für unsere Gesundheit und Langlebigkeit.

2016 erhielt der japanische Zellbiologe Yoshinori Ohsumi den Nobelpreis für Physiologie oder Medizin für seine Entdeckungen zu genau diesem Autophagie-Prozess. Seine Arbeiten zeigen, dass Hungerphasen diesen Mechanismus massiv ankurbeln können. Bereits nach 16 Stunden Fasten steigen die Autophagie-Marker deutlich an, nach drei Tagen wird ein Plateau erreicht. Wird die Autophagie gehemmt (beispielsweise durch eine dauerhaft erhöhte Kalorienzufuhr oder einen chronisch erhöhten Insulinspiegel), altern unsere Zellen deutlich schneller, sammeln mehr DNA-Schäden an und reagieren somit gleichzeitig empfindlicher auf oxidativen Stress.

Im Zentrum dieser Anpassungen stehen zwei molekulare Schalter, mTOR und AMPK, von denen du schon im Zusammenhang mit den Hallmarks of Aging erfahren hast. Der Wachstumsregulator

Grundprinzipien einer präventionsorientierten Ernährung

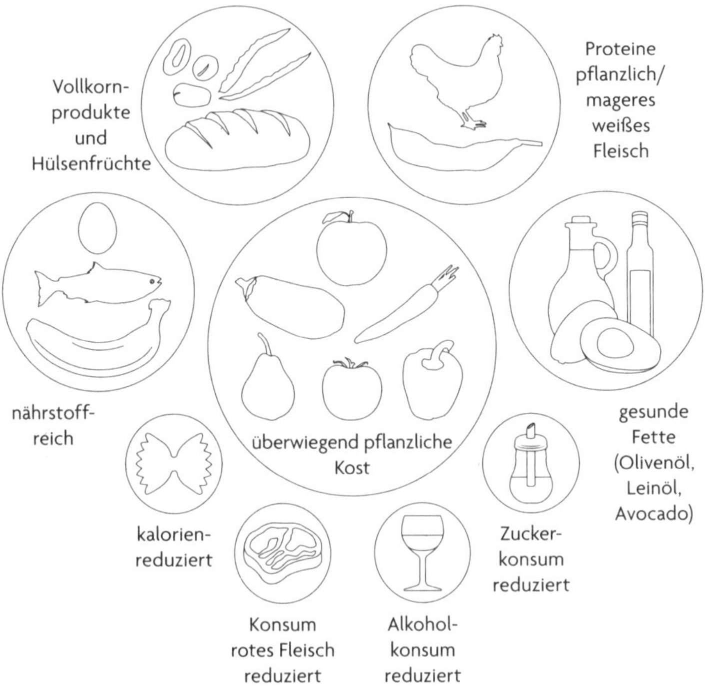

mTOR fördert unsere Zellteilung und ist an unserer Proteinsynthese beteiligt, hemmt aber gleichzeitig den Autophagie-Prozess. Ein dauerhaft aktiviertes mTOR, zum Beispiel durch hohe Kalorienzufuhr oder permanente Nahrungsverfügbarkeit, beschleunigt unsere Alterungsprozesse und ist mit Krebsentstehung assoziiert, das zumindest zeigen Studien.

AMPK (AMP-aktivierte Proteinkinase) ist das Gegengewicht dazu. Sie wird bei Energiemangel (zum Beispiel durch Fasten oder Bewegung) aktiviert, steigert die Fettverbrennung, fördert Autophagie-Prozesse und hemmt gleichzeitig entzündliche Signalwege. Entscheidend ist also das Gleichgewicht zwischen mTOR und AMPK. Es bestimmt darüber, ob der Körper auf Wachstum oder auf Erhalt und Reparatur ausgerichtet ist, und eine Ernährung mit regelmäßigen Fastenphasen, moderater Proteinzufuhr und geringer glykämischer Last kann beide Systeme im Gleichgewicht halten.

FAKT: mTOR wird aktiv, wenn viel Energie und Eiweiß als Kalorienüberschuss vorhanden ist, es fördert Wachstum, bremst aber die Zellreparatur. AMPK wird aktiv, wenn Energie knapp ist, also in Fastenphasen, es verbessert den Stoffwechsel und stößt wichtige Reparaturprozesse an. Gesundheitlich entscheidend ist ein gutes Gleichgewicht zwischen AMPK und mTOR.

DIE WICHTIGSTEN FASTENARTEN IM ÜBERBLICK

Unter Fasten wird allgemein der freiwillige Verzicht auf feste Nahrung und kalorienhaltige Getränke über einen definierten Zeitraum verstanden. In der Praxis haben sich unterschiedliche Formen etabliert, die sich klar voneinander abgrenzen lassen, da sie im Körper verschiedene Stoffwechselreaktionen auslösen. Zu den bekanntesten zählen das intermittierende Fasten (IF), das zeitlich begrenzte Essen (Time-Restricted Eating) und Formen des periodischen Fastens. Die Kalorienrestriktion stellt noch einen eigenen Ansatz dar. Die tatsächliche Wirkung des Fastens ist individuell unterschiedlich und hängt von deiner Lebensphase, deinem Gesundheitszustand und deinem persönlichen Stoffwechsel, aber auch von hormonellen Veränderungen ab, wobei sich die meisten Fastenarten sehr gut in den Alltag integrieren lassen.

Im Folgenden stelle ich einige ausgewählte Methoden vor. Wie bei anderen Gesundheitstipps gilt auch hier: Gefastet werden sollte nicht in der Schwangerschaft oder Stillzeit und bei Vorerkrankungen nur nach ärztlicher Rücksprache und unter medizinischer Begleitung.

Periodisches Fasten

Beim periodischen Fasten wird die Nahrungsaufnahme über mehrere aufeinanderfolgende Tage deutlich reduziert oder sogar vollständig ausgesetzt, gewöhnlich bei ausreichender Flüssigkeitszufuhr. Im Unterschied zum Intervallfasten, das meist täglich stattfindet, wird periodisches Fasten also seltener, dafür aber über einen längeren Zeitraum am Stück durchgeführt.

Typisch sind Fastenphasen von etwa fünf bis 14 Tagen, wie man sie aus dem Buchinger-Fasten, der Mayr-Medizin oder aus bestimmten religiösen Traditionen kennt. Diese Form ist nicht als dauerhaftes Ernährungsmuster gedacht und wird daher in größeren Abständen praktiziert, etwa einmal monatlich oder auch nur einmal im Jahr. Der Körper schaltet in dieser Zeit deutlich in den Fastenstoffwechsel um, und durch die längeren Stoffwechselpausen können Prozesse in unserem Fettstoffwechsel sowie die Zellreinigung und die Regeneration stärker aktiviert werden. Während des Fastenzustandes stellt der Körper seinen Energiestoffwechsel schrittweise um und greift vermehrt auf gespeicherte Fettreserven zurück. In der Leber entstehen dabei sogenannte Ketonkörper – diese Moleküle dienen vielen Geweben als alternative Energiequelle und können insbesondere von unserem Gehirn effizient genutzt werden, wenn weniger Glukose zur Verfügung steht.

Intermittierendes Fasten

Intermittierendes Fasten beschreibt ein langfristiges Essensmuster, bei dem sich Phasen der Nahrungsaufnahme gezielt mit Phasen des Fastens abwechseln. Häufig umgesetzt wird dies als 5:2-Modell mit fünf regulären Tagen und zwei Fastentagen pro Woche oder als alternierendes Fasten mit wechselnden Ess- und

Fastentagen (Alternate-Day-Fasting). Während an den Essenstagen meist keine festen Kalorienvorgaben bestehen, wird an den übrigen Tagen entweder vollständig gefastet oder die Energiezufuhr auf etwa 500 Kilokalorien begrenzt. Entscheidend ist dabei weniger die absolute Kalorienmenge als die regelmäßig wiederkehrende Phase ohne Nahrungszufuhr, die wiederum regelmäßige metabolische Anpassungen ermöglicht.

Die bekannteste Form des intermittierenden Fastens ist das sogenannte 16:8-Modell. Dabei wird die tägliche Nahrungsaufnahme auf ein Zeitfenster von etwa acht Stunden begrenzt, während in den übrigen sechzehn Stunden gefastet wird. Man kann also auf das Frühstück verzichten und die Mahlzeiten beispielsweise zwischen 10 Uhr morgens und 18 Uhr abends einnehmen. Grundsätzlich ist es aber ebenso möglich, auf das Abendessen zu verzichten oder dieses früher einzuplanen und die Mahlzeiten eher in die erste Tageshälfte zu legen. Diese Variante gilt als besonders alltagstauglich, da ein großer Teil der Fastenzeit in die Nacht fällt und somit einfach «verschlafen» wird.

Ein großer Vorteil des intermittierenden Fastens ist seine Alltagstauglichkeit, da es ohne komplizierte Regeln auskommt und damit langfristig für uns gut umsetzbar ist. Für Frauen kann dieser Rhythmus besonders relevant sein, da er Stoffwechsel und Hormonregulation entlasten kann, ohne eine dauerhafte Restriktion zu erfordern. Dennoch ist Vorsicht geboten, da es während des Fastens zu hormonellen Schwankungen kommen kann, ein langsames Herantasten und eine gute Anpassung an die individuelle Lebensphase sind daher entscheidend. Am Ende gilt wie bei vielen Lebensstilfaktoren: Jeder Effekt ist individuell. Wenn Fasten für eine Frau sehr gut funktioniert, bedeutet das nicht automatisch, dass es für jede andere ebenso passend ist. Entscheidend ist, dass du auf deinen eigenen Körper achtest und einen Ansatz wählst, der langfristig gut in dein Leben passt. Hast du Vorerkrankungen, solltest du eine solche Ernährungsumstellung immer vorher mit deiner behandelnden Ärztin oder deinem Arzt besprechen.

Was du übers Fasten wissen solltest

1. Fastentage sinnvoll verteilen
Fasten solltest du nicht an mehreren aufeinanderfolgenden Tagen, besonders wenn du gerade erst beginnst. Ein alternierendes Muster kann sinnvoll sein, etwa einzelne Fastentage pro Woche, so hat der Körper ausreichend Zeit zur Regeneration.

2. Fastenphase moderat halten
Für viele Frauen sind nächtliche Esspausen von etwa 12 bis 14 Stunden gut verträglich, beispielsweise von 18 Uhr abends bis 8 Uhr morgens. Sehr lange Fastenintervalle können bei manchen Menschen, vor allem bei Frauen, eine Stressreaktion mit einer erhöhten Cortisolausschüttung auslösen.

3. Training anpassen
An Fastentagen sollte deine körperliche Belastung moderat bleiben. Statt intensiver Einheiten wie HIIT und schwerem Krafttraining sind ruhigere Bewegungsformen wie lange Spaziergänge oder leichtes Cardiotraining sinnvoll.

4. Auf Körpersignale achten
Schwindel, starke Müdigkeit oder anhaltendes Unwohlsein können Anzeichen dafür sein, dass dein Fastenprozess angepasst oder unterbrochen werden sollte.

5. Auf den Körper hören
Während der Menstruation, bei Infekten oder Krankheit ist es ratsam, auf Fasten zu verzichten.

6. Ausreichend trinken
Während der Fastenphase ist eine gute Flüssigkeitszufuhr wichtig. Wasser sowie ungesüßte Tees helfen, den Flüssigkeitshaushalt stabil zu halten.

7. Nährstoffreiche Mahlzeiten
In den Essensphasen solltest du auf eine ausgewogene Ernährung achten, mit genügend Eiweiß, gesunden Fetten, Ballaststoffen und Nährstoffen.

Time-Restricted Eating

Während also das Intervallfasten der Oberbegriff ist für verschiedene Fastenstrategien, ist das Time-Restricted Eating (TRE) eine spezifische Variante davon, die sich auf ein tägliches Essensfenster konzentriert. Im Mittelpunkt steht nicht etwa der Verzicht auf bestimmte Lebensmittel oder Kalorien, sondern die Begrenzung der täglichen Nahrungsaufnahme auf dieses eine definierte Zeitfenster innerhalb von 24 Stunden, in dem die Nahrungsaufnahme erfolgt. In verschiedenen Studien bewegt sich dieses Essensfenster meist zwischen etwa vier und zwölf Stunden, ohne dass zwingend eine Kalorienreduktion vorgegeben wird. Entscheidend ist also weniger, was oder wie viel gegessen wird, sondern wann das stattfindet.

Ich persönlich bin ein großer Fan des Intervallfastens, besonders des Time-Restricted Eating. Die nächtliche Schlafphase zählt so automatisch zur Fastenzeit, und wenn man das Frühstück oder noch besser das Abendessen weglässt, lassen sich viele positive Effekte auf unseren Stoffwechsel und unsere Schlafqualität beobachten. Besonders relevant ist die Synchronisation mit unserem zirkadianen Rhythmus, also das Essen während der aktiven Tagesphase und das Fasten während der Ruhephase, um dem Körper die nötige Zeit zur Regeneration zu geben. Das strikte Zeitfenster scheint nicht nur die Nährstoffverwertung und unseren Stoffwechsel positiv zu beeinflussen, sondern gleichzeitig auch diverse Alterungsprozesse auf zellulärer Ebene zu modulieren.

Auch hier ist wieder eine Rücksprache mit deiner behandelnden Ärztin oder deinem Arzt zu empfehlen, da wir Frauen häufiger zu niedrigem Blutdruck neigen und bislang unerkannte Vorerkrankungen bestehen können, die ein Fasten grundsätzlich ausschließen könnten.

Kalorienrestriktion

Von den beschriebenen Fastenarten abzugrenzen ist die Kalorienrestriktion, sie bezeichnet eine dauerhaft reduzierte Energiezufuhr bei grundsätzlich ausreichender Versorgung mit Nährstoffen. Die Mahlzeiten sind kleiner oder energieärmer, ohne dass zwingend längere Esspausen entstehen müssen. Die Kalorienrestriktion gilt auch als einer der zentralen Ansätze in der aktuellen Longevity-Forschung, um die Gesundheitsspanne zu verlängern. Studien zeigen, dass eine moderat reduzierte Kalorienzufuhr metabolische Prozesse deutlich beeinflussen, Entzündungsreaktionen senken und zelluläre Alterungsmechanismen verlangsamen kann. Dadurch könnte diese Methode das Risiko für altersassoziierte Erkrankungen wie Diabetes, Herz-Kreislauf-Erkrankungen oder neurodegenerative Erkrankungen reduzieren.

In der bereits erwähnten CALERIE-Studie reduzierten gesunde Erwachsene ihre tägliche Kalorienzufuhr über einen Zeitraum von zwei Jahren moderat. Ziel war es, zu untersuchen, welche Auswirkungen eine langfristige Kalorienrestriktion sowie die damit verbundene Energieeinsparung auf Stoffwechsel und Alterungsprozesse hat. Dabei zeigte sich, dass bereits eine moderate Kalorienreduktion von etwa 10 bis 15 Prozent mit Verbesserungen verschiedener metabolischer Marker verbunden sein kann, darunter Insulinsensitivität, Blutfettwerte und sogar Entzündungsparameter.

Fasting Mimicking Diet

Die Fasting Mimicking Diet (FMD), auch Scheinfasten genannt, ist ein vom Gerontologen Valter Longo entwickeltes Konzept, das die Effekte des Fastens auslöst, ohne dass komplett auf Nahrung verzichtet werden muss. Die Methode basiert auf einer gezielten Reduktion von Kalorien, Eiweiß und Kohlenhydraten mit Fokus auf pflanzlichen Lebensmitteln und gesunden Fetten. Typischerweise dauert eine FMD fünf Tage.

In der ursprünglichen Studie zur FMD aus dem Jahr 2017 nahmen die Teilnehmenden täglich zwischen 720 und 1100 Kalorien zu sich. Entscheidend waren dabei Lebensmittel, die reich an Vitaminen, Mineralstoffen und Spurenelementen sind. Es zeigte sich, dass schon drei Zyklen einer solchen Fasten-ähnlichen Diät innerhalb von drei Monaten positive Effekte haben können. So verbesserten sich verschiedene Gesundheitswerte: Entzündungen im Körper nahmen ab, und auch Risikofaktoren für Herz-Kreislauf-Erkrankungen wie Blutzucker, Blutdruck und Cholesterin gingen zurück. Zusätzlich verloren viele Teilnehmende etwas Gewicht

Physiologische Effekte des Fastens auf zellulärer, hormoneller und metabolischer Ebene

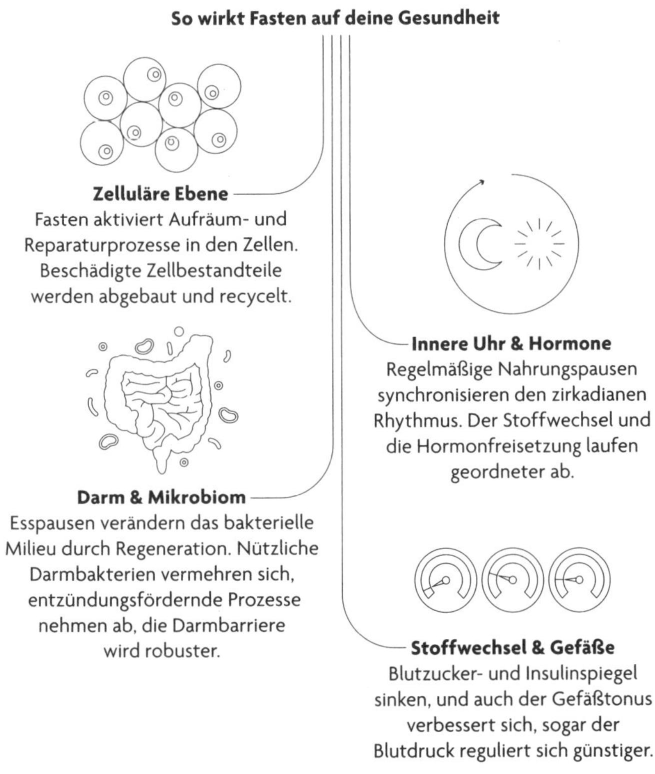

und Körperfett. Insgesamt stellt die FMD damit ein wirksames und zugleich gut umsetzbares Konzept dar, um unsere Zellgesundheit zu fördern und präventiv auf Alterungsprozesse einzuwirken.

Generell lässt sich sagen, dass Fasten nicht für jede und jeden von uns gleichermaßen geeignet ist. Gerade bei uns Frauen kann der Fastenprozess, abhängig vom Stressniveau und unserem hormonellen Status, auch in die sensiblen Regulationskreise eingreifen. Faktoren wie die eigene Zyklusphase, Menopause, chronischer Stress, Schlafmangel oder ein ohnehin niedriges Energieangebot beeinflussen, wie unser Körper auf das Fasten reagiert – in solchen Situationen können zusätzliche Stressachsen aktiviert werden, etwa über Cortisol, Schilddrüsenhormone oder den Zyklus selbst. Wenn medizinisch nichts dagegenspricht, kann es sinnvoll sein, einzelne Fastenformen vorsichtig auszuprobieren. Entscheidend ist letztlich aber nicht das starre Befolgen eines Konzepts, denn nicht jeder kann und muss fasten. Viel wichtiger ist ein individueller und achtsamer Umgang mit Ernährung, Pausen und Regeneration, denn nicht zuletzt sollte solch ein Vorhaben auch immer in dein persönliches Lebenskonzept passen und langfristig umsetzbar sein, ohne zusätzlichen Stress oder Druck zu erzeugen.

Persönliche Erfahrung

Eine prägende Erfahrung für mich persönlich war eine zweiwöchige Mayr-Fastenkur in der Steiermark im August 2025. In den ersten sechs Tagen bestand die Ernährung ausschließlich aus Tee und Brühe, es gab also keine feste Nahrung. Ab dem siebten Tag wurde das Essen langsam und sehr bewusst wieder eingeführt, zunächst in kleinen und stark kalorienreduzierten Portionen. Gerade die ersten Tage waren nicht ganz einfach, auch weil es Hochsommer war und mein Körper sich erst an den veränderten Rhythmus anpassen musste. Interessanterweise verändert sich das Hungergefühl während des Fastens deutlich. Nach einigen Tagen nimmt es meist spürbar ab, weil sich der Stoffwechsel umstellt und der Körper beginnt, alternative Energiequellen zu nutzen. Ab etwa dem dritten oder vierten Tag stand für mich der Hunger kaum noch im Vordergrund, höchstens der Entzug von meinem geliebten Kaffee machte sich durch leichte Kopfschmerzen bemerkbar, aber auch das war überraschend schnell überwunden.

Was mich aus ärztlicher Sicht besonders beeindruckt hat, waren die Effekte auf die Regeneration und das allgemeine Wohlbefinden. Nach der Fastenkur wurde mein Schlaf tiefer und erholsamer, meine Konzentration im Alltag war klarer, und auch mein Fokus und meine Energie fühlten sich stabiler an. Viele Menschen berichten in dieser Phase zudem von Veränderungen des Hautbildes, was mit der Regeneration von Stoffwechsel- und Entzündungsprozessen zusammenhängt.

Trotz dieser positiven Erfahrungen ist mir eine Einordnung sehr wichtig: Therapeutisches Fasten sollte immer verantwortungsvoll durchgeführt werden. Besonders längere Fastenkuren gehören in medizinische Begleitung und sind nicht für jede Person geeignet. Wenn jedoch keine relevanten Vorerkrankungen bestehen und der Prozess begleitet wird, kann eine solche Erfahrung für viele Menschen eine interessante Möglichkeit sein, den eigenen Körper und seine Regulationsfähigkeit neu kennenzulernen und das Wohlbefinden nachhaltig zu verbessern.

American Gut Project

Wir können nicht über Ernährung und so auch nicht über verschiedene Fastenarten sprechen, ohne das Mikrobiom mitzudenken, dem ich später im Zusammenhang mit der Darmgesundheit noch ein eigenes Unterkapitel widme. Das Darmmikrobiom ist eine der am meisten unterschätzten Stellschrauben unserer Ernährung: Es kommuniziert über Stoffwechselprodukte direkt mit unserem Immunsystem, beeinflusst Entzündungsprozesse in unserem Körper und moduliert sogar epigenetische Muster. Eine große Studie des *American Gut Project*, eines global öffentlichen Projektes aus den USA, zeigte, dass Menschen, die mehr als 30 verschiedene pflanzliche Lebensmittel pro Woche essen, eine signifikant höhere mikrobielle Vielfalt aufweisen – ein Marker für eine gute Darm- und Gesamtgesundheit. Mehr als 15 000 Mikrobiom-Proben aus den USA, Großbritannien und Australien sowie aus weiteren 42 Ländern und Regionen wurden analysiert. Die im Rahmen des American Gut Project erhobenen Daten sind heute anonymisiert öffentlich zugänglich.

Interessanterweise zeigte der Vergleich westlicher Populationen Unterschiede in der mikrobiellen Vielfalt: Proben aus Großbritannien wiesen eine höhere Diversität auf als Proben aus den USA. Zudem fanden die Forschenden Zusammenhänge zwischen der Zusammensetzung des Mikrobioms und depressiven Symptomen, ein Muster, das sich in beiden Ländern ähnlich zeigte. Dies deutet darauf hin, dass das Mikrobiom und die psychische Gesundheit eng miteinander verbunden sein können, unabhängig davon, in welcher Umgebung Menschen leben.

Gerade für uns Frauen sind diese Zusammenhänge relevant, da hormonelle Schwankungen unser Mikrobiom messbar verändern und umgekehrt unsere Entzündungsneigung und Insulinsensitivität beeinflussen können. Vielfalt ist in diesem Zusammenhang entscheidender als Perfektion, das heißt, deine Nahrung sollte nicht stark verarbeitet oder industriell hergestellt, sondern möglichst einfach, frisch und überwiegend pflanzenbasiert sein. Je bunter der Teller, desto vielfältiger die Nährstoffe.

KALORIENRESTRIKTIONS-MIMETIKA STATT FASTEN

Neben dem klassischen Fasten gibt es auch sogenannte Kalorienrestriktions-Mimetika. Das sind Substanzen, die ähnliche Prozesse im Körper anstoßen wie eine reduzierte Kalorienzufuhr, ohne dass du tatsächlich weniger essen musst. Sie wirken vor allem auf das sensible Gleichgewicht der beiden zentralen Enzyme mTOR und AMPK, indem sie mTOR bremsen und AMPK aktivieren und somit die Effekte einer Kalorienrestriktion nachahmen.

Zu den Kalorienrestriktions-Mimetika gehört beispielsweise Metformin, ein seit Jahrzehnten eingesetztes Diabetesmedikament, das heute von vielen Longevity-Forschern, wie beispielsweise David Sinclair, auch zur Prävention genutzt wird. In niedriger Dosis (zum Beispiel 1 Gramm täglich) zeigt es in Studien nicht nur eine lebensverlängernde Wirkung, sondern kann auch kardiovaskuläre Risikofaktoren senken. Ein pflanzliches Pendant ist Berberin, das aus Berberitzen gewonnen wird. Es senkt den Blutzuckerspiegel, verbessert die Insulinsensitivität und kann dadurch unseren Stoffwechsel langfristig stabilisieren. Da bislang nur begrenzte wissenschaftliche Daten vorliegen, sollte Berberin eher als unterstützende Maßnahme verstanden werden und nicht als Ersatz für konsequente Lebensstilveränderungen.

Betonen möchte ich zudem, dass es bei diesen Ansätzen nicht darum geht, jedem neuen Hype zu folgen oder Medikamente als Abkürzung zur maximalen Lebens- und Gesundheitsspanne zu verstehen. Gut informiert zu sein, ist wertvoll, doch gesund bleiben erfordert in den seltensten Fällen immer neue Substanzen oder komplexe Interventionen. Entscheidend sind die täglichen, oft unspektakulären Entscheidungen: Wie wir essen, wie wir unseren Darm unterstützen, wie wir schlafen und wie regelmäßig wir uns bewegen. Genau darin liegt die Basis für langfristige Gesundheit und Langlebigkeit, nicht in einzelnen Wirkstoffen, sondern in einer tragfähigen Basis, auf der alles andere aufbauen kann.

Metformin als Hoffnungsträger der Longevity-Forschung?

Metformin ist eines der am längsten und häufigsten eingesetzten Medikamente der modernen Medizin und gilt seit Jahrzehnten als Standardtherapie beim Typ-2-Diabetes. Weltweit wird es inzwischen millionenfach verschrieben. In den letzten Jahren hat

das Medikament als potenzielles Kalorienrestriktions-Mimetikum zur Verzögerung von Alterungsprozessen neue Aufmerksamkeit erfahren. So konnte Metformin in verschiedenen Tierstudien mit Mäusen Alterungsprozesse verlangsamen und teilweise auch die Lebensspanne der Tiere verlängern. Und in Beobachtungsstudien bei Menschen mit Typ-2-Diabetes wurden positive Effekte hinsichtlich kardiovaskulärer Ereignisse, bestimmter Krebserkrankungen und teils sogar eine niedrigere Gesamtmortalität beobachtet. Dabei wirkt Metformin vor allem auf zentrale Stoffwechsel- und Energiesignalwege und aktiviert genau jene Pfade, die auch durch Kalorienrestriktion und Fasten moduliert werden. Wichtig zu wissen ist an dieser Stelle: Metformin ahmt zwar einzelne molekulare Effekte nach, ersetzt aber eben nicht die physiologischen Wirkungen echter Lebensstilinterventionen. Und die Evidenzlage beim Menschen bleibt insofern unvollständig, als derzeit keine große randomisierte Studie existiert, die eine Verlängerung der Lebensspanne bei nicht-diabetischen Personen belegt. Auch zur Frage, ob Metformin das Auftreten altersassoziierter Erkrankungen verzögern kann, wie es die vielzitierte TAME-Studie untersucht, stehen belastbare Ergebnisse bislang noch aus.
David Sinclair beispielsweise hat wiederholt beschrieben, dass er Metformin selbst einnimmt, typischerweise 1 Gramm täglich. Dabei handelt es sich nicht um eine leitliniengerechte Anwendung, sondern um einen Einsatz im Kontext präventiver und longevity-orientierter Strategien bei stoffwechselgesunden Personen. Seine Begründung stützt sich vor allem auf metabolische Effekte. Metformin aktiviert unter anderem AMPK, verbessert die Insulinsensitivität und könnte mitochondriale Stressprozesse modulieren. Diese Mechanismen gelten als potenziell relevant für Alterungsprozesse, sind jedoch klinisch bislang nicht eindeutig in diesem Kontext belegt.
Noch dazu dürfen auch die Nebenwirkungen des Medikamentes nicht unterschätzt werden, denn häufig kommt es zu Beschwerden wie Übelkeit oder Durchfall, insbesondere zu Beginn der The-

rapie oder bei höherer Dosierung. Klinisch relevant ist zudem das Risiko eines Vitamin-B12-Mangels bei Langzeiteinnahme, weshalb eine medizinische Begleitung empfehlenswert ist. Bei Menschen mit eingeschränkter Nierenfunktion oder schweren, akuten Erkrankungen können schlimmstenfalls sogar lebensbedrohliche Komplikationen auftreten. Gibt es also keine klare medizinische Indikation für die Einnahme von Metformin, verschiebt sich die Nutzen-Risiko-Abwägung deutlich zugunsten des Risikos und zulasten eines potenziellen Nutzens.

FAKT: Metformin ist ein vielversprechendes Mittel in der Gerontologie, also der wissenschaftlichen Erforschung des Alterns. Dennoch gilt es derzeit nicht als gesichertes Anti-Aging-Medikament für gesunde Menschen.

MOLEKÜLE DER GESUNDEN ALTERUNG

Auch sekundäre Pflanzenstoffe haben beeindruckende Effekte. Viele dieser natürlichen Substanzen wirken antioxidativ und unterstützen wichtige zelluläre Reparaturmechanismen. Aus präventionsmedizinischer Sicht sind sie vor allem deshalb interessant, weil sie Signalwege beeinflussen können, die mit Zellschutz und demgemäß mit gesunder Alterung in Verbindung stehen.

Resveratrol

Dieses aus Traubenschalen und Rotwein bekannte Molekül aktiviert wichtige Langlebigkeitsgene, wobei die wirksamen Mengen nicht im Rotwein stecken, sondern in der Traubenschale selbst. Das Polyphenol, das vor allem in den Schalen und Kernen dunkler Trauben zu finden ist, wirkt stark antioxidativ und aktiviert zelluläre Schutzprogramme, die mit unserer Langlebigkeit assoziiert sind. Um die in den Studien verwendeten Mengen Resveratrol zu erreichen, müssten wir je nach Rotwein unrealistische Mengen zwischen 50 und 100 Liter pro Tag trinken, weshalb Resveratrol aus Lebensmitteln oder gezielten Supplementen als sinnvoll gilt, nicht aber aus Alkohol. Du siehst also, was im Labor biologisch plausibel erscheint, ist im Alltag nicht automatisch sinnvoll oder gesund umzusetzen.

Quercetin

Der Pflanzenstoff Quercetin, der unter anderem in Zwiebeln, Äpfeln und Grünkohl enthalten ist, wirkt entzündungshemmend und kann Zellen vor oxidativem Stress schützen. Eine Meta-Analyse aus dem Jahr 2024 zeigte eine moderate Senkung des Nüchternblutzuckers sowie des systolischen Blutdrucks, während Effekte auf Triglyzeride, HDL-Cholesterin, Taillenumfang oder den diastolischen Blutdruck nicht konsistent nachweisbar waren. Insgesamt sprechen die Daten eindeutig für eine positive Auswirkung auf das Herz-Kreislauf-System und den Stoffwechsel, liefern jedoch keine Hinweise auf langfristige Effekte wie eine verlängerte Lebensdauer.

Ich denke in diesem Zusammenhang gerade an meinen geliebten Grünkohl-Walnuss-Apfel-Salat mit Roter Bete – und genau darin liegt vielleicht die pragmatische Botschaft: Als Teil einer abwechslungsreichen und pflanzenbasierten Ernährung empfehle ich dir, all diese Lebensmittel ganz selbstverständlich in deinen Alltag zu integrieren.

EGCG (Epigallocatechingallat)

EGCG klingt zunächst wie ein Laborbegriff, und Epigallocatechingallat ist tatsächlich ein Wort, das man zweimal lesen muss. Gemeint ist damit jedoch schlicht ein Polyphenol aus grünem Tee.

Diese wichtigste bioaktive Substanz im grünen Tee wirkt nicht nur antioxidativ, sondern kann auch zelluläre Schutzmechanismen wie die Autophagie aktivieren. Studien zeigen, dass EGCG über diese Prozesse zur Reduktion oxidativer Zellschäden beitragen und die Stressresistenz von Zellen verbessern kann. Regelmäßig grünen Tee zu trinken, kann daher eine einfache und alltagstaugliche Maßnahme sein, um die Zellgesundheit zu unterstützen. Gleichzeitig sollte man wissen, dass die Bioverfügbarkeit von EGCG aus Tee begrenzt ist. Der Effekt entsteht vor allem durch eine regelmäßige und langfristige Aufnahme und nicht durch einzelne hohe Dosen. Es bringt also wenig, am Nachmittag eine ganze Kanne grünen Tee zu trinken und zu glauben, damit ließe sich etwas kompensieren – der Körper funktioniert nicht nach dem Prinzip «einmal viel hilft viel». Die bisherigen Daten sprechen vielmehr dafür, dass moderate Mengen grünen Tees gesundheitsfördernd sein können, während eine übermäßige Zufuhr potenziell auch unerwünschte Effekte haben kann. Auch hier gilt daher, was auf viele Aspekte der Präventionsmedizin zutrifft: Maß, Regelmäßigkeit und ein insgesamt gesunder Lebensstil sind entscheidend.

Spermidin

Spermidin gehört zur Gruppe der Polyamine und ist eine Substanz, die unser Körper selbst bildet, die wir aber auch über die Ernährung aufnehmen können. In der Alternsforschung hat dieser Stoff in den letzten Jahren zunehmend Aufmerksamkeit erhalten, vor allem wegen seiner Rolle bei der Autophagie. Die Autophagie gilt als einer der wichtigen Mechanismen, mit denen Zellen ihre Funktion über lange Zeit aufrechterhalten können. Mit zunehmendem Alter sinken jedoch die körpereigenen Spermidinspiegel.

Experimentelle Studien in Tiermodellen zeigen, dass Spermidin zelluläre Reparaturprozesse aktivieren kann und dass eine erhöhte Spermidinaufnahme mit einer verlängerten Lebensspanne und günstigeren altersassoziierten Veränderungen einhergeht. Und auch epidemiologische Daten beim Menschen liefern interessante Hinweise. So ergab eine große Beobachtungsstudie aus dem Jahr 2018 unter Leitung des österreichischen Neurologen Stefan Kiechl, dass Menschen mit einer höheren Spermidinaufnahme über die Ernährung eine signifikant niedrigere Gesamtsterblichkeit aufweisen. Dieser Zusammenhang blieb auch bestehen, nachdem klassische kardiovaskuläre Risikofaktoren sowie verschiedene Lebensstilfaktoren statistisch berücksichtigt wurden.

Bemerkenswert ist dabei, dass viele natürliche Spermidinquellen zugleich typische Bestandteile traditioneller Ernährungsweisen sind. Besonders reich an Spermidin sind beispielsweise Weizenkeime, Sojabohnen, Pilze und gereifter Käse. Einige dieser Lebensmittel finden sich auch in den sogenannten Blue Zones, in denen pflanzenbetonte, wenig verarbeitete Ernährung zum Alltag gehört. Gleichzeitig ist es wichtig, die Daten sorgfältig einzuordnen, denn die bisher vorliegenden Studien beim Menschen sind überwiegend beobachtend. Sie zeigen Zusammenhänge, erlauben aber noch keine eindeutigen Aussagen über Ursache und Wirkung. Ob und in welchem Ausmaß sich Spermidin gezielt für Prävention oder gesundes Altern nutzen lässt, muss daher erst in kontrollierten klinischen Studien genauer untersucht werden.

Kreatin

Auch Kreatin verdient in diesem Zusammenhang Aufmerksamkeit. Die Substanz ist vielen aus dem Leistungssport bekannt, weil sie die Regeneration von ATP unterstützt, also jener zentralen Energieeinheit unserer Zellen, die für nahezu alle energieabhängigen Prozesse im Körper entscheidend ist. Mit zunehmendem Alter kann Kreatin dazu beitragen, unsere Muskelkraft und Leistungsfähigkeit zu erhalten. Gerade für uns Frauen ab der Lebensmitte ist das relevant, denn unsere Muskelmasse nimmt mit den Jahren physiologisch ab, ein Prozess, der durch hormonelle Veränderungen rund um die Menopause noch zusätzlich beschleunigt werden kann.

Muskeln spielen jedoch weit über Kraft und Bewegung hinaus eine wichtige Rolle, sie sind ein zentrales Stoffwechselorgan und auch an der Glukoseverwertung beteiligt. Ein Erhalt der Muskelmasse unterstützt daher nicht nur unsere körperliche Leistungsfähigkeit, sondern auch die metabolische Gesundheit. Darüber hinaus gibt es Hinweise, dass Kreatin auch für das Gehirn relevant sein könnte und unter bestimmten Bedingungen, etwa bei hoher kognitiver Belastung oder Schlafmangel, die geistige Leistungsfähigkeit unterstützen kann. Gerade in Situationen wie einem Jetlag, bei langen Reisen oder einem ausgeprägten Schlafdefizit berichten manche Patient:innen, dass sie sich mental stabiler fühlen, wenn die Kreatinspeicher gut gefüllt sind. In solchen Phasen kann einmalig eine etwas höhere Dosis sinnvoll sein, also etwa zehn Gramm Kreatinmonohydrat an dem entsprechenden Tag, bevor anschließend wieder zur üblichen täglichen Menge von etwa drei bis fünf Gramm zurückgekehrt wird. Wichtig ist immer eine ausreichende Flüssigkeitszufuhr, da Kreatin Wasser in die Muskelzellen zieht.

Nicotinamid-Adenin-Dinukleotid oder auch NAD+

Eine zentrale Rolle für unsere gesunde Zellalterung spielt auch unser NAD+-Spiegel. NAD+ ist ein Coenzym, das für die Energiegewinnung aus der Nahrung unverzichtbar ist und als Treibstoff unserer Zellen gilt. Als essenzielles Coenzym kommt es in jeder lebenden Zelle vor und dient damit vor allem der Energiegewinnung in unseren Mitochondrien, weil es Elektronen in der Atmungskette transportiert.

In kaum einem Bereich der Longevity-Medizin wird derzeit so viel Hype erzeugt wie rund um NAD+. Neu ist dabei jedoch nicht die Bedeutung des NAD+, sondern vielmehr die Aufmerksamkeit, die dem zentralen Coenzym im Kontext von Langlebigkeit und gesundem Altern geschenkt wird. Die Erhöhung des NAD+-Spiegels gilt als eine der vielversprechendsten Strategien in der modernen

Präventions- und Langlebigkeitsmedizin. Sie zielt nicht nur auf eine längere Lebensspanne, sondern vor allem auf eine längere Gesundheitsspanne. NAD+ taucht inzwischen auf jeder Selbstoptimierungs-Website auf, wird in Hochglanzzeitschriften beworben und als Infusion für mehrere Hundert Euro verkauft. Oftmals verspricht es eine schnelle Lösung für Erschöpfung, Stress und das Gefühl, nicht mehr so leistungsfähig zu sein wie früher.

Der aktuelle Hype zeigt vor allem eines: Viele Menschen spüren früh, dass ihre Regenerationsfähigkeit nachlässt, und suchen nach einfachen Antworten auf komplexe biologische Fragen. Der Haken ist aber: Es gibt bislang keine überzeugende wissenschaftliche Evidenz, dass diese intravenösen NAD+-Infusionen tatsächlich dort wirken, wo sie wirken sollen. NAD+ ist ein großes Molekül, das unsere Zellmembranen nur schwer passieren kann, und vieles davon wird bereits im Blut abgebaut, bevor es überhaupt in unserer Zelle ankommen kann. Was als Hightech-Anti-Aging-Therapie vermarktet wird, ist daher häufig nicht mehr als ein teures Placebo mit kurzer Wirkung.

Dabei ist das Thema an sich eigentlich hochspannend, denn NAD+ selbst ist ein zentraler Schlüsselfaktor der Zellgesundheit, beteiligt an über 500 enzymatischen Reaktionen, entscheidend vor allem für die Energiegewinnung und Aktivierung der sogenannten Sirtuine-Gene, die unseren Alterungsprozess mitsteuern. Das Problem liegt auf der Hand, denn mit fortschreitendem Alter nehmen die NAD+-Spiegel ab, was sowohl mitochondriale Funktionen als auch die Fähigkeit der Zellen beeinflusst, sich zu regenerieren. Eine Erhöhung der NAD+-Verfügbarkeit kann hingegen altersassoziierte Funktionsverluste verbessern, und das ist sicherlich ein Grund, weshalb es diesen Hype um die «zelluläre Verjüngung» gibt, obwohl die Datenlage beim Menschen dünn ist.

Die wirklich wirksame Strategie liegt deshalb nicht in der teuren Infusion, sondern darin, den Körper selbst wieder in die Lage zu versetzen, mehr NAD+ zu bilden, zum Beispiel durch mehr Bewegung. Auch Fasten, ausreichend Schlaf und eine ausgewogene

Ernährung können sich positiv auf unsere Zellalterung auswirken. Der Longevity-Experte David Sinclair und andere Forschende nutzen und empfehlen zudem die Supplementierung von NAD+-Vorstufen wie NMN oder NR, die im Gegensatz zur Infusion tatsächlich in den Zellen ankommen und dort wirken können.

NAD+-fördernde Maßnahmen

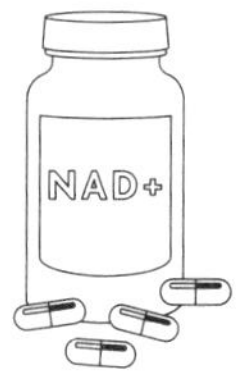

Supplementierung von NAD+-Vorstufen (Vorstufen: Nicotinamid-Ribosid, NR, und Nicotinamid-Mononukleotid, NMN)

Verzehr von NAD+-reichen Nahrungsmitteln (Fleisch, Fisch und Geflügel, Thunfisch oder Lachs. Auch pflanzliche Lebensmittel, wie Vollkornprodukte, Hülsenfrüchte oder Pilze)

Regelmäßige Bewegung

Kalorienrestriktion

Polyphenole

Polyphenole sind sekundäre Pflanzenstoffe, mit denen sich Pflanzen vor oxidativem Stress schützen, etwa durch UV-Strahlung oder andere Umweltbelastungen. Interessanterweise können genau diese Schutzmechanismen auch in unserem Körper wirken. Polyphenole können freie Radikale abfangen, entzündliche Prozesse abschwächen und so zu einem besseren zellulären Gleichgewicht beitragen. Damit unterstützen sie nicht nur die Gefäßgesundheit, sondern beeinflussen auch unser Darmmikrobiom und verschiedene zelluläre Reparaturprozesse. In vielen Studien werden sie deshalb mit gesundem Altern in Verbindung gebracht. Darüber hinaus zeigen sich bei einer polyphenolreichen Ernährungsweise positive Effekte auf die Herz-Kreislauf-Gesundheit. Und es gibt erste Hinweise, dass bestimmte Polyphenole neuroprotektive Eigenschaften haben und sich so förderlich auf unsere kognitive Gesundheit auswirken könnten.

Im Alltag lässt sich dieses Potenzial vergleichsweise einfach nutzen, indem du möglichst regelmäßig polyphenolreiche Lebensmittel in deine Ernährung integrierst. Besonders reich an diesen Pflanzenstoffen sind Beeren, Olivenöl, Kakao, Kräuter, Gewürze und generell buntes Gemüse. Je natürlicher und vielfältiger die Auswahl, desto größer ist meist auch die Vielfalt der aufgenommenen Polyphenole.

Ein schönes Beispiel ist grüner Tee. Seine gesundheitlichen Effekte werden vor allem den sogenannten Catechinen zugeschrieben. Diese gehören zur Gruppe der Flavonoide und damit zur großen Familie der Polyphenole. Das bekannteste und am besten untersuchte Molekül ist das bereits erwähnte EGCG. An diesem Stoff lässt sich gut verstehen, was Polyphenole eigentlich ausmacht, denn diese pflanzlichen Schutzstoffe können im menschlichen Körper weit mehr tun, als nur freie Radikale zu neutralisieren. Sie greifen in komplexe zelluläre Signalwege ein, beeinflussen Entzündungsprozesse und können damit langfristig zu einem stabileren biologischen Gleichgewicht beitragen.

Ein zentrales Problem bei Polyphenolen ist, dass unser Körper sie nur begrenzt aufnehmen kann, im Alltag lässt sich das aber gut ausgleichen. Wichtig ist vor allem Vielfalt. Wenn du über den Tag verteilt unterschiedliche pflanzliche Lebensmittel zu dir nimmst – also Obst, Gemüse, Vollkorn, Nüsse, Kräuter, Tee oder Kaffee –, versorgst du deinen Körper kontinuierlich mit den schützenden Pflanzenstoffen. Empfehlenswert ist außerdem, dass du auf möglichst wenig verarbeitete Lebensmittel achtest, verschiedene Quellen kombinierst und schonend kochst, zum Beispiel durch Dünsten statt langem Kochen. In Kombination mit gesunden Fetten können Polyphenole zudem besser aufgenommen werden.

Polyphenole in der Präventionsmedizin: antioxidative Eigenschaften

Quelle	Polyphenol/e	Antioxidative Aktivitäten	Wirkungsweise (Mode of Action)
Grüner Tee	Catechine (Flavonoide)	Zeigt starke antioxidative Aktivität, fängt freie Radikale ab und reduziert oxidativen Stress.	Direktes Abfangen reaktiver Sauerstoffspezies und Hochregulierung antioxidativer Enzyme.
Rotwein	Resveratrol (Stilben)	Zeigt antioxidative Eigenschaften und schützt Zellen vor oxidativen Schäden.	Fängt reaktive Sauerstoffspezies ab und moduliert die Expression antioxidativer Enzyme.
Zartbitter-schokolade	Flavonoide	Besitzt antioxidative Effekte, reduziert oxidativen Stress und verbessert die Gefäßgesundheit.	Neutralisiert freie Radikale und verbessert die Endothelfunktion (Gefäßfunktion).
Blaubeere	Anthocyane (Flavonoide)	Zeigt antioxidative Aktivität und schützt vor DNA-Schäden.	Fängt freie Radikale ab und chelatiert (bindet) Metallionen.
Kurkuma	Curcumin (Diferuloyl-methan)	Zeigt starke antioxidative Eigenschaften und schützt Zellen vor oxidativen Schäden.	Neutralisiert freie Radikale und steigert die Aktivität antioxidativer Enzyme.
Hafer	Avenanthra-mide	Zeigt antioxidative Aktivität und schützt vor oxidativem Stress.	Fängt freie Radikale ab und hemmt oxidative Enzyme.
Traube	Resveratrol (Stilben)	Zeigt antioxidative Eigenschaften und schützt Zellen vor oxidativem Stress.	Fängt reaktive Sauerstoffspezies ab und moduliert die Expression antioxidativer Enzyme.
Brokkoli	Flavonoide	Besitzt antioxidative Eigenschaften und schützt die Zellen vor oxidativen Schäden.	Fängt freie Radikale ab und hemmt oxidative Enzyme.
Zwiebel	Quercetin (Flavonoid)	Zeigt antioxidative Aktivität und reduziert oxidativen Stress.	Fängt freie Radikale ab und hemmt die Lipidperoxidation (Fettoxidation).
Tomate	Lycopin (Carotinoid)	Zeigt antioxidative Eigenschaften, schützt vor oxidativen Schäden.	Fängt freie Radikale ab und stärkt die antioxidative Abwehr.
Karotte	Beta-Carotin (Carotinoid)	Zeigt antioxidative Aktivität und reduziert oxidativen Stress.	Fängt freie Radikale ab und moduliert antioxidative Enzyme.
Orange	Hesperidin (Flavanon)	Besitzt antioxidative Eigenschaften und schützt die Zellen vor oxidativen Schäden.	Neutralisiert freie Radikale und unterdrückt oxidative Enzyme.
Zitrone	Eriocitrin (Flavanon)	Zeigt antioxidative Aktivität und reduziert oxidativen Stress.	Fängt freie Radikale ab und stärkt die antioxidative Abwehr.
Sojabohne	Isoflavone	Zeigt antioxidative Eigenschaften, schützt vor oxidativen Schäden.	Fängt freie Radikale ab und moduliert antioxidative Enzyme.
Rote Zwiebel	Quercetin (Flavonoid)	Zeigt antioxidative Aktivität und reduziert oxidativen Stress.	Fängt freie Radikale ab und hemmt die Lipidperoxidation (Fettoxidation).

BIOAKTIVE VERBINDUNGEN MIT POTENZIELL GESUNDHEITSFÖRDERNDER WIRKUNG

Resveratrol, Spermidin, EGCG und Kreatin sind nur eine Auswahl jener Substanzen, die im aktuellen Longevity-Diskurs verstärkt Aufmerksamkeit erhalten. Sie stehen beispielhaft für bioaktive Stoffe, denen potenziell gesundheitsfördernde Effekte zugeschrieben werden, vor allem im Hinblick auf unseren Zellschutz und altersassoziierte Prozesse. Gleichzeitig ist es aber wichtig, klar zu benennen, dass nicht alles, was medial als «Longevity-Hype» erscheint, durch wissenschaftliche Evidenz gedeckt ist. So kann der regelmäßige Konsum von grünem Tee vielleicht langfristig dazu beitragen, oxidativen Stress zu reduzieren, er ist jedoch kein Anti-Aging-Produkt im Sinne einer Verjüngung. Diese Differenzierung zwischen plausiblen biologischen Effekten, klinischer Evidenz und überzogenen Versprechungen sollte im Kontext von Longevity jedem von uns bewusst sein.

Und bei all diesem Wissen gilt: Gesunde Ernährung sollte möglichst kein kompliziertes Konzept sein, sondern muss zu einem festen Bestandteil deines Lebens werden und zu deinem Rhythmus passen. Das ist auch möglich, wenn du beginnst, Nahrung nicht nur als Energiequelle zu betrachten, sondern als tägliche Therapie, die deinen Stoffwechsel steuert, deine Zellen schützt und dein biologisches Alter beeinflusst. Hilfreich ist vielleicht auch ein Perspektivenwechsel – denke doch bei den Mahlzeiten einmal nicht in Kalorien, sondern in Signalen, denn jedes Lebensmittel, das du zu dir nimmst, sendet Signale an deine Zellen. Pflanzenbasierte Lebensmittel, ballaststoffreiche Kost, qualitativ hochwertige gesunde Fette und sekundäre Pflanzenstoffe aktivieren Reparaturprogramme und schützen sogar unsere DNA. Hochverarbeitete Produkte, Zucker und Transfette senden hingegen Signale, die Entzündungsprozesse fördern, Zellstress erhöhen und unsere Alterungsprozesse beschleunigen können.

Es sind oft die kleinen, bewussten Entscheidungen im Alltag, beim Einkauf, bei der Essenswahl oder beim Griff zum Snack, die langfristig den größten Unterschied für unser Healthy Aging machen. Auch Vielfalt spielt wie gesagt eine zentrale Rolle. Dein Darmmikrobiom liebt Diversität, und ein vielfältiges Mikrobiom stärkt dein Immunsystem und moduliert sogar Entzündungen in unserem Körper. Versuche also am besten, jede Woche mindestens 30 verschiedene pflanzliche Lebensmittel zu essen, dazu zählen nicht nur Obst und Gemüse, sondern auch Kräuter, Gewürze und Tees. So versorgst du nicht nur deine Zellen, sondern auch deine Mikroben mit einer großen Anzahl an Nährstoffen, die sie für ihre schützende Arbeit benötigen.

In einer Welt, in der Essen für uns ständig verfügbar ist und viele Menschen vom frühen Morgen bis spät am Abend ständig kleine Mahlzeiten zu sich nehmen, fehlt unserem Stoffwechsel die nötige Pause. Fasten ist deshalb für mich eine der einfachsten und zugleich mächtigsten Methoden, um genau diese Reparaturprozesse in unserem Körper und unseren Zellen in Gang zu setzen. Kleine, regelmäßige Fastenfenster haben einen enormen Effekt auf deine Zellgesundheit, und sie lassen sich erstaunlich gut in den Alltag integrieren.

FAKT: Die Forschung zeigt, dass du die Diversität deines Darmmikrobioms förderst, wenn du pro Woche mindestens 30 unterschiedliche pflanzliche Lebensmittel wie Gemüse, Obst und Hülsenfrüchte zu dir nimmst.

Auch die Qualität deiner Ernährung spielt eine entscheidende Rolle. Die mediterrane Ernährungsweise gehört nicht ohne Grund zu den am besten untersuchten Ernährungsformen, wenn es um Herz-Kreislauf-Gesundheit und Langlebigkeit geht. Im Alltag bedeutet das für dich vor allem eines: viel pflanzliche Vielfalt auf dem Teller. Frisches Gemüse, Hülsenfrüchte, Vollkornprodukte, Nüsse und hochwertiges Olivenöl bilden die Basis. Rotes Fleisch und stark verarbeitete Lebensmittel treten eher in den Hintergrund, während ein- bis zweimal pro Woche Fisch eine gute Quelle für wertvolle Omega-3-Fettsäuren sein kann. Diese Ernährungsweise wirkt auf mehreren Ebenen gleichzeitig. Sie reduziert entzündliche Prozesse, schützt die Gefäße und beeinflusst über bioaktive Pflanzenstoffe sogar epigenetische Mechanismen.

Kohlenhydrate sind nicht per se problematisch in der Ernährung, entscheidend ist vielmehr, wie stark und wie schnell sie unseren Blutzucker ansteigen lassen. Wiederholte Blutzuckerspitzen wirken auf unseren Körper wie kleine Stressereignisse. Es kommt zu einer hohen Insulinausschüttung, was wiederum Entzündungsprozesse fördern kann. Vollwertige, ballaststoffreiche Kohlenhydrate verhalten sich dabei anders, sie werden langsamer verdaut, führen zu einem flacheren Blutzuckeranstieg und entlasten damit die hormonelle Regulation.

WARUM FRAUEN KEINE ANGST VOR FETTEN HABEN SOLLTEN

Wenn wir über Ernährung sprechen, lohnt es sich, einen Punkt endlich klarzustellen. Kaum ein Nährstoff wurde in den vergangenen Jahrzehnten so missverstanden wie Fett. Lange galt fettarme Ernährung fast automatisch als gesund. Dabei sind Fette ein elementarer Bestandteil unseres Körpers. Sie bilden die Grundlage jeder Zellmembran und dienen als Ausgangsstoff für unsere Hormone. Hättest du das gewusst?

Gerade für uns Frauen spielt das eine wichtige Rolle. Eine dauerhaft sehr fettarme Ernährung kann hormonelle Dysbalancen begünstigen und zugleich die Aufnahme fettlöslicher Vitamine wie A, D, E und K beeinträchtigen. Hochwertige Fette erfüllen dagegen wichtige Schutzfunktionen. Besonders entzündungshemmende Fettsäuren, vor allem Omega-3-Fettsäuren, unterstützen die Herz-Kreislauf-Gesundheit und unseren Stoffwechsel, wirken regulierend auf Entzündungsprozesse und sind auch für die Funktion unseres Gehirns von großer Bedeutung. Deshalb möchte ich dir und allen anderen Frauen an dieser Stelle die Angst vor Fett nehmen. Fett ist nicht grundsätzlich problematisch, entscheidend ist die Qualität und die Balance. Weniger stark verarbeitete, Omega-6-reiche Pflanzenöle und mehr natürliche Fettquellen mit einem günstigen Verhältnis zu Omega-3 können einen großen Unterschied machen.

Im Alltag kann das ganz einfach aussehen: hochwertiges Olivenöl in der Küche, eine Handvoll Nüsse oder Samen, Avocado und ein- bis zweimal pro Woche fettreicher Fisch wie Lachs, Makrele oder Sardinen. Wenn Fisch nur selten auf deinem Speiseplan steht, kann auch eine gezielte Supplementation sinnvoll sein. Gleichzeitig lohnt es sich, stark verarbeitete Lebensmittel mit großen Mengen industrieller Pflanzenöle zu reduzieren. Fette sind kein Feind der Gesundheit, sondern ein grundlegender Baustein unseres Körpers. Sie stabilisieren Zellstrukturen, unterstützen Herz und Gehirn und sind unverzichtbar für eine gesunde hormonelle Balance. Doch es kommt darauf an, welche Fette wir wählen und in welcher Qualität sie auf unserem Teller landen.

PFLANZLICH ESSEN – WORAUF ES ANKOMMT

Eine vegetarische Ernährung, also der Verzicht auf Fleisch und Fisch, sowie eine vegane Ernährung mit komplettem Verzicht auf tierische Produkte können gesund sein, erfordern jedoch etwas mehr Aufmerksamkeit unsererseits, um eine ausgewogene Nährstoffversorgung sicherzustellen. Wer auf Fleisch, Fisch oder alle tierischen Produkte verzichtet, nimmt bestimmte Nährstoffe, wie Eisen, Jod und beispielsweise auch Vitamin B12, Calcium, Zink und Selen, automatisch in geringerer Menge auf. Daher ist bei veganer Ernährung eine gezielte Supplementierung sinnvoll, insbesondere von Vitamin B_{12}. Da dieses Vitamin natürlicherweise fast ausschließlich in tierischen Lebensmitteln vorkommt, lässt sich eine ausreichende Versorgung über rein pflanzliche Kost in der Regel nicht zuverlässig erreichen. Selen lässt sich über pflanzliche Lebensmittel ebenfalls nicht zuverlässig decken und sollte bei veganer Ernährung immer ergänzt werden. Und auch Omega-3-Fettsäuren sowie bestimmte Aminosäuren, also die Bausteine unseres Eiweißes, brauchen bei rein pflanzlicher Ernährung etwas mehr Aufmerksamkeit von unserer Seite.

Das heißt nicht, dass vegetarische oder vegane Ernährung grundsätzlich problematisch wäre. Im Gegenteil, viele Menschen essen dadurch mehr Gemüse, Obst, Hülsenfrüchte und Ballaststoffe und nehmen oft weniger ungünstige Fette zu sich. Entscheidend ist also nicht die Ernährungsform an sich, sondern wie ausgewogen sie umgesetzt wird. Einseitigkeit, stark verarbeitete Produkte oder der Verzicht ohne spezifischen Blick auf die Nährstoffzufuhr können langfristig zu Mangelzuständen führen.

Gerade für uns Frauen ist dieses Thema besonders relevant. Unser Eisenbedarf ist häufig höher, hormonelle Veränderungen beeinflussen den Stoffwechsel, und in Lebensphasen wie Schwangerschaft, Stillzeit oder auch in den Wechseljahren steigt der Bedarf an bestimmten Nährstoffen zusätzlich. Umso sinnvoller ist es, die eigene Versorgung regelmäßig zu überprüfen und Laborwerte ärztlich kontrollieren zu lassen, statt sich ausschließlich auf allgemeine Empfehlungen zu verlassen.

Supplemente solltest du dabei nicht einfach einnehmen, nur weil sie in deinem Freundeskreis vielleicht gerade populär sind oder von Influencerinnen beworben werden. Jeder Körper funktioniert anders, und ebenso individuell sind Nährstoffbedarf und mögliche Mangelzustände. Was für eine Person hilfreich ist, kann für dich unnötig oder sogar ungünstig sein.

Deshalb lohnt es sich, Entscheidungen über Nahrungsergänzungen auf Grundlage medizinischer Beratung und passender Laborwerte zu treffen. Am Ende geht es nicht um die Frage, ob eine Ernährung tierisch oder pflanzlich ist, sondern darum, den eigenen Körper ausreichend und ausgewogen zu versorgen. Wenn du dich vegan ernährst, solltest du daher regelmäßige ärztliche Kontrollen und eine gezielte, individuell angepasste Supplementierung ganz selbstverständlich einplanen.

Nährstoffe und ihre natürlichen Quellen

Nährstoff	Zentrale Funktion in unserem Körper	Typische Quellen	Supplementation, wann sinnvoll
Vitamin B12	Blutbildung, Nervensystem, Zellteilung	keine verlässlichen	Obligat bei veganer Ernährung
Vitamin D	Knochen, Immunsystem, Muskeln, Hormone	Pilze (gering), Sonne	Häufiger Mangel, v. a. im Herbst/Winter («Oktober bis Ostern»)
Eisen	Sauerstofftransport, Energie, Kognition	Hülsenfrüchte, Vollkorn, Spinat	bei Mangel, starker Menstruation
Jod/Iodid	Schilddrüsenhormone, Stoffwechsel	Jodsalz, Algen (dosiert), Fisch und Meeresfrüchte	häufig kritisch, individuell prüfen
Calcium	Knochen, Zähne, Muskeln, Nerven	Grünkohl, Brokkoli, Mandeln, Eigelb, Spinat, Pak Choi u. a.	bei niedriger Zufuhr relevant
Zink	Immunsystem, Haut, Hormone	Nüsse, Cashew, Kichererbsen, Erdnüsse, Samen, Vollkorn	bei Infektanfälligkeit, Hautproblemen
Selen	Schilddrüse, antioxidativer Schutz	Paranüsse (Achtung, maximal 3 Paranüsse am Tag empfohlen, da sie Radium aus dem Boden aufnehmen, ein natürlich vorkommendes radioaktives Element)	Antioxidativer Schutz
Omega-3 (EPA/DHA)	Herz, Gehirn, Entzündungsregulation	Leinsamen, Chia, Hanfsamen, fettreicher Fisch wie Lachs, Makrele, Sardinen, Algenöl	v. a. bei Veganern und Vegetariern wichtig
Proteine/essenzielle Aminosäuren	Muskeln, Enzyme, Immunsystem, Gewebeaufbau	Hülsenfrüchte, Soja, Quinoa, Cashew, Erbsen, Paranüsse, Sesam, Kürbiskerne, Fleisch, Geflügel	bei niedriger Proteinzufuhr
Vitamin K2	Knochenstoffwechsel, Gefäßgesundheit	fermentierte Lebensmittel, Kohl, Mangold, Petersilie, Brokkoli u. a.	bei Osteoporoserisiko relevant, auch in Kombination mit Vitamin D
Vitamin B2 (Riboflavin)	Energiestoffwechsel, Schleimhäute	Vollkorn, Mandeln	Oft Mangelzustände bei veganer Kost

Vitamin B6 (Pyridoxin)	Nerven, Hormon- und Eiweißstoffwechsel	Banane, Vollkorn, Hülsenfrüchte	bei Stress, PMS relevant
Folsäure (Vitamin B9)	Zellteilung, Blutbildung	Grünes Gemüse, Bohnen, Hülsenfrüchte	v. a. bei Kinderwunsch wichtig

WIRKUNGSVOLLE VERÄNDERUNGEN IM ESSVERHALTEN

Überessen ist einer der größten Beschleuniger des Alterns, und oft geschieht es unbewusst. Wir täten alle gut daran, uns an dem zu orientieren, was die Menschen in Okinawa seit Jahrhunderten tun – Hara Hachi Bu – iss nur, bis du zu etwa 80 Prozent satt bist. Dieses bereits erwähnte einfache Prinzip fördert unsere Verdauung und unsere Stoffwechselgesundheit und aktiviert auch zelluläre Schutzmechanismen. Nicht nur was du isst, sondern auch wie du isst, spielt eine wichtige Rolle für unseren Stoffwechsel. Auch die Reihenfolge der Lebensmittel kann dabei überraschend viel ausmachen. Wenn zunächst Gemüse, Eiweiß und gesunde Fette gegessen werden und erst danach stärkehaltige Kohlenhydrate folgen, fällt der Blutzuckeranstieg oft deutlich moderater aus.

Der Grund dafür liegt unter anderem in mehreren physiologischen Mechanismen, die ich dir an dieser Stelle erklären möchte. Ballaststoffe aus Gemüse verlangsamen die Magenentleerung und bilden im Darm eine «gelartige Struktur», wodurch Glukose langsamer über die Darmwand ins Blut aufgenommen wird. Eiweiß und Fett stimulieren zudem bestimmte Darmhormone, sogenannte Inkretine, die die Insulinantwort regulieren und gleichzeitig den Eintritt von Zucker ins Blut bremsen. Dadurch gelangt letztlich Glukose weniger abrupt in den Blutkreislauf und starke Blutzuckerspitzen werden abgeschwächt.

Zur Stabilisierung des Blutzuckers sind also oft einfache, alltagstaugliche Maßnahmen wirksamer als komplizierte Ernährungskonzepte. Entscheidend ist weniger strenges Fasten als vielmehr eine klare zeitliche Struktur der Mahlzeiten. Eine frühe letzte Mahlzeit am Abend, idealerweise mehrere Stunden vor dem Schlafengehen, kann den Stoffwechsel entlasten und nächtlich erhöhte Insulinspiegel reduzieren. Ebenso hilfreich ist es, zwischen den Mahlzeiten auf Snacken zu verzichten, da längere Esspausen dem Blutzucker erlauben, sich zu regulieren und hormonelle Prozesse zu stabilisieren.

Ergänzend wirkt Bewegung nach dem Essen überraschend effektiv. Bereits zehn Minuten ruhiges Gehen können den Blutzucker nach dem Essen senken, weil die arbeitende Muskulatur Glukose direkt aus dem Blut aufnimmt. Ein stabiler Blutzucker über Abend und Nacht unterstützt nicht nur einen erholsamen Schlaf, sondern auch regenerative hormonelle Prozesse, die für unsere Stoffwechselgesundheit und unser langfristiges gesundes Altern bedeutsam sind.

Gleichzeitig gilt: Jeder Körper reagiert etwas anders. Ernährung ist deshalb nie ein starres Schema, sondern immer auch eine individuelle Anpassung. In den letzten Jahren haben vor allem die Arbeiten der Biochemikerin Jessie Inchauspé, bekannt als «Glucose Goddess», dieses Thema stärker in die öffentliche Diskussion gebracht. Sie zeigt anschaulich, wie kleine Veränderungen im Essverhalten den Blutzuckerverlauf beeinflussen können. Auch wenn solche Strategien kein Ersatz für eine insgesamt ausgewogene Ernährung sind, verdeutlichen sie, wie sensibel unser Stoffwechsel bereits auf einfache Alltagsgewohnheiten reagiert. Ich selbst trinke beispielsweise mittags gern ein Glas Wasser mit einem kleinen Schuss Apfelessig. Mir schmeckt es einfach, und es ist für mich zu einem täglichen Ritual geworden. Gleichzeitig habe ich den Eindruck, dass mein Blutzucker dann nach einer Mahlzeit etwas ruhiger ansteigt, zumindest zeigt mir das meine Blutzucker-App.

Ich halte Blutzucker-Tracking für eine sehr hilfreiche Möglichkeit, den eigenen Stoffwechsel besser zu verstehen. In meiner Praxis biete ich Patient:innen gelegentlich einen kontinuierlichen Glukosesensor an und bitte sie, ihre Werte über die App für zwei

Wochen zu beobachten. So entsteht ein unmittelbares Verständnis dafür, wie sensibel der Blutzucker auf Ernährung, Essenszeiten, Bewegung, Stress oder Schlaf reagiert. Viele Frauen sind überrascht, wie deutlich bestimmte Mahlzeiten oder Alltagsgewohnheiten messbare Schwankungen auslösen. Dieses direkte Feedback bewirkt oft mehr als jede theoretische Empfehlung, weil Zusammenhänge plötzlich sichtbar werden und im eigenen Körper nachvollziehbar sind.

Blutzuckertracking wird auch im Kontext von Longevity zunehmend diskutiert, häufig mit dem Anspruch, Alterungsprozesse direkt beeinflussen zu können. Spannend dabei ist, dass identische Lebensmittel bei verschiedenen Menschen sehr unterschiedliche Glukoseverläufe auslösen können. Somit kann solch ein Sensor das Verständnis für den eigenen Stoffwechsel schärfen und Verhaltensänderungen in Bezug auf Mahlzeitenzusammensetzung, Essensrhythmus oder Bewegung nach dem Essen unterstützen. Dafür, dass permanentes Blutzuckertracking den Alterungsprozess verlangsamt oder die Lebenserwartung erhöht, gibt es jedoch keine Evidenz. Eine übermäßige Fokussierung auf kurzfristige Glukosewerte kann im Gegenteil sogar Stress bei uns erzeugen und das Verhältnis zum Essen unnötig belasten. Gerade bei uns Frauen können zudem zyklusabhängige hormonelle Schwankungen die Glukosekurven beeinflussen und zu Fehlinterpretationen führen.

Aus präventivmedizinischer Sicht ist daher nicht das Tracking selbst entscheidend, sondern das Verständnis der zugrunde liegenden Prinzipien, denn eine stabile Blutzuckerregulation entsteht, wie du gesehen hast, vor allem durch ausgewogene Mahlzeiten, ausreichende Protein- und Ballaststoffzufuhr, regelmäßige Bewegung und ausreichenden Schlaf. Blutzuckerspitzen lassen sich im Alltag also oft durch einfache Anpassungen reduzieren, eine Dauerüberwachung ist dagegen meist nicht notwendig.

FAKT: Ein stabiler Blutzuckerspiegel mit möglichst wenigen ausgeprägten Blutzuckerspitzen ist mit reduzierten Entzündungsprozessen und einem niedrigeren Risiko für insulinassoziierte Alterungsmechanismen verbunden.

Es gibt noch einen weiteren Aspekt, der mir hinsichtlich eines gesunden Essverhaltens wichtig ist. Achtsamkeit beim Essen sollte bedeuten, auch wirklich präsent zu sein. Langsamer zu essen, gründlich zu kauen und dem Körper Zeit zu geben, die Mahlzeit wahrzunehmen. Wer bewusst isst, entlastet nicht nur die Verdauung und den Stoffwechsel, sondern lernt, die eigenen Sättigungssignale klarer zu erkennen. Essen sollte daher möglichst ruhig stattfinden, ohne Hektik und idealerweise ohne digitale Ablenkung, auch wenn das heutzutage sicher nicht immer ganz einfach umzusetzen ist. Nur so hat der Körper überhaupt die Chance, rechtzeitig zu signalisieren, wann es genug ist.

Darüber hinaus kann es sinnvoll sein, bestimmte Lebensmittel bewusst häufiger in den Alltag zu integrieren, die in der Forschung immer wieder mit gesundem Altern in Verbindung gebracht werden. Polyphenolreiche Nahrungsmittel wie Beeren, grüner Tee, Rotkohl, Trauben oder aromatische Kräuter unterstützen unsere körpereigenen antioxidativen Schutzsysteme. Ballaststoffreiche Lebensmittel aus Gemüse und Hülsenfrüchten fördern ein vielfältiges Mikrobiom und wirken sich günstig auf Stoffwechselprozesse aus. Hochwertige Fette aus Olivenöl oder Avocado tragen wiederum dazu bei, Zellmembranen stabil zu halten.

Auch eine gezielte Nährstoffversorgung kann die Ernährung sinnvoll ergänzen. Es ist empfehlenswert, relevante Werte wie Vitamin D, Vitamin B12 oder den Omega-3-Index regelmäßig bei der Hausärztin oder dem Hausarzt überprüfen zu lassen. Bestehen Defizite, sollten diese zunächst über eine angepasste Ernährung und, wenn notwendig, gezielt über Supplemente ausgeglichen werden. Wichtig ist dabei auch eine Verlaufskontrolle, denn nur wenn Werte in sinnvollen Abständen erneut gemessen werden, lässt sich beurteilen, ob die Maßnahmen tatsächlich greifen und sich die Spiegel stabilisieren. Hinzu kommt, dass sich die Bioverfügbarkeit einzelner Präparate je nach Form deutlich unterscheiden kann, was wiederum Einfluss auf ihre Wirkung in unserem Körper hat. Eine ausgewogene Ernährung bleibt daher immer die Grundlage für eine gute Versorgung mit essenziellen Nährstoffen.

Bei alledem solltest du jedoch nicht aus den Augen verlieren, dass Essen weit mehr ist als reine Nährstoffzufuhr. Es ist oft ein soziales Erlebnis mit Freunden oder Familie, manchmal ein Moment der Achtsamkeit und nicht selten ein Ausdruck von Selbstfürsorge. Wie, wann und mit wem wir essen, beeinflusst unsere Gesundheit ebenso wie die Nährstoffe selbst. Langsames, bewusstes Essen in angenehmer Atmosphäre senkt unseren Stress, unterstützt die Verdauung und kann sogar epigenetische Prozesse positiv beeinflussen.

Gesunde Ernährung ist somit ein Weg, Verantwortung für dich und deine Gesundheit zu übernehmen. Du musst nicht alles auf einmal verändern, beginne klein, vielleicht mit einer Handvoll mehr Gemüse oder einer neuen Routine beim Frühstück, wie zum Beispiel mit einer proteinreicheren Mahlzeit gleich zu Beginn des Tages. Über Wochen und Monate summieren sich die kleinen Schritte zu tiefgreifenden Veränderungen, die du spüren und messen kannst, an deinem Energielevel etwa oder vielleicht an deiner Haut oder deinem Schlaf.

DIE MAYR-MEDIZIN – WENN DER DARM ZUR BASIS DER GESUNDHEIT WIRD

Aus medizinischer Sicht hat unsere Esskultur einen enormen Einfluss auf unsere Verdauung, unseren Stoffwechsel und sogar unser allgemeines Wohlbefinden. Auch wenn wir uns manchmal wünschen würden, unser Körper wäre weniger anspruchsvoll, er ist es nun mal nicht.

In der Longevity-Klinik in Österreich, in der ich als Ärztin arbeite, spielt die Mayr-Medizin eine ganz zentrale Rolle. Dieser Ansatz geht auf den österreichischen Arzt Franz Xaver Mayr zurück und stellt die Verdauung bewusst in den Mittelpunkt der Therapie. Die Grundidee ist, dass ein überlasteter Darm viele Prozesse im Körper beeinflussen kann, von Entzündungsreaktionen über den Stoffwechsel bis hin zum Energiehaushalt. Klassisch basiert die Mayr-Medizin auf vier zentralen Prinzipien: Schonung, Säuberung, Schulung und Substitution. Diese Kombination macht den Ansatz medizinisch nachvollziehbar und langfristig wirksam. Im Fokus stehen vor allem die achtsame und bewusste Ernährung, gründliches Kauen, ausreichende Essenspausen und eine sich erholende Darmfunktion. Ergänzend kommen diagnostische Untersuchungen, individuelle Ernährungsstrategien und unterstützende Therapien, wie zum Beispiel die Stabilisierung der Darmbarriere, zum Einsatz. Ziel ist es letztlich, die Verdauung zu normalisieren, den Körper von innen zu entlasten und damit langfristig Stoffwechsel, Energie und das allgemeine Wohlbefinden zu verbessern. Gerade im Kontext der Präventionsmedizin gewinnt dieser Ansatz wieder zunehmend an Bedeutung, weil unser Darm eine zentrale Rolle für unsere Immunfunktion, die Stoffwechselregulation und viele weitere Gesundheitsprozesse in unserem Körper einnimmt.

Als Ärztin mit Ausbildung in der F.-X.-Mayr-Medizin hat sich mein Blick auf Ernährung deutlich verändert. Ich weiß heute, dass Ernährung dann am stärksten wirkt, wenn sie leicht und gut verträglich ist und bewusst eingenommen wird. Langsames, bewusstes Essen verbessert die Sättigungsregulation und verhindert, dass wir mehr essen, als wir eigentlich brauchen. Gründliches Kauen – etwa 30- bis 40-mal pro Bissen wird empfohlen, ich weiß, niemand zählt wirklich – aber es hilft tatsächlich und entlastet unseren Magen, weil die enzymatische Verdauung teilweise schon im Mund beginnt. Ein leichtes oder sogar ausgelassenes Abendessen unterstützt zusätzlich die nächtliche Regeneration, da weniger Verdauungsarbeit nachts unseren Stoffwechsel und unsere Leber entlastet und die Schlafqualität verbessern kann. So kann unser Körper in der Nacht seine Energie für Reparaturprozesse nutzen. Rohkost, Salate und Obst sind sehr gesund – oh, wie ich sie liebe –, aber am Abend oft einfach schwerer verdaulich, bis 17 Uhr sind sie ideal, danach kann sich der Darm bei manch einem von uns etwas überfordert fühlen. Ich selbst verzichte deshalb schon lange auf Rohkost und große Salate am Abend. Wenn ich abends leichter esse, ist meine Leber weniger belastet und mein Schlaf bleibt stabil, und das merke ich an meinem deutlich verbesserten Tiefschlaf.

Zwischenmahlzeiten zu reduzieren, hat gleich zwei Vorteile: Unsere Verdauungsorgane bekommen echte Pausen, und unser Stoffwechsel und Blutzucker bleiben stabiler, vier bis fünf Stunden Abstand zwischen den Mahlzeiten sind eine einfache, aber sehr wirkungsvolle Maßnahme, auch wenn sie für viele überraschend «radikal» erscheinen mag. Und ja, das ständige Snacken sollten wir uns wirklich abgewöhnen. Unser Darm braucht genauso Ruhepausen wie wir auch!

In der F.-X.-Mayr-Medizin spielt auch der Umgang mit Flüssigkeit eine Rolle. Ausreichend zu trinken, ist wichtig, idealerweise jedoch nicht direkt zu den Mahlzeiten. Ein kleiner zeitlicher Abstand, etwa 30 Minuten vor dem Essen und ungefähr eine Stunde danach, kann die Verdauung unterstützen und dazu beitragen, ein unangenehmes Völlegefühl zu vermeiden.

Auch Bewegung gehört zu den einfachen, aber wirkungsvollen Prinzipien dieses Ansatzes. Besonders nach dem Essen kann ein kurzer Spaziergang beispielsweise die Verdauung anregen. Schon zehn Minuten Bewegung an der frischen Luft reichen oft aus und wirken im Alltag manchmal erstaunlich effektiver als viele komplizierte Lifestyle-Hacks. Eine aktuelle Studie aus dem Jahr 2024 untersuchte ein Programm mit kalorienreduzierter Ernährung nach dem F.-X.-Mayr-Protokoll. Dabei zeigte sich, dass Teilnehmerinnen mit Übergewicht nicht nur Gewicht verloren, sondern sich auch das mentale Wohlbefinden sowie ihre Stressparameter verbesserten.

Du siehst selbst, all diese kleinen Tipps aus der F.-X.-Mayr-Medizin sind erstaunlich leicht umzusetzen. Sie erfordern am Anfang vielleicht hier und da ein wenig Disziplin, aber du wirst schnell spüren, wie gut sie dir tun, du fühlst dich einfach leichter, weniger belastet, weniger angestrengt. Die Energie bleibt bei dir, statt unnötig in der Verdauungsarbeit zu verschwinden, und das Besondere an der Mayr-Medizin ist tatsächlich, dass sie sich auf den ersten Blick weniger wie ein starres Regelwerk anfühlt, sondern eher wie ein Rhythmus, den man durchgehend einhält.

Ich selbst orientiere mich gern an der Mayr-Medizin. Sie hilft mir persönlich, achtsamer zu essen, Pausen zwischen den Mahlzeiten einzuhalten, mir beim Essen Zeit zu lassen und vor allem auf das natürliche Sättigungsgefühl zu hören. Es gibt tatsächlich immer mehr Kliniken und Gesundheitsresorts, die Mayr-Fastenkuren anbieten. Besonders in Österreich hat dieser Ansatz eine lange Tradition und ist bis heute stärker verbreitet als bei uns in Deutschland.

Key Facts der Mayr-Medizin

- Die Mayr-Medizin stellt den Darm ins Zentrum der Gesundheit.
- Verdauung beginnt im Mund, deshalb sind langsames Essen und gründliches Kauen essenziell.
- Ziel ist nicht Verzicht, sondern Entlastung und Regulation.
- Klare Mahlzeiten und Pausen geben dem Stoffwechsel einen Rhythmus.
- Einfache, gut verträgliche Nahrung reduziert eine Reizüberflutung und unterstützt die Regeneration.
- Ruhe und Ordnung sind therapeutische Faktoren.
- Regeneration entsteht durch regelmäßigen Rhythmus.
- Die Therapie folgt den Prinzipien Schonung, Säuberung, Schulung und Substitution.
- Grundlage ist eine individuelle Diagnostik mit Fokus auf Verdauung und Stoffwechsel.

DARM UND PSYCHE

Wir wissen alle, dass sich psychische Belastungen schnell auf unseren Magen und Darm auswirken können. Doch der Darm und unsere Psyche sind enger miteinander verbunden, als lange angenommen wurde. Stress schwächt die Verdauung und beeinflusst sogar die Zusammensetzung unserer Darmflora. Neue Forschung zeigt, dass genau diese Darmflora – also die Gesamtheit unserer Darmbakterien – unsere Stimmung wesentlich mitsteuern kann. Störungen im Mikrobiom werden inzwischen mit Depressionen, Angststörungen, Autismus-Spektrum-Störungen und sogar Demenz in Verbindung gebracht. Serotonin – unser «Wohlfühl-Glücks-Botenstoff», der zu 90 Prozent im Darm entsteht – spielt dabei eine zentrale Rolle, es wirkt stimmungsaufhellend, schmerzlindernd und ist außerdem der Ausgangsstoff für unser Schlafhormon Melatonin. Ein Mangel an Serotonin kann daher depressive Verstimmungen, Schlafstörungen und eine erhöhte Schmerzempfindlichkeit begünstigen.

Der Zusammenhang zwischen Darm und Psyche, insbesondere bei Depressionen, ist heute gut belegt. Eine Übersichtsarbeit aus dem Jahr 2020 zeigt, dass Menschen mit Depressionen eine veränderte Zusammensetzung der Darmflora aufweisen, unter anderem mit einer geringeren bakteriellen Vielfalt und einer Abnahme entzündungsregulierender Bakterien. Faszinierend ist dabei, dass in Interventionsstudien probiotische Behandlungen depressive Symptome signifikant lindern konnten, ein Hinweis darauf, dass der Darm nicht nur Begleiter psychischer Erkrankungen ist, sondern möglicherweise aktiv an deren Regulation beteiligt sein könnte. Diese Veränderungen liefern einen plausiblen Erklärungsansatz dafür, warum Darmgesundheit und psychisches Wohlbefinden so eng miteinander verknüpft sind. Womit sich der Blick für ein weiteres zentrales Thema öffnet, das sogenannte Emotional Eating.

Wenn Darm und Psyche so eng miteinander verbunden sind,

überrascht es nicht, dass auch unsere Emotionen direkten Einfluss darauf haben, wie, wann und warum wir essen. Emotional Eating beschreibt ein Essverhalten, bei dem nicht körperlicher Hunger im Vordergrund steht, sondern Gefühle wie Stress oder Traurigkeit. In solchen Momenten wird über bestimmte Nahrungsmittel, vor allem Zucker- und kohlenhydratreiche Speisen, das Belohnungssystem im Gehirn aktiviert, insbesondere über Dopamin. Essen wirkt dann zwar kurzfristig beruhigend, aber dieser Effekt hält nur kurz an, während sich langfristig ein Muster etabliert, in dem Essen zur bevorzugten Form der Stress- und Emotionsregulation wird.

Frauen sind davon häufiger betroffen, was unter anderem mit hormonellen Einflüssen zusammenhängt. Schwankungen von Progesteron und Serotonin, etwa im Zyklus oder in hormonellen Übergangsphasen, können die emotionale Essanfälligkeit verstärken. Der Ausweg liegt nicht in Verzicht, sondern in Bewusstheit – achtsames Essen, regelmäßige Mahlzeiten und ein besseres Wahrnehmen des eigenen Sättigungsgefühls können helfen, wieder eine klare Trennung zwischen körperlichem Bedarf und emotionalem Bedürfnis herzustellen. Ergänzend sind alternative Strategien zur Emotionsregulation entscheidend: Bewegung, Achtsamkeit, Atemübungen, Schlaf, soziale Nähe oder einfache Pausen.

Serotonin

Wie ich zuvor bereits angedeutet habe, spielt Serotonin eine zentrale Rolle für unsere Stimmung, unser Schmerzempfinden und unseren Schlaf. Zwar wird der Großteil dieses Botenstoffes im Darm gebildet, entscheidend für das Gehirn ist jedoch die Verfügbarkeit seines Vorläufers Tryptophan. Bei chronischem Stress oder Entzündung wird Tryptophan vermehrt in andere Stoffwechselwege umgeleitet, wodurch weniger für die Serotoninsynthese zur Verfügung steht. Das macht verständlich, warum sich emotionale Erschöpfung, Schlafprobleme und eine erhöhte Schmerzempfindlichkeit so häufig gegenseitig verstärken.

FAKT: Fruktose, die im Darm nicht vollständig aufgenommen wird, kann dort Tryptophan binden und dessen Aufnahme beeinträchtigen. Dadurch steht dem Körper weniger Tryptophan für die Serotonin- und Melatoninsynthese zur Verfügung, was sich langfristig auf unsere Stimmung und unseren Schlaf auswirken kann, etwa bei einer Fruktoseintoleranz.

PROTEIN-REVOLUTION IN DEN USA?

Alle fünf Jahre veröffentlicht die US-Regierung neue Ernährungsempfehlungen, die weltweit beeinflussen, wie Prävention und Ernährungspolitik gedacht und umgesetzt werden. In der aktuellen Ausgabe der Leitlinie, erschienen Anfang 2026, rückt erfreulicherweise die Reduktion von Zucker deutlich in den Mittelpunkt. Der Gesamtkonsum soll klar gesenkt werden, und für Kinder unter zehn Jahren wird sogar empfohlen, vollständig auf zugesetzten Zucker, Süßstoffe und zuckerhaltige Getränke zu verzichten. Auch raffinierte Kohlenhydrate wie Weißbrot werden kritischer bewertet und sollen zunehmend durch vollwertige, ballaststoffreiche Alternativen ersetzt werden. Diese Verschiebung markiert, gerade in den USA, einen wichtigen Schritt hin zu einer metabolisch gesünderen Ernährungsweise.

Angesichts unseres heutigen Wissens erscheint dies längst überfällig. In den vergangenen Jahrzehnten zumindest lag der Fokus vieler Empfehlungen stark auf der Reduktion von Fett, während der hohe Konsum von Zucker und stark verarbeiteten Kohlenhydraten lange unterschätzt wurde. Heute wissen wir deutlich mehr über die Rolle von Blutzuckerschwankungen, Insulinresistenz und chronischen Entzündungsprozessen bei vielen Zivilisationskrankheiten. Eine Ernährung mit weniger zugesetztem Zucker und mehr natürlichen, ballaststoffreichen Lebensmitteln kann helfen, Stoffwechselprozesse zu stabilisieren, das Risiko für Diabetes und Herz-Kreislauf-Erkrankungen zu senken und langfristig auch die Gesundheitsspanne zu verlängern. Genau deshalb ist diese Verschiebung der Empfehlungen aus meiner Sicht ein wichtiger Schritt hin zu einer moderneren Präventionsmedizin.

Breite Zustimmung erhielt aber vor allem die Neubewertung der Proteinzufuhr. Die empfohlene Menge wurde auf 1,2 bis 1,6 Gramm Protein pro Kilogramm Körpergewicht angehoben und liegt damit deutlich über früheren Richtwerten; insbesondere in der Präventions- und Sportmedizin gilt diese Empfehlung bei uns jedoch bereits seit Längerem. Diese Anpassung wird von vielen Fachleuten als sinnvoll betrachtet, gerade im Hinblick auf den Muskelerhalt und funktionelles Altern. Vor allem körperlich aktive Menschen, ältere Erwachsene und Personen mit erhöhtem Muskelabbau profitieren von einer individuell angepassten, häufig sogar höheren Proteinzufuhr, um Muskelmasse, Stoffwechselgesundheit und funktionelle Leistungsfähigkeit zu erhalten.

Kritik entzündete sich also weniger an der höheren Proteinmenge als vielmehr an der Frage, aus welchen Quellen dieses Eiweiß stammen soll. Zwar werden pflanzliche Proteinquellen ausdrücklich genannt, zugleich zählt die neue Leitlinie jedoch rotes Fleisch zu den empfohlenen Eiweißlieferanten. Genau diese Aufwertung tierischer, insbesondere roter Fleischquellen stieß bei vielen Ernährungswissenschaftler:innen auf deutlichen Widerspruch. Public-Health-Expert:innen bezeichnen die Empfehlungen in diesem Punkt als widersprüchlich und rückwärtsgewandt, da der hohe Konsum von rotem Fleisch in zahlreichen Studien mit einem erhöhten Risiko für chronische Erkrankungen und Mortalität assoziiert ist.

Die neuen Empfehlungen aus den USA verdeutlichen damit einen grundlegenden Zielkonflikt unserer modernen Ernährungspolitik. Während Einigkeit darüber besteht, dass weniger Zucker, weniger Verarbeitung und ausreichend Protein zentrale Säulen einer gesunden Ernährung sind, bleibt die Frage offen, aus welchen Quellen dieses Protein langfristig am sinnvollsten stammen sollte.

ALKOHOL UND LANGLEBIGKEIT

Jeder Tropfen zählt. Nach Angaben des Robert Koch-Instituts (RKI) trinken in Deutschland knapp vier von fünf Erwachsenen Alkohol. Insgesamt konsumieren 78,8 Prozent der erwachsenen Bevölkerung alkoholische Getränke, bei den Frauen sind es 74,7 Prozent, bei den Männern mit 83,3 Prozent sogar noch etwas mehr. Vor dem Hintergrund des 2024 veröffentlichten Positionspapiers der Deutschen Gesellschaft für Ernährung (DGE) zur Neubewertung des Alkoholkonsums erhält diese Zahl eine besondere Bedeutung. So zeigt sich in dem Positionspapier ein differenziertes Risikoprofil: Etwa jede fünfte Frau konsumiert Alkohol in Mengen, die mit einem moderaten bis erhöhten gesundheitlichen Risiko verbunden sind, bei Männern ist dieser Anteil ungefähr doppelt so hoch.

Die Weltgesundheitsorganisation (WHO) und die Deutsche Gesellschaft für Ernährung betonen inzwischen klar, dass es keine sichere Menge Alkohol gibt. Jede noch so geringe Menge Ethanol im Körper wirkt toxisch und erhöht das Risiko für Krebs, Leberschäden, Herz-Kreislauf-Erkrankungen und weitere chronische Erkrankungen. Entsprechend gilt: Je weniger Alkohol du trinkst, desto besser ist es für deine Gesundheit, denn aus präventivmedizinischer Sicht ist ein kompletter Verzicht die risikoärmste Option.

Wahrscheinlich mache ich mich mit dieser Aussage nicht überall beliebt, das ist mir schon klar, aber mir ist wichtig, sie an dieser Stelle auszusprechen. Gerade weil wir heute von so vielen Seiten mit Informationen überflutet werden, fällt es oft schwer, zu unterscheiden, was medizinisch belastbar ist und was eher Wunschdenken. Natürlich spielt Lebensqualität eine Rolle, und am Ende entscheidet jede und jeder für sich selbst. Aber wenn wir über Longevity sprechen, also über unsere gesunden Lebensjahre, dann gehört Alkohol zu den negativen Faktoren, die wir ehrlich benennen müssen. Er ist kein neutraler Genuss, sondern ein biologischer Stressor für unseren Körper. Und auch das Argument, Rotwein sei wegen des enthaltenen Resveratrols gesund, hält einer nüchternen Betrachtung leider nicht stand, wie wir zuvor bereits erfahren haben.

Aus präventionsmedizinischer Sicht ist die Botschaft deshalb einfach, auch wenn sie vielleicht unbequem ist: Alkohol ist keine Basis für unsere Gesundheit oder Langlebigkeit. Ich weiß, für viele gehört Alkohol einfach zu einem schönen Abend dazu. Und das ist genau der Punkt, an dem Medizin und Alltag auseinandergehen. Genuss und Geselligkeit sind menschlich und wichtig und fördern ja auch die so wichtige Sozialität, trotzdem ist es meine Aufgabe als Ärztin, in diesem Spannungsfeld ehrlich zu bleiben. Ein schöner Abend muss eben nicht unbedingt durch den Wein im Glas entstehen, sondern durch die Menschen und das Gefühl der Verbundenheit. Doch Alkohol wird oft genau damit verwechselt, obwohl er biologisch gesehen nichts Positives beiträgt, sondern nur eine zusätzliche Belastung darstellt.

Zu wissen, was Alkohol im Körper bewirkt, und sich klarzumachen, wann man ihn wirklich möchte und wann man ihn nur aus Gewohnheit trinkt – diese Unterscheidung verändert oft schon sehr viel. Wenn dennoch Alkohol getrunken wird, orientieren sich aktuelle gesundheitliche Empfehlungen in Deutschland an sehr moderaten Mengen, und zwar werden für gesunde Erwachsene ohne Risikofaktoren oft folgende Obergrenzen genannt: Laut der Deutschen Gesellschaft für Ernährung gilt für Frauen ein Maximum von etwa 10 bis 12 Gramm reinem Alkohol pro Tag, das entspricht ungefähr einem kleinen Glas Wein von 0,1 bis 0,125 Liter oder einem kleinen Bier von 0,3 Liter. Für Männer liegt ein analoger Wert bei etwa 20 bis 24 Gramm reinem Alkohol pro Tag (zwei kleine Biere oder ein größeres Glas Wein). Zudem wird empfohlen, an mindestens zwei Tagen pro Woche komplett alkoholfrei zu bleiben und nicht täglich zu trinken. Wichtig ist, dass solche Grenzwerte keine «sicheren» Schwellen sind, da schon kleine Mengen Alkohol das Risiko für bestimmte Erkrankungen erhöhen, vor allem für Krebs. Es gibt also keine Alkoholmenge, die man aus medizinischer Sicht als wirklich unbedenklich bezeichnen kann, sondern selbst wenig Alkohol bleibt ein Risikofaktor.

Und was macht der Alkohol mit uns Frauen?

Gerade für uns Frauen ist Alkohol ein besonders sensibles Thema. So verstoffwechseln Frauen Alkohol anders als Männer, was unter anderem daran liegt, dass Frauen im Durchschnitt weniger Körperwasser sowie eine geringere Aktivität des alkoholabbauenden Enzyms Alkoholdehydrogenase haben und zudem hormonell empfindlicher auf Alkohol reagieren. Dadurch entstehen bei gleicher Trinkmenge oft höhere Blutalkoholspiegel, und Organe können früher belastet werden als bei Männern.

Wenn Frauen dennoch Alkohol trinken, werden maximal sehr geringe Mengen als obere Orientierungswerte genannt, wobei dies wie gesagt keine Empfehlung ist, sondern eine Grenze, oberhalb derer das Krankheitsrisiko nochmal deutlich ansteigt. Besonders relevant für Frauen ist dabei das erhöhte Brustkrebsrisiko, denn schon geringe Mengen Alkohol steigern den Östrogenspiegel und wirken direkt auf das Brustgewebe. Studien zeigen, dass selbst ein Glas pro Tag das Brustkrebsrisiko messbar erhöht. Und auch für Lebererkrankungen, Bluthochdruck, Herzrhythmusstörungen und Schlafstörungen sind Frauen vulnerabler.

In den hormonellen Umbruchphasen wie Zyklusveränderungen, Kinderwunsch, Schwangerschaft, Stillzeit und Menopause wirkt Alkohol oft stärker und ungünstiger und führt etwa zu schlechterem Schlaf, verstärkten Hitzewallungen, Gewichtszunahme und einer Verschlechterung der metabolischen Gesundheit. In diesen Phasen ist Zurückhaltung oder sogar Verzicht aus präventivmedizinischer Sicht besonders sinnvoll.

DIE BESTEN SUPPLEMENTS FÜR DICH

Du hast mittlerweile schon einiges zu wichtigen Nährstoffen, ihren natürlichen Quellen und ihren möglichen Einsatzgebieten erfahren. Viele dieser Nährstoffe nehmen wir bereits in ausreichender Menge über unsere Nahrung auf, in manchen Fällen – beispielsweise bei Mangelerscheinungen, zur Leistungssteigerung oder Regeneration – kann aber auch die Einnahme von Nahrungsergänzungsmitteln (NEM) sinnvoll sein. Bevor du allerdings mit dem Einnehmen irgendeines Supplements startest, solltest du dich einmal gründlich ärztlich durchchecken lassen. Ein ausführliches Labor, inklusive Messungen zu Mineralstoffen, Vitaminen, Entzündungsparametern und gegebenenfalls Hormonen, kann dir zeigen, wo du tatsächlich mit deinen Werten stehst. Erst dann ergibt eine gezielte Supplementierung Sinn, alles andere wäre ein bloßer Blindflug.

Im Folgenden gebe ich dir eine Übersicht über einige besonders wichtige Nährstoffe. Wenn du dein Wissen auf diesem Gebiet noch weiter vertiefen willst, kann ich dir die Lektüre eines der vielen fundierten Nährstoffbücher empfehlen, die es auf dem Markt gibt. Bei der großen Zahl an Nahrungsergänzungsmitteln existieren inzwischen unzählige Präparate und dazugehörige Empfehlungen, ich habe daher Beispiele zusammengestellt, auf die ich in meiner Praxis besonders häufig angesprochen werde und die vielleicht auch für dich interessant sein könnten.

Proteine – das unterschätzte Longevity-Tool für Frauen

Obwohl Proteine zu den wichtigsten Bausteinen für ein gesundes und widerstandsfähiges Altern gehören, gerade bei uns Frauen, nehmen viele von uns eindeutig zu wenig davon zu sich. Zwar kann unser Körper das eine Zeit lang kompensieren, aber nicht dauerhaft, sodass sich irgendwann negative Effekte einstellen. Denn Aminosäuren sind essenziell für eine Vielzahl biologischer

Prozesse in unserem Körper, von der Zellregeneration über das Immunsystem bis hin zur Bildung von Hormonen und Enzymen. Auch für den Energiestoffwechsel sowie für die Struktur von Haut, Haaren und Nägeln spielen sie eine zentrale Rolle.

Ab Mitte 30 nimmt unsere Muskelmasse natürlicherweise ab, unser Stoffwechsel wird träger, und unser Körper reagiert sensibler auf Blutzuckerschwankungen. Ausreichend Protein wirkt diesem Prozess direkt entgegen. Es schützt uns vor Sarkopenie, also Muskelschwund, stabilisiert unseren Grundumsatz, unterstützt die Kollagenbildung und hilft uns, unser Körperfett zu regulieren. In der Peri- und Postmenopause sind Proteine einer der stärksten Faktoren, um Kraft, Stoffwechselgesundheit und eine gute Körperzusammensetzung zu erhalten.

Ein einfacher, alltagstauglicher Ansatz ist es, die benötigten Proteine nicht irgendwann «am Ende des Tages» zu sammeln, sondern möglichst gleichmäßig auf alle Mahlzeiten zu verteilen. Als praktische Richtlinie hat sich bewährt, zu jeder Mahlzeit etwa ein Drittel des täglichen Proteinbedarfs aufzunehmen. Das erleichtert es enorm, den individuellen Bedarf tatsächlich zu erreichen, und optimiert die Wirkung des Proteins, da der Körper nur begrenzte Mengen auf einmal nutzen kann.

Dosierung: Frauen profitieren von 1,2 bis 1,6 Gramm Protein pro Kilogramm Körpergewicht pro Tag; um die Menopause oder bei vermehrter sportlicher Aktivität dürfen es auch mehr sein, z. B. 1,6 bis 2,0 Gramm pro Kilogramm.

Natürliche Quellen: Eier, Fisch, Hülsenfrüchte (wie Linsen und Kichererbsen), Joghurt, Quark, Hüttenkäse, Tofu, Tempeh sowie hochwertiges Proteinpulver (Molke, vegane Mischungen, je nach Vorlieben).

Hinweis: Ein hoher Anteil an Leucin (z. B. in Molkeprotein oder Hülsenfrüchten) fördert den Muskelaufbau besonders effektiv, ein wichtiger Vorteil für Frauen ab 40.

Kreatin – für Frauen viel mehr als ein «Fitness-Supplement»

Kreatin ist eines der am besten untersuchten Supplements überhaupt und für uns Frauen deutlich sinnvoller, als viele denken. Viele Frauen wissen davon einfach noch zu wenig, weshalb wir unbedingt mehr darüber sprechen sollten. Es unterstützt die Muskelkraft, die Energiebereitstellung in jeder einzelnen Zelle und sogar die kognitive Leistungsfähigkeit. Frauen haben von Natur aus 10 bis 20 Prozent niedrigere Kreatinspeicher als Männer, und diese sinken in der Perimenopause und Menopause weiter ab. Genau deshalb können Frauen hier besonders profitieren.

Dosierung: Für Frauen reichen in der Regel 3 bis 5 Gramm Kreatin Monohydrat pro Tag aus. Du kannst Kreatin als Pulver in Wasser, Tee, Kaffee oder einen Smoothie einrühren; der Einnahmezeitpunkt ist flexibel. Alternativ ist Kreatin auch in Kapselform erhältlich, was für manche praktischer ist. Wichtig ist in jedem Fall eine ausreichende Flüssigkeitszufuhr, da Kreatin Wasser in der Muskulatur bindet und der Körper gut hydriert sein sollte.

Sicherheit: Sehr gut verträglich, seit 30 Jahren sehr gut erforscht.

Natürliche Quellen: Rotes Fleisch und Fisch, allerdings in Mengen, die kaum an die wirksame Supplementdosis herankommen.

Vitamin D – eines der wichtigsten Essentials für Frauen

Vitamin D ist weit mehr als ein «Knochenschutz-Vitamin». Es wirkt immunmodulierend, entzündungsregulierend und besitzt zudem antiproliferative Eigenschaften, beugt also unerwünschtem und krankhaftem Zellwachstum vor, was für Frauen ab 35 Jahren sowie in der Peri- und Postmenopause besonders relevant ist. Ein nachgewiesener Vitamin-D-Mangel erhöht das Risiko für das metabolische Syndrom, beschleunigt die Progression eines bestehenden Diabetes und ist beispielsweise auch mit einer höheren kardiovaskulären Mortalität assoziiert.

Grundsätzlich spielt Vitamin D bei allen Menschen eine zentrale Rolle im Knochenstoffwechsel. Für Frauen in der Peri- und Postmenopause gewinnt es jedoch eine besondere Bedeutung, weil der gleichzeitige Verlust von Östradiol und Progesteron den bereits beschleunigten Knochenabbau weiter verstärken und das Osteoporoserisiko deutlich erhöhen kann. Vitamin D unterstützt die Mineralisation, reguliert die Calciumaufnahme und ist ein entscheidender Faktor in der Prävention von Osteopenie und Osteoporose. Auch bei Winterdepression, dem Postmenstruellen Syndrom (PMS) und zyklusabhängigen Stimmungsschwankungen gibt es Hinweise auf positive Effekte, da Vitamin D in die Regulation von Neurotransmittern wie Serotonin eingreift.

Wenn es gezielt um die Knochengesundheit geht, spielt zudem das Vitamin K2 eine entscheidende Rolle: Es hilft, Calcium in den Knochen zu lenken und gleichzeitig aus den Gefäßen fernzuhalten. Vitamin D und K2 müssen dabei nicht zwingend gleichzeitig eingenommen werden; entscheidend ist, dass beide am Knochen gemeinsam wirken können.

Da Vitamin D fettlöslich ist, wird es im Körper langsamer abgebaut und ausgeschieden als wasserlösliche Vitamine. Theoretisch kann eine sehr hohe und unkontrollierte Zufuhr daher zu einer Hyperkalzämie, also einem erhöhten Calciumspiegel im Blut führen, was ich in meinem eigenen Praxisalltag jedoch bisher noch nicht gesehen habe. Die verbreitete Angst vor einer «gefährlichen» Substitution sollte uns deshalb nicht davon abhalten, einen häufigen und biologisch bedeutsamen Mangel sinnvoll zu korrigieren.

Dosierung: Der tägliche Vitamin-D-Bedarf liegt, abhängig von Genetik, Alter, BMI, Jahreszeit und Hauttyp, im Durchschnitt bei ca. 20 Mikrogramm pro Tag. In der Supplementation gelten 1000 bis 2000 I. E. (Internationale Einheiten) täglich als sicher.

Natürliche Quellen: Fettreicher Fisch, Eier, Milchprodukte, Pilze, Spinat, Kohl und Hefe. Ernährung allein reicht aber bei den meisten Frauen nicht aus, um optimale Spiegel zu erreichen, das gilt insbesondere im Winter.

FAKT: Interessant ist, dass Frauen mit stärkerer Hautpigmentierung häufig einen höheren Vitamin-D-Bedarf haben. Verantwortlich dafür ist Melanin, der Farbstoff der Haut, der UV-Strahlung abfängt und damit die körpereigene Vitamin-D-Synthese reduziert. Je dunkler die Haut, desto weniger effizient kann Vitamin D über Sonnenlicht gebildet werden.

Omega-3 – Entzündungsregulator & Hormonbalancer für Frauen

Omega-3-Fettsäuren (EPA und DHA) gehören zu den wichtigsten entzündungsmodulierenden Nährstoffen, besonders für Frauen. Sie wirken regulierend auf Prostaglandine, also Gewebshormone, und können dadurch Regelschmerzen, PMS-Symptome und entzündungsbedingte Beschwerden deutlich lindern. Auch bei Hautproblemen, Stimmungsschwankungen und zyklusabhängigen Entzündungen zeigen sie positive Effekte.

Omega-3 ist wichtig für unsere kardiometabolische Gesundheit. Es verbessert unsere Blutfettwerte, senkt systemische Entzündung und unterstützt die Gefäßfunktion, besonders relevant für Frauen in der Peri- und Postmenopause, wenn das kardiovaskuläre Risiko natürlicherweise ansteigt. Neuere Daten zeigen außerdem, dass Omega-3 eine Rolle in der Hirn- und Nervengesundheit spielt. Es stabilisiert die Stimmung, reduziert Stressaktivität und kann depressive Verstimmungen – vor allem solche, die saisonal bedingt sind – teilweise abmildern.

EPA und DHA sind zentrale Bausteine jeder Zellmembran und damit auch der beiden Membranen unserer Mitochondrien. Genau deshalb ist Omega-3 nicht nur «fürs Herz» oder «fürs Gehirn» allein, sondern im Grunde für jede einzelne Zelle und jedes Organsystem relevant. Die Membranfluidität, Signalübertragung und Energieproduktion hängen direkt davon ab, wie gut diese Membranen aufgebaut sind. Wenn Alterungsprozesse biologisch spürbarer und gleichzeitig Schutzsysteme fragiler werden, ist eine stabile, gut versorgte Membranbiologie eine Voraussetzung dafür, dass der Körper Regeneration langfristig gut ausbalancieren kann.

Dosierung: Typischerweise 1000 bis 2000 mg EPA/DHA täglich. Wenn der Omega-3-Index allerdings nur zwischen 5 bis 6 Prozent liegt, dann sind auch mehr erlaubt; bei ausgeprägten Entzündungen sind auch mal 2000 bis 4000 mg möglich.

Hinweis: Du solltest hochwertige Präparate mit einem hohen Anteil an EPA/DHA wählen und diese am besten mit einer fettreichen Mahlzeit einnehmen.

Natürliche Quellen: Fettreicher Fisch (Lachs, Makrele, Sardinen), hochwertiges Fischöl oder pflanzliches Algenöl (bestes veganes Pendant). Unser Fischkonsum allein reicht allerdings nicht aus, um unseren Bedarf zu decken.

Magnesium – das unterschätzte Anti-Stress-Mineral für Frauen

Magnesium gehört gemeinsam mit Zink zu den therapeutisch am häufigsten eingesetzten Mineralstoffen. Es spielt eine zentrale Rolle in unserer Muskel- und Nervenfunktion und ist besonders hilfreich bei muskulären Krämpfen, Spannungskopfschmerzen und nächtlicher Unruhe. Frauen mit Histaminintoleranz oder Verstopfung (Obstipation) profitieren ebenfalls häufig von Magnesium, da es den Darm entspannt und die Bewegungsfähigkeit des Magen-Darm-Trakts, also die Motilität, verbessert.

Für das kardiovaskuläre System ist Magnesium ebenfalls relevant, aber auch für alle anderen Zellen. Als natürlicher Calcium-Antagonist wirkt es gefäßerweiternd und blutdrucksenkend, ein Prinzip, das teilweise auch in der antihypertensiven Therapie genutzt wird. Unter Stress verbraucht der Körper mehr Magnesium, weshalb gerade Frauen in belasteten Lebensphasen oder mit Schlafstörungen oft einen erhöhten Bedarf haben. Auch in der Behandlung von PMS und als unterstützender Faktor bei Osteoporose hat Magnesium einen festen Platz. Viele Enzyme und zentrale Stoffwechselprozesse sind auf Magnesium angewiesen.

Dosierung: In der Regel 200 bis 300 mg pro Tag, am besten abends, besonders gut verträglich sind Magnesiumglycinat oder -citrat.

Hinweis: Bei Überdosierung kann es zu Durchfällen kommen, ein Zeichen, die Dosis zu reduzieren.

Natürliche Quellen: Vollkorngetreide, Weizen, Gerste, Reis, Mandeln, Sonnenblumenkerne, Hülsenfrüchte, Soja und grünes Blattgemüse.

Eisen – für Energie, Sauerstofftransport & Frauengesundheit

Eisen ist essenziell für die Bildung von Hämoglobin, den Sauerstofftransport im Blut und die Energieproduktion in den Zellen. Frauen sind deutlich häufiger von Eisenmangel betroffen, unter anderem durch Menstruationsverluste, erhöhte Belastung, vegetarische Ernährung oder Verdauungsstörungen. Ein Mangel kann zu Müdigkeit, Blässe, Kurzatmigkeit, Kopfschmerzen, brüchigen Nägeln, Haarausfall und reduzierter körperlicher Leistungsfähigkeit führen.

Auch das Gehirn reagiert empfindlich auf Eisenmangel – Konzentrationsschwäche oder innere Unruhe sind typische Begleiterscheinungen. In der Perimenopause kann der Bedarf zusätzlich steigen, wenn Blutungen stärker oder unregelmäßig werden.

Tagesbedarf: Bei Frauen vor der Menopause: 15 mg/Tag; Frauen nach der Menopause: 10 mg/Tag; in der Schwangerschaft: 30 mg/Tag.

Dosierung: Bei nachgewiesenem Mangel üblicherweise 30–100 mg/Tag elementares Eisen oral, am besten niedrig dosiert beginnen. Eisentabletten sollten unbedingt nüchtern eingenommen und wenn möglich mit Vitamin C kombiniert werden. Bei schweren Mängeln oder Unverträglichkeit kann Eisen in einigen Fällen auch intravenös verabreicht werden. Achtung: nur nach Laborwerten supplementieren (kleines Blutbild, v.a. Hb, Ferritin, Transferrinsättigung, CRP).

Natürliche Quellen: Rotes Fleisch, Leber, Hülsenfrüchte (Linsen, Bohnen, Kichererbsen), Haferflocken, Kürbis- und Sonnenblumenkerne, Spinat, Mangold, Vollkornprodukte.

Wichtig: Pflanzliches Eisen (Nicht-Häm-Eisen) wird besser aufgenommen, wenn es mit Vitamin C kombiniert wird. Kaffee, Tee und Milchprodukte hemmen die Aufnahme bei gleichzeitigem Konsum. Vegetarierinnen und Veganerinnen haben ein erhöhtes Risiko für niedrige Eisenspeicher.

Vitamin B6 – das Schlüsselvitamin für Stoffwechsel, Hormone und Stimmung

Vitamin B6 (Pyridoxin) ist ein zentrales Coenzym in über 200 Stoffwechselreaktionen. Es ist beteiligt an der Bildung von Neurotransmittern (Serotonin, Dopamin, GABA), am Aminosäurestoffwechsel (u. a. dem Abbau von Homocystein) und an der Hämoglobinsynthese. Für Frauen ist B6 besonders wichtig, weil es eine Rolle im Östrogenabbau in der Leber, bei PMS, bei Stimmungsschwankungen und bei der Stressregulation spielt.

Damit das Vitamin B6 im Körper aktiviert werden kann, braucht es zwei weitere Nährstoffe, Zink und Vitamin B2. Ein Mangel zeigt sich typischerweise durch Müdigkeit, Reizbarkeit, Anämie, erhöhte Homocysteinwerte, verstärkte PMS-Beschwerden oder Anzeichen für periphere Neuropathien, wie Kribbeln und Taubheitsgefühle in Händen und Füßen.

Tagesbedarf: Etwa 1,2 bis 1,5 mg pro Tag (Frauen), in der Schwangerschaft/Stillzeit bis zu 1,9 mg, je nach Laborwert. Bei B6-Mangel unbedingt auch die anderen B-Vitamine checken, allen voran Vitamin B12 sowie Folsäure.

Dosierung: Bei ausgeprägtem Mangel mit 25 mg pro Tag starten, und zwar in bioaktiver P5P-Form (Pyridoxal-5-Phosphat).

Natürliche Quellen: Fleisch (v. a. Geflügel), Fisch (Thunfisch, Lachs), Innereien, Kartoffeln, Vollkornprodukte, Bananen, Milchprodukte.

Vitamin B12, für Energie und Nerven

Vitamin B12 (Cobalamin) ist essenziell für die Zellteilung, die Bildung roter Blutkörperchen und die Funktion des Nervensystems. Gemeinsam mit Folsäure und Vitamin B6 reguliert es den Homocysteinspiegel, der als Risikofaktor für Herz-Kreislauf-Erkrankungen gilt. Ein Mangel kann zu Müdigkeit, Konzentrationsschwäche, Neuropathien und Stimmungsschwankungen führen und wird häufig bei chronischer Erschöpfung, Lebererkrankungen, Alkoholmissbrauch oder rein veganer Ernährung beobachtet.

Vitamin B12 ist außerdem notwendig, um Folsäure (Folat) in seine aktive Form umzuwandeln, ein entscheidender Schritt für DNA-Synthese, Nervenfunktion und Hormongesundheit. Bei neurologischen Beschwerden, chronischer Fatigue oder Neuropathien wird B12 häufig gemeinsam mit B6 und Folat therapeutisch eingesetzt.

Tagesbedarf: 2 bis 3 Mikrogramm pro Tag, in Schwangerschaft und Stillzeit 3 bis 5 Mikrogramm pro Tag.

Dosierung: Oral 500 bis 1000 Mikrogramm täglich oder mehr, je nach Mangel und Resorptionsstörung; Tropfen und Lutschtabletten sind meist gut bioverfügbar.

Natürliche Quellen: Vor allem tierische Produkte wie z. B. Leber und Niere (Innereien), Fisch (z. B. Lachs, Makrele), Fleisch, Eier, Milch und Milchprodukte.

Kollagen – für Haut, Gelenke & Haare

Kollagen ist das wichtigste Strukturprotein für unsere Haut, Haare, Nägel, Faszien und den Beckenboden. Mit zunehmendem Alter sinkt die Kollagenproduktion, was an der abnehmenden Hautelastizität sichtbar wird, klinisch relevant ist es aber auch für unsere Gelenke und unser Bindegewebe. Bei Frauen über 40 Jahren kann eine Kollagenpeptid-Supplementation Verbesserungen in Hautfeuchtigkeit und Elastizität sowie bei Gelenkbeschwerden zeigen, wobei die Effekte individuell unterschiedlich ausfallen können.

Trotz mehrerer aktueller Studien gibt es keinen konsistent überzeugenden wissenschaftlichen Nachweis dafür, dass Kollagenpräparate die Hautalterung biologisch nachhaltig verlangsamen oder rückgängig machen. Umso wichtiger ist es, den Fokus auf bewährte Maßnahmen der Hautgesundheit zu legen: Eine ausgewogene Ernährung, ausreichende Flüssigkeitszufuhr, antioxidative Nährstoffe, konsequenter Sonnenschutz und ein insgesamt gesunder Lebensstil spielen weiterhin eine zentrale Rolle für die Hautalterung.

Solltest du dennoch Kollagenpräparate verwenden wollen, finde für dich möglichst ein hydrolysiertes Kollagen. Denn dieses gilt als einzige Form, die der Körper überhaupt sinnvoll aufnehmen kann. Durch die Hydrolyse wird das Kollagen in kleinste Peptide und Aminosäuren zerlegt, die im Darm deutlich besser resorbiert werden als native, unverarbeitete Kollagenstrukturen. So können sie dann im Blut zirkulieren und theoretisch in der Haut als «Baustein» oder als Signalgeber für Reparaturprozesse dienen. Es gibt zwar weit mehr als 20 Kollagen- Typen, aber klinisch relevant für uns Frauen sind nur einige wenige, die man kennen sollte.

Dosierung: Individuell und je nach Verträglichkeit 5 bis 15 Gramm täglich (Typ I & III). Typ-I-Kollagen macht rund 90 Prozent des gesamten Kollagens im Körper aus, es findet sich vor allem in Haut, Knochen, Sehnen und Bändern und verleiht diesen Geweben Stabilität und Elastizität. Typ-III-Kollagen tritt zumeist zusammen mit Typ I auf und findet sich vor allem in Bindegewebe und der Haut, aber auch in Gefäßen und Organen. Typ-II-Kollagen ist dagegen überwiegend im Knorpelgewebe lokalisiert und bildet dort die strukturelle Grundlage für unsere Gelenke.

Quellen: Knochenbrühe, Kollagenpeptide.

Hinweis: Am besten in Kombination mit Vitamin C einnehmen. Damit der Körper aus den Aminosäuren Glycin, Prolin und Hydroxyprolin stabile Kollagenfasern bilden kann, benötigt er Vitamin C als Co-Faktor für die Enzyme.

Probiotika – gute Bakterien für einen gesunden Darm & die Vagina

Probiotika sind lebende Mikroorganismen, meist Bakterien oder Hefen, die dem Körper einen gesundheitlichen Nutzen bringen, wenn sie in ausreichender Menge aufgenommen werden. Es handelt sich dabei um «gute» Bakterien, die den Darm unterstützen, die Verdauung stabilisieren und das Immunsystem stärken können. Die bekanntesten probiotischen Mikroorganismen stammen aus den Gruppen der Laktobazillen und Bifidobakterien, jedoch zählen auch bestimmte Hefen zu den Probiotika. Probiotika wirken, indem sie das Gleichgewicht der Darmflora verbessern, die Darmbarriere stabilisieren und entzündliche Prozesse reduzieren. Für Frauen sind Probiotika mehr als nur «Verdauungshelfer», sie beeinflussen auch den Östrogenstoffwechsel (Estrobolom), reduzieren systemische Entzündungen und wirken auch positiv auf unsere Haut, unsere Verdauung und unser Immunsystem. Spezifische Stämme wie Lactobacillus crispatus unterstützen das Vaginalmikrobiom, vor allem relevant für Infektanfälligkeit und die sexuelle Gesundheit.

Ich selbst bin ein großer Fan von Probiotika, vor allem in Form von fermentiertem Gemüse. Ja, der Geschmack ist am Anfang etwas gewöhnungsbedürftig, aber er wird schnell zu einer kleinen Sucht, weil man merkt, wie gut es dem Darm tut. Für viele meiner Patient:innen ist fermentiertes Gemüse der einfachste Weg, täglich lebende Bakterien aufzunehmen und die Verdauung spürbar zu unterstützen. Mein absolutes Lieblingsrezept gibt es für dich zum Nachmachen hinter dem gleich folgenden Kapitel zur Fermentation.

Dosierung: Je nach Produkt 1 bis 10 Milliarden KBE (koloniebildende Einheiten) täglich, die Angaben findest du meist auf der Verpackung.

Quellen: Fermentierte Lebensmittel, wie Joghurt, Kefir, Sauerkraut oder Kimchi, und qualitativ hochwertige Probiotika.

Hinweis: Welche Wirkung die Probiotika haben, hängt stark vom Stamm und der Dosis ab, dabei gilt: Qualität vor Quantität!

FERMENTATION – WIE MIKROORGANISMEN UNSERE LEBENSMITTEL VERÄNDERN

Fermentierte Lebensmittel begegnen uns heute fast überall – Kimchi, Sauerkraut, Kefir oder Kombucha gelten längst nicht mehr nur als traditionelle Speisen, sondern werden zunehmend auch im Zusammenhang mit Gesundheit und Longevity diskutiert. Doch die Idee dahinter ist eigentlich alles andere als neu. Schon seit Jahrtausenden nutzen Menschen Fermentation, um Lebensmittel haltbar zu machen und ihre Bekömmlichkeit zu verbessern. Bei der Fermentation werden Lebensmittel durch Mikroorganismen wie Milchsäurebakterien oder andere nützliche Mikroben umgewandelt. Dabei entstehen verschiedene Stoffwechselprodukte, darunter organische Säuren und bioaktive Substanzen. Diese verändern nicht nur Geschmack und Textur der Lebensmittel, sondern können auch Einfluss auf unsere Darmflora und damit auf zentrale Stoffwechselprozesse nehmen.

Gerade hier wird der Zusammenhang mit Longevity interessant, denn unser Darmmikrobiom steht in enger Verbindung mit unserem Immunsystem und unserem Stoffwechsel. Fermentierte Lebensmittel können dazu beitragen, die Vielfalt dieser Darmbakterien zu unterstützen und so ein inneres Milieu zu fördern, das langfristig mit Gesundheit verbunden ist. Zudem entstehen während der Fermentation verschiedene antioxidative Substanzen, die möglicherweise zelluläre Schutzmechanismen beeinflussen können. Einige Studien deuten darauf hin, dass fermentierte Lebensmittel Signalwege modulieren, die auch bei Alterungsprozessen eine Rolle spielen, etwa solche, die mit Entzündungsregulation oder oxidativem Stress zusammenhängen.

Ob fermentierte Lebensmittel tatsächlich direkt zu einem längeren Leben beitragen, lässt sich derzeit wissenschaftlich noch nicht eindeutig belegen. Klar ist jedoch, dass sie Teil traditioneller Ernährungsmuster vieler langlebiger Bevölkerungsgruppen sind. Gerade deshalb lohnt es sich, einen genaueren Blick auf diese jahrtausendealte Form der Lebensmittelverarbeitung zu werfen.

Mein absolutes Lieblingsrezept: Fermentiertes Gemüse

Für 1 Schraubglas, ca. 1 Liter

Zutaten:
1 mittelgroßer Weißkohl, Rotkohl, Blumenkohl; Karotten, Sellerie oder eine bunte Mischung; 2 Prozent Salz bezogen auf das Gemüsegewicht (Beispiel: 1000 g Gemüse = 20 g Salz). Optional lassen sich noch 1 bis 2 Knoblauchzehen, 1 TL Kümmel, Senfkörner oder Koriandersaat sowie 1 kleines Stück Ingwer hinzufügen, und los geht es.

1. Gemüse vorbereiten
Gemüse fein hobeln. Karotten können geraspelt oder in dünne Scheiben gehobelt werden. Ich würfle das Gemüse übrigens auch sehr häufig, das macht die Fermentation noch einfacher und sorgt dafür, dass sich die Lake gleichmäßig verteilt. Außerdem lässt es sich später wunderbar als kleine Beilage oder Topping verwenden.

2. Salzen & Massieren
Gemüse abwiegen, Salz in der richtigen Menge zugeben und mit den Händen kräftig durchkneten, bis Flüssigkeit entsteht. Diese Lake ist entscheidend, sie wird später das Gemüse komplett bedecken.

3. Einfüllen
Das Gemüse fest in ein sauberes Schraubglas drücken. Wirklich fest – je enger, desto besser. Die entstehende Lake sollte das Gemüse vollständig überdecken. Wenn nicht genug Flüssigkeit entsteht, dann füge etwas mehr Lake hinzu (20 Gramm Salz auf 1 Liter Wasser auflösen und etwas davon zugeben).

4. Beschweren
Ein kleines Glasgewicht oder einen Keramikbeschwerer oben auflegen, damit das Gemüse unter der Lake bleibt.

5. Fermentieren lassen

Deckel locker auf das Schraubglas setzen (nicht komplett zudrehen). Bei Zimmertemperatur 3 bis 5 Tage fermentieren lassen. Täglich kurz «aufstoßen», also den Deckel vorsichtig anheben, damit entstandene Gärgase entweichen können. Die Temperatur sollte dabei zwischen 18 und 25 °C liegen.

6. Kühlen & Genießen

Sobald dir der Geschmack gefällt, fest verschließen und im Kühlschrank lagern. Dort ist das fermentierte Gemüse mehrere Wochen bis Monate haltbar und wird mit der Zeit noch besser. Ich lieb's!

Dieses Rezept funktioniert so gut, weil es sehr einfach ist, und es eignet sich für fast jedes Gemüse. Durch das kräftige Einkneten entsteht ausreichend eigene Lake, die das Gemüse vollständig bedeckt und für eine sichere Milchsäuregärung sorgt. Das Ergebnis ist ein echter Boost für das Mikrobiom, ideal, um ohne großen Aufwand mehr lebende Bakterien und Ballaststoffe in die tägliche Ernährung zu integrieren.

SÄULE 2:

KÖRPERLICHE AKTIVITÄT – BEWUSSTES BEWEGEN IM ALLTAG

Wir wissen inzwischen: Langlebigkeit ist kein Zufall, sondern das Ergebnis vieler alltäglicher Entscheidungen, die sich über die Jahre hinweg summieren. Einer der bestuntersuchten und zugleich wirksamsten Einflussfaktoren ist die körperliche Aktivität. Sie beeinflusst nicht nur, wie alt wir werden, sondern vor allem, wie gesund wir diese Jahre erleben. Körperliche Aktivität wirkt auf zentrale Prozesse unseres Alterns, auf unseren Stoffwechsel, unser Herz-Kreislauf-System und auch unsere Muskel- und Knochengesundheit, die gerade im Laufe des weiblichen Lebens eine entscheidende Rolle spielen.

Dabei geht es nicht um sportliche Höchstleistungen, die jeder von uns mit einem Mal vollbringen muss, sondern um regelmäßige Bewegungen, die messbar das Risiko für chronische Erkrankungen senken und unsere Lebenserwartung verlängern können. Auch hier gilt: Jede Bewegung ist besser als keine. Die Aktivität sollte in deinen Alltag passen, denn nur wenn sie für dich realistisch integrierbar ist, bleibt sie auch langfristig bestehen.

Wissenschaftliche Untersuchungen zeigen klar, dass die aktiven Menschen unter uns länger leben und länger selbstständig bleiben. Bewegung ist damit zu einem der stärksten Hebel der Präventionsmedizin geworden – sie ist einfach zugänglich und gleichzeitig biologisch hochwirksam. Die Weltgesundheitsorganisation (WHO) schätzt, dass körperliche Inaktivität für etwa sechs Prozent aller vorzeitigen Todesfälle verantwortlich ist, neuere Übersichtsarbeiten gehen sogar von rund neun Prozent der weltweiten Gesamtsterblichkeit aus. Eine Zahl, die deutlich macht, welche Folgen Bewegungsmangel für uns alle haben kann.

Es gibt inzwischen gute wissenschaftliche Daten, die belegen, dass regelmäßiges Joggen mit einer Lebensverlängerung von etwa drei Jahren verbunden sein kann. Besonders wichtig ist dabei zu wissen, dass dieser Effekt nicht nur Menschen zugutekommt, die ihr ganzes Leben sportlich aktiv waren, auch ein späterer Einstieg ist mit einer relevanten Risikoreduktion verbunden. Wer also erst im mittleren oder höheren Erwachsenenalter mit dem Joggen beginnt, kann sein Sterberisiko noch um fast 30 Prozent senken. Die positiven Effekte des Laufens auf die Lebenserwartung lassen sich durch mehrere physiologische Anpassungen erklären. Dazu zählen unter anderem günstige Veränderungen von Blutdruck, Fettstoffwechsel, Körpergewicht und der Blutzuckerregulation – alles zentrale Risikofaktoren für chronische Erkrankungen. Aber auch die körperliche Leistungsfähigkeit verbessert sich messbar, und dieser systemische Effekt geht weit über das Herz-Kreislauf-System hinaus.

Die Datenlage zum Laufen ist insgesamt überzeugend, denn es senkt das Risiko für chronische Erkrankungen und vorzeitige Sterblichkeit unabhängig von unserem Geschlecht, Alter, Körpergewicht oder bestehendem Gesundheitszustand. Aus Public-Health-Sicht ist dies eine der kostengünstigsten Präventionsmaßnahmen überhaupt, mit hoher Wirksamkeit für uns und unseren Lifestyle.

Wenn wir über gesundes Altern oder Healthy Aging sprechen, meinen wir in der Medizin vor allem einen stabileren Stoffwechsel, die Abwesenheit von kardiometabolischen Erkrankungen sowie größere körperliche und geistige Reserven, die uns im Alltag langfristig zur Verfügung stehen. In zahlreichen großen populationsbasierten Studien zeigte sich, dass körperlich aktive Menschen im Vergleich zu inaktiven generell eine deutlich niedrigere Gesamtsterblichkeit haben, oft im Bereich von etwa 20 bis 35 Prozent.

Positive Wirkungen von körperlicher Aktivität auf die Gesundheit

Muskeln und Skelett
- Verbesserung der Muskelkraft und der Knochendichte
- Senkung des Risikos für Knochenbrüche bei Osteoporose
- Senkung des Sturzrisikos

Stoffwechsel und Gewicht
- Verbesserung der Empfindlichkeit gegenüber Insulin
- Stabilisierung des Körpergewichts
- Geringere Häufigkeit für metabolisches Syndrom

Psyche
- Verbesserung der Stimmung
- Verbesserung der Selbstwahrnehmung
- Verbesserung des Schlafs

Herz-Kreislauf-Erkrankungen
- Senkung des Blutdrucks
- Verbesserung des Zustands der Blutgefäße
- Senkung des Risikos für Herz-Kreislauf-Erkrankungen um 20–30 Prozent
- Senkung des Risikos für Schlaganfälle um 25–30 Prozent

Krebs
- Senkung des Risikos für folgende Krebsarten: Speiseröhre, Leber, Lunge, Niere, Mageneingang, Gebärmutterschleimhaut, myeloische Leukämie, Myelom, Dickdarm, Kopf/Hals, Enddarm, Blase, Brust
- Verbesserung der Lebensqualität von Krebspatient:innen

Immunsystem
- Stärkung des Immunsystems
- Reduzierung der Infektanfälligkeit

Sterblichkeit
- Senkung des Sterberisikos um 30 Prozent (auch bei kardiovaskulären Erkrankungen, Diabetes und Adipositas)

Quellen: Physical Activity Guidelines Advisory Committee (2008), Bouchard (2015) und Moore et al. (2016)

Große Auswertungen belegen zudem, dass körperliche Aktivität nicht nur die Gesundheit verbessert, sondern auch die Lebenserwartung verlängern kann, je nach Studie liegt dieser Zugewinn zwischen wenigen Monaten und mehreren Jahren, selbst dann, wenn bekannte Risikofaktoren berücksichtigt werden. Und wieder einmal sind dabei nicht Höchstleistung oder intensives Training entscheidend, sondern die Regelmäßigkeit, mit der du die Aktivität ausübst. Denn Bewegung wirkt auf vielen Ebenen gleichzeitig und unterstützt die körperliche Belastbarkeit bis ins höhere Alter – genau darin liegt ihr präventives Potenzial.

Für uns Frauen ist Bewegung so bedeutsam, weil hormonelle Veränderungen im Laufe des Lebens wichtige Prozesse wie den Muskelabbau, den Verlust an Knochendichte und Veränderungen im Stoffwechsel beschleunigen können. Eine vielfältige Bewegungsgestaltung ist somit entscheidend, um genau diese körpereigenen Systeme über die Zeit stabil zu halten und gesundes Altern zu unterstützen.

Dabei ist Sport weit mehr als nur reine Bewegung. Jede Trainingseinheit setzt gezielte Signale im Körper frei, die bis auf zellulärer Ebene wirken. Reparaturprozesse werden aktiviert, neue Mitochondrien entstehen – du erinnerst dich, das sind jene Strukturen, die unsere Energieversorgung sichern –, und langfristig verändert sich sogar, wie unsere Gene reguliert werden. Diese Effekte sind medizinisch gut belegt. Und, ob du es glaubst oder nicht, in ihrer Tiefe und Nachhaltigkeit übertrifft die Wirkung von Bewegung häufig sogar die vieler Medikamente. Dennoch wird ihr Stellenwert gerade bei Frauen noch immer unterschätzt. Zu häufig steht Bewegung im Kontext von Abnehmen oder Körperformung, und das obwohl der Einfluss von körperlicher Aktivität auf unseren Stoffwechsel, unsere Hormone und unsere Lebenserwartung viel größer ist als der jeder Diät. Bewegung an sich ist wichtig, aber erst die Regelmäßigkeit entscheidet darüber, ob sie unser Wohlbefinden wirklich verändert.

Zum Schluss noch eine gute Nachricht: Aktuelle Studien zeigen, dass Frauen von körperlicher Aktivität besonders profitieren. Schon ein moderates Training kann unser Herz-Kreislauf-Risiko deutlich stärker senken, als dies bei Männern der Fall ist. Ein weiterer Hinweis darauf, dass Prävention geschlechtersensibel gedacht werden sollte und nicht nach dem Prinzip «one size fits all» funktionieren kann.

BEWEGUNG UND PSYCHE

Auch unsere Psyche profitiert von körperlicher Aktivität. So zeigen große populationsbasierte Studien, dass regelmäßige Bewegung mit einer deutlich geringeren Rate an Depressionen und Angststörungen verbunden ist. Der stimmungsaufhellende Effekt von Bewegung entfaltet zudem langfristig eine protektive Wirkung auf unsere psychische und geistige Gesundheit. Menschen, die körperlich aktiv bleiben, haben ein geringeres Risiko für Demenz, eine langsamere Abnahme kognitiver Leistungsfähigkeit und eine insgesamt höhere psychische Resilienz im Alter.

Für Longevity ist dies insofern entscheidend, als psychische Gesundheit zu den stärksten Prädiktoren für unsere Selbstständigkeit und unser Überleben gehört. Einer der Gründe, weshalb sich Menschen mit depressiven Verstimmungen oder Angststörungen zunehmend zurückziehen, liegt in Veränderungen des eigenen Antriebs und der Körperwahrnehmung. Angst und Depression können dazu führen, dass Bewegung nicht mehr als entlastend, sondern als potenziell bedrohlich oder erschöpfend empfunden wird. Körperliche Signale wie Herzklopfen oder eine beschleunigte Atmung, die bei körperlicher Aktivität physiologisch normal sind, werden dann fehlinterpretiert und verstärken das Vermeidungsverhalten.

Auch biologisch lässt sich der Zusammenhang zwischen Bewegung und Psyche gut erklären. Bewegung wirkt direkt auf neuroplastische Prozesse im Gehirn, verbessert die zerebrale Durchblutung und unterstützt die Glukoseverwertung im zentralen Nervensystem. Gleichzeitig fördert sie die Freisetzung neurotropher Faktoren wie BDNF (brain-derived neurotrophic factor), die wiederum eine zentrale Rolle für unsere Lernprozesse, Gedächtnisleistung und neuronale Reparaturmechanismen spielen. Regelmäßige Bewegung hält unser Gehirn anpassungsfähig und unterstützt sowohl unsere Gedächtnisleistung als auch unsere geistige Leistungsfähigkeit bis ins hohe Alter. Zudem stabilisiert sie die Stressregulation und schützt so vor dauerhaft erhöhten Stresshormonen wie Cortisol, einem bekannten Beschleuniger biologischer Alterungsprozesse.

Bewegung wirkt also nicht nur auf unseren Körper, sondern ist auch ein wichtiger Schutzfaktor für unsere psychische Gesundheit.

DIE INTRINSISCHE KAPAZITÄT

In der modernen Alters- und Longevity-Forschung rückt zunehmend das Konzept der intrinsischen Kapazität in den Mittelpunkt, geprägt und definiert von der WHO. Gemeint ist damit die Gesamtheit der körperlichen, kognitiven und psychischen Fähigkeiten eines Menschen, also das funktionelle Potenzial, über das der Körper und das Gehirn verfügen, unabhängig davon, ob bereits medizinische Diagnosen vorliegen oder nicht.

Die intrinsische Kapazität beschreibt damit nicht Krankheit oder Gesundheit im klassischen Sinne, sondern vielmehr die physiologischen Reserven, die es uns ermöglichen, Belastungen selbstständig zu bewältigen und unsere Lebensqualität zu erhalten. Studien zeigen, dass regelmäßige körperliche Aktivität eine der wirksamsten Interventionen ist, um diese Kapazität zu erhalten oder sogar zu verbessern. Körperlich aktive Menschen weisen nicht nur eine bessere Muskelkraft und Mobilität auf, sondern auch stabilere kognitive Funktionen und eine höhere psychische

Resilienz. Entscheidend ist dabei, dass Bewegung nicht nur die Lebenszeit verlängert, sondern auch die Wahrscheinlichkeit erhöht, dass diese zusätzlichen Jahre mit geistiger Stabilität, aber auch funktioneller Selbstständigkeit verbracht werden. Genau darin liegt ihr besonderer Wert für die Longevity-Strategie – sie wirkt nicht isoliert auf einzelne Organe, sondern stärkt die gesamte innere Leistungsfähigkeit des Menschen.

JEDE BEWEGUNG ZÄHLT

Es muss nicht immer ein straffes Trainingsprogramm sein, oft sind es die regelmäßigen, unspektakulären Bewegungen im Alltag, die langfristig den größten Unterschied für uns machen. Schon kleine Schritte sind wirksam, und mit zunehmendem Umfang vertiefen sich die gesundheitlichen Effekte. Für Erwachsene empfiehlt die WHO 150 bis 300 Minuten moderate Aktivität pro Woche oder eine entsprechende Menge intensiver Bewegung mit 75 bis 150 Minuten. Regelmäßige körperliche Aktivität kannst du in der Regel gut in deinen Alltag integrieren, sei es im beruflichen Umfeld, in der Freizeit, durch aktive Wege zu Fuß oder mit dem Fahrrad.

Ergänzend dazu spielt besonders die Muskelkräftigung in allen Lebensphasen eine zentrale Rolle, jedoch vor allem für Frauen ab 40 Jahren. Mit zunehmendem Alter gewinnen Übungen an Bedeutung, die Kraft, Gleichgewicht und unsere Koordination fördern, da sie Stürzen vorbeugen und unsere Selbstständigkeit langfristig erhalten können. Bekanntermaßen nehmen im Alter unsere Muskelmasse, Reaktionsgeschwindigkeit und Stabilität ab. Schon kleine Unsicherheiten können dann dazu führen, dass man stolpert oder das Gleichgewicht verliert. Nach einem Sturz entsteht oft eine Bewegungsangst, die wiederum Inaktivität und weiteren Kraftverlust begünstigt und damit auch das Sturzrisiko erhöht. Regelmäßige, gezielte Übungen hingegen stärken die Stabilität und helfen, diesen Kreislauf zu durchbrechen und Stürzen wirksam vorzubeugen. Dem gegenüber steht ein überwiegend sitzender Lebensstil, der mit einem erhöhten Risiko für zahlreiche chronische Erkrankungen verbunden ist. Weniger Sitzen und mehr Bewegung gehören daher zu den wirksamsten und zugleich einfachsten Bausteinen moderner Prävention.

Bei Frauen ist Bewegung insofern von besonderer Bedeutung, weil ihre physiologischen Reaktionen teilweise anders verlaufen als bei Männern. Frauen nutzen bei gleicher Belastung mehr Fett und weniger Kohlenhydrate als Energiequelle, was langfristig ein metabolischer Vorteil ist, vor allem bei moderaten Ausdauereinheiten. Gleichzeitig fällt der Anstieg der maximalen Sauerstoffaufnahme oft etwas langsamer aus, sodass wir Frauen von konsequentem, regelmäßigem Training besonders profitieren. Auch hormonelle Schwankungen im Zyklus, in der Schwangerschaft und in den Wechseljahren beeinflussen unsere Stoffwechselprozesse. Wenn du deinen Zyklus beobachtest, auf deinen Körper hörst und dein Training möglichst gut an deine eigenen Bedürfnisse anpasst, kannst du es effektiv gestalten und Überforderung vermeiden.

Die Idee, unser Kraft- oder Ausdauertraining dabei strikt an die Phasen unseres Menstruationszyklus anzupassen, klingt auf den ersten Blick logisch. Doch auch wenn das zyklusbasierte Training in den sozialen Medien stark beworben wird, zeigt die wissenschaftliche Datenlage bislang keinen klaren Vorteil gegenüber einer klassischen, gut strukturierten Trainingsplanung. Zwar beeinflussen unsere weiblichen Hormone viele physiologische Prozesse, doch ihre Schwankungen lassen sich im Alltag weder exakt messen noch zuverlässig nutzen. Entscheidend bleibt deshalb nicht die Orientierung an starren Zyklusphasen, sondern ein Training, das sich an deiner persönlichen Belastbarkeit orientiert.

Zwar wirken Östrogen und Progesteron nicht nur auf die Reproduktion, sondern auch auf unsere Muskulatur, sodass hormonelle Schwankungen tatsächlich Trainingseffekte beeinflussen könnten. Hier liegt jedoch auch das Problem: In den bisherigen Studien wurden Zyklusphasen häufig unzureichend bestimmt, hormonelle

Profile nicht exakt gemessen oder Frauen mit unregelmäßigen Zyklen ebenfalls miteingeschlossen, was belastbare Aussagen erheblich erschwert. Studien deuten darauf hin, dass es zwar zyklusabhängige Schwankungen der Leistungsfähigkeit geben kann, diese jedoch insgesamt eher gering ausfallen und individuell stark variieren.

Zyklusbasiertes Training stellt somit derzeit weder einen evidenzbasierten Goldstandard dar, noch ist es klassischen Trainingskonzepten überlegen. Am Ende ist Training eine individuelle Entscheidung. Ich habe Freundinnen, die ihr Training am Zyklus ausrichten und damit gut zurechtkommen. Das kann für manche Frauen durchaus sinnvoll sein, muss aber nicht für jede von uns passen.

KRAFTTRAINING ALS ENTSCHEIDENDER FAKTOR FÜR DIE KNOCHENGESUNDHEIT

Muskelaufbau ist kein Fitness-Trend, sondern eine biologische Notwendigkeit, vor allem für uns Frauen, denn spätestens ab dem 40. Lebensjahr verliert der Körper jährlich etwa 1 Prozent Muskelmasse, und mit diesem Verlust sinken Stoffwechselaktivität, Kraft und auch unsere hormonelle Stabilität. Gerade bei Frauen beschleunigt sich dieser Prozess oft, sobald der Östrogenspiegel sinkt, denn Östrogen wirkt anabol, es unterstützt die Muskelproteinsynthese und fördert unsere Regeneration. Genau diese entscheidende funktionelle Fähigkeit kann dann mit den Jahren spürbar nachlassen. Der Verlust an Muskelmasse hat weitreichende Folgen für uns, denn plötzlich sinkt unser Grundumsatz, die Fettmasse nimmt zu, unsere Knochen werden anfälliger für Osteoporose und das Risiko für Stoffwechselerkrankungen wie Typ-2-Diabetes steigt.

Osteoporose – die Key Facts

- Osteoporose ist eine häufige, lange symptomlose Erkrankung. Etwa jede dritte Frau über 50 Jahren erleidet im Laufe ihres Lebens eine osteoporotische Fraktur. Männer sind deutlich seltener betroffen, haben bei Frakturen jedoch oft eine höhere Komplikationsrate.
- Der Grundstein für stabile Knochen wird früh gelegt, und die maximale Knochendichte wird zwischen dem 20. und 30. Lebensjahr erreicht. Ab etwa 30 beginnt der natürliche Knochenabbau, und ab der Perimenopause beschleunigt sich dieser Prozess durch den Rückgang von Östrogen deutlich.
- Knochen sind lebendiges Gewebe und reagieren auf mechanische Belastung. Krafttraining, Sprungbelastungen sowie Übungen mit Widerstand sind entscheidend für den Erhalt der Knochendichte. Reines Ausdauertraining reicht dafür meist nicht aus.
- Muskelmasse spielt eine zentrale Rolle für die Knochengesundheit. Muskeln üben Zugkräfte auf den Knochen aus und stimulieren so den Knochenaufbau. Mit zunehmendem Alter gehen Muskelmasse und Knochendichte oft parallel zurück.
- Prävention beginnt früh. Regelmäßige Bewegung, Krafttraining, eine ausreichende Nährstoffversorgung und ein bewusster Umgang mit hormonellen Übergangsphasen sind entscheidende Faktoren, um die Knochengesundheit langfristig zu erhalten.

Krafttraining ist, wie du siehst, die wirksamste Maßnahme, um deinen Knochenstoffwechsel positiv zu beeinflussen und Osteoporose oder Stoffwechselerkrankungen vorzubeugen. Immerhin kannst du mit Krafttraining deine Muskelmasse aufbauen, deine Knochen und Gelenke stärken, deine Glukoseverwertung verbessern und deinen Stoffwechsel aktiv halten. Hinzu kommt ein Aspekt, der oft unterschätzt wird: Muskelkraft bedeutet im Alltag Sicherheit, denn sie schützt uns vor Stürzen, erhält unser Gleichgewicht und unsere Koordination und entscheidet darüber, wie lange wir uns frei und selbstständig bewegen können. Insbesondere für uns Frauen ist das zentral, denn mit zunehmendem Alter verlagert sich das Risiko von Stoffwechselveränderungen hin zu ganz konkreten funktionellen Einschränkungen. Krafttraining wirkt dem nicht nur physisch entgegen, sondern verändert auch die innere Haltung zu unserem Körper, weshalb es mit Abstand die beste und nachhaltigste Investition in unsere Gesundheit ist.

Ich sehe in meiner Praxis immer wieder Frauen, die glauben, Krafttraining sei nur etwas für Leistungssportlerinnen, athletische Männer oder junge Menschen. Doch gerade in und nach den Wechseljahren kann gezieltes Krafttraining einen enormen Unterschied für uns machen. Es stärkt nicht nur die Muskeln, sondern wirkt auch positiv auf unseren Hormonhaushalt und kann zudem unsere Körperzusammensetzung verbessern. Studien zeigen, dass bereits eine Woche Bettruhe oder Bewegungsmangel ausreicht, um Fett in der Muskulatur einzulagern und die Zahl der Mitochondrien zu verringern. Das bedeutet ganz konkret: Schon wenige Tage ohne Bewegung bringen unseren Stoffwechsel aus dem Gleichgewicht, unsere Körperzellen reagieren schlechter auf Insulin, Zucker verbleibt dann länger im Blut und wird vermehrt als Fett gespeichert. Gleichzeitig nimmt mit zunehmendem Alter sowohl die Anzahl als auch die Leistungsfähigkeit der Mitochondrien ab, jener Zellstrukturen, die unsere Energieversorgung sichern. Für uns bedeutet das, dass wir schneller ermüden, an Kraft verlieren und schleichend Reserven abbauen, oft ohne es bewusst wahrzunehmen.

Aber was passiert eigentlich im Körper, wenn wir Krafttraining machen? Durch die mechanische Beanspruchung entstehen auf mikroskopischer Ebene kleine Schäden in einzelnen Muskelfasern und der umgebenden Struktur, auf die der Körper mit einem Reparatur- und Anpassungsprozess reagiert. In diesem koordinierten Reparaturprozess wird geschädigtes Gewebe abgebaut und die

Muskulatur anschließend widerstandsfähiger neu aufgebaut. In diesem Zusammenhang werden unter anderem Muskelstammzellen aktiviert, die eine zentrale Rolle bei Regeneration und langfristigem Muskelaufbau spielen. Solche physiologischen Reize zählen zu den stärksten natürlichen Stimuli für die Aktivierung dieser Muskelstammzellen, auch Satellitenzellen genannt. Zusätzlich kommt es zu einer Zunahme der funktionellen Muskelmasse, da sich sowohl die Größe einzelner Muskelfasern erhöht als auch ihre Leistungsfähigkeit verbessert. Dieser Prozess ist zentral für unser Muskelwachstum und die Reparatur, eine regelmäßige mechanische Belastung trägt damit nicht nur zum kurzfristigen Aufbau von Muskulatur bei, sondern wirkt altersbedingtem Muskelabbau entgegen.

Durch wiederholte Trainingsreize wird zudem die Proteinsynthese gesteigert, wodurch nicht nur die Muskelmasse, sondern vor allem auch die Muskelfunktion zunimmt. Die zugrunde liegenden Anpassungen entstehen durch das Zusammenspiel aus mechanischer Spannung, Muskelschädigung und metabolischem Stress und sind entscheidend für eine gesunde Regulation bis ins höhere Alter.

Krafttraining im Alltag

Krafttraining muss weder kompliziert noch zeitaufwendig sein. Entscheidend ist, dass deine Muskeln regelmäßig einen Reiz bekommen! Das kann entweder ganz klassisch im Fitnessstudio passieren, etwa an Geräten oder mit freien Gewichten wie Kurzhanteln oder Langhanteln. Übungen wie gleichzeitige Kniebeugen oder Ausfallschritte trainieren mehrere Muskelgruppen gleichzeitig und sind daher besonders effektiv.

Genauso gut funktioniert aber auch das Krafttraining zu Hause. Übungen mit dem eigenen Körpergewicht wie Squats, Liegestütze an der Wand oder auf den Knien, Planks – das ist eine Kraftübung für die Rumpfmuskulatur – oder das Aufstehen vom Stuhl ohne

Krafttraining als zentraler Bestandteil der körperlichen Aktivität

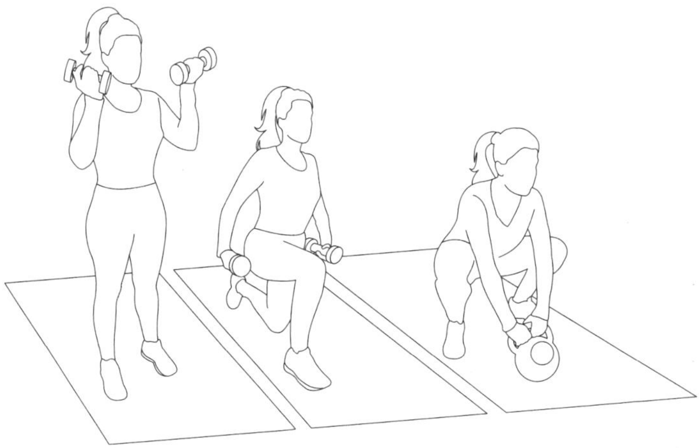

Abstützen zählen bereits als Krafttraining. Auch Widerstandsbänder sind eine einfache und sehr wirksame Möglichkeit, Muskeln gezielt zu belasten und die Muskulatur zu stärken. Damit Krafttraining nachhaltig wirkt, braucht es eine gezielt eingesetzte progressive Steigerung. Ein individuell angepasstes Training mit Gewichten kann dazu beitragen, Muskelmasse und Kraft effektiv aufzubauen.

Für viele von uns ist auch funktionelles Training alltagstauglich, Treppen bewusst nehmen, Einkäufe in beiden Händen tragen, bewusst langsam und kontrolliert aufstehen oder sich hinsetzen. Selbst kurze Einheiten von zehn bis fünfzehn Minuten, zwei- bis dreimal pro Woche, können bereits messbare Effekte haben.

Wenn du trainierst, dann kannst du zum Beispiel mit leichten Hanteln beginnen und dich schrittweise steigern. Am Anfang reicht ein Gewicht, mit dem sich die Übung sauber, aber noch kontrolliert ausführen lässt. Für viele Frauen können beispielsweise 2-kg-Hanteln ein guter Einstieg sein. Bereits drei Sätze mit jeweils fünf Wiederholungen reichen anfangs vollkommen aus. Sobald die Bewegung sicher sitzt und sich die letzten Wiederholungen nicht mehr so anstrengend anfühlen wie zu Beginn, kann das Gewicht langsam erhöht werden. So passt sich die Muskulatur kontinuierlich an, Kraft und Stabilität nehmen zu, und das Verletzungsrisiko bleibt zumindest gering. Wichtig sind Regelmäßigkeit und eine Belastung, die dich fordert, aber nicht überfordert. Eine zu schnelle Steigerung der Trainingsintensität erhöht die Wahrscheinlichkeit für Überlastungsreaktionen wie ausgeprägten Muskelkater oder im ungünstigen Fall auch Muskelfaserrisse.

REGENERATION UND ERNÄHRUNG GEHÖREN ZUM TRAINING DAZU

Mindestens ebenso wichtig wie das Training ist die anschließende Regeneration. Muskeln wachsen nicht während des Trainings, sondern in den Pausen danach. Im Schlaf, insbesondere in der Tiefschlafphase, wird das Wachstumshormon HGH (Human Growth Hormone) freigesetzt, das wiederum die Zellreparatur und den Muskelaufbau anregt. Wer zu wenig schläft, verhindert diese Prozesse. Eine ausreichende Schlafdauer von sieben bis acht Stunden pro Nacht und eine ruhige Abendroutine gehören deshalb genauso zum Trainingsplan wie das Hanteltraining selbst.

Auch Ernährung spielt eine Schlüsselrolle, denn ohne Nährstoffe kann kein Aufbau von Muskeln erfolgen. Für grundlegende Körperfunktionen wie Haut, Haare, Nägel und Organe benötigt der Körper mindestens 1 Gramm Eiweiß pro Kilogramm Körpergewicht, ab etwa 65 Jahren wird sogar eine höhere Menge empfohlen. Aktuelle Studien zeigen, dass Frauen ab etwa 40 Jahren, insbesondere bei sinkendem Östrogenspiegel, von einer höheren Proteinzufuhr profitieren. Wer gezielt Muskeln aufbauen will, sollte diese auf 1,2 bis 1,6 g/kg steigern, vor allem wenn Krafttraining oder regelmäßige Bewegung Teil des Alltags sind. Mit zunehmendem Alter reagiert die Muskulatur weniger effizient auf Proteine, sodass Muskelmasse ohne eine ausreichende Zufuhr von Proteinen langsamer aufgebaut und schneller abgebaut wird. Protein ist damit die Voraussetzung, um deine Muskelkraft zu erhalten.

Entscheidend ist nicht nur die Menge an Protein, die du pro Tag zu dir nimmst, sondern auch die Verteilung. Mehrere Mahlzeiten mit jeweils ausreichend Protein wirken besser als eine hohe Menge am Abend. Auch das sogenannte anabole Fenster, also die Vorstellung, man müsse direkt nach dem Training Proteine zu sich nehmen oder diesen bestimmten rosa Eiweiß-Shake direkt nach dem Training trinken, ist deutlich überbewertet. Wie Analysen zeigen, ist nicht der exakte Zeitpunkt ausschlaggebend, sondern die Gesamtmenge an Proteinen über den Tag verteilt.

Um Muskeln aufzubauen, braucht dein Körper zudem Energie, also einen leichten Kalorienüberschuss von mindestens 200 Kilokalorien pro Tag bei Trainingsanfänger:innen, da der Körper zu Beginn besonders gut auf neue Trainingsreize reagiert. Fortgeschrittene Sportler:innen brauchen sogar einen noch höheren Überschuss an Kalorien. Ein gezielt gesteuerter Kalorienüberschuss hilft gleichzeitig, einen übermäßigen Anstieg des Körperfettanteils zu vermeiden.

TIPP: Da der Kalorienbedarf beziehungsweise der Gesamtumsatz stark vom individuellen Stoffwechsel, Alltag und Trainingspensum abhängt, ermittelst du deinen persönlichen Bedarf am besten mithilfe eines Kalorienrechners oder einer professionellen Stoffwechselanalyse.

ALLTAGSBEWEGUNGEN ALS BASIS FÜR GESUNDES ALTERN

Alltagsbewegungen sind die Basis, auf der alles andere aufbaut. Man unterscheidet dabei grundsätzlich leichte, moderate und intensive körperliche Aktivität. Gerade diese alltägliche Bewegung wird häufig unterschätzt, obwohl sie maßgeblich zur Regeneration unseres Stoffwechsels und unserer kardiovaskulären Gesundheit beiträgt. Sie entscheidet letztlich darüber, wie aktiv unser Körper über den gesamten Tag hinweg tatsächlich ist und nicht nur in einzelnen Trainingsmomenten. Das wird im Alltag oft übersehen: Entscheidend für unsere Gesundheit ist weniger die einzelne Trainingseinheit als die kontinuierliche Bewegung über den Tag hinweg. Sie hält uns aktiv und prägt langfristig, wie belastbar und stabil unser Körper bleibt. Abzugrenzen davon ist das gezielte Training, wie beispielsweise das zuvor schon angesprochene Krafttraining. Gezieltes Training setzt einen spezifischen Reiz. Es ermöglicht Anpassungen, die über das hinausgehen, was der Körper im Alltag leisten muss, etwa im Hinblick auf Muskelaufbau und Kraft. Erst im Zusammenspiel beider Ebenen entsteht ein belastbares, langfristig gesundes System.

Leichte Aktivität

Leichte Aktivität umfasst Bewegungen des Alltags, bei denen sich die Herzfrequenz kaum erhöht. Dazu zählen langsames Gehen, Haushaltstätigkeiten oder lockeres Dehnen. Diese Form der Bewegung ist wichtig, um Inaktivität zu vermeiden, reicht allein jedoch meist nicht aus, um gezielte Trainingseffekte zu erreichen. Sie unterstützt die Aktivierung des parasympathischen Nervensystems und kann so zur Reduktion unseres Stressniveaus beitragen.

Für uns Frauen ist diese Form der Bewegung sehr relevant, denn regelmäßiges Gehen und Treppensteigen, Wege zu Fuß erledigen oder sich im Alltag bewusst zu bewegen, stabilisiert unseren Glukose- und Fettstoffwechsel, senkt chronische Entzündungsmarker im Blut und wirkt sich direkt auf unser kardiovaskuläres Risiko aus. Dieser Effekt ist insbesondere bei uns Frauen gut belegt, da Alltagsbewegungen oft konstanter und regelmäßiger erfolgen als intensives Training. Auch wenn du jetzt mal deinen Alltag betrachtest, bist es vermutlich meist du, die regelmäßig geht, trägt, sich kümmert, Wege erledigt und Bewegung in kleinen, wiederkehrenden Einheiten integriert. Genau diese kontinuierlichen Reize sind es, die messbare physiologische Anpassungen in unserem Körper fördern.

Gerade regelmäßiges Gehen im Alltag kann das Risiko für koronare Herzerkrankungen bei Frauen deutlich senken. Studien konnten zeigen: Frauen, die entweder regelmäßig zu Fuß gingen oder mindestens 2,5 Stunden pro Woche intensiver körperlicher Aktivität nachgingen, hatten ein um etwa 30 Prozent reduziertes Risiko für Herz-Kreislauf-Erkrankungen. Hier gilt: Je einfacher die Routine, desto wirkungsvoller der Effekt. Entscheidend ist nicht die Intensität einzelner Einheiten, sondern die Regelmäßigkeit über viele Jahre hinweg.

Moderate Aktivität

Moderate körperliche Aktivität spielt eine zentrale Rolle für Prävention und gesundes Altern. Bewegungsformen wie zügiges Gehen, leichtes Joggen oder Radfahren bilden das metabolische Rückgrat eines gesunden Alterungsprozesses. In diesem Intensitätsbereich arbeitet der Körper besonders effizient, nutzt vermehrt Fette als Energiequelle, also genau das, was wir Frauen uns wünschen, und stärkt Herz, Gefäße und Mitochondrien, ohne den Organismus zu überfordern.

Wir Frauen profitieren hier langfristig. Mehrere große Analysen zeigen, dass bereits 150 bis 300 Minuten moderater Bewegung pro Woche mit einer signifikant reduzierten Gesamt- und Herz-Kreislauf-Mortalität einhergehen. Diese Empfehlungen stehen auch im Einklang mit den Empfehlungen der WHO. Bei moderater körperlicher Aktivität liegt die Herzfrequenz in der Regel bei etwa 50 bis 70 Prozent der maximalen Herzfrequenz. Typisch für diesen Intensitätsbereich ist, dass zwar eine beschleunigte Atmung vorliegt, Gespräche jedoch noch in ganzen Sätzen möglich bleiben. Gerade hier zeigen Studien die deutlichsten Effekte auf die Herz-Kreislauf-Gesundheit und eine relevante Reduktion der Gesamtsterblichkeit.

Dass Frauen von Bewegung teilweise stärker profitieren als Männer, lässt sich inzwischen gut belegen. Eine große prospektive Analyse aus den USA, die 2024 im *Journal of the American College of Cardiology* (JACC) publiziert wurde, zeigte, dass Frauen bereits bei vergleichbarem oder sogar geringerem Bewegungsumfang ein deutlich niedrigeres Risiko für Herz-Kreislauf-Erkrankungen und Gesamtsterblichkeit hatten als Männer. Dabei war bereits moderate bis intensivere Freizeitaktivität bei Frauen mit einer Reduktion der Gesamtsterblichkeit um rund ein Viertel verbunden, während der Effekt bei Männern deutlich geringer ausfiel. Auffällig war zudem, dass Frauen diese gesundheitlichen Vorteile schon mit deutlich kürzerer Bewegungsdauer erreichten. Diese Ergebnisse unterstreichen noch einmal, dass moderate körperliche Aktivität für uns Frauen einen besonders wirksamen und zugleich gut erreichbaren Beitrag zur langfristigen Herz-Kreislauf-Gesundheit leistet. In diesem Punkt hat der weibliche Körper tatsächlich einmal einen Vorteil, indem er auf Bewegung früher und effizienter zu reagieren scheint als der männliche.

Intensive Aktivität

Bei intensiver körperlicher Aktivität steigt die Herzfrequenz auf über 70 Prozent der maximalen Herzfrequenz, die Atmung ist deutlich beschleunigt und längere Gespräche sind kaum mehr möglich. Schnelles Laufen, Intervalltraining oder leistungsorientierter Sport zählen zu diesem Intensitätsbereich. Solche Belastungen setzen zwar starke Trainingsreize, sollten aber individuell angepasst werden. Anaerobe Trainingsreize entstehen bei kurzen, sehr intensiven Belastungen, wenn der Energiebedarf die aktuelle Sauerstoffversorgung übersteigt, wie es beispielsweise beim Intervalltraining der Fall ist. Diese Reize setzen starke Anpassungsprozesse in Gang, fördern die Neubildung unserer Mitochondrien und steigern die maximale Sauerstoffaufnahme auf zellulärer Ebene. Studien zeigen, dass sowohl hochintensives Intervalltraining als auch moderat-intensives Ausdauertraining die Leistungsfähigkeit von Frauen verbessern können. In der Praxis erweist sich eine Kombination aus beiden Ansätzen als sinnvoll, da sie neben der Ausdauer auch Muskelkraft und Muskelaufbau gezielt unterstützt.

Gezieltes Training

Gezieltes Training geht einen Schritt weiter, hier passt sich der Körper an, das Training ist geplant und zielgerichtet. Auch das ist für Frauen wichtig, weil Muskelmasse, Kraft und Knochendichte hormonabhängig sind und mit zunehmendem Alter schneller verloren gehen als bei Männern. Krafttraining wirkt nicht isoliert auf Muskeln, sondern verbessert auch die Insulinsensitivität, das heißt, unsere Körperzellen reagieren besser auf Insulin und können Glukose effizienter aus dem Blut aufnehmen. Es reduziert auch viszerales Fett und stabilisiert unseren Knochenstoffwechsel.

Studien zeigen, dass Frauen, die regelmäßig Krafttraining durchführen, ein deutlich geringeres Risiko für funktionelle Einschränkungen und Stürze haben. Die häufig geäußerte Vorstellung, Krafttraining sei «zu viel», kann ich als Ärztin und Präventionsmedizinerin nicht teilen. Dahinter steht oft die Sorge vieler Frauen, dadurch schnell an Gewicht zuzunehmen. Tatsächlich zeigt sich häufig das Gegenteil. Krafttraining verändert unsere Körperzusammensetzung zugunsten von Muskelmasse und entfaltet positive Effekte auf unseren Glukose- und Fettstoffwechsel. Eine aktuelle Studie aus dem Jahr 2025 konnte zeigen, dass bereits acht Wochen moderates Training bei jungen Frauen zu einer deutlich verbesserten Insulinsensitivität führten, begleitet von niedrigeren Insulinspiegeln sowie einer Zunahme der kardiovaskulären Leistungsfähigkeit und der Oberkörperkraft. Die Anpassungen greifen dabei auf mehreren Ebenen gleichzeitig und reichen weit über reine Muskelzuwächse hinaus.

FAKT: Die Muskulatur ist das größte Glukosereservoir des Körpers. Eine gut erhaltene funktionelle Muskelmasse und regelmäßige Muskelaktivität verbessern die Insulinsensitivität, also die Fähigkeit der Körperzellen, auf Insulin zu reagieren, und fördern somit die effiziente Glukoseverwertung.

WARUM AUSDAUER, KRAFT UND BELASTUNGSSPITZEN ZUSAMMENGEHÖREN

Ein ausgewogenes Ausdauertraining ist ein zentraler Baustein eines gesunden Lebensstils. Gemeint sind die Bewegungsformen, die über einen längeren Zeitraum gleichmäßig ausgeführt werden und dabei vor allem unser Herz, unsere Lunge und unseren Stoffwechsel beanspruchen. Ziel ist es, die Belastbarkeit unseres Herz-Kreislauf-Systems zu erhöhen und die Energiegewinnung in unseren Zellen effizienter zu gestalten. Dabei ist weniger entscheidend, welche Sportart du wählst, als vielmehr, wie lange und in welcher Intensität du sie durchführst. Von Ausdauertraining sprechen wir dann, wenn die Bewegung den Puls über eine gewisse Zeit anhebt, die Atmung vertieft ist und man sich noch unterhalten, aber nicht mehr mühelos singen kann. Eben diese moderaten bis zügigen Belastungen entfalten ihre Wirkung vor allem dann, wenn sie regelmäßig stattfinden.

Solche aeroben Einheiten, also länger andauernde Belastungen mit überwiegend ausreichender Sauerstoffversorgung, verbessern unsere Durchblutung und erhöhen unsere allgemeine Ausdauerfähigkeit. Sie bilden damit die physiologische Grundlage, auf der weitere Trainingsreize wie Krafttraining und gezielte Belastungsspitzen sinnvoll aufbauen können. Entscheidend ist hier auch die Regelmäßigkeit, mit der wir Bewegungen ausführen. Unser Gehirn, besonders aber unser Körper liebt Routinen und Regelmäßigkeit, denn wiederholte Bewegungsmuster werden im zentralen Nervensystem effizienter verarbeitet.

Ich kann es gar nicht oft genug sagen: Erst regelmäßige Aktivitätsreize führen zu verlässlichen Anpassungen in unseren Organen. Drei bis vier Einheiten pro Woche, jeweils etwa dreißig bis vierzig Minuten, reichen bereits aus, um einen spürbaren Effekt auf Gesundheit und Leistungsfähigkeit zu erzielen.

FAKT: Neben dem Ausdauertraining ist Krafttraining ein zweiter, unverzichtbarer Pfeiler, wenn es um unsere Gesundheit und Langlebigkeit geht, und gerade für uns Frauen besonders wichtig.

BEWEGUNGSEMPFEHLUNGEN ÜBER DIE VERSCHIEDENEN LEBENSPHASEN

Wie bereits erwähnt spielen für Frauen die hormonellen Veränderungen im Verlauf des Lebens eine entscheidende Rolle, gerade auch im Zusammenhang mit Bewegung. Und so gibt es für die jeweiligen Lebensphasen auch besonders sinnvolle Bewegungsempfehlungen, die ich in der folgenden Übersicht für dich zusammengestellt habe.

Diese Empfehlungen ersetzen keine individuelle Beratung, da Trainingsumfang und -intensität stets an die persönlichen Voraussetzungen, gesundheitliche Situation und Lebensphase angepasst werden sollten.

Gerade für Frauen in der Lebensmitte kann der Einstieg ins Laufen ein wichtiger Schritt zu besserer Gesundheit sein, da regelmäßiges Joggen das Herz-Kreislauf-System stärkt, Muskulatur aufbaut und sich oft auch positiv auf die Stimmung auswirkt. Gleichzeitig kann es helfen, das Risiko chronischer Erkrankungen zu senken, die Mobilität zu erhalten und insgesamt mehr Energie im Alltag zu spüren. Mit einer guten Vorbereitung, einem langsamen Trainingsaufbau und etwas Geduld kann der Einstieg ins Laufen auch noch jenseits der fünfzig gut gelingen. Entscheidend ist, dass du auf deinen Körper hörst und das Training Schritt für Schritt anpasst.

Bewegung und hormonelle Lebensphasen bei Frauen

Lebensphase	Typische hormonelle und physiologische Veränderungen	Besonders sinnvolle Bewegungsempfehlungen
Reproduktives Alter	Zyklische Schwankungen von Östrogen und Progesteron beeinflussen unsere Energie, Muskelregeneration und Bindegewebe. Östrogen wirkt anabol auf Knochen und Muskelstoffwechsel.	Kombination aus Ausdauer- und Krafttraining, regelmäßiges Krafttraining unterstützt Muskelaufbau und Knochendichte. Optional zyklusbasiertes Training.
Perimenopause	Schwankende und abnehmende Östrogenspiegel, beginnende Abnahme von Muskelmasse (Sarkopenie) und Knochendichte. Häufig zusätzlich Veränderung der Fettverteilung.	Schwerpunkt auf progressivem Krafttraining zur Erhaltung von Muskelmasse und Knochen. Ergänzend moderates Ausdauertraining für Herz-Kreislauf-Gesundheit und metabolische Stabilität. Hochintensive Intervalle können zusätzlich die Insulinsensitivität verbessern.
Postmenopause	Deutlicher Östrogenrückgang, beschleunigter Knochenabbau, Abnahme der Muskelmasse und Muskelkraft. Erhöhtes Risiko für Osteoporose und kardiometabolische Erkrankungen.	Regelmäßiges Krafttraining mit Widerstand als zentrale Säule zur Erhaltung von Muskel- und Knochendichte. Ergänzend Ausdauertraining für Herz-Kreislauf-Gesundheit sowie Mobilitäts- und Dehnübungen zur Erhaltung der Beweglichkeit.
Hohes Alter	Fortschreitende Sarkopenie, Gleichgewichtsverlust, reduzierte neuromuskuläre Koordination sowie erhöhtes Sturzrisiko.	Leichtes bis moderates Krafttraining zur Erhaltung der Muskelkraft. Balance- und Koordinationstraining zur Sturzprophylaxe. Regelmäßige Alltagsbewegung wie Gehen oder Treppensteigen. Sanfte Gymnastik unterstützt Mobilität und Selbstständigkeit.

STABILITÄTS- UND KOORDINATIONSTRAINING ALS WICHTIGE ERGÄNZUNG

Ein oft unterschätzter, aber entscheidender Bestandteil eines ausgewogenen Trainings ist das Stabilitäts- und Koordinationstraining, gerade im Alter, denn es hilft unserem Körper, Bewegungen zu steuern, und stärkt unsere tiefe Rumpfmuskulatur. Es trainiert vor allem die kleinen, tiefliegenden Muskeln, die dafür sorgen, dass wir stabil stehen, nicht wackeln und Bewegungen kontrollieren können. Damit schützt du dich selbst vor Verletzungen und verbesserst gleichzeitig deine Körperhaltung.

Ein einfaches Beispiel ist das Stehen auf einem Bein, wobei der Körper gezwungen ist, ständig kleine Ausgleichsbewegungen vorzunehmen, um die Balance zu halten. Genau diese feinen Anpassungen trainieren Gleichgewicht, Koordination und Gelenkstabilität. Eine mögliche Steigerung dieser Trainingseinheit besteht darin, die Augen kurz zu schließen oder die Arme bewusst zu bewegen. Dabei ist jedoch Vorsicht geboten, denn gerade bei Unsicherheit oder bestehender Sturzgefährdung sollte die Übung zunächst in der Nähe einer stabilen Abstützmöglichkeit durchgeführt werden, etwa an einer Wand oder einem Stuhl.

Übungen zur Förderung von Stabilität, Koordination und funktioneller Kraft

Auch der Unterarmstütz (der sogenannte Plank, siehe Abbildung) zur Stärkung der Rumpfmuskulatur gehört dazu. Dabei hältst du den Körper ruhig, während Bauch- und Rückenmuskulatur arbeiten, um ein Durchhängen oder Verdrehen zu verhindern. Das stabilisiert die Körpermitte, die für fast jede Bewegung entscheidend ist. Ein weiteres Beispiel sind Ausfallschritte mit Kontrolle.

Du gehst langsam in den Ausfallschritt und drückst dich bewusst wieder nach oben, ohne zu wackeln. Hier lernen Beine, Hüfte und Rumpf zusammenzuarbeiten. Falls sich das anfangs wackelig anfühlen sollte: Mit der Zeit und mit zunehmender Routine kommt die Stabilität – das kann ich versprechen! Der Körper lernt, sich wieder aufzurichten, die Bewegung zu kontrollieren und die Kraft gleichmäßig zu verteilen. Und aus Unsicherheit wird irgendwann Koordination.

Solche Übungen machen Bewegungen im Alltag sicherer, etwa Treppensteigen, das Tragen von Einkäufen oder das schnelle Abfangen eines Stolperns. Man kann gar nicht früh genug damit anfangen. Schon zehn bis fünfzehn Minuten gezieltes Stabilitätstraining ein- bis zweimal pro Woche können spürbar zu mehr Sicherheit im Alltag oder beim Sport beitragen.

Bewegung sollte generell nicht als Zusatz verstanden werden, den du «irgendwann» oder «irgendwie» einplanst, wenn es deine Zeit gerade zulässt, sondern sie sollte ein zentraler Bestandteil eines gesunden Lebensstils sein. Das Gute ist, es ist nie zu spät, mit dem Training zu beginnen. Egal, ob du mit dreißig, fünfzig oder siebzig Jahren anfängst, dein Körper reagiert und passt sich an. Ein Zusammenspiel aus Ausdauer-, Kraft- und Stabilitätstraining erzielt dabei die besten Ergebnisse. Ausdauertraining stärkt unsere Organe, allen voran das Herz-Kreislauf-System und unseren Stoffwechsel, Krafttraining schützt vor Muskel- und Knochenabbau, und Stabilitätstraining reduziert das Verletzungsrisiko und verbessert die Körperkontrolle. Fang dort an, wo du gerade stehst, und betrachte Bewegung nicht als Pflicht, sondern als Investition in deine Gesundheit und in deine Zukunft.

TIPP: Suche dir eine Bewegungsform, die dir wirklich Freude macht, denn langfristig profitieren wir gesundheitlich nicht von dem «perfekten» Trainingsplan, sondern von der Bewegung, die wir dauerhaft und regelmäßig in unseren Alltag integrieren können.

STARK, BEWEGLICH, UNABHÄNGIG: WARUM BEWEGUNG FÜR UNS FRAUEN SO WICHTIG IST

Du siehst also: Kaum ein anderer Lebensstilfaktor wirkt so umfassend auf unseren Körper wie regelmäßige Bewegung. Sie zeigt unserem Körper, dass Muskeln gebraucht werden, dass Knochen stabil bleiben müssen und dass das Herz leistungsfähig arbeiten soll. Aber unser Körper soll nicht nur stark sein, sondern auch beweglich, ausdauernd und möglichst schmerzfrei. Idealerweise kombiniert man daher, wie eben schon erwähnt, mehrere Formen der Bewegung miteinander. Krafttraining unterstützt den Aufbau und den Erhalt der Muskelmasse, Ausdauertraining stärkt Herz und Gefäße und verbessert den Stoffwechsel. Mobilitäts- und Dehnübungen erhalten die Beweglichkeit, während Maßnahmen wie Faszienrollen das Bindegewebe lockern und die Regeneration unterstützen können.

Gerade Krafttraining wird von vielen Frauen unterschätzt, obwohl es eine zentrale Rolle für gesundes Altern spielt, indem es dazu beiträgt, Stabilität, Kraft und körperliche Selbstständigkeit langfristig zu erhalten. Wichtig ist in jedem Fall ein ausgewogenes Training des gesamten Körpers, denn ein gutes Bewegungsprogramm berücksichtigt Oberkörper, Rumpf und Beine gleichermaßen und stärkt auch sogenannte antagonistische Muskelgruppen, also Gegenspieler im Bewegungsapparat. Dadurch bleibt das muskuläre Gleichgewicht erhalten, und das Risiko für Fehlbelastungen sinkt.

Ebenso entscheidend ist der passende Schwierigkeitsgrad. Übungen sollten technisch sauber und kontrolliert ausgeführt werden. Zu hohe Intensität oder falsche Bewegungsmuster erhöhen das Verletzungsrisiko und bringen langfristig keinen Vorteil. Der Körper passt sich besonders gut an, wenn Belastungen schrittweise gesteigert werden. Dieses Prinzip der progressiven Steigerung sorgt dafür, dass Muskulatur, Stoffwechsel und Herz-Kreislauf-System sich anpassen und leistungsfähiger werden. Re-

Unterschiedliche Belastungsformen im Sport

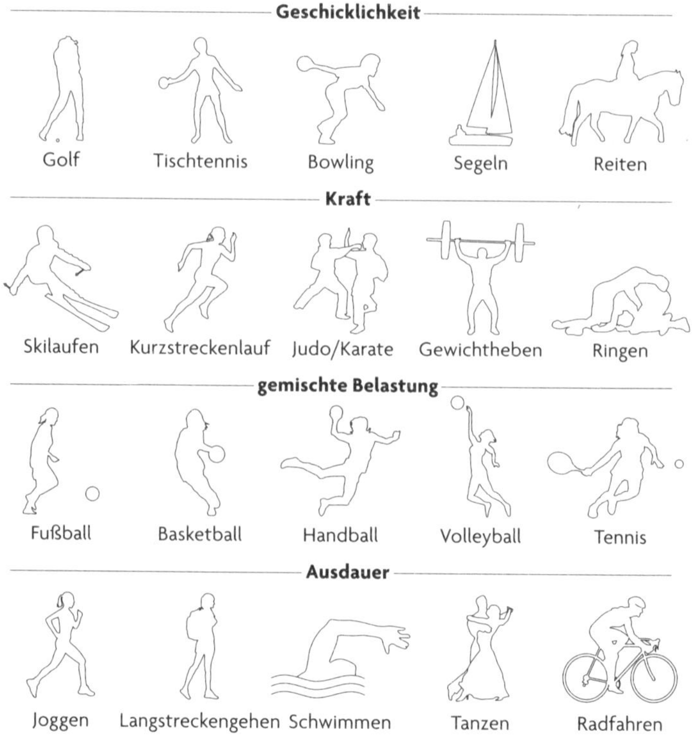

gelmäßigkeit ist dabei wichtiger als einzelne sehr intensive Trainingseinheiten, und kontinuierliche Bewegungen über Wochen und Monate hinweg haben deutlich größere gesundheitliche Effekte als sporadische Belastungsspitzen.

Ein weiterer zentraler Punkt ist die Regeneration. Muskeln entwickeln ihre Leistungsfähigkeit nicht während der Belastung selbst, sondern in der anschließenden Erholungsphase. Zwischen intensiven Trainingsreizen derselben Muskelgruppe werden meist ein bis drei Tage Pause empfohlen. Und auch beim Ausdauertraining sollte es nicht um Höchstleistungen gehen. Besonders gesundheitsfördernd ist vielmehr eine moderate Intensität im Bereich von etwa 60 bis 70 Prozent der maximalen Herzfrequenz. In diesem Bereich verbessern sich Sauerstoffaufnahme, Herz-Kreislauf-Funktion und Stoffwechsel besonders effektiv.

Longevity bedeutet also letztlich nicht, sportliche Höchstleistungen zu erreichen. Viel wichtiger ist es, den Körper regelmäßig zu bewegen und zu fordern, damit wir möglichst lange unabhängig, beweglich und leistungsfähig bleiben.

Intervall-Walking-Programm aus Japan

Ein faszinierendes Beispiel dafür, wie gezielte Bewegung unsere Zellgesundheit beeinflussen kann, ist das aus Japan stammende Intervall-Walking-Programm. Dabei handelt es sich nicht einfach um einen Spaziergang oder Nordic-Walking, sondern um ein strukturiertes Ausdauertraining, bei dem sich drei Minuten zügiges Gehen mit drei Minuten langsamem Gehen abwechseln, insgesamt etwa 30 bis 40 Minuten pro Einheit, vier- bis fünfmal pro Woche. Entscheidend ist, zügig zu gehen und den Puls moderat anzuheben.

Dieses Konzept wurde an der Universität Nagoya entwickelt und in mehreren Studien untersucht. Schon nach fünf Monaten zeigten die Teilnehmer:innen signifikante Verbesserungen der maximalen Sauerstoffaufnahme, des Blutdrucks und eine verbesserte Aufnahme von Glukose aus dem Blut in die Zellen. Besonders bemerkenswert ist, dass auch Mitochondrienfunktion und Zellalterung sich messbar verbesserten.

Intervall-Walking ist damit weit mehr als ein Spaziergang, es ist eine einfache, gelenkschonende, aber hochwirksame Trainingsform, die du ohne Geräte oder Mitgliedschaft jederzeit in deinen Alltag integrieren kannst. Falls du also mit klassischen Sportprogrammen im Fitnessstudio wenig anfangen kannst, ist es ein erstaunlich unkomplizierter Weg, Bewegung wieder regelmäßig und mit Freude in deinen Alltag einzubauen.

MESSGRÖSSEN FÜR KÖRPERLICHE LEISTUNGSFÄHIGKEIT UND GESUNDES ALTERN

In der Präventions- und Longevity-Medizin gibt es einige körperliche Messgrößen, die du kennen solltest, da sie besonders eng mit unserer Gesundheit und unserer Lebenserwartung zusammenhängen. Zwei davon sind die maximale Sauerstoffaufnahme, die sogenannte VO_2max, und die Handkraft. Beide sind einfach zu erfassen, gut untersucht und liefern uns wertvolle Informationen über unseren körperlichen Zustand, unabhängig von Gewicht oder äußerem Erscheinungsbild. Doch auch weitere Messgrößen wie Gehgeschwindigkeit, Gleichgewicht, Muskelmasse oder die Herzfrequenzvariabilität geben Hinweise darauf, wie gesund und leistungsfähig unser Körper tatsächlich altert.

VO_2max

Die VO_2max beschreibt, wie viel Sauerstoff der Körper unter maximaler Belastung aufnehmen und damit letztlich verwerten kann. Sie spiegelt die Leistungsfähigkeit von Herz, Lunge, Gefäßen und unserer Muskulatur wider. Je höher deine VO_2max ist, desto besser ist auch deine kardiorespiratorische Fitness. Zahlreiche Studien zeigen, dass eine niedrige VO_2max mit einem erhöhten Risiko für Herz-Kreislauf-Erkrankungen und einer höheren Gesamtsterblichkeit verbunden ist. Umgekehrt geht eine gute kardiorespiratorische Fitness mit einer deutlich besseren Prognose einher.

Für uns Frauen ist das besonders relevant, da die VO_2max mit zunehmendem Alter und im Zuge hormoneller Veränderungen schneller abnehmen kann, wenn wir keine gezielten Trainingsreize mehr setzen. Gerade deshalb lohnt es sich für uns Frauen, hier gezielt gegenzusteuern.

Die VO_2max kann auf mehreren Wegen bestimmt oder zumindest abgeschätzt werden:

1) Am präzisesten ist die Labormessung bei einem Belastungs-

test in der Spiroergometrie. Dabei belastet man den Körper auf einem Laufband oder Fahrradergometer, während über eine Atemmaske die Sauerstoffaufnahme und Kohlendioxidabgabe analysiert werden. So lässt sich die maximale Sauerstoffaufnahme direkt bestimmen.

2) Im Alltag erfolgt meist eine Schätzung über Smartwatches oder Fitnessuhren. Diese berechnen VO_2max aus Herzfrequenzreaktion unter Belastung, Geschwindigkeit und Bewegungsdaten während des Trainings.

3) Im Alltag werden häufig Feldtests genutzt. Der bekannteste ist der Cooper-Test, bei dem man zwölf Minuten so weit wie möglich läuft. Aus der zurückgelegten Strecke lässt sich dann die aerobe Leistungsfähigkeit abschätzen.

Frauen	Prozent	20-29	30-39	40-49	50-59	60-69	70-79
Überragend	95	49,6	47,4	45,3	41,1	37,8	36,7
Ausgezeichnet	80	43,9	42,4	39,7	36,7	33	30,9
Gut	60	39,5	37,8	36,3	33	30	28,1
Ausreichend	40	36,1	34,4	33	30,1	27,5	25,9
Schlecht	0-40	<36,1	<34,4	<33	<30,1	<27,5	<25,9

Quelle: The Cooper Institute, www.cooperinstitute.org

Vielleicht kennst du deine VO_2max bereits und möchtest sie mit den Referenzwerten in der oben stehenden Tabelle vergleichen. Ansonsten kann es sinnvoll sein, sie einmal bestimmen zu lassen.

FAKT: Vor allem Ausdauertraining, Intervalltraining oder eine gesteigerte Trainingsintensität können die VO_2max erhöhen. Wenn du deine VO_2max einmal bestimmt hast und anschließend regelmäßig trainierst, kannst du durch eine erneute Messung nach einigen Monaten Trainingseffekte objektiver beurteilen und sehen, ob sich deine Herz-Kreislauf-Fitness und Sauerstoffverwertung tatsächlich verbessert haben.

Handkraft

Ein weiterer wichtiger Parameter ist die Handkraft, meist wird sie mit einem einfachen Hand-Dynamometer gemessen und gilt als Marker für die allgemeine Muskelkraft. Was zunächst banal klingt, ist medizinisch gut belegt. Eine geringe Handkraft ist mit einem höheren Risiko für Stürze und sogar längeren Krankenhausaufenthalten und einer erhöhten Mortalität verbunden. Die Handkraft spiegelt dabei die gesamte muskuläre Reserve unseres Körpers wider.

Da der Verlust von Muskelkraft oft schleichend verläuft und die Muskelkraft bei uns Frauen ab etwa dem 40. Lebensjahr ohne gezielte Reize jährlich um rund ein Prozent abnehmen kann, ist ein Gegensteuern enorm wichtig. Der gezielte Aufbau und Erhalt von Muskelmasse trägt dazu bei, unsere körperliche Belastbarkeit langfristig zu stabilisieren.

Sowohl VO_2max als auch die Handkraft reagieren auf Training, wobei sich die VO_2max vor allem durch Ausdauerbelastung steigern lässt. Regelmäßige moderate Bewegung verbessert die Ausdauer, während kurze Phasen höherer Intensität zusätzliche Effekte auf die kardiorespiratorische Leistungsfähigkeit haben. Muskelkraft, einschließlich der Handkraft, lässt sich durch Krafttraining erhalten und aufbauen, entscheidend sind auch hier die Regelmäßigkeit und eine ausreichende Intensität. Entgegen vieler Annahmen sind auch im höheren Lebensalter Kraftzuwächse noch möglich.

Sowohl VO_2max als auch die Handkraft helfen uns dabei, unseren körperlichen Zustand objektiv einzuschätzen und Veränderungen im Verlauf sichtbar zu machen, was besonders für die Prävention wichtig ist.

Gehgeschwindigkeit

Neben VO_2max und Handkraft spielt die Gehgeschwindigkeit eine erstaunlich große Rolle. Auch sie wirkt auf den ersten Blick vielleicht banal, ist aber ein guter Prädiktor für unsere funktionelle Selbstständigkeit und auch Mortalität im höheren Lebensalter. Eine langsamere Gehgeschwindigkeit ist mit einem höheren Risiko für Krankenhauseinweisungen, Stürze oder auch kardiovaskuläre Ereignisse assoziiert. Sie bildet nicht nur Muskelkraft ab, sondern auch unsere Koordination, unser Gleichgewicht und die kardiopulmonale Reserve, also die Reservekapazität von Herz und Lunge.

Chair-Rise-Test

Eng damit verbunden ist der Chair-Rise-Test, bei dem man die Zeit misst, die benötigt wird, um mehrfach aus dem Sitzen aufzustehen. Dieser Test mag auf den ersten Blick vielleicht lustig wirken. Mehrmals hintereinander von einem Stuhl aufzustehen, ist aber oft überraschend anstrengend und gibt zudem Aufschluss über deine Muskelkraft, insbesondere in den Beinen, sowie über deine Koordination und deine körperliche Reserve. Gerade bei uns Frauen zeigt sich hier früh ein Leistungsabfall, oft noch bevor wir selbst Einschränkungen wahrnehmen.

Timed «Up and Go»-Test

Auch die Balancefähigkeit ist ein wichtiger Marker, Tests wie der Einbeinstand oder der Timed «Up and Go»-Test (TUG) erfassen Gleichgewicht, Koordination und Reaktionsfähigkeit. Einschränkungen in diesem Bereich gehen mit einem erhöhten Sturzrisiko einher.

Herzfrequenz-Erholung (HRR)

Ergänzend lässt sich die Herzfrequenz-Erholung nach Belastung heranziehen. Sie zeigt, wie schnell deine Herzfrequenz nach körperlicher Anstrengung wieder ihren Ruhewert erreicht. Die Geschwindigkeit, mit der sich der Puls nach körperlicher Belastung

Chair- Rise- Test zur Beurteilung der funktionellen Muskelkraft der unteren Extremität

wieder normalisiert, liefert wichtige Hinweise auf die Gesundheit unseres Herz-Kreislauf-Systems. Sinkt die Herzfrequenz nach dem Training rasch ab, spricht dies meist für eine gute körperliche Leistungsfähigkeit und eine effektive Regulation durch das vegetative Nervensystem. Bleibt der Puls dagegen länger erhöht durch eine verzögerte Abnahme der Herzfrequenz, kann dies ein Hinweis auf eine eingeschränkte Regenerationsfähigkeit und ein erhöhtes kardiovaskuläres Risiko sein.

> **FAKT:** Besonders relevant ist die erste Minute nach Belastungsende. Fällt die Herzfrequenz in diesem Zeitraum nur gering ab, wird dies mit einem erhöhten Risiko für Herz-Kreislauf-Erkrankungen und einer höheren Sterblichkeit in Verbindung gebracht. Ursache hierfür ist häufig eine verminderte Aktivität des parasympathischen Nervensystems, das normalerweise nach körperlicher Anstrengung für die Beruhigung des Herzens sorgt.

Herzfrequenzvariabilität (HRV)

Die Herzfrequenzvariabilität (HRV) beschreibt die feinen Unterschiede in den Abständen zwischen einzelnen Herzschlägen und zeigt uns letztlich auf, wie gut unser Körper mit Belastungen umgehen kann. Ein gesundes Herz schlägt nämlich nicht immer völlig gleichmäßig, sondern passt seinen Rhythmus ständig an innere und äußere Einflüsse an. Diese Anpassungsfähigkeit gilt als Zeichen von körperlicher und mentaler Belastbarkeit, und diese kleinen Schwankungen sind ein Zeichen dafür, dass unser Nervensystem flexibel ist und zwischen Anpassung und Entspannung wechseln kann. Hohe Werte sprechen dafür, dass der Körper flexibel auf Stress reagieren und sich gut erholen kann. Ist diese Anpassungsfähigkeit eingeschränkt, etwa durch Dauerstress, Schlafmangel oder beispielsweise Bewegungsmangel, wird der Herzschlag gleichförmiger. Der Körper bleibt dann innerlich angespannt, und genau hier setzt Prävention an, denn alles, was uns hilft, besser zu regenerieren, wirkt sich auch positiv auf unser inneres Gleichgewicht aus. Da die HRV zudem auf hormonelle Schwankungen sensibel reagiert und sich im Verlauf des Zyklus verändern kann, lohnt es sich vor allem auch bei den sportlich aktiven Frauen unter uns, genauer hinzuschauen.

All die genannten Parameter haben gemeinsam, dass sie funktionelle Gesundheit messbar machen. Sie beschreiben dabei eher nicht, wie sportlich du bist, sondern wie gut dein Körper mit Belastungen im Alltag umgehen kann. Gerade für uns Frauen sind sie wertvoll, weil sie Veränderungen früh anzeigen und unabhängig von Körpergewicht oder äußeren Fitnessmerkmalen interpretierbar sind.

DRANBLEIBEN ZÄHLT

Für ein langes und gesundes Leben führt also, wie du siehst, kein Weg an Bewegung vorbei. Entscheidend ist dabei nicht die Perfektion, mit der du all diese Bewegungen ausführst, sondern die Regelmäßigkeit, in der körperliche Aktivität stattfindet. Bewegung sollte kein weiterer Punkt auf deiner To-do-Liste sein, sondern ein selbstverständlicher Teil deines Tages. Wichtig sind Routinen, die sich über Wochen, Monate und Jahre hinweg in deinen Alltag integrieren lassen. Gerade im Alltag vieler Frauen, der oft durch Mehrfachbelastungen wie Care-Arbeit und mentale Verantwortung geprägt ist, ist Konsistenz deutlich wichtiger als starre Trainingspläne, an die sich im Alltag kaum jemand dauerhaft halten kann. Wenn an einem Tag kein Training möglich ist, geht der Effekt nicht verloren, denn Bewegung wirkt kumulativ. Ein Spaziergang, zusätzliche Schritte oder kurze Aktivitätseinheiten am nächsten Tag sind kein bloßer Ersatz, sondern Teil desselben biologischen Anpassungsprozesses. Das bedeutet, dass der Körper Bewegung nicht tageweise bewertet, sondern über längere Zeiträume hinweg. Dranbleiben zählt also.

Mehrere Analysen belegen dabei, dass 7000 bis 8000 Schritte pro Tag bereits mit einem deutlich niedrigeren Sterberisiko verbunden sind, ein starrer Fokus auf 10 000 Schritte ist also gar nicht notwendig. Entscheidend ist die Abkehr vom überwiegend sitzenden Lebensstil, denn jede zusätzliche Bewegungseinheit verbessert die Prognose. Aber gerade in unserer heutigen Gesellschaft, in der viele Stunden sitzend vor Bildschirmen, im Auto oder im beruflichen und privaten Alltag verbracht werden, wird Bewegung immer seltener zum Selbstverständnis. Man hat fast das Gefühl, es gäbe kaum noch Tätigkeiten, die wir nicht im Sitzen erledigen. Genau deshalb wird Sitzen inzwischen oft als «das neue Rauchen» bezeichnet, und zwar nicht als Provokation, sondern weil dauerhafte Inaktivität messbare gesundheitliche Risiken mit sich bringt. Umso wichtiger ist es, diesen überwiegend sitzenden Lebensstil bewusst zu durchbrechen. Für uns Frauen ist Bewegung kein Nice-to-have, sondern ein zentraler Faktor für gesundes Altern. Und selbst wenn ein Tag mal ausfällt, dann zählt eben der nächste Schritt – im wahrsten Sinne des Wortes.

SÄULE 3:

SCHLAF – UNSER UNTERSCHÄTZTER LONGEVITY-BOOSTER

Wir wissen inzwischen, dass Schlaf eine der grundlegendsten biologischen Voraussetzungen für unsere Gesundheit ist. Schlaf ist wahre Medizin, und dennoch wird er im Alltag vieler Frauen systematisch vernachlässigt. Und zwar nicht aus Unwissenheit, sondern weil er häufig hinter unseren beruflichen Anforderungen, familiären Verpflichtungen und unserer mentalen Dauerpräsenz zurücktritt. Das kennst du wahrscheinlich auch, oder wann hast du das letzte Mal gut geschlafen?

Viele Frauen sind es gewohnt, sich anzupassen, Verantwortung zu tragen und ihre eigenen Bedürfnisse zurückzustellen. Schlaf wird dabei oft als flexibler Faktor betrachtet, der sich ständig kürzen lässt. Aus präventivmedizinischer Sicht ist diese Haltung problematisch, denn Schlaf ist kein optionaler Bestandteil eines gesunden Lebensstils, sondern eine zentrale Voraussetzung für unsere körperliche, hormonelle und sogar psychische Stabilität. Kaum ein anderer Bereich bietet die Möglichkeit, die eigene Gesundheit so wirksam zu beeinflussen.

Hast du schon einmal erlebt, wie anders dein Tag beginnt, wenn du wirklich ausgeschlafen bist? Plötzlich wirkt alles leichter, dein Kopf ist klar, deine Haut strahlt, deine Laune ist stabil, und es fühlt sich an, als hättest du über Nacht ein kleines Wellnessprogramm gebucht. Genau das ist Schlaf! Wir wissen heute: Chronischer Schlafmangel erhöht nicht nur das Risiko für zahlreiche altersassoziierte Erkrankungen, sondern beschleunigt auch unseren biologischen Alterungsprozess. Und genau darum geht es: Diesen Alterungsprozess nicht weiter anzutreiben, sondern ihm bewusst etwas entgegenzusetzen. Schlaf ist eine der wenigen Stellschrauben, über die wir täglich Einfluss auf unsere Zellgesundheit und Langlebigkeit nehmen können.

Und noch etwas ist wichtig: Wir Frauen schlafen einfach anders als Männer, weil hormonelle Veränderungen im Verlaufe unsers Lebens den Schlaf maßgeblich mit beeinflussen. Wir leiden deutlich häufiger unter Ein- und Durchschlafstörungen, und in Phasen wie Menstruation, Schwangerschaft und den Wechseljahren ist unser Risiko für Schlafstörungen deutlich erhöht, was spezifische lebensphasenabhängige Ansätze in Prävention und Therapie erforderlich macht.

Auch die Sexualhormone beeinflussen unseren Schlaf deutlich stärker, als man lange angenommen hat. Inzwischen zeigen experimentelle und klinische Studien, dass insbesondere Östrogen und Progesteron nicht nur unseren zirkadianen Rhythmus beeinflussen, sondern auch direkt in die Schlafarchitektur eingreifen. Sie verändern also nicht nur, wann wir schlafen, sondern auch, wie wir schlafen. Während Östrogene unseren REM-Schlaf, unsere Schlaflatenz, also die Zeitspanne bis zum tatsächlichen Einschlafen, sowie die Stabilität unseres Schlaf-Wach-Rhythmus beeinflussen, hat Progesteron eine ausgeprägt schlaffördernde Wirkung. Östrogene werden auch mit einem gewissen Schutz vor schlafbezogenen Atemstörungen in Verbindung gebracht, was erklären könnte, warum sich Schlafprobleme und insbesondere die Schlafapnoe bei vielen Frauen nach der Menopause deutlich verschlechtern. Insgesamt zeigt sich, dass hormonelle Veränderungen den Schlaf von Frauen über alle Lebensphasen hinweg begleiten und maßgeblich beeinflussen.

Gerade wenn wir jung sind und neu ins Berufsleben einsteigen, vernachlässigen wir oft unseren Schlaf. Auch ich habe als junge Assistenzärztin in der Herzchirurgie über lange Zeit höchstens fünf, oft aber noch weniger Stunden geschlafen. Nicht etwa, weil ich nicht wusste, wie wichtig Schlaf ist, sondern weil ich überzeugt war, dass gerade andere Dinge wichtiger sind. Menschenleben zum Beispiel – Dienste, Notfälle, Verantwortung, Entscheidungen unter Zeitdruck, die permanente Anspannung, all das gehörte in diesem Beruf einfach dazu. Müdigkeit wird zu einem Zustand, den man hinnimmt, weil es scheinbar keine Alternative gibt.

Vor allem junge Menschen kennen den kräftezehrenden Schlafmangel: Wir halten viel aus, wir funktionieren und schieben die eigenen Bedürfnisse auf später. Der Körper läuft schon irgendwie mit, davon ist man überzeugt, zumindest solange man jung ist. Warnsignale werden übergangen oder gar nicht erst wahrgenommen. Schlaf ist etwas, das man irgendwann später nachholt, wenn wieder Zeit dafür ist. Erst heute im Rückblick wird mir bewusst, was ich meinem Körper in dieser Zeit als junge Ärztin zugemutet habe. Wie sehr chronischer Schlafmangel unsere Konzentration und unseren Stoffwechsel beeinflussen kann. Und wie leicht man diese Veränderungen übersieht, solange man im Alltag einfach weiter funktioniert.

Das Schwierige am Schlafmangel ist, dass sein Preis selten sofort sichtbar wird. Genau deshalb unterschätzen wir ihn so häufig. Unser Körper kann erstaunlich viel kompensieren, besonders in jungen Jahren, doch er vergisst nichts. Chronisch verkürzter Schlaf hinterlässt Spuren. Heute sehe ich Schlaf mit anderen Augen. Nicht mehr als etwas, das man sich gelegentlich gönnt, wenn alles andere erledigt ist, sondern als eine der zentralen Grundlagen unserer Gesundheit. Vielleicht sogar als eine der am meisten unterschätzten.

WIE SCHLAF BIOLOGISCH FUNKTIONIERT

Zentrale Fragen beschäftigen die Schlafforschung bis heute. Tatsächlich wurde der REM-Schlaf – Rapid-Eye-Movement-Schlaf, benannt nach den schnellen Augenbewegungen unter geschlossenen Lidern – erst im Jahr 1953 von zwei US-Amerikanern beschrieben. Davor galt Schlaf lange Zeit vor allem als passiver Zustand, in dem der Körper schlicht zur Ruhe kommt. Aber auch heute ist noch nicht vollständig geklärt, warum sich der Schlaf in zwei klar unterscheidbare Zustände gliedert, den Non-REM-Schlaf und den REM-Schlaf. Noch weniger verstanden ist, wie diese beiden Schlafformen funktionell miteinander zusammenarbeiten.

Was wir jedoch wissen: Schlaf ist kein passiver Zustand, sondern ein hochkomplexes, fein abgestimmtes Regenerationsprogramm. Während der Nacht durchläuft unser Körper wiederkehrende Zyklen aus Einschlafstadium (N1), Leichtschlaf (N2), Tiefschlaf (N3) – das ist zusammengenommen der sogenannte Non-REM-Schlaf – und REM-Schlaf, die jeweils unterschiedliche Aufgaben für unser Gehirn, unseren Stoffwechsel und unsere Zellregeneration übernehmen. Diese Phasen sind nicht beliebig austauschbar, sondern gehen vielmehr präzise ineinander über.

FAKT: In einer Nacht durchläuft der Körper in der Regel vier bis sechs Zyklen aus Non-REM- und REM-Schlaf.

Unsere Schlafarchitektur wechselt zwischen Non-REM- und REM-Schlafphasen

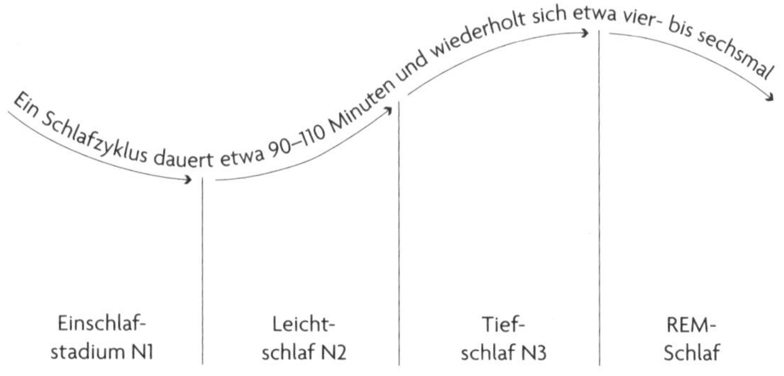

Non-REM-Schlaf

Wusstest du, dass wir rund ein Drittel unseres Lebens schlafend verbringen? Etwa 75 Prozent des Schlafs entfallen dabei auf die Non-REM-Stadien, wobei der größte Anteil im Stadium N2, also im Leichtschlaf, verbracht wird. In der Einschlaf- und Leichtschlafphase bereitet sich der Organismus auf die Nacht vor, unsere Muskulatur entspannt sich, die Gehirnaktivität verlangsamt sich und äußere Reize treten in den Hintergrund. Es kommt zu einem Zustand zunehmender Ruhe, in der sich auch unsere Atem- und unsere Herzfrequenz spürbar beruhigen.

Darauf folgt der Tiefschlaf (N3), in dem die wesentlichen Regenerationsprozesse stattfinden. Die Zellen werden erneuert, weshalb der Tiefschlaf so entscheidend für unsere körperliche Regeneration und unsere Zellreparatur ist. Besonders faszinierend ist das glymphatische System des Gehirns, das vor allem im Tiefschlaf aktiv wird und in dieser Phase gewissermaßen eine nächtliche Reinigungsfunktion übernimmt. In dieser Zeit werden potenziell schädliche Stoffwechselprodukte und toxische Proteine aus dem Gehirn abtransportiert.

Entscheidend ist, dass dieser Reinigungsprozess nur im Tiefschlaf effektiv funktioniert. Fehlt es dauerhaft an ausreichendem Tiefschlaf, können sich solche Substanzen vermehrt im Gehirn ablagern, was langfristig mit einem erhöhten Alzheimer-Risiko assoziiert ist. Vor dem Hintergrund, dass Frauen im höheren Lebensalter bereits ein deutlich erhöhtes Alzheimer-Risiko tragen, erhält dieser Mechanismus eine besondere Bedeutung. Tiefschlaf ist damit nicht nur Erholung, sondern ein aktiver Schutzprozess für unser Gehirn und ein zentraler Baustein weiblicher Longevity.

Ebenso beeinflusst Schlaf die mitochondrialen Reparaturprozesse und die Regulation entzündlicher Signalwege, das sind alles elementare Faktoren für unser gesundes Altern. Schlafen wir zu wenig oder zu oberflächlich, können diese Reparatur- und Reinigungsprozesse nicht mehr effizient ablaufen. Schlaf ist gewissermaßen ein natürliches Detox-Programm für unser Gehirn. Übrigens verkürzt sich mit zunehmendem Alter der Tiefschlafanteil deutlich, was einen Teil der altersabhängigen Veränderungen von Erholung und Belastbarkeit erklärt. Wer weiß, vielleicht ist die sogenannte «senile Bettflucht» doch kein Mythos, sondern ein gut beschriebenes Phänomen des Alterns. Sie beruht zumindest auf einer nach vorne verschobenen inneren Uhr und einem insgesamt leichteren, fragmentierteren Schlaf im Alter.

Während des Tiefschlafs werden auch vermehrt Wachstumshormone ausgeschüttet, die unsere Muskeln reparieren, unsere Knochen stärken und unsere Hauterneuerung unterstützen. Die Wachstumshormonspiegel steigen während des Schlafs an und erreichen ihr Maximum unmittelbar nach dem Einschlafen. Die größte Freisetzung erfolgt in den ersten Schlafzyklen, wenn der Tiefschlafanteil am höchsten ist.

In dieser tiefsten Phase des Non-REM-Schlafs regulieren zudem Leptin und Ghrelin das Hungergefühl. Während Leptin unserem Gehirn Sättigung signalisiert, steigert Ghrelin das Hungergefühl. Gerät der Schlaf aus dem Gleichgewicht, verschiebt sich dieses System, weshalb bei Schlafmangel Appetit und vor allem das Verlangen nach schnellen Kohlenhydraten am Folgetag deutlich zunehmen.

REM-Schlaf

Im REM-Schlaf schließlich ist das Gehirn besonders aktiv. Diese Phase macht etwa ein Viertel unserer gesamten Schlafzeit aus und unterscheidet sich deutlich von den Non-REM-Phasen. Während der Körper weitgehend ruhiggestellt ist, arbeitet das Gehirn auf Hochtouren. Hier entstehen Träume, Emotionen werden verarbeitet und Gedächtnisinhalte verfestigt. Der REM-Schlaf spielt also eine wesentliche Rolle für die emotionale Verarbeitung und unsere psychische Stabilität, aber auch für Lernen und Gedächtnis. So werden besonders in den Tiefschlaf- und REM-Phasen Informationen aus dem Kurzzeitgedächtnis in das Langzeitgedächtnis übertragen und dort gespeichert. Lernen endet also nicht mit dem Zuklappen des Buches. Ein wichtiger Teil davon findet erst in der Nacht statt.

Die erste REM-Phase beginnt etwa 90 Minuten nach dem Einschlafen, im Verlauf der Nacht werden die REM-Episoden zunehmend länger. Ein Schlafzyklus dauert dabei in der Regel etwa 90 bis 110 Minuten. Innerhalb einer Nacht durchlaufen wir meist vier bis sechs solcher Zyklen, in denen sich die verschiedenen Schlafphasen immer wieder abwechseln. Während der Tiefschlaf vor allem in der ersten Nachthälfte dominiert, nimmt der Anteil des REM-Schlafs im Verlauf der Nacht kontinuierlich zu. Dieser wird überwiegend durch zirkadiane, also tageszeitabhängige Mechanismen gesteuert und erreicht sein Maximum in den frühen Morgenstunden, weitgehend unabhängig davon, wie lange zuvor Wachphasen bestanden haben.

Der REM-Schlaf ist damit weniger die Antwort auf Schlafmangel als vielmehr an die innere Uhr gekoppelt. Unser Körper priorisiert zu Beginn der Nacht die tiefe und regenerative Phase des Non-REM-Schlafs, während gegen Morgen zunehmend Prozesse der neuronalen Verarbeitung, emotionalen Regulation und Gedächtniskonsolidierung im REM-Schlaf in den Vordergrund treten. Wie genau diese Priorisierung im Detail gesteuert wird, bleibt auch weiterhin eine der zentralen Fragen der Schlafforschung.

TIPP: Unser Körper liebt Verlässlichkeit, und regelmäßige Routinen geben ihm Orientierung. Wenn wir also immer ungefähr zur gleichen Zeit morgens aufstehen und abends ins Bett gehen, kann sich der Stoffwechsel stabil regulieren. Auch unser hormonelles System profitiert von dieser Vorhersehbarkeit, und genau diese Stabilität fördert einen erholsamen Schlaf.

SCHLAF ALS BESTANDTEIL UNSERER IMMUNREGULATION

Viele wichtige Hormone werden überwiegend im Schlaf ausgeschüttet oder fein reguliert. Im REM-Schlaf wird unter anderem Testosteron aufgebaut, das unseren Antrieb und unsere Konzentration unterstützt und zudem eine Rolle für unsere Libido spielt. Fehlt ausreichend REM-Schlaf, können diese hormonellen Prozesse aus dem Gleichgewicht geraten. Wir fühlen uns dann weniger belastbar, schneller erschöpft, und haben oft auch weniger Lust am Leben.

Im Tiefschlaf produziert der Körper dagegen vermehrt Zytokine, also Botenstoffe des Immunsystems, die an der Abwehr von Viren und Bakterien beteiligt sind. Schlaf ist deshalb auch ein zentraler Bestandteil unserer Immunregulation. Bereits nach einer Woche mit weniger als sechs Stunden Schlaf pro Nacht steigt das Risiko für Infektionen deutlich. So zeigte eine Studie von Aric Prather und Kolleg:innen aus dem Jahr 2015, dass Menschen, die im Durchschnitt weniger als sechs Stunden pro Nacht schlafen, ein mehr als dreifach erhöhtes Risiko haben, nach Kontakt mit einem Erkältungsvirus tatsächlich zu erkranken. Entscheidend war dabei nicht nur die Schlafdauer einer einzelnen Nacht, sondern das Schlafmuster über mehrere Tage hinweg. Regelmäßig zu wenig Schlaf ging klar mit einer verminderten Immunabwehr einher.

Du merkst: Schlaf ist kein Luxus, sondern ein zentraler Bestandteil unserer Immunabwehr und grundlegende Voraussetzung für unsere Gesundheit. Besonders in stressigen Phasen, während der Erkältungssaison oder rund um Impfungen lohnt es sich deshalb, bewusst auf ausreichend Schlaf zu achten. Er gehört zu den wirksamsten und zugleich natürlichsten Formen der Krankheitsprävention. Besonders eindrücklich zeigt sich das in Studien zur Impfantwort. Bereits nach vier Nächten mit weniger als sechs Stunden Schlaf bildeten Studienteilnehmende rund 50 Prozent weniger Antikörper nach einer Grippeimpfung, was verdeutlicht, wie stark Schlaf die Leistungsfähigkeit unseres Immunsystems beeinflusst.

Chronischer Schlafmangel wirkt auch tief in die Gefäßbiologie hinein. Studien zeigen, dass bei dauerhaft verkürztem Schlaf die Spiegel entzündungsfördernder Marker ansteigen. Wenn dieser Zustand über Wochen und Monate bestehen bleibt, entsteht eine Art stille Entzündung («silent Inflammation»), die wiederum die Gefäßalterung beschleunigt und die Entstehung und das Fortschreiten von Arteriosklerose begünstigen kann. Damit steigt langfristig das Risiko für Herzinfarkt, Schlaganfall und andere kardiovaskuläre Erkrankungen. Jede Stunde Schlaf, die du dir zusätzlich gönnst, ist daher nicht nur Erholung, sondern ein aktiver Gefäßschutz und schützt ganz nebenbei auch dein Herz.

SCHLAFDAUER UND SCHLAFQUALITÄT SIND ENTSCHEIDEND FÜR UNSER WOHLBEFINDEN

Mit den Jahren verändert sich unser Schlaf spürbar – ein erheblicher Teil der Menschen im höheren Lebensalter berichtet deshalb über Schlafprobleme. Dahinter steckt unter anderem eine Verschiebung der inneren Uhr, bei der sich die Ausschüttung von Melatonin und Cortisol verändert. Interessanterweise nimmt mit dem Alter nicht der Schlafbedarf ab, sondern die Fähigkeit, ausreichend und erholsam zu schlafen. Durch die veränderte Schlafarchitektur wird der Schlaf insgesamt kürzer, oberflächlicher und stärker fragmentiert. Das Einschlafen fällt zunehmend schwer, nächtliche Unterbrechungen treten häufiger auf, und gleichzeitig nehmen die Tiefschlafphasen, die für die körperliche und mentale Regeneration besonders wichtig sind, deutlich ab, während die Anteile des Leichtschlafs zunehmen.

Für Erwachsene gilt eine Schlafdauer von sieben bis acht Stunden als ideal. Wer weniger schläft, hat ein erhöhtes Risiko für Herz-Kreislauf-Erkrankungen, wie Studien eindeutig belegen. Die neuesten Studien aus dem Jahr 2025 bestätigen, was wir schon lange ahnen – dass nicht nur zu wenig Schlaf, sondern auch zu viel

Schlaf mit gesundheitlichen Risiken verbunden ist. Eine systematische Übersichtsarbeit konnte zeigen, dass Schlafzeiten von mehr als acht Stunden pro Tag konsequent mit einer erhöhten Gesamtsterblichkeit assoziiert sind. Damit ist aber nicht das Ausschlafen am Wochenende gemeint – das darf und soll man sich weiterhin erlauben. Denn auch Erholung ist ein wichtiger Teil langfristiger Gesundheit.

Viele Reparatur- und Regulationsprozesse im Körper funktionieren nur dann optimal, wenn sie regelmäßig stattfinden. Der Körper braucht dafür eine gewisse Verlässlichkeit, denn er liebt stabile Routinen. Eine weitere Studie zeigte, dass sowohl eine sehr kurze als auch eine sehr lange Schlafdauer jeweils mit einem erhöhten Risiko für depressive Symptome verbunden sein können. Forschende gehen deshalb davon aus, dass übermäßig langer Schlaf meist nicht die Ursache für Krankheiten, sondern eher ein Hinweis auf ein zugrunde liegendes gesundheitliches Problem ist, etwa Depressionen, entzündliche Prozesse oder ausgeprägte körperliche Erschöpfung. Diese Faktoren können den Schlaf wiederum weiter beeinträchtigen, sodass ein sich gegenseitig verstärkender Kreislauf entsteht.

Entscheidend ist deshalb nicht allein die Anzahl der Schlafstunden, sondern vor allem die Qualität des Schlafs. Stabile Schlafphasen, möglichst wenige nächtliche Unterbrechungen und ein regelmäßiger Tag-Nacht-Rhythmus spielen eine zentrale Rolle. Schlaf ist nun mal kein einfacher Schalter, den wir abends umlegen, sondern vielmehr ein hochkomplexes und fein reguliertes System, dem wir grundsätzlich mehr Beachtung schenken sollten.

Noch eine wichtige Sache: Unsere Schlafqualität entsteht nicht erst in der Nacht, sondern wird maßgeblich durch unseren Tagesverlauf geprägt. Anders gesagt: Die Nacht ist nur ein Spiegelbild davon, wie wir unseren Tag gelebt haben. Tageslicht am Morgen wirkt wie ein Taktgeber für unsere innere Uhr und beeinflusst maßgeblich, ob und wann abends ausreichend Melatonin ausgeschüttet wird. Abendliche Routinen wiederum können unserem

Körper signalisieren, dass die Phase der Aktivität endet und der Übergang in den Ruhemodus beginnen darf.

Besonders hilfreich kann deshalb Journaling am Abend sein, also das schriftliche Festhalten von Gedanken und Erlebnissen. Vor allem Menschen, die zum übermäßigen Grübeln, sogenanntem «Overthinking», neigen, profitieren davon, weil der Kopf dadurch entlastet wird und Gedanken nicht mit ins Bett genommen werden.

Unsere Schlafumgebung spielt ebenfalls eine entscheidende Rolle für unsere nächtliche Erholung. Ein eher kühles Schlafzimmer, frische Luft und atmungsaktive Bettwäsche, idealerweise aus Baumwolle oder Leinen, unterstützen einen stabilen Schlaf. Wer, so wie ich, leicht friert, kann mit Wärmekissen oder Socken nachhelfen. Entscheidend ist jedoch, dass die Körperkerntemperatur im Verlauf der Nacht insgesamt absinken kann, denn genau dieser Temperaturabfall leitet den Schlaf idealerweise physiologisch ein.

Ein weiterer Schlüsselfaktor für guten Schlaf ist Licht. So banal es klingt – mindestens eine Stunde vor dem Schlafengehen sollte die Beleuchtung gedimmt werden, damit die Melatoninproduktion ansteigen kann. Idealerweise beginnt bereits zwei Stunden vor dem Zubettgehen eine digitale Pause ohne Smartphone, Laptop oder Tablet. Wenn dir das schwerfällt, können ein Buch, leise Musik oder auch ein kurzer Spaziergang helfen, mental zur Ruhe zu kommen. Das alles klingt zunächst unspektakulär. Doch genau darin liegt der Grund, warum Schlaf so häufig unterschätzt wird. Regelmäßige Bewegung fördert beispielsweise unseren Tiefschlaf, nicht weil Bewegung einfach nur müde macht, sondern weil sie uns tagsüber sinnvoll fordert.

Entscheidend ist immer der Ausgleich, denn nur ein gesunder Wechsel zwischen Anspannung und Entspannung vermittelt unserem Nervensystem Sicherheit. Erst wenn dieser Rhythmus stimmt, kann sich erholsamer Schlaf einstellen. Und besonders am Abend braucht der Körper klare Signale, um vom Aktivitäts- in den Ruhemodus zu wechseln. Weniger Licht, weniger Reize und geringere mentale Anforderungen können dabei helfen. An dieser

Stelle spielen Routinen eine wichtige Rolle, weil sie Vorhersehbarkeit schaffen. Schlaf ist deshalb oft weniger das Ergebnis einzelner Maßnahmen als vielmehr Ausdruck eines stabilen und verlässlichen Rhythmus, den du selbst in deinen Alltag bringen kannst.

> **TIPP:** Ich empfehle dir, für drei Wochen abends vor dem Schlafengehen ein Dankbarkeitstagebuch auszuprobieren, in dem du notierst, wofür du am jeweiligen Tag dankbar bist. Du wirst überrascht sein, wie deutlich sich dadurch innere Ruhe und die Qualität des Einschlafens verändern können, weil du plötzlich beginnst, abends positive Inhalte zu reflektieren. Die wiederum beeinflussen die Stressverarbeitung, und so fällt es dem Gehirn leichter, vom Wach- in den Schlafmodus zu wechseln, statt im Grübeln zu verharren.

DIE WICHTIGKEIT DES SCHLAF-WACH-RHYTHMUS

Eine australische Studie zeigte, dass für die langfristige Gesundheit nicht allein die Schlafdauer entscheidend ist, sondern vor allem die Regelmäßigkeit des Schlaf-Wach-Rhythmus. Menschen, die über Wochen hinweg zu ähnlichen Zeiten einschliefen und aufwachten, hatten im Vergleich ein deutlich geringeres Risiko, vorzeitig zu sterben, insbesondere an Herz-Kreislauf-Erkrankungen. Dieser Zusammenhang blieb auch dann bestehen, wenn Faktoren wie Alter, Geschlecht, Lebensstil oder bestehende Vorerkrankungen statistisch berücksichtigt wurden. Besonders bemerkenswert ist, dass die Stabilität und Regelmäßigkeit des Schlafrhythmus ein stärkerer Indikator für die Sterblichkeit war als die reine Anzahl der geschlafenen Stunden.

Mit anderen Worten: Für unsere langfristige Gesundheit ist nicht nur entscheidend, wie lange wir schlafen, sondern ebenso, wann wir schlafen. Unser Körper scheint demnach nicht nur Schlaf zu brauchen, sondern vor allem eine gewisse Konsistenz im Schlaf-Wach-Rhythmus. Dennoch gibt es leider kaum eine Ressource, die wir so verschwenderisch behandeln wie unseren Schlaf. Viele sehen ihn als lästige Pflicht, obwohl unser nächtlicher Schlaf alles andere als Stillstand ist, auch wenn er sich manchmal so anfühlt. Im Gegenteil, er ist eher aktive Prävention, die wir selbst mit beeinflussen können, und mindestens genauso wirksam wie Bewegung

Deine Abendroutine als Vorbereitung für erholsamen Schlaf

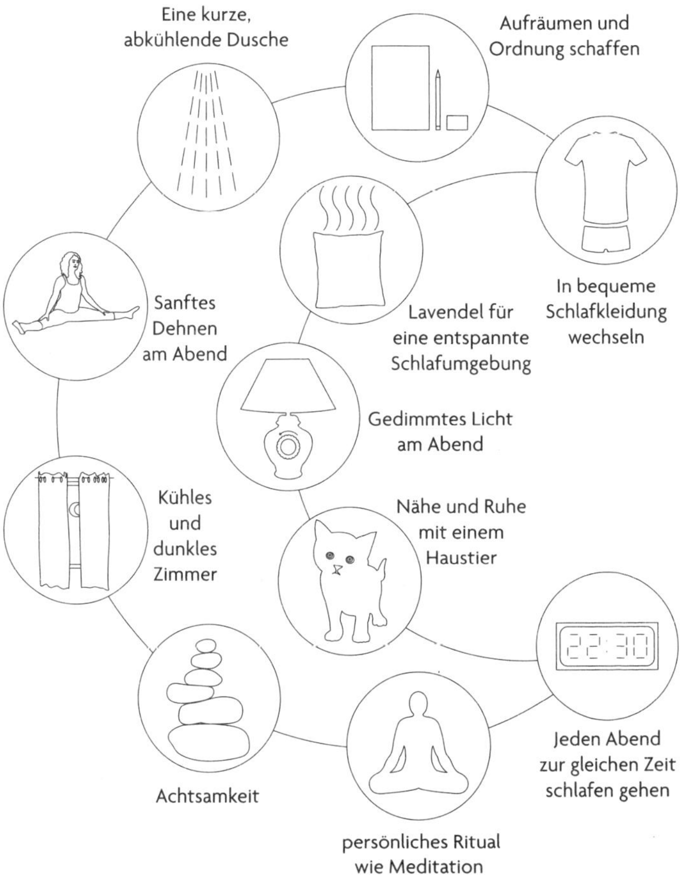

oder Ernährung. Ich kann mit gutem Gewissen sagen, dass Schlaf zu den stärksten Longevity-Tools gehört, die wir besitzen – und er ist kostenlos und meist jederzeit und fast überall verfügbar.

Und noch etwas Entscheidendes kommt hinzu. Unser Gehirn arbeitet auch nachts weiter, denn während wir schlafen, verarbeitet es Emotionen, sortiert Erinnerungen und ordnet Erlebtes ein. Ich denke dabei oft an einen typischen Arbeitstag, an intensive Patientenkontakte, an schwierige Gespräche und an Frauen, die mir ihre Sorgen anvertrauen. Diese Eindrücke verschwinden nicht einfach, wenn der Tag endet. Auch im Schlaf werden sie weiterverarbeitet und in unsere Erinnerungen integriert.

Psychische Belastungen wie chronischer Stress, depressive Symptome oder Angstzustände wirken sich ebenfalls negativ auf unsere Schlafqualität aus. Gleichzeitig ist erholsamer Schlaf eine zentrale Voraussetzung, um den Anforderungen des beruflichen Alltags ebenso wie den Aufgaben im familiären Kontext langfristig gewachsen zu bleiben.

TIPP: Wenn dir das Einschlafen einmal schwerfällt, können einfache Atemtechniken helfen, das Nervensystem zu beruhigen. Besonders hilfreich finde ich persönlich die sogenannte 4–7–8-Methode. Dabei wird vier Sekunden lang durch die Nase eingeatmet, der Atem anschließend sieben Sekunden gehalten und danach acht Sekunden lang langsam durch den Mund ausgeatmet. Vielen Menschen fällt es dadurch leichter, zur Ruhe zu kommen und in den Schlaf zu finden.

WARUM SCHLAF FÜR UNS FRAUEN ANDERS IST

Frauen unterscheiden sich in ihrer Schlafregulation in vielerlei Hinsicht von Männern. Im Durchschnitt weisen sie eine etwas frühere zirkadiane Phase auf, das bedeutet, dass hormonelle Schlafsignale häufig früher einsetzen und äußere, sogenannte externe Störungen stärker ins Gewicht fallen können.

Hinzu kommen zyklische und lebensphasenabhängige hormonelle Veränderungen, die den Schlaf zusätzlich beeinflussen. Progesteron wirkt schlaffördernd und angstlösend, während Östrogen unter anderem eine wichtige Rolle bei der Temperaturregulation spielt. Schwankungen dieser Hormone, etwa im Verlauf des Zyklus, während der Schwangerschaft oder besonders in der Perimenopause und Menopause, können die Schlafqualität deutlich verändern.

Interessanterweise schlafen Frauen im Durchschnitt zwar etwas länger als Männer, berichten gleichzeitig jedoch häufiger über nicht erholsamen Schlaf. Schlafdauer und Schlafqualität sind bei Frauen daher weniger eng miteinander verknüpft. Genau deshalb ist eine differenzierte, geschlechtersensible Betrachtung wichtig, die sowohl biologische als auch hormonelle Einflüsse berücksichtigt.

Während viele Frauen den menopausalen Übergang mit wenigen oder keinen Beschwerden durchlaufen, leidet ein nicht unerheblicher Teil unter Symptomen, die so ausgeprägt sind, dass sie den Alltag und auch den Schlaf deutlich beeinträchtigen können. Schlafstörungen sind bei Frauen sehr häufig, und die Verbreitung von Insomnie – definiert als gestörter Schlaf mit relevantem Leidensdruck oder funktioneller Beeinträchtigung – wird bei peri- und postmenopausalen Frauen auf fast 40 bis 60 Prozent geschätzt. Bereits 2005 wurden Schlafstörungen vom National Institute of Health (NIH) als eines der Leitsymptome der Menopause eingeordnet.

Die subjektive Schlafqualität kann sich schon während der Perimenopause verschlechtern. Frauen berichten vor allem über häufiges nächtliches Erwachen, unterbrochenen Schlaf und das Gefühl, morgens einfach nicht erholt zu sein. Der Rückgang des Östrogenspiegels kann Hitzewallungen und nächtliche Schweißausbrüche auslösen, viele Frauen werden dadurch aus dem Schlaf gerissen, fühlen sich plötzlich überhitzt und angespannt, mit teils ausgeprägter innerer Unruhe oder Angst. Langzeitstudien zeigen sogar, dass bestehende depressive Symptome, Tagesschläfrigkeit und bestimmte Medikamente den Schlaf in den Wechseljahren noch zusätzlich belasten und in eine chronische Insomnie münden können.

Mit der Menopause fällt das nächtliche Absinken der Körperkerntemperatur zudem geringer aus, was den Schlaf zusätzlich beeinträchtigen kann. Schlafprobleme folgen in dieser Lebensphase daher meist nicht einem einzelnen Auslöser, sondern entstehen multifaktoriell und haben oft mehrere Ursachen.

FAKT: Bei jüngeren Frauen ist der Schlaf meist noch relativ stabil, Schlafprobleme sind seltener und häufig hormonell bedingt. Gleichzeitig schlafen viele Frauen insgesamt zu wenig und übergehen Warnzeichen wie anhaltende Müdigkeit oder Tagesschläfrigkeit.

DIE HORMONE UND UNSER SCHLAF

Wie du zuvor schon gesehen hast, laufen während der verschiedenen Schlafphasen komplexe hormonelle Prozesse in unserem Körper ab. Hier spielt neben Melatonin, das den Tag-Nacht-Rhythmus steuert, auch das Stresshormon Cortisol eine wichtige Rolle. Kommt es zu Schlafstörungen oder zu einer dauerhaften Verschiebung zwischen Schlaf-Wach-Rhythmus und innerer Uhr, kann das fein abgestimmte System schnell aus dem Gleichgewicht geraten. Um Melatonin und Cortisol in die richtige Bahn zu lenken, sind kleine Rituale und verlässliche Routinen wichtig, die unserem Körper signalisieren, dass es morgens mit dem Tagesanbruch losgehen kann und wir abends loslassen und zur Ruhe kommen dürfen. Wie die beiden Hormone gebildet werden und welchen Einfluss sie genau auf unseren Schlaf nehmen, habe ich im Folgenden einmal genauer für dich zusammengefasst.

Das Stresshormon Cortisol

Der Schlaf-Wach-Rhythmus ist eng mit unserem Stresssystem verbunden. Cortisol folgt dabei einem ausgeprägten zirkadianen Rhythmus und weist normalerweise ein klares Tagesprofil mit hohen Werten am Morgen und deutlich niedrigeren am Abend auf. Dieser Tag-Nacht-Rhythmus wird durch unseren Schlaf und unsere innere biologische Uhr gesteuert. Am Morgen ist der Cortisolspiegel erhöht, um Wachheit und Aktivität zu fördern, am Abend sollte das Cortisol abfallen, damit Einschlafen möglich wird, wobei Cortisol nicht konstant, sondern in kleinen Pulsen über den gesamten Tag hinweg ausgeschüttet wird. Dauerstress, mentale Überforderung oder auch sehr späte, intensive Aktivitäten wie exzessive Sporteinheiten oder spätes Arbeiten am Laptop können diesen Rhythmus jedoch stören.

Ursachen eines chronisch erhöhten Cortisolspiegels

Bleibt der Cortisolspiegel am Abend erhöht, fällt das Einschlafen oft schwerer, und der Schlaf wird unruhiger und fragmentierter. Der Körper verbleibt im Alarmmodus, nächtliches Erwachen nimmt zu, und am nächsten Tag stellt sich eine deutliche Erschöpfung ein. So entsteht ein Zustand, der langfristig Bluthochdruck, Gewichtszunahme und chronische Erschöpfung begünstigen kann.

Das Schlafhormon Melatonin

Melatonin ist unser nächtlicher Botenstoff, seine Ausschüttung wird stark durch Licht und Dunkelheit gesteuert. Sobald es dunkel wird, steigt unser Melatoninspiegel an, signalisiert unserem Körper Ruhe und unterstützt den Übergang in den Schlaf. Gleichzeitig wirkt Melatonin auch als Antioxidans und schützt Zellen vor oxidativem Stress. Darüber hinaus zeigt Melatonin in experimentellen und klinischen Arbeiten auch antivirale und immunmodulierende Effekte, weshalb es zunehmend unabhängig vom Schlaf diskutiert wird. Gerade bei Zuständen mit erhöhtem oxidativem Stress kann es sinnvoll sein, den individuellen Melatoninstatus zu kennen, der sich einfach im Labor bestimmen lässt. Aufgrund seiner vielfältigen antioxidativen Wirkmechanismen wird Melatonin inzwischen nicht nur im Kontext von Schlaf, sondern auch als potenziell protektiver Faktor bei altersassoziierten Erkrankungen und mitochondrialem Stress erforscht.

> **FAKT:** Melatonin reichert sich besonders stark in den Mitochondrien an, nämlich dort, wo in unseren Zellen ein Großteil des oxidativen Stresses entsteht. Dadurch gilt es heute als eines der wichtigsten mitochondriengerichteten Antioxidanzien.

Das Hormon wird im Körper aus der Aminosäure L-Tryptophan gebildet und anschließend in der Zirbeldrüse produziert. Problematisch wird es, wenn wir abends lange auf Bildschirme schauen, da das blaue Licht von Smartphone, Tablet oder Laptop die Me-

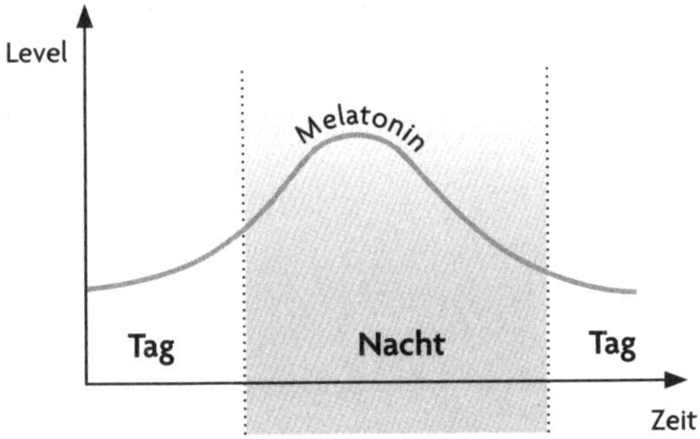

latoninproduktion deutlich reduzieren kann. Studien zeigen, dass sie um bis zu etwa 40 Prozent sinken kann. Für das Gehirn wirkt dieses Licht wie ein Tagessignal. So wird Wachheit gefördert, obwohl der Körper eigentlich zur Ruhe kommen sollte. Genau darin liegt das Dilemma: Wenn das zentrale Schlafsignal unterdrückt wird, fällt es dem Körper deutlich schwerer, in den Ruhemodus zu wechseln.

Im Tagesverlauf hängt die Bildung von Melatonin direkt von der Lichtmenge ab, die auf unsere Augen trifft. Je heller es ist, desto geringer fällt die Melatoninsynthese im Gehirn aus. Lichtreize werden über das Auge unmittelbar weitergeleitet, und genau dort entscheidet sich, ob der Körper in den Ruhemodus wechseln darf oder nicht. Das erklärt auch, warum wir uns manchmal müde fühlen und trotzdem nicht einschlafen können.

Darüber hinaus besitzt Melatonin eine sogenannte chronobiotische Wirkung und trägt zur Stabilisierung des physiologischen Schlaf-Wach-Rhythmus bei. Aus diesem Grund wird es auch häufig bei Jetlag eingesetzt, da es helfen kann, den gestörten inneren Rhythmus wieder an die neue Zeitzone anzupassen.

FAKT: Melatonin ist das bekannteste chronobiotische Hormon, denn es signalisiert unserem Körper, dass Nacht ist, beeinflusst dadurch den Schlaf-Wach-Rhythmus und hilft, zirkadiane Prozesse wie unseren Schlaf zeitlich zu koordinieren. Deshalb wird Melatonin beispielsweise auch bei Jetlag, gestörten Schlafrhythmen oder sogar Schichtarbeit eingesetzt.

DIE WECHSELWIRKUNG VON SCHLAF UND ESSVERHALTEN

Unser Schlaf und unser Essverhalten sind keineswegs getrennte Lebensbereiche, sondern sie beeinflussen sich gegenseitig. Wann wir essen, was wir essen und wie regelmäßig wir Mahlzeiten zu uns nehmen, wirkt sich auch unmittelbar auf unsere Schlafqualität und unseren zirkadianen Rhythmus aus. Eine Studie, die 2021 im *Annual Review of Nutrition* erschienen ist, hat den Zusammenhang zwischen unserem Schlaf und unserem Essverhalten systematisch aufgearbeitet.

Wie zuvor schon erklärt, fördern beziehungsweise hemmen die Hormone Ghrelin und Leptin unsere Nahrungsaufnahme. Während Ghrelin das Hungergefühl steigert und die Ghrelinspiegel vor den üblichen Mahlzeiten ansteigen und danach wieder absinken, verhält es sich mit Leptin genau umgekehrt. Gerade in den späten Abend- und Nachtstunden verschiebt sich diese hormonelle Steuerung. Das Hungerhormon Ghrelin steigt an, während Leptin, das Hormon, welches unserem Gehirn Sättigung signalisiert, abnimmt. Der Körper meldet dann Hunger, obwohl objektiv kein zusätzlicher Energiebedarf besteht.

Gleichzeitig arbeitet der Teil des Gehirns, der für unsere Impulskontrolle zuständig ist, weniger zuverlässig, wir können also Versuchungen schlechter widerstehen. In diesem Zustand erscheinen Zucker und Fett besonders attraktiv, da sie schnell verfügbare

Energie liefern und dadurch unser Belohnungssystem im Gehirn ansprechen. Der nächtliche Griff in den Kühlschrank ist also kein Zeichen fehlender Disziplin, sondern das Ergebnis einer biologischen Verschiebung durch Schlafmangel. Evolutionsbiologisch betrachtet, sichert dieses Verhalten kurzfristig das Überleben, in unserer heutigen Überflussgesellschaft wirkt der Mechanismus aber gegen uns und trägt langfristig zu metabolischen Problemen bei.

Studien konnten zeigen, dass Personen mit sehr kurzer Schlafdauer von unter sechs Stunden ebenso wie Personen mit sehr langer Schlafdauer von über neun Stunden pro Tag eine deutlich stärkere Zunahme an viszeralem Fettgewebe zeigten, also jenem Fettanteil, der sich im Bauchraum um die inneren Organe anlagert und metabolisch besonders relevant ist. Laut WHO waren noch nie so viele Menschen übergewichtig oder adipös wie heute. Zunehmend rückt auch die Schlafdauer in den Fokus, da unzureichender Schlaf mit einem erhöhten Risiko für die Entwicklung von Übergewicht in Zusammenhang steht. Verschiedene Studien zeigen zudem, dass Schlafmangel ein relevanter Risikofaktor für die Entwicklung eines Diabetes mellitus ist.

Noch dazu geht Schlafmangel fast immer mit einer erhöhten Stressanfälligkeit einher. Bleibt das Cortisol länger erhöht, fällt uns die emotionale Regulation schwerer, und Essen übernimmt dann in gewisser Weise eine «tröstende Funktion». Wir versuchen also, mit dem Essen unsere innere Unruhe zu beruhigen. Zahlreiche Studien zeigen, dass Menschen nach kurzen oder unruhigen Nächten mehr Kalorien aufnehmen, besonders in den späten Abendstunden. Gleichzeitig leidet die Ernährungsqualität, und hochverarbeitetes Essen dominiert im Alltag. Kein Wunder also, dass der Mitternachtssnack zu einem sichtbaren Symptom eines tieferliegenden Schlafdefizits wird. Willst du dein Gewicht, deinen Stoffwechsel und dein Essverhalten nachhaltig stabilisieren, solltest du den Blick daher weiten und den Schlaf auch in Zukunft als zentrales Regulationsinstrument mit ins Auge fassen.

Nicht zuletzt gilt: Wer kurz vor dem Schlafengehen schwere

Mahlzeiten zu sich nimmt, vor allem fett- oder zuckerreiche Speisen, hält den Verdauungstrakt über Nacht aktiv. Der Körper bleibt dann im Arbeitsmodus und findet schwerer in die nächtliche Regeneration, was sich direkt negativ auf die Schlafqualität auswirkt.

FAKT: Bei Schlafmangel können sich nachweislich Geschmack, Appetit und die Bewertung von Lebensmitteln verschieben. Besonders energiereiche, süße oder fetthaltige Speisen erscheinen uns dann attraktiver, während das natürliche Sättigungsgefühl abgeschwächt wird.

Unser Essverhalten wirkt sich jedoch keineswegs nur negativ auf unseren Schlaf aus. So gibt es im Gegenteil bestimmte Lebensmittel, die unsere Schlafbereitschaft unterstützen können. Einige Nahrungsmittel enthalten beispielsweise Tryptophan – eine Vorstufe von Serotonin und Melatonin – und können dadurch am Abend eine leichte Müdigkeit begünstigen. Die Zufuhr der Aminosäure ist zwar keine Einschlafgarantie, Tryptophan spielt jedoch als biochemischer Ausgangsstoff der genannten Neurotransmitter eine wichtige Rolle in der Regulation unseres Schlafs. Entscheidend bleibt dabei immer das Zusammenspiel vieler Faktoren, von unserem Tagesrhythmus über Licht und Bewegung bis hin zu Ernährung und Stressniveau.

Melatoninreiche Nahrungsmittel

Lebensmittel	Melatonin-Gehalt
Pistazien	1–12 ng/g
Tomaten (Sortenvarianten)	5–50 ng/g
Sauerkirschen	10–20 ng/g
Walnüsse	3–4 ng/g
Mandeln	1–3 ng/g

Lebensmittel	Melatonin-Gehalt
Olivenöl (extra vergine)	5–8 ng/mL
Trauben (Schale)	1–3 ng/g
Hafer	0,1–1,8 ng/g
Reis	0,1–1 ng/g
Mais	0,1–0,2 ng/g
Shiitake-Pilze	0,1–0,5 ng/g

DER EINFLUSS VON KOFFEIN UND ALKOHOL AUF UNSEREN SCHLAF

Auch Koffein und Alkohol beeinflussen unseren Schlaf erheblich. Koffein, insbesondere nach 14 Uhr, kann das Einschlafen und unseren gesamten Schlafprozess stören, da es die Adenosinrezeptoren blockiert und damit unser natürliches Müdigkeitssignal unterdrückt. Doch der Konsum von Koffein wirkt sich in mehrfacher Hinsicht auf den Schlaf aus, denn er verkürzt die Gesamtschlafdauer, verlängert die Einschlafzeit, erhöht nächtliche Wachphasen und verändert die Schlafarchitektur. Das klingt zunächst wenig ermutigend, erklärt aber, warum sich viele von uns morgens nicht erholt fühlen, obwohl sie vermeintlich ausreichend Zeit im Bett verbracht haben.

Die Reduktion der Gesamtschlafzeit hängt dabei sowohl von der aufgenommenen Koffeinmenge als auch vom Zeitpunkt des Konsums im Verhältnis zur Schlafenszeit ab. Je höher die Dosis und je näher der Konsum am Zubettgehen liegt, desto ausgeprägter sind die genannten Effekte. Die Ironie dabei ist offensichtlich: Wir greifen tagsüber zu Koffein, um leistungsfähig zu bleiben, beeinträchtigen damit aber genau den Schlaf, den wir für unsere Konzentration und Leistungsfähigkeit tagsüber eigentlich dringend brauchen.

Auch ein Glas Wein am Abend wird häufig mit Entspannung

und schnellerem Einschlafen verbunden. Was dabei oft übersehen wird: Alkohol kann zwar das Einschlafen erleichtern und den Schlaf zu Beginn der Nacht vertiefen, stört aber deutlich unsere natürliche Schlafarchitektur, vor allem in den REM-Phasen in der zweiten Nachthälfte. Die Folge ist ein Schlaf, der sich für uns weniger erholsam anfühlt. Uns fehlt in diesem Fall genau die Regeneration, die wir eigentlich brauchen. Deshalb rate ich dringend davon ab, Alkohol als Einschlafhilfe zu nutzen. Und auch aus präventivmedizinischer Sicht ist Alkohol am Abend nicht etwa harmlos, sondern ein echter Störfaktor für einen erholsamen Schlaf.

TIPP: Statt auf Alkohol zu setzen, sind neurobiologisch wirksame Strategien deutlich sinnvoller. Eine einfache Methode besteht zum Beispiel darin, im Bett langsam rückwärts zu zählen, etwa von 100 bis 0 oder von 20 bis 0, und jede Zahl mit einem ruhigen Atemzug zu verbinden. Beim Einatmen wird die Zahl gedacht, beim Ausatmen bewusst losgelassen. Diese Technik wirkt über neurobiologische Mechanismen. Das Rückwärtszählen bindet unseren präfrontalen Kortex so stark, dass Grübelschleifen unterbrochen werden können, ohne unser Gehirn weiter zu stimulieren. Gleichzeitig verlangsamt sich die Atmung, der parasympathische Ruhemodus wird aktiviert, und das Einschlafen fällt leichter.

SCHLAF ALS ZENTRALER LONGEVITY-MECHANISMUS

Wie du gesehen hast, wirkt sich chronischer Schlafmangel nicht nur kurzfristig auf unsere Leistungsfähigkeit und unsere Stimmung aus, sondern greift langfristig auch tief in metabolische und kardiovaskuläre Prozesse ein. Schlaf wird damit zu einem frühen Marker gesundheitlicher Verwundbarkeit und gleichzeitig zu einem Interventionspunkt, den wir vergleichsweise gut beeinflussen können. Zusammengefasst lässt sich sagen, dass Schlaf ein zentraler biologischer Mechanismus ist, der unsere Alterungsprozesse messbar beeinflusst und eines der wirksamsten Werkzeuge darstellt, die wir in der Präventions- und Longevity-Medizin zur Verfügung haben.

Aus eigener Erfahrung weiß ich, dass kurzfristige Leistungsfähigkeit nicht mit langfristiger Gesundheit gleichzusetzen ist. Erst mit zeitlichem Abstand wird deutlich, welche Folgen ein dauerhaft aktiviertes Stresssystem haben kann. Die bewusste Priorisierung von Schlaf ist also kein Zeichen von Schwäche, sondern Ausdruck von Selbstfürsorge – und da spreche ich aus Erfahrung. Nachhaltige Medizin beginnt nämlich bei uns selbst. Ehrlicherweise dachte ich früher als junge Ärztin, ich würde mit sehr wenig Schlaf auskommen. In der Herzchirurgie hatte ich Nächte mit vier oder fünf Stunden Schlaf, habe durchoperiert, um am nächsten Morgen wieder am OP-Tisch zu stehen. Wir waren jung, wir wollten operieren und Leben retten, um jeden Preis, selbst wenn wir selbst kaum geschlafen hatten. Doch heute weiß ich, Prioritären dürfen sich auch verändern – zum Glück. Heute komme ich auf durchschnittlich 6,8 bis 7,2 Stunden Schlaf, für mich und meinen Lifestyle persönlich

Deine Morgenroutine für mehr Gesundheit und Leistungsfähigkeit

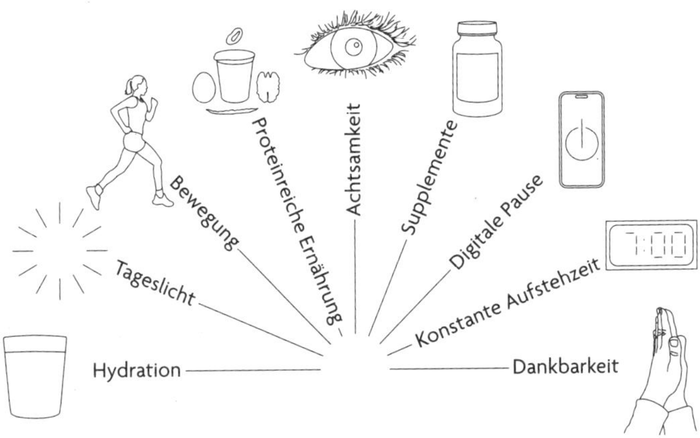

optimal, wie ich herausgefunden habe. Mein Energieniveau ist dadurch stabil geworden, und ich habe verstanden, wie wichtig es ist, die eigenen Empfehlungen auch selbst konsequent zu leben.

Schlaf ist und bleibt ein tägliches Investment in unsere zukünftige Gesundheit und sollte Priorität haben. Gerade für uns Frauen ist er ein Marker, der früh zeigt, ob Körper und System im Gleichgewicht sind. Gleichzeitig ist Schlaf einer der am besten und vielleicht einfachsten zu beeinflussenden Faktoren für gesundes Altern. Wenn du deinen Schlaf priorisierst, unterstützt du damit gleichzeitig dein Herz-Kreislauf-System, dein Immunsystem, die hormonelle Regulation und deine psychische Resilienz.

FAKT: Die häufig empfohlenen etwa 20 Minuten morgendliches Tageslicht zur Stabilisierung des zirkadianen Rhythmus stellen keinen festen medizinischen Grenzwert dar, sondern eher eine Orientierungsgröße. Wie viel Licht tatsächlich wirksam ist, hängt von verschiedenen Faktoren ab, etwa von der Jahreszeit, der geografischen Lage, den Wetterbedingungen und auch von der individuellen Chronobiologie. Entscheidend für den gesundheitlichen Effekt ist daher weniger eine exakt festgelegte Dauer als vielmehr die regelmäßige Exposition gegenüber natürlichem Tageslicht.

MEDIKAMENTÖSE SCHLAFUNTERSTÜTZUNG

Wenn Schlafstörungen auftreten, greifen viele Menschen zunächst zu Medikamenten. Es stehen verschiedene medikamentöse Ansätze zur Verfügung, die auf unterschiedliche Weise in den Schlaf-Wach-Rhythmus eingreifen. Ein wirklich ideales Schlafmittel, das zuverlässig wirkt und gleichzeitig frei von Nebenwirkungen ist, gibt es bislang jedoch nicht. In Deutschland gehören zu den zugelassenen Therapien bei Insomnie vor allem Benzodiazepine oder

Einflussfaktoren auf Schlafstörungen und die Entstehung eines Teufelskreises der Insomnie

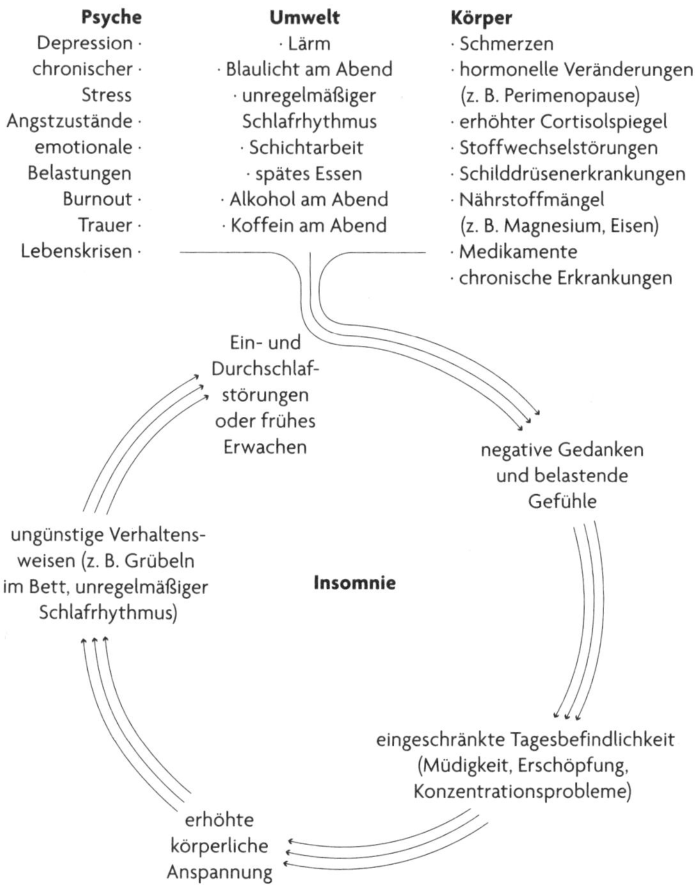

moderne Z-Substanzen wie Zolpidem oder Zopiclon. Darüber hinaus werden Antihistaminika, pflanzliche Präparate auf Baldrianbasis oder auch Medikamente wie beispielsweise Opipramol eingesetzt. Antipsychotika wie Melperon und Pipamperon sind trotz begrenzter Studienlage zur Behandlung von Insomnie zugelassen und werden vor allem in der Geriatrie eingesetzt. Bei den Antihistaminika gilt: Sie werden zwar häufig als Schlafmittel eingesetzt, doch belastbare Wirksamkeitsnachweise fehlen, und aufgrund ihres Nebenwirkungsprofils, insbesondere der oft unterschätzten Müdigkeit am Folgetag, sollten auch diese nur zurückhaltend verwendet werden.

FAKT: Die meisten schlafbezogenen Medikamente werden nur für eine zeitlich begrenzte Anwendung empfohlen, eine längerfristige Einnahme ist in der Regel nicht ratsam.

In der klinischen Praxis werden außerdem häufig niedrig dosierte sedierende Antidepressiva, wie zum Beispiel Amitriptylin, Trimipramin oder beispielsweise Mirtazapin verwendet. Diese können insbesondere bei gleichzeitig bestehender depressiver Symptomatik schlafverbessernd wirken. Wichtig ist jedoch, mögliche Nebenwirkungen wie beispielsweise eine unerwünschte Gewichtszunahme offen mit deiner Ärztin oder deinem Arzt zu besprechen. Häufig wird hier bei der Behandlung von Schlafstörungen eine deutlich niedrigere Dosierung verwendet als bei der Therapie einer Depression.

Grundsätzlich empfehle ich dir, Schlafstörungen ärztlich abklären zu lassen, wenn sie länger als vier bis acht Wochen anhalten, denn anhaltende Schlafprobleme sind selten reiner Zufall oder nur einer stressigen Phase geschuldet. In den meisten Fällen spielen mehrere Faktoren gleichzeitig eine Rolle, und ein ärztliches Gespräch kann helfen, diese Ursachen besser zu verstehen.

Stimuluskontrolle bei Insomnie – Verhaltensbasierte Therapieprinzipien nach DGSM-S3-Leitlinie

- Nur bei klarer Müdigkeit ins Bett gehen.
- Bett ausschließlich mit Schlaf verknüpfen (keine Aktivitäten wie Lesen, Bildschirm, Rauchen, Essen; sexuelle Aktivität ist ausgenommen).

- Bei Wachliegen nach mehr als 10 Minuten sollte man möglichst aufstehen und den Raum wechseln.
- Rückkehr ins Bett erst bei erneuter Müdigkeit.
- Bei erneutem Wachliegen: Vorgehen wiederholen.
- Feste Aufstehzeit jeden Morgen.
- Möglichst kein Schlaf am Tag.

Benzodiazepine

Aus ärztlicher und präventivmedizinischer Sicht begegne ich Benzodiazepinen, besonders im Zusammenhang mit Schlafstörungen, sehr zurückhaltend. Zwar wirken sie sedierend, verkürzen die Einschlafzeit und können nächtliches Erwachen reduzieren, doch greifen sie tief in die natürliche Schlafarchitektur ein. Gerade der Tief- und REM-Schlaf werden häufig damit verkürzt oder unterdrückt. Dadurch entsteht zwar ein Schlaf, der sich länger anfühlen kann, biologisch ist dieser Schlaf jedoch deutlich weniger erholsam, was bedeutet: Der Körper schläft zwar, regeneriert sich allerdings nicht wirklich.

Hinzu kommt ein relevantes Risiko für Toleranzentwicklung und Abhängigkeit. Dieses Risiko besteht selbst bei niedrigen Dosierungen und kurzer Anwendung. Aus diesem Grund sollten Benzodiazepine aus meiner Sicht niemals als langfristige Lösung für Schlafprobleme verstanden werden, auch ein Grund, weshalb sie nur zur Kurzzeitbehandlung der Insomnie (3–4 Wochen) zugelassen sind. In Ausnahmesituationen kann ihr Einsatz kurzfristig vertretbar sein, etwa bei akuten, stark belastenden Einschlafstörungen. Dann jedoch nur zeitlich klar begrenzt und mit einem bewussten Blick auf mögliche Risiken. Grundsätzlich bin ich keine große Befürworterin dieser Substanzen. Schlaf ist ein hochkomplexer biologischer Prozess, der sich langfristig kaum sinnvoll allein pharmakologisch regulieren lässt.

Melatonin

Wenn es doch einmal einer medikamentösen Unterstützung bedarf, halte ich Melatonin für die bessere Option. Melatonin ist ein körpereigenes Hormon, das unseren Schlaf-Wach-Rhythmus physiologisch steuert. Mit zunehmendem Alter, häufig bereits ab etwa 40 Jahren, nimmt die nächtliche Melatoninproduktion messbar ab. Viele Frauen schlafen deshalb zwar leichter ein, wachen aber früher auf oder fühlen sich morgens nicht mehr wirklich erholt. Im Gegensatz zu klassischen Schlafmitteln wirkt Melatonin nicht sedierend. Es zwingt den Körper also nicht in den Schlaf, sondern signalisiert ihm, dass jetzt Nacht ist und damit Schlafenszeit. So unterstützt Melatonin den natürlichen Schlaf-Wach-Rhythmus, ohne die Schlafarchitektur künstlich zu verändern und ohne Abhängigkeit zu erzeugen.

Bewährt haben sich in der Regel 0,3 bis 1 Milligramm etwa 1 bis 2 Stunden vor dem Schlafengehen. Diese Dosierung orientiert sich eher an der körpereigenen Physiologie als an den deutlich höheren Mengen, die häufig frei verkäuflich sind. Höhere Dosen machen den Schlaf nicht besser, sondern verschieben eher den Rhythmus und können morgendliche Müdigkeit verstärken. Melatonin ist wie gesagt sinnvoll zur kurzfristigen Stabilisierung eines gestörten Schlaf-Wach-Rhythmus, etwa bei Jetlag oder Schichtarbeit, nicht aber als Dauertherapie.

> **FAKT:** Melatonin greift als Chronotherapeutikum nicht direkt sedierend in den Schlaf ein, sondern wirkt auf die innere Uhr und hilft, den Schlaf-Wach-Rhythmus zeitlich zu steuern und zu stabilisieren.

Orexin-Rezeptor-Antagonisten

Zu den neueren Substanzklassen, die bei der Behandlung von Schlafstörungen erwähnenswert sind, gehören sogenannte Orexin-

Rezeptor-Antagonisten, etwa Daridorexant. Dies ist ein neuer, gezielt an den Orexin-Rezeptoren wirkender Wirkstoff zur Behandlung der chronischen Insomnie, der das Einschlafen und Durchschlafen verbessert, ohne relevante Restmüdigkeit am nächsten Tag zu verursachen, und auch langfristig gut verträglich ist. Diese Medikamente wirken nicht sedierend, sondern blockieren gezielt das Wachheitssystem im Gehirn. Dadurch wird der Schlaf eher physiologisch unterstützt, ohne die Schlafarchitektur so stark zu verändern, wie klassische Hypnotika dies tun. Ein weiterer Vorteil ist, dass bislang kein klassisches Abhängigkeitspotenzial beschrieben wurde. Allerdings sind die Langzeiterfahrungen mit dieser Substanzklasse derzeit noch begrenzt.

> **FAKT:** Pflanzliche Mittel werden häufig als erste, vermeintlich sanfte Option bei Schlafstörungen genutzt, doch für viele, etwa Baldrian, ist die Datenlage unzureichend, sodass ich dafür keine klare Empfehlung geben kann.

Neben den genannten medikamentösen Strategien werden von den Fachgesellschaften zunehmend auch nicht-pharmakologische Verfahren diskutiert. So zeigen Ansätze wie Akupunktur, achtsamkeitsbasierte Verfahren, Reflexzonenbehandlungen, regelmäßige körperliche Aktivität, Progressive Muskelentspannung (PME) oder Yoga in ersten Studien zumindest positive Effekte auf die Schlafqualität und das Wohlbefinden. Die bisherige Datenlage zeigt aber, dass weitere gut konzipierte Studien notwendig sind, um ihren tatsächlichen therapeutischen Stellenwert zukünftig verlässlich beurteilen zu können. Letztlich ist vor allem entscheidend, was dir persönlich guttut, oft sind es nämlich gerade die wiederkehrenden Rituale, die dem Körper Sicherheit geben und das Einschlafen erleichtern können.

Nährstoffe, Supplemente und pflanzliche Optionen zur Unterstützung des Schlafs

Für viele Frauen beginnt guter Schlaf nicht mit einem Schlafmittel, sondern mit einer stabilen nächtlichen Stoffwechsellage. Bewährt hat sich, abends 300 Milligramm **Magnesiumbisglycinat** einzunehmen, weil diese organische Form gut verträglich ist und das Nervensystem sanft beruhigt sowie die Muskelentspannung unterstützt. Es wirkt nicht sedierend, sondern vielmehr regulierend. Dabei ist es wichtig zu wissen, dass Magnesium für eine große Vielzahl zentraler Stoffwechselprozesse in unserem Körper benötigt wird. Gerade bei Frauen, die abends innerlich unruhig sind oder viel mentalen Stress mit ins Bett nehmen, hilft es dem Körper, vom Anspannungs- in den Ruhemodus zu wechseln, und spielt eine wichtige Rolle in der Regulation des Schlaf-Wach-Rhythmus. Fehlt Magnesium, kann dieses fein abgestimmte System leicht aus dem Gleichgewicht geraten.

Ergänzend kann **Glycin** in einer Dosierung von etwa 3 Gramm vor dem Schlafengehen hilfreich sein. Diese Aminosäure unterstützt die nächtliche Temperaturregulation und erleichtert damit das Herunterfahren des Körpers.

Omega-3-Fettsäuren wirken nicht unmittelbar schlafanstoßend, beeinflussen jedoch langfristig unsere Schlafarchitektur und körpereigene Entzündungsprozesse positiv. Die benötigte Omega-3-Menge variiert stark individuell, weshalb sich die Dosierung am Blutwert orientieren sollte und nicht an pauschalen Grammangaben, sprich am besten vorher mit deinem Arzt oder deiner Ärztin.

Wenn innere Unruhe oder Stress den Schlaf verhindern, können **Adaptogene** wie Ashwagandha in moderater Dosierung (meist 300–600 mg standardisierter Extrakt abends) kurzfristig unterstützen, sofern sie gut vertragen werden und keine Lebererkrankung vorliegt. Entscheidend ist hier die Qualität des Präparats.

L-Theanin (typischerweise 100–200 mg abends), eine Aminosäure aus grünem Tee, kann hilfreich sein, wenn Einschlafprobleme durch Grübeln oder innere Anspannung entstehen. Es wirkt mental beruhigend, ohne klassisch sedierend zu sein.

Pflanzliche **Baldrianpräparate** (meist 400–600 mg standardisierter Extrakt am Abend) sind moderat wirksam und können Schlafqualität und Schlafdauer leicht verbessern, vor allem bei leichten Ein- und Durchschlafstörungen, jedoch bleibt die Datenlage unzureichend.

Kreatin (typischerweise 3–5 g täglich) ist kein Schlafmittel, kann jedoch dabei helfen, die kognitive Leistungsfähigkeit bei Schlafmangel etwas stabiler zu halten. Kreatin kann zwar einige Folgen von Schlafmangel teilweise abmildern, ersetzt erholsamen Schlaf jedoch keinesfalls.

Auch **pflanzliche Schlaftees** können mild beruhigend wirken. Dabei greifen sie weder in deine Schlafarchitektur ein, noch machen sie abhängig. Klassische Bestandteile wie Baldrian, Melisse oder Lavendel entfalten vor allem eine angstlösende und entspannende Wirkung, sind jedoch keine empfohlene Therapie bei ausgeprägten Schlafstörungen.

DIE HORMONERSATZTHERAPIE FÜR EINEN STABILEN SCHLAF

Bei vielen Frauen kommt es in der Peri- und Postmenopause durch den Rückgang von Östrogen und Progesteron zu Schlafproblemen. Beide Hormone beeinflussen unsere körperliche Temperaturregulation, unsere Stimmung und auch die Schlafarchitektur. Sinkende Spiegel können nächtliche Unruhe, häufiges Aufwachen und eine geringere Schlaftiefe begünstigen. Eine Hormonersatztherapie kann daher gegen Symptome wie Hitzewallungen und Schlafstörungen helfen und den Schlaf bei uns Frauen günstig beeinflussen.

Östradiol (E2)

Östradiol gilt als das stärkste und biologisch aktivste Östrogen im weiblichen Organismus. Es beeinflusst unseren Hirnstoffwechsel, die Gefäßfunktion, Temperaturregulation und auch die Architektur unseres Schlafs. Solange E2 stabil ist, bleibt das System aus Körpertemperatur, Stimmung und zirkadianem Rhythmus meist gut abgestimmt. Wenn aber die Spiegel in der Perimenopause stärker schwanken und schließlich sinken, wird dieses Gleichgewicht fragiler. Viele Frauen erleben dann nächtliche Hitzewallungen, häufiges Aufwachen und einen leichteren, weniger erholsamen Schlaf. Sie fühlen sich am Morgen nicht wirklich regeneriert, obwohl sie genügend Stunden im Bett verbracht haben. Östradiol ist deshalb ein besonders wichtiger und stabilisierender Faktor für unsere nächtliche Regeneration.

Östradiol wirkt nicht direkt schlafanstoßend, sondern eher schlafunterstützend, indem es Temperaturregulation, Stimmung und nächtliche Stabilität verbessert. Es lässt sich pharmakologisch in bioidentischer Form zuführen, etwa als Gel, Pflaster, Spray, Tablette oder Vaginalpräparat. Übliche transdermale Dosierungen liegen häufig zwischen 25 und 50 Mikrogramm E2 pro Tag als Pflaster oder in Gelform. Bei ausgeprägten Hitzewallungen oder Schlafstörungen können auch 50 Mikrogramm sinnvoll sein. Die Dosis sollte sich an Beschwerden und Blutwerten orientieren und nicht an einer pauschalen Zahl, und stets in enger Abstimmung mit der behandelnden Ärztin oder dem behandelnden Arzt festgelegt werden.

Wichtig ist: Östradiol (E2) wird am Morgen oder verteilt über den Tag eingenommen, Progesteron dagegen am Abend.

Progesteron

Progesteron hat eine andere Qualität als Östradiol. Es wirkt beruhigend auf unser Nervensystem und unterstützt die Schlaftiefe, insbesondere in der zweiten Zyklushälfte und später in der Postmenopause, wenn es physiologisch abnimmt. Frauen beschreiben diese Wirkung oft als ein Gefühl von innerer Ruhe, weniger Grübeln und leichterem Einschlafen. Fällt Progesteron weg, wird der Schlaf häufig unruhiger, und wir werden empfindlicher gegenüber Stressreizen. Viele Frauen berichten dann von nächtlichem Wachliegen oder frühem Erwachen ohne klaren Grund. Progesteron wird damit ebenfalls zu einem nicht zu unterschätzenden Schutz für die nächtliche Erholung.

Wenn Progesteron therapeutisch eingesetzt wird, geschieht dies in der Regel transdermal oder oral. Bei ausgeprägter Unruhe, stark fragmentiertem Schlaf oder unter begleitender Östradioltherapie können Dosierungen bis zu 200 Milligramm sinnvoll sein, während manche Frauen mit 100 Milligramm bereits sehr gut zurechtkommen. Progesteron wird typischerweise abends eingenommen, weil es seine schlaffördernde Wirkung dann am besten entfaltet.

MOUTH TAPING IM SCHLAF

Der Hype um sogenannte Mundpflaster oder «Mouth Taping» hat in den letzten Jahren auch die Longevity-Szene erreicht. Für interessierte Leserinnen lohnt sich jedoch ein differenzierter Blick auf dieses Thema, denn in den sozialen Medien wird die Methode häufig spektakulärer dargestellt, als sie physiologisch tatsächlich ist.

Beim Mouth Taping wird ein spezielles Pflaster von der Oberlippe bis zum unteren Lippenrand geklebt. Durch das sanfte Verschließen des Mundes während des Schlafs wird die Nasenatmung gefördert. Diese gilt als die physiologischere Form der Atmung, denn die eingeatmete Luft wird in der Nase gefiltert, angefeuchtet und erwärmt. Gleichzeitig wird Stickstoffmonoxid (NO) freigesetzt, ein Molekül, das unter anderem die Gefäßfunktion unterstützen kann und die Sauerstoffaufnahme effizienter macht.

Im Gegensatz dazu kann Mundatmung während des Schlafs zu trockenen Schleimhäuten führen und bei manchen Menschen auch Schnarchen oder einen unruhigeren Schlaf begünstigen. Solche kleinen nächtlichen Weckreaktionen können Stresshormone aktivieren. In so einem Fall könnten Mundpflaster indirekt dazu beitragen, die Schlafkontinuität zu verbessern. Wichtig ist hier jedoch die richtige Einordnung. Mundpflaster sind kein Ersatz für eine medizinische Abklärung möglicher Atemstörungen und auch keine Therapie bei Schlafapnoe. Bei Menschen mit leichter Mundatmung können sie möglicherweise helfen, wieder stärker über die Nase zu atmen.

Wie sich schon an anderer Stelle gezeigt hat, sind es manchmal gerade die einfachen Dinge, die einen Unterschied in der Prävention machen können. Dennoch würde ich empfehlen, solche Methoden immer zuerst mit deiner behandelnden Ärztin oder deinem Arzt zu besprechen. Die Studienlage ist begrenzt und zu uneinheitlich, um allgemeine Empfehlungen auszusprechen. Hinzu kommt, dass viele der in den sozialen Medien verbreiteten Vorteile wissenschaftlich bisher nicht belegt sind. Besonders bei nasaler Atembehinderung, Allergien, Asthma oder einer unerkannten Schlafapnoe kann das Verschließen des Mundes im Schlaf die Atmung sogar erschweren. Expert:innen raten daher zur Vorsicht und zu einer vorherigen Abklärung möglicher Atemprobleme.

FAKT: Mouth Taping ist kein harmloser Schlaf-Hack und sollte, wenn überhaupt, nur mit Vorsicht und nach vorheriger ärztlicher Abklärung in Betracht gezogen werden.

WAS SEX MIT UNSEREM SCHLAF UND LONGEVITY ZU TUN HAT

Sexualität und Schlaf sind enger miteinander verbunden, als manche von uns glauben mögen. Denn Sex ist nicht nur Intimität oder Lust. Die aktuelle Studienlage spricht dafür, dass sexuelle Aktivität, insbesondere in einem partnerschaftlichen Kontext, unsere Schlafqualität positiv beeinflussen kann. Studien zufolge ist sowohl bei Frauen als auch bei Männern partnerbasierter Sex mit Orgasmus durchgehend mit einer verkürzten Einschlafzeit und einer verbesserten subjektiven Schlafqualität assoziiert.

Ein zentraler Mechanismus liegt in der neuroendokrinen Wirkung: Sex – insbesondere mit Orgasmus – geht mit einer Ausschüttung von Oxytocin, Endorphinen, also unseren Glückshormonen, und Prolaktin einher, während Stresshormone wie Cortisol deutlich abnehmen. Diese hormonellen Veränderungen fördern die Entspannung und die Bereitschaft unseres Körpers, in den Schlaf überzugehen. Oxytocin wirkt dabei nicht nur bindungsfördernd, sondern zugleich oft auch blutdrucksenkend. Prolaktin unterstützt unsere Erholung und den Schlaf, was wiederum zentrale Reparaturprozesse begünstigt.

Über die reine Hormonwirkung hinaus spielen auch emotionale Faktoren eine zentrale Rolle. So können sich Intimität, Bindung, körperliche Nähe und das Gefühl von Sicherheit beruhigend auf unser Nervensystem auswirken und den Übergang vom Wach- in den Schlafzustand erleichtern. Auch nicht-sexuelle Nähe, etwa Berührung oder Kuscheln, zeigt insbesondere bei Frauen schlaffördernde Effekte.

Nicht zu vergessen sind auch die Effekte auf kardiovaskulärer Ebene: Da moderate sexuelle Aktivität einer leichten bis mittleren körperlichen Belastung entspricht, verbessert sie gleichzeitig auch unsere Gefäßfunktion und kann unsere Herz-Kreislauf-Gesundheit unterstützen. Sexualität ist zudem eng mit Lebenszufriedenheit und unserer Selbstwahrnehmung verbunden – Faktoren, die in der Longevity-Forschung zunehmend an Bedeutung gewinnen. Sexualität ist zwar kein Anti-Aging-Tool im engeren Sinne, aber wer sie als Teil eines gesunden Lebens begreift, integriert damit einen weiteren Baustein für ein langes und erfülltes Leben.

SCHLAF UND KÜNSTLICHE INTELLIGENZ

Dass künstliche Intelligenz uns heute Einblicke ermöglicht, an die wir vor wenigen Jahren noch kaum gedacht hätten, zeigt eine 2026 im *Nature Medicine* erschienene Studie eindrücklich. Darin wurde untersucht, inwieweit sich aus den physiologischen Daten einer einzigen Schlafnacht mithilfe eines KI-Modells langfristige Gesundheitsrisiken vorhersagen lassen. Grundlage war ein außergewöhnlich großer Datensatz: So wurden rund 585 000 Stunden Polysomnographie, also Schlaflabor-Untersuchungen, von etwa 65 000 Menschen miteinbezogen. Das KI-Modell mit dem Namen SleepFM analysierte im Anschluss die komplexen Wechselwirkungen zwischen Gehirnaktivität, Herzrhythmus, Atmung und Muskelaktivität, also genau jener Systeme, die im Schlaf besonders eng miteinander verschaltet sind.

Auf Basis dieser Muster konnten statistische Risiken für eine Vielzahl späterer Erkrankungen abgeleitet werden, wie neurodegenerative Erkrankungen sowie kardiovaskuläre Ereignisse, aber auch für die Gesamtsterblichkeit. Entscheidend ist, dass es sich hier nicht um definitive Diagnosen handelte, sondern um Risikoprofile, die lange vor dem klinischen Auftreten einer Erkrankung Hinweise auf biologische Vulnerabilität liefern können.

Die Ergebnisse der Studie unterstreichen somit nochmals, dass der Schlaf ein hochinformatives Regulationssystem darstellt und ein bislang unterschätzter Ansatzpunkt für Prävention und Langlebigkeit ist. Auch wenn wir also oft glauben, dass gesundes Altern vor allem im Fitnessstudio beginnt, liegt einer der wichtigsten Schlüssel dafür in etwas viel Grundlegenderem, in unserem Schlaf.

Meine Schlaf-Hacks und wie du sie in deinen Alltag holst

1. Morgens schon Sonne tanken:

Der Tag beginnt für mich mit Licht, schon 10 bis 20 Minuten Tageslicht direkt nach dem Aufstehen genügen, um die innere Uhr zurückzusetzen und die Stimmung zu heben. Ich mache es mir besonders leicht, denn ich steige morgens aufs Rad und fahre ein paar Kilometer bis zur Arbeit, manchmal sogar mit Umwegen, bevor ich in der Praxis in den Tag starte.

2. Bewegung:

Tagsüber halte ich mich so aktiv wie möglich – ich bin zu Fuß, mit dem Rad und immer über die Treppe unterwegs, wenn es geht. Mittags nutze ich die Gelegenheit für einen Spaziergang an der Alster, die direkt vor meiner Praxistür in Hamburg liegt. Je mehr Schritte ich tagsüber sammle – vor allem wenn ich über 7500 bis 8000 Schritte komme –, desto besser ist mein Tiefschlaf in der Nacht. Und auf eines achte ich neuerdings besonders: Abends baue ich eher kein hochintensives Training mehr ein, denn der Abend gehört der Ruhe, nicht dem Auspowern.

3. Koffein-Cutoff:

Spätestens um 14 Uhr ist bei mir Schluss mit Kaffee. Koffein hat eine Halbwertszeit von bis zu acht Stunden, und seit ich mir diese Grenze gesetzt habe, schlafe ich ohne Probleme und wache morgens auch viel erholter auf.

4. Digitaler Sonnenuntergang:

Ab 20:30 Uhr versuche ich, Handy und Tablet konsequent zur Seite zu legen. Natürlich gibt es manchmal Nachrichten, die man noch schnell lesen will. Wenn es sein muss, dann aber möglichst mit Blaulichtbrille, denn das Blaulicht von Bildschirmen senkt den Melatoninspiegel um bis zu 40 Prozent und hindert uns so am Einschlafen. Am Abend setze ich dann aber doch lieber auf Alternativen und höre einen Podcast, Jazz-Musik oder lese einfach ein gutes Buch, und davon habe ich ziemlich viele.

5. Abendritual:

Rituale können ebenfalls eine wichtige Rolle spielen, weil sie unserem Körper klare Signale senden. Journaling ist für mich ganz persönlich ein wertvolles Tool. Auch das Führen eines Dankbarkeitstagebuches, ein kurzer Spaziergang oder die 4–7–8-Atemtechnik helfen dabei, innerlich loszulassen und den Tag bewusst abzuschließen.

6. Schlafzimmerroutine:

Die Schlafhygiene ist ein oft unterschätzter, aber zentraler Faktor, denn ein kühles, dunkles und ruhiges Schlafzimmer unterstützt den natürlichen Schlafprozess, idealerweise bei Temperaturen zwischen 16 und 19 °C. Gute Vorhänge, die abdunkeln, gegebenenfalls eine Schlafmaske und vor allem eine passende Matratze sind dabei keine Luxusausstattung, sondern eine Investition in erholsame Nächte und all die darauffolgenden Tage. Entscheidend ist nicht der Preis, sondern dass Matratze und Umgebung zu deinem Körper passen und guten Schlaf ermöglichen.

7. Regelmäßigkeit:

Regelmäßigkeit ist einer der einfachsten und zugleich wirkungsvollsten Hacks für guten Schlaf. Jeden Tag möglichst zur gleichen Zeit aufzustehen und zur gleichen Zeit ins Bett zu gehen, stabilisiert den Schlaf-Wach-Rhythmus. Natürlich darf es Ausnahmen geben: Ausschlafen am Wochenende oder im Urlaub ist vollkommen in Ordnung. Wichtig ist nur, sich bewusst zu machen, dass unser Körper Routinen liebt. In verlässlichen Rhythmen kann er am besten regenerieren und sich erholen.

8. Snacks und Nahrungsergänzungsmittel:

Am Abend dürfen die Snacks tryptophanreich sein, greif doch dann gerne zu einer Banane, ein paar Nüssen oder einem Glas (zuckerfreiem) Kakao. Magnesium beruhigt uns, und Glycin kann zusätzlich den Tiefschlaf fördern. Melatonin als Einschlafhilfe nutze ich persönlich nur gezielt bei Jetlag oder stressigen Tagen, also nie dauerhaft, sondern eher als temporäre Hilfe. Allerdings solltest du die Einnahme von Melatonin vielleicht erstmal mit deinem Arzt oder deiner Ärztin besprechen.

SÄULE 4:

DARMGESUNDHEIT ALS SCHLÜSSEL ZU NOCH MEHR WOHLBEFINDEN

Unser Darm ist weit mehr als ein Verdauungsorgan. Er ist vielmehr eine wichtige Grundlage für unser allgemeines Wohlbefinden und unser gesundes Altern. So beeinflusst er, wie widerstandsfähig wir sind und wie gut unser Immunsystem arbeitet. Wusstest du, dass sich rund 70 Prozent unserer Immunzellen im Darm befinden? Das darmassoziierte Immunsystem spielt eine zentrale Rolle für unsere Abwehr, doch dazu später mehr. Bevor wir tiefer einsteigen, möchte ich zunächst einige grundlegende Begriffe klären, die uns dabei helfen, das Thema Darmgesundheit gemeinsam einzuordnen und besser zu verstehen.

Wenn ich ehrlich bin, habe ich dem Darm über viele Jahre nicht die Bedeutung beigemessen, die er tatsächlich verdient hat. In den letzten Jahren habe ich jedoch gelernt, den Menschen ganzheitlich zu betrachten. Und je tiefer ich in die Longevity-Forschung eingetaucht bin, desto klarer wurde mir, dass dieses Organ einer der mächtigsten Einflussfaktoren für gesundes Altern ist.

Der Darm ist ein lebendiges Ökosystem und besteht aus Milliarden von Mikroorganismen, die in uns leben. Viele Fachgesellschaften und Expert:innen aus der Präventions- und Longevity-Medizin beschreiben das Darmmikrobiom inzwischen als einen entscheidenden Faktor für gesundes Altern – eine Einschätzung, die sich auch in meiner klinischen Erfahrung immer wieder bestätigt. Es beeindruckt mich immer wieder von Neuem, wie sensibel der Darm auf äußere und innere Einflüsse reagiert. Jede Mahlzeit, jeder Stress, jede hormonelle Veränderung und jede Nacht mit zu wenig Schlaf hinterlassen Spuren bei uns, und zwar oft am deutlichsten in unserem Darm. Er vergisst einfach nichts, und trotzdem verzeiht er so viel!

In meine Praxis kommen häufig Frauen, weil sie das Gefühl haben, innerlich «habe sich etwas verändert». Sie berichten von Müdigkeit, von einem Körper, der sich energielos anfühlt, manchmal von Haut, die irritiert reagiert, oder einfach nur von Schlaf, der nicht mehr ausreichend ist. Manchmal ist ihr Darm der Ort, an dem dieses Gefühl entstanden ist. Im Alltag unterschätzen wir dieses Organ oft oder übergehen es vorschnell. Doch nicht immer sind die Menopause, unsere Psyche oder einzelne hormonelle Ursachen der Auslöser für unsere Beschwerden. Der Darm kann hier eine zentrale Rolle spielen, oft eingebettet in ein komplexes Zusammenspiel aus Stress, Hormonveränderungen, Immunreaktionen und unserem Lebensstil. Gerade diese Vielschichtigkeit macht es so wichtig, genau hinzusehen und Symptome nicht isoliert zu betrachten.

Wenn der Darm aus dem Gleichgewicht gerät, kann sich das weit über die Verdauung hinaus bemerkbar machen und eben dieses Gefühl erzeugen, dass etwas nicht mehr stimmig ist, auch wenn einzelne Laborwerte in der Praxis zunächst unauffällig erscheinen. Die Vorstellung, dass viele Erkrankungen ihren Ursprung im Darm haben, geht bereits auf Hippokrates zurück. Sein oft zitierter Satz «Der gesunde Darm ist die Wurzel aller Gesundheit» verdeutlicht, wie früh die zentrale Bedeutung des Verdauungssystems für Gesundheit und Krankheit erkannt wurde. Diese Sichtweise wird durch die moderne Forschung heute zunehmend bestätigt.

Besonders fasziniert hat mich in den letzten Jahren die Verbindung zwischen Darm und Gehirn. Keine Achse ist so unterschätzt wie diese. Der Darm produziert Botenstoffe, wie beispielsweise das Serotonin, das unsere Stimmung positiv beeinflussen und unsere Stressantwort sowie unser Schlafverhalten prägen kann. Wenn das Mikrobiom im Gleichgewicht ist, beruhigt sich auch unser Nervensystem. Wenn es irritiert ist, entsteht oft eine innere Unruhe, die sicher jeder von uns schon einmal gespürt hat und die sich durch den gesamten Körper ziehen kann.

Die wissenschaftliche Forschung zeigt, dass Menschen, die gesund altern und eine hohe Lebensspanne erreichen, häufig ein besonders vielfältiges Darmmikrobiom aufweisen und gleichzeitig niedrigere Entzündungsmarker haben. Diese Kombination zumindest scheint den Körper widerstandsfähiger zu machen gegenüber altersbedingten Belastungen.

DER DARM ALS SCHUTZBARRIERE

Die Bedeutung des Darms wird bis heute häufig unterschätzt, und das obwohl etwa siebzig Prozent unseres Immunsystems im Darm angesiedelt sind. Ein gesunder Darm sorgt dafür, dass Nährstoffe effizient aufgenommen werden und dem Körper Energie sowie die notwendigen Bausteine für Reparatur- und Heilungsprozesse zur Verfügung stehen. Gleichzeitig fungiert er als zentrale Schutzbarriere, denn täglich kommt der Darm mit potenziell schädlichen Substanzen in Kontakt, darunter Toxine, Bakterien und Viren oder bestimmte Nahrungsbestandteile. Solange diese im Darmlumen verbleiben, stellen sie keine Gefahr dar. Entscheidend ist die intakte Barrierefunktion der Darmwand, die über die intestinale Permeabilität steuert, welche Stoffe in den Blutkreislauf gelangen.

Große Studien zeigen, dass Menschen mit einer geringeren bakteriellen Vielfalt im Darm häufiger gesundheitliche Beschwerden entwickeln als Menschen mit einem vielfältigen Mikrobiom. Diese reichen von funktionellen Darmproblemen und Verdauungsstörungen über Nahrungsmittelunverträglichkeiten bis hin zu chronisch-entzündlichen Darmerkrankungen (CED). Zunehmend werden auch systemische Erkrankungen wie Stoffwechselstörungen, Haut- und Gelenkbeschwerden oder Veränderungen an den Gefäßen mit einer gestörten Darmgesundheit in Verbindung gebracht. Der Darm ist damit weit mehr als ein Verdauungsorgan – er spielt eine zentrale Rolle in der Regulation von Entzündungen. Ihn zu verstehen und zu schützen, ist ein wichtiger Schritt hin zu mehr Wohlbefinden und gesundem Altern.

Meine ganz persönlichen Empfehlungen zur Stärkung der Darmbarriere lassen sich bereits mit einer täglichen Fünf-Minuten-Routine umsetzen. Wenn du die folgende kleine Checkliste regelmäßig in deinen Alltag integrierst, wirst du schon nach kurzer Zeit merken, dass sich dein Darm beruhigt und du dich insgesamt wohler fühlst.

Checkliste zur Stärkung der Darmbarriere

- ☐ Mindestens 1 warme Mahlzeit am Tag (beruhigt den Vagus-Nerv, verbessert die Motilität im Darm)
- ☐ 3 Minuten Atmen oder Atemübungen (Vagus-Aktivierung, beruhigt gleichzeitig den Darm)
- ☐ Mindestens 30 g Ballaststoffe, z. B. Hafer, Gemüse, Hülsenfrüchte
- ☐ 1 bis 2 Polyphenolquellen, z. B. Beeren, dunkles Blattgrün, grüner Tee
- ☐ 1 gesunde Fettquelle, z. B. Olivenöl, Avocado, Nüsse, Leinöl
- ☐ Mindestens 10 Minuten Gehen nach dem Essen
- ☐ Unbedingt bildschirmfreie Zeit während des Essens (vermindert Überessen)
- ☐ Gelegentlich 2 bis 3 Fermentationen integrieren (Joghurt, Kefir, Sauerkraut)
- ☐ Gelegentlich 1 bis 2 präbiotische Unterstützungen (Flohsamenschalen, resistente Stärke, z. B. in grünen Bananen)
- ☐ 1 Wärmeimpuls zwischendurch (Bad, Sauna, Wärmflasche)
- ☐ Mindestens 1 «stressfreier Tag» (weniger Verpflichtungen, mehr Erholung)

DIE BEDEUTUNG DES MIKROBIOMS

Das Mikrobiom ist bei jedem von uns so individuell wie unser Fingerabdruck. Jeder Mensch trägt seine eigene, unverwechselbare Zusammensetzung an Mikroorganismen in sich. Bis zu zwei Kilogramm Bakterien gehören zu unserem Körper, und zahlenmäßig besitzen wir sogar mehr bakterielle als menschliche Zellen. Besonders der Darm ist ein Ort außergewöhnlicher Vielfalt, denn kein anderer Bereich des Körpers und kaum ein anderer Lebensraum auf der Erde beherbergt so viele unterschiedliche Mikroorganismen auf so engem Raum.

Gleichzeitig hat sich unsere Umwelt in den letzten Jahrzehnten stark verändert. Studien zeigen, dass intensive Landwirtschaft und Überbewirtschaftung der Böden dazu geführt haben, dass wichtige Mineralstoffe wie Calcium, Magnesium oder Eisen in vielen Gemüsesorten deutlich zurückgegangen sind. Diese Veränderungen betreffen nicht nur die Qualität unserer Nahrung, sondern dadurch auch das Milieu, in dem unser Mikrobiom gedeihen soll. Der Immunologe und Nobelpreisträger Elie Metchnikoff vermutete bereits vor über 100 Jahren, dass der regelmäßige Verzehr fermentierter, milchsäurehaltiger Lebensmittel die Darmflora positiv beeinflusst und so zu unserer Langlebigkeit beiträgt. Diese Beobachtung stützte er auf Bevölkerungen in Ländern wie Bulgarien und anderen Teilen Osteuropas, wo diese Lebensmittel traditionell fester Bestandteil der Ernährung waren und mit einer höheren Lebenserwartung assoziiert wurden.

Unser Mikrobiom reagiert sensibel auf unsere Lebensweise, sodass wir es durch Ernährung, Essgewohnheiten und den Umgang mit Lebensmitteln aktiv beeinflussen und verbessern können. Traditionelle Methoden wie Fermentation, Einweichen, Keimen oder schonendes Kochen haben über Generationen dazu beigetragen, Lebensmittel bekömmlicher zu machen, schädliche Pflanzenstoffe zu reduzieren und gleichzeitig wertvolle Nährstoffe verfügbar zu halten. Diese Praktiken unterstützen nicht nur die Verdauung, sondern auch unser vielfältiges Mikrobiom. Um sich gesund zu ernähren, muss man deshalb gar nicht ständig nach Neuem suchen. Oft gilt es vielmehr, bewährte Prinzipien wieder ernst zu nehmen und konsequent in den Alltag zu integrieren.

Unsere Darmflora kann sich über das gesamte Leben hinweg an unsere Ernährung und unseren Lebensstil anpassen. Bei uns allen lassen sich charakteristische Unterschiede im Mikrobiom finden – wollen wir gesund altern und eine hohe Lebensspanne erreichen, so sind eine erhöhte Diversität, vorwiegend gute Bakterien und eine stabile Darmhomöostase – das sogenannte Darmgleichgewicht – von Vorteil. All diese Merkmale führen zu einem verbesserten Stoffwechsel mit geringer systemischer Entzündung und sind mit verzögerten altersassoziierten Veränderungen verknüpft. Und diese Prozesse sind beeinflussbar!

In der modernen Forschung wird das Mikrobiom inzwischen als *organ of longevity* bezeichnet, ein Organ im Organ, das darüber entscheidet, wie gut wir altern können. Menschen mit einem vielfältigen Mikrobiom leben nicht nur länger, sie leben auch gesünder. Eine Studie aus China konnte zeigen, dass die Diversität des Darmmikrobioms bei sehr alten Menschen deutlich höher ist als bei jüngeren Erwachsenen. Dieses Muster fand sich sogar konsistent in einer Vergleichskohorte aus Italien. Die Autor:innen werteten diese Vielfalt als möglichen Schlüssel für gesundes Altern und als Hinweis darauf, dass das Mikrobiom selbst ein Ansatzpunkt für Longevity-Interventionen sein könnte.

In einer aktuellen Studie aus dem Jahr 2026 wurden ältere Erwachsene ab 60 Jahren sowie eine Gruppe besonders langlebiger Menschen ab 90 Jahren untersucht. Dabei zeigte sich, dass diejenigen mit besserer körperlicher Funktion ein charakteristisch «jugendliches» Mikrobiom aufwiesen, und dabei insbesondere höhere Anteile an zwei Bakteriengattungen, die eng mit einer stabilen Darmbarriere und niedrigeren Entzündungswerten verbunden sind.

Menschen mit einem vielfältigen Darmmikrobiom weisen aber

auch insgesamt niedrigere Entzündungsmarker auf und zeigen eine höhere physiologische Resilienz gegenüber Belastungen. Ein artenreiches Mikrobiom unterstützt also einerseits die Stabilität der Darmbarriere, die so wichtig ist für die Regulation von Immunprozessen, andererseits unterstützt es unseren Körper dabei, auf Belastungen zu reagieren, ohne eine dauerhafte Entzündungsreaktion zu entwickeln. Jede Longevity-Strategie sollte daher mit einer sorgfältigen Evaluation des Darms beginnen, denn der Zustand des Mikrobioms kann früh zeigen, wie gut unser Körper Belastungen ausgleicht und an welchen Stellen Prävention sinnvoll ist, lange bevor eine Erkrankung entsteht. Du siehst also, dass Langlebigkeit nicht irgendwo in der Zukunft beginnt oder in einem Labor, sondern bei uns selbst, in unserem eigenen Mikrobiom.

FAKT: Aktuelle Studien zeigen, dass eine hohe mikrobielle Vielfalt ein verlässlicher Hinweis auf einen gesunden Darm ist und mit gesundem Altern in Verbindung steht.

LEAKY GUT UND INFLAMMAGING ALS GEGENSEITIGE VERSTÄRKER

Von einem «Leaky Gut» spricht man, wenn die Darmbarriere ihre Schutzfunktion verliert und dauerhaft zu durchlässig wird. In diesem Zustand entstehen vermehrt kleine Undichtigkeiten in der Darmwand, durch die Stoffe aus dem Darm in den Blutkreislauf gelangen können, die dort eigentlich nicht hingehören. Dazu zählen bakterielle Bestandteile, Giftstoffe oder unverdaute Nahrungsbestandteile. Gelangen sie in den Körper, können sie das Immunsystem dauerhaft aktivieren und Entzündungsprozesse begünstigen. Diese anhaltende Reizung kann das Gleichgewicht des Darmmikrobioms weiter stören, schützende Bakterien werden verdrängt und entzündungsfördernde Prozesse nehmen zu.

Für viele Menschen äußert sich das zunächst unspezifisch, etwa durch Blähungen, Verdauungsbeschwerden, Durchfall, Gewichtsveränderungen, Erschöpfung oder Schlafprobleme. Oft werden diese Symptome lange nicht mit dem Darm in Verbindung gebracht. Solche leichten, chronischen Entzündungen wirken wie eine unterschwellige Dauerbelastung für unseren Körper, sie können sogar Stoffwechsel und Hormone aus dem Gleichgewicht bringen. Gerade bei Frauen können sich diese Effekte in Phasen hormoneller Veränderungen verstärken, ohne dass sich in Untersuchungen sofort ein eindeutiger Befund zeigt.

Eine gestörte Darmbarriere kann somit eine zentrale Quelle für das sogenannte Inflammaging sein – einen der stärksten Treiber des Alterns. Anders als bei einer akuten Infektion klingt diese Entzündungsreaktion nicht vollständig ab, sondern bleibt auf niedrigem Niveau bestehen. Auf Dauer ist das problematisch, da eine gestörte Darmbarriere und ein unausgeglichenes Mikrobiom das Immunsystem dauerhaft belasten und oxidative Prozesse fördern. Gleichzeitig verändert die Entzündungsumgebung das Darmmilieu und schwächt die Barriere weiter. Leaky Gut und Inflammaging verstärken sich so gegenseitig. Auch ohne klassische Entzündung können Stresszustände wie beispielsweise Ausdauerbelastung, die Einnahme von Schmerzmitteln, wie zum Beispiel Ibuprofen oder Diclofenac, Schwangerschaft oder der Kontakt mit bestimmten Nahrungsbestandteilen die Durchlässigkeit der Darmschleimhaut erhöhen.

Führende Expert:innen der Darmforschung, unter anderem Alessio Fasano, gehen davon aus, dass ein chronisch gestörter Darmbarrierezustand eine zentrale Rolle bei der Entstehung vieler Allergien und chronischer Erkrankungen spielt. Die Darmbarriere ist aber von Natur aus nicht vollständig dicht. Sie besitzt feine Durchlässigkeiten, die notwendig sind, um Nährstoffe aufzunehmen und das Immunsystem zu trainieren.

Auch laut Einschätzung der Harvard Medical School erleben wir alle zeitweise Phasen erhöhter Durchlässigkeit, etwa bei Stress, Infekten oder nach der Einnahme bestimmter Medikamente. Deshalb spüren viele Menschen Stress ganz konkret im Bauch. Wenn also jemand sagt: «Das schlägt mir auf den Magen», beschreibt diese Person damit eine echte physiologische Stressreaktion, keine Einbildung. Problematisch wird es jedoch, wenn dieser Zustand nicht mehr nur vorübergehend ist. Bleibt die Darmbarriere nämlich dauerhaft entzündet und durchlässig, verliert sie ihre regulierende Funktion. Genau hier beginnt ein chronischer Prozess, der den gesamten Organismus belasten kann.

Mögliche Ursachen für eine gestörte Darmbarriere (Leaky Gut):

- NSAR (wie Ibuprofen, Diclofenac oder Aspirin)
- häufige Antibiotikatherapien
- chronischer Alkoholkonsum
- hochverarbeitete, zuckerreiche Ernährung
- chronischer Stress und Schlafmangel
- Dysbiosen und gastrointestinale Infektionen
- chronisch-entzündliche Darmerkrankungen (CED)
- Nahrungsmittelunverträglichkeiten oder Histaminintoleranz
- dauerhafte hochdosierte Kortikosteroidtherapie
- Rauchen

ENTSTEHUNG EINER DARMDYSBIOSE

Eine Darmdysbiose bedeutet, dass das natürliche Gleichgewicht der Darmbakterien gestört ist. Die Vielfalt nimmt ab oder bestimmte Bakterien geraten aus dem Verhältnis. Es kann zu einem Ungleichgewicht kommen, wobei weniger günstige oder entzündungsfördernde Keime überwiegen. Dadurch kann der Darm seine Aufgaben nicht mehr so zuverlässig erfüllen. Die Barriere wird empfindlicher und durchlässiger, sodass Entzündungen leichter entstehen und die Verdauung, unser Immunsystem und allgemeines Wohlbefinden leicht aus dem Takt geraten.

Häufige Ursachen einer Dysbiose

Nahrungsaufnahme

Oft essen wir, ohne wirklichen Hunger zu haben, in zu kurzen Abständen und nicht selten noch spät am Abend. Gleichzeitig ist unsere Ernährung häufig geprägt von schnell verfügbaren Kohlenhydraten und einem dauerhaft erhöhten Zuckerkonsum, während ballaststoffreiche Lebensmittel zu wenig Platz einnehmen. Beides wirkt sich ungünstig auf unsere Blutzuckerregulation und Sättigung aus. Was dabei leicht übersehen wird, ist der erste Schritt der Verdauung: das Kauen. Nahrung wird oft hastig geschluckt, statt im Mund ausreichend mechanisch und enzymatisch vorbereitet zu werden. Sinnvoll ist es, jeden Bissen so lange zu kauen, bis eine weiche, nahezu breiige Konsistenz entsteht. Erst dann sollte geschluckt werden. Das entlastet den Verdauungstrakt und unterstützt ein früheres physiologisches Sättigungsgefühl.

Ungünstige Lebensmittelauswahl

Eine Ernährung mit viel Zucker, stark verarbeiteten Lebensmitteln und wenig Ballaststoffen kann das Darmmikrobiom negativ verändern. Geringe pflanzliche Vielfalt und häufige Zusatzstoffe fördern eine reduzierte mikrobielle Diversität und begünstigen so eine Dysbiose.

Auch ein dauerhaft hoher Konsum von raffinierten Kohlenhydraten und eine geringe Aufnahme fermentierbarer Fasern verschieben das bakterielle Gleichgewicht. Entscheidend ist letztlich das gesamte Ernährungsmuster, nicht ein einzelnes Lebensmittel.

Medikamente

Bestimmte Medikamente, insbesondere Antibiotika, können die Zusammensetzung des Darmmikrobioms deutlich verändern und die bakterielle Vielfalt reduzieren. Auch nichtsteroidale Antirheumatika wie Ibuprofen sowie Glukokortikoide beeinflussen die

Darmbarriere und das mikrobielle Gleichgewicht. Entscheidend sind dabei Dauer, Dosierung und individuelle Empfindlichkeit.

Stress

Dauerhafter Stress aktiviert die Ausschüttung von Stresshormonen wie Cortisol und beeinflusst darüber die Darm-Hirn-Achse. Das kann die Zusammensetzung des Mikrobioms verändern, die Barrierefunktion schwächen und entzündliche Prozesse begünstigen.

Bewegungsmangel

Zu wenig Bewegung verlangsamt die Darmtätigkeit und kann Beschwerden wie Verstopfung und Blähungen begünstigen. Regelmäßige körperliche Aktivität hingegen fördert die Durchblutung des Darms und unterstützt eine mikrobielle Zusammensetzung, die die Schleimhaut stabilisiert und die Barrierefunktion stärkt.

Alkohol und Rauchen

Regelmäßiger Alkoholkonsum kann die Darmbarriere schädigen und das Wachstum entzündungsfördernder Bakterien begünstigen. Auch Rauchen verändert die mikrobielle Zusammensetzung und ist mit einer verminderten Diversität sowie proinflammatorischen Veränderungen assoziiert.

Hormonelle Veränderungen

Hormonelle Schwankungen, insbesondere ein Abfall von Östrogenen, können die Zusammensetzung des Darmmikrobioms verändern. Dadurch wird die bakterielle Vielfalt reduziert, und die Darmbarriere kann anfälliger für entzündliche Prozesse werden. Deshalb ist in diesen Phasen eine besondere Aufmerksamkeit für Ernährung, Lebensstil und Darmgesundheit sinnvoll. Veränderungen früh wahrzunehmen und gezielt gegenzusteuern kann helfen, das mikrobielle Gleichgewicht stabil zu halten.

FAKT: Eine dauerhafte zucker- und fettreiche, ballaststoffarme Ernährung begünstigt eine Dysbiose des Darmmikrobioms. Dabei verschiebt sich das bakterielle Gleichgewicht zugunsten von Mikroorganismen, die vermehrt entzündungsfördernde Toxine bilden. Diese können die Darmbarriere beeinträchtigen und systemische Entzündungsprozesse begünstigen.

DAS DARMMIKROBIOM VON FRAUEN

Auch hormonelle Übergangsphasen wie die Peri- und Postmenopause können sich auf unsere Darmbarriere und unser Mikrobiom auswirken. Sinkende Östrogenspiegel beeinflussen sowohl die Schleimhautzusammensetzung als auch die Zusammensetzung unseres Mikrobioms und können damit die Entstehung von Barrierefunktionsstörungen begünstigen. Inflammaging beschreibt eine chronische, niedriggradige Entzündungsaktivität im Körper und ist Ausdruck eines langfristigen Ungleichgewichts zwischen Darm, Immunsystem und dem eigenen Lebensstil. Ein Leaky Gut ist somit nicht nur ein Darmthema und Inflammaging kein abstrakter Alterungsbegriff, sondern beide Prozesse sind eng miteinander verknüpft und entstehen über Jahre hinweg. Wenn du also frühzeitig auf deine Darmgesundheit achtest und deinen Lebensstil verbesserst, greifst du damit an einem zentralen Punkt des biologischen Alterns an und kannst die Voraussetzungen für gesundes Altern aktiv beeinflussen.

Das Darmmikrobiom von uns Frauen unterscheidet sich von dem von Männern, wofür unsere Hormone eine zentrale Rolle spielen. So fördern Östrogene tendenziell eine größere Vielfalt im Darmmikrobiom. Diese Vielfalt ist wichtig, weil sie den Darm widerstandsfähiger macht und das Immunsystem stabilisiert. Frauen im gebärfähigen Alter zeigen deshalb häufig ein anderes, dynamischeres Mikrobiom als Männer oder etwa Frauen nach der Menopause.

Testosteron begünstigt dagegen eher ein weniger diverses, stärker spezialisiertes Mikrobiom. Das ist nicht automatisch schlecht, aber eben weniger flexibel und divers. Gerade Vielfalt gilt jedoch als Schutzfaktor für unseren Darm, besonders in Phasen hormoneller Veränderungen. Deshalb reagieren Frauen sensibler auf hormonelle Schwankungen, egal ob Zyklus, Schwangerschaft, Stillzeit oder Menopause. All diese Phasen verändern über die Hormone auch die Zusammensetzung unseres Darmmikrobioms, was besonders deshalb relevant ist, weil ein Großteil unseres Immunsystems im Darm sitzt. Die dortigen Bakterien trainieren unser Immunsystem täglich, verschiebt sich die Zusammensetzung des Mikrobioms hormonbedingt, verändert sich auch die Immunantwort. Das kann erklären, warum Frauen häufiger unter entzündlichen Erkrankungen leiden, warum Infekte in bestimmten Zyklusphasen gehäuft auftreten können und warum Autoimmunerkrankungen bei Frauen insgesamt deutlich häufiger sind.

Ein zusätzlicher Schlüssel ist das sogenannte Estrobolom. Das sind Darmbakterien, die Östrogene aktiv mitsteuern, indem sie deren Wiederaufnahme im Körper beeinflussen. Gerät dieses System aus dem Gleichgewicht, können sowohl hormonelle Dysbalancen als auch entzündliche Prozesse verstärkt werden.

Die Darmflora und unsere Hormone

Kaum jemand weiß, dass sich die Darmflora einer Frau im Verlauf ihres Zyklus messbar verändert. Und doch zeigt genau dieses Phänomen, wie eng der Darm und unsere weibliche Gesundheit miteinander verbunden sind. Östrogen und Progesteron wirken nämlich nicht nur auf Gebärmutter, Brust oder auf unsere Haut – das wissen wir ja schon! –, sondern sie beeinflussen auch die Zusammensetzung des Mikrobioms, gewissermaßen die Darmmotilität und sogar die Darmbarriere.

In der ersten Zyklushälfte, wenn Östrogen dominiert, ist der Darm tendenziell beweglicher, die Schleimhaut stabiler und das Mikrobiom vielfältiger. In der zweiten Hälfte, wenn Progesteron steigt, verlangsamt sich die Darmbewegung, und manche Frauen spüren dann ein zunehmendes Völlegefühl, einen kleinen Blähbauch, eine veränderte Verdauung, manchmal sogar Heißhunger oder Reizbarkeit. Dieser Zusammenhang erklärt, warum Frauen kurz vor der Periode sensibler reagieren, warum sie manche Nahrungsmittel plötzlich schlechter vertragen und warum die Darm-Hirn-Achse im Prämenstruellen Syndrom so intensiv spürbar wird. Der weibliche Darm verändert sich im Takt des Zyklus. Und wer diesen Rhythmus versteht, versteht ein Stück weibliche Physiologie, das jahrzehntelang übersehen wurde.

Eine spannende Studie aus dem Jahr 2025 hat untersucht, wie sich das Darmmikrobiom junger Frauen über den Menstruationszyklus hinweg verändert und welchen Einfluss hormonelle Verhütungsmittel darauf haben. Dabei zeigte sich, dass Frauen, die hormonell verhüteten, eine veränderte Zusammensetzung der Darmflora aufwiesen. Besonders auffällig war, dass bestimmte Bakterien, die für die Produktion von schützenden kurzkettigen Fettsäuren wichtig sind, bei ihnen seltener vorkamen. Diese Fettsäuren stärken normalerweise die Darmbarriere und helfen, Entzündungen niedrig zu halten.

Hormonelle Verhütung geht demnach mit einer messbar veränderten Zusammensetzung der Darmbakterien einher. Das erklärt auch, warum viele Frauen Veränderungen im Bauchgefühl und in der Verdauung wahrnehmen, wenn sich ihr hormoneller Zustand verändert. Und es zeigt, wie eng der weibliche Zyklus und der Darm miteinander verbunden sind.

DIE DARM-HIRN-ACHSE

Die Darm-Hirn-Achse beschreibt die enge, wechselseitige Verbindung zwischen unserem Gehirn und unserem Verdauungstrakt. Über das enterische Nervensystem, das nahezu den gesamten Magen-Darm-Trakt durchzieht, sowie über den Vagusnerv und bakterielle Stoffwechselprodukte steht der Darm in ständigem Austausch mit dem zentralen Nervensystem. Stress und emotionale Belastun-

Die Darm-Hirn-Achse mit bidirektionalen Signalwegen zwischen Darmmikrobiom und Gehirn

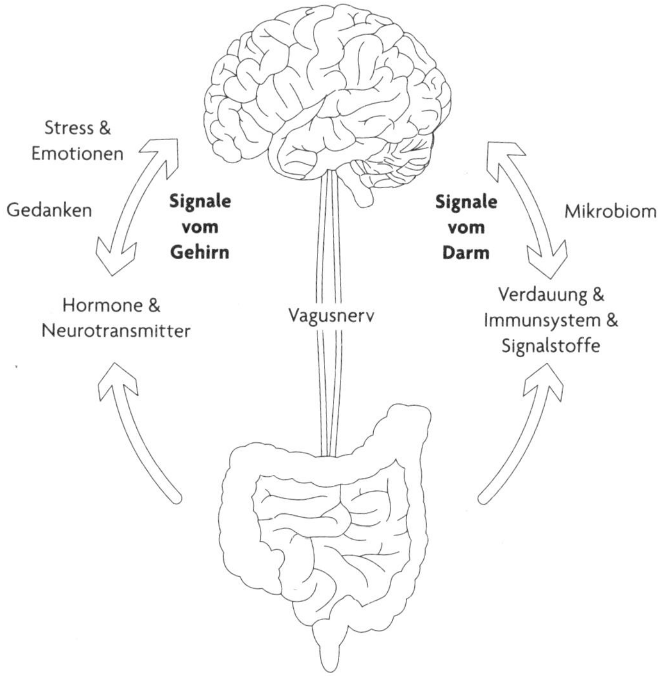

gen können dadurch direkt die Darmbewegung und das Mikrobiom beeinflussen. Umgekehrt wirken Störungen im Darm auf die Stressverarbeitung und unsere emotionale Stabilität. Ein verändertes Mikrobiom kann die Stresswahrnehmung verstärken und mit depressiven Verstimmungen sowie Angstzuständen einhergehen.

Gerät dieses fein abgestimmte System aus dem Gleichgewicht, entstehen häufig funktionelle Beschwerden wie Blähungen, Durchfall oder Reizdarmsymptome, oft ohne klaren organischen Befund. Hier zeigt sich, wie wichtig ein ganzheitlicher Blick ist, der Darmgesundheit, Nervensystem und Lebensstil gemeinsam berücksichtigt.

Eine weitere zentrale Rolle spielen dabei Neurotransmitter und ihre Vorstufen, deren Verfügbarkeit und Metabolisierung eng mit der Darmfunktion verbunden sind. Serotonin, Dopamin und Gamma-Aminobuttersäure (GABA) entstehen aus Aminosäuren und sind abhängig von einer intakten Mukosa, einem ausgewogenen Mikrobiom sowie ausreichenden Kofaktoren wie Magnesium, Zink und Vitamin B6. Der überwiegende Teil des Serotonins wird im Darm gebildet und reguliert dort vor allem Motilität und Sekretion. Ein kleiner Anteil seiner Vorstufe gelangt ins zentrale Nervensystem und beeinflusst dort unsere Stimmung, Angstregulation und auch den Schlaf, unter anderem über die Weiterverarbeitung zu Melatonin. Veränderungen in diesem System werden mit depressiven Symptomen und Schlafstörungen in Verbindung gebracht.

Dopamin wird aus Tyrosin synthetisiert und ist wesentlich für unsere Motivation, Antrieb und kognitive Funktionen. Auch hier gibt es Hinweise darauf, dass Veränderungen im Mikrobiom und in der Darmfunktion die Verfügbarkeit von Vorstufen und damit die Synthese beeinflussen können.

GABA ist der wichtigste inhibitorische Neurotransmitter des zentralen Nervensystems und wirkt angstlösend und schlafregulierend, hierbei sind bestimmte Darmbakterien an seiner Produktion beteiligt. Eine gestörte Darmbarriere oder Dysbiose kann daher auch Auswirkungen auf die Regulation von Stress und innerer Anspannung haben.

Klinisch zeigt sich die Relevanz dieser Zusammenhänge darin, dass funktionelle gastrointestinale Beschwerden häufig mit psychischen Symptomen wie Angst, depressiver Verstimmung oder Schlafstörungen einhergehen. Auch bei Störungen wie der Fructosemalabsorption finden sich Hinweise auf Zusammenhänge mit affektiven Symptomen, was die enge Verknüpfung von Ernährung, Stoffwechsel und Neurotransmission unterstreicht.

Die Darm-Hirn-Achse ist damit ein zentrales Konzept für das Verständnis der Wechselwirkungen zwischen Verdauung, Immunsystem und psychischer Gesundheit und gewinnt insbesondere im Kontext präventiver Medizin zunehmend an Bedeutung.

WIE STRESS UNSERE DARMGESUNDHEIT BEEINFLUSST

Wenn man versteht, wie fein der weibliche Körper auf Stress reagiert, wird schnell klar, dass der Darm auch hier eine wichtige Rolle übernimmt. Der Vagusnerv, unser großer Ruhe- und Regenerationsnerv, ist dabei die wichtigste Verbindung zwischen Gehirn und Darm.

Einen faszinierenden Einblick in die Verbindung zwischen Darm und Nervensystem eröffnet die Iwaki-Studie aus Japan. In dieser Studie untersuchten Masaya Tsubokawa und Kolleg:innen 2022 etwa tausend Erwachsene und analysierten die Zusammensetzung ihres Darmmikrobioms und die Aktivität des autonomen Nervensystems, gemessen über die Herzratenvariabilität (HRV). Es zeigte sich, dass Menschen mit einer vielfältigeren Darmflora eine höhere vagale Aktivität aufwiesen. Eine hohe Aktivität des Vagusnervs steht dabei für eine bessere Fähigkeit des Körpers, Stress zu regulieren und in einen Zustand von Ruhe und Regeneration zurückzufinden. Die Studie unterstreicht damit die enge Verbindung zwischen unserer Darmgesundheit und unserem Nervensystem sowie die Fähigkeit unseres Körpers, Stress zu regulieren und in einen Zustand von Ruhe und Regeneration zurückzufinden.

Besonders Frauen tragen eine höhere Grundsensibilität in diesem Bereich, weil ihr Stresssystem enger an das emotionale Zentrum des Gehirns gekoppelt ist, insbesondere an die Amygdala und den präfrontalen Cortex. Das erklärt, warum belastende Lebensphasen bei Frauen schneller zu Verdauungsstörungen, Blähbauch, Appetitveränderungen oder Schlafproblemen führen können. Ein typisches Beispiel ist eine Phase hoher emotionaler Belastung, etwa beruflicher Druck oder private Sorgen. Viele Frauen berichten dann, dass sie trotz unveränderter Ernährung plötzlich einen aufgeblähten Bauch haben, morgens keinen Appetit verspüren oder nachts schlechter schlafen. Vielleicht kennst du dieses Gefühl ebenfalls?

Darm und Stress

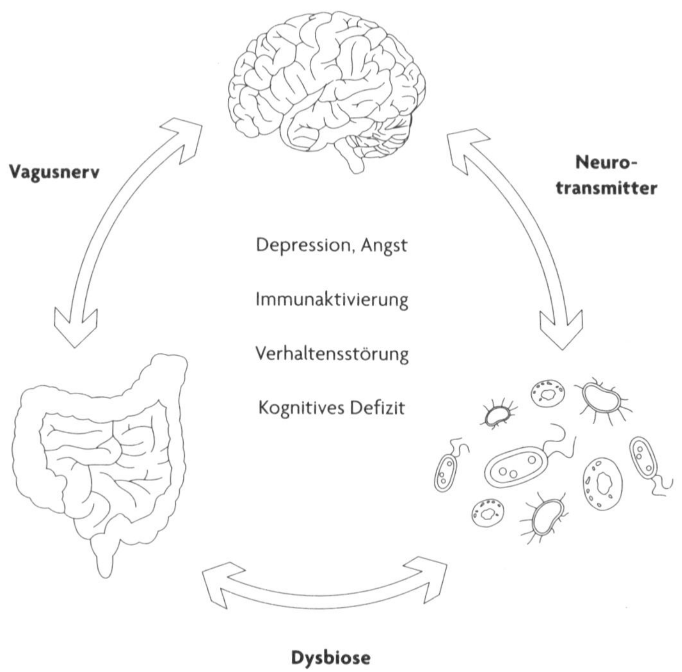

Der Darm reagiert auf emotionale Belastung und chronischen Stress oft früher als andere Organsysteme. Gleichzeitig beeinflusst sein Zustand, wie belastbar wir uns fühlen oder wie gut unser Immunsystem arbeitet.

Frauen sind dabei doppelt so häufig von einem Reizdarmsyndrom betroffen wie Männer. Der Mechanismus ist bekannt: Wenn wir unter Stress geraten, zieht sich der Vagusnerv zurück und die Durchblutung und Motilität des Darms verändern sich, das Mikrobiom gerät aus dem Gleichgewicht, Entzündungsprozesse nehmen zu und das Schmerzempfinden steigt. Dieser Kreislauf ist bei Frauen deutlich ausgeprägter als bei Männern.

Frauen brauchen deshalb einen anderen Blick auf ihren Darm, nicht etwa nur als Verdauungsorgan, sondern auch als Stressorgan.

Denn unser Darm reagiert nicht nur sensibler, sondern er heilt auch schneller, wenn wir ihn schützen.

TIPP: Jede Maßnahme, die den Vagusnerv stärkt – Atemtechniken (wie im Kapitel zum Schlaf beschrieben), Kälte- und Wärmereize, Meditation, Schlafrhythmus, soziale Verbindungen, Massagen oder körperliche Aktivität wie Yoga –, kann indirekt das Mikrobiom verbessern und schützt die Darmbarriere.

UNSER IMMUNSYSTEM IM DARM

Wenn wir vom Immunsystem sprechen, denken viele von uns an Lymphknoten, Milz oder weiße Blutkörperchen. Doch der eigentliche Hauptsitz unserer Immunabwehr liegt an einem völlig anderen Ort, nämlich im Darm. Rund 70 Prozent aller Immunzellen des Körpers befinden sich in der Darmschleimhaut, ein Anteil, der selbst für viele Ärzt:innen überraschend ist. Der Darm ist damit nicht nur ein Verdauungsorgan, sondern das größte immunologische Organ des Menschen! Jetzt verstehst du sicher auch, wieso ich so viele Seiten in diesem Buch unserem Darm widme.

In der Schleimhaut des Dünn- und Dickdarms sitzt das sogenannte GALT (Gut-Associated Lymphoid Tissue), ein hochkomplexes Netzwerk aus Immunzellen, das Tag und Nacht entscheidet, was in den Körper eindringen darf, was draußen bleiben muss, was abgewehrt wird. Jede Mahlzeit, jedes Bakterium, jeder Stressimpuls wird hier registriert und immunologisch beantwortet. Erinnerungszellen werden gebildet, Entzündungssignale moduliert, Antikörper produziert. Das ist wirklich beeindruckend.

Diese Immunzellen arbeiten jedoch nicht im Alleingang, sondern kommunizieren eng mit dem Mikrobiom. Denn gute Bakterien fördern die für die Immunabwehr wichtigen T-Zellen, stärken die Barriere und verhindern Überreaktionen, während eine Dysbiose Immunstress erzeugt, ein Zustand, der wiederum chronische Entzündungen, Autoimmunität und beschleunigtes Altern begünstigt. Deshalb wirkt sich jedes Ungleichgewicht im Darm direkt auf die Immunfunktion aus.

Vor allem ein durchlässiger Darm (Leaky Gut), Stress, Schlafmangel oder eine entzündungsfördernde Ernährung schwächen die Bakterien und auch die Immunzellen, die auf ihre Signale angewiesen sind. Für uns Frauen spielt das eine besondere Rolle. Unser Immunsystem ist aktiver und reaktiver, womöglich ein evolutionärer Vorteil für Schwangerschaft und Infektionsabwehr, aber auch ein Grund, warum wir empfindlicher auf Störungen im Mikrobiom reagieren und häufiger autoimmune Erkrankungen entwickeln.

Der Darm ist damit nicht nur die Wurzel der Immunabwehr, sondern das biologische Zentrum unserer weiblichen Gesundheit. Willst du deine Immunzellen stärken, musst du also deinen Darm stärken. Denn genau dort beginnen Prävention und Longevity.

Die Rolle des Darms bei Autoimmunerkrankungen

Autoimmunerkrankungen sind einer der größten gesundheitlichen Blind Spots in der modernen Medizin und betreffen uns Frauen disproportional häufiger als Männer. Rund 80 Prozent aller Patient:innen mit Autoimmunerkrankungen sind weiblich. Somit sind Autoimmunerkrankungen klar geschlechterspezifisch geprägt. Dieser Unterschied ist kein statistischer Zufall, er ist biologisch begründet, und der Darm spielt dabei eine ganz zentrale Rolle.

Autoimmunität entsteht nicht einfach «plötzlich» über Nacht, sondern sie entwickelt sich über Jahre, manchmal Jahrzehnte. Das Spannendste dabei ist, dass sie fast immer etwas mit dem Immunsystem des Darms zu tun hat. 70 Prozent unserer Immunzellen sitzen in der Darmschleimhaut und entscheiden täglich, welche Substanzen toleriert werden und welche als Bedrohung gelten. Wenn die Darmbarriere beschädigt ist oder das Mikrobiom aus dem

Gleichgewicht gerät, kann dieses System überreagieren – dann beginnt es, sich selbst oder körpereigene Strukturen anzugreifen.

Die moderne Wissenschaft hat inzwischen mehrere Gründe dafür identifiziert, warum Frauen auf diese mikrobiellen Veränderungen besonders sensibel reagieren: Zunächst spielen unsere Hormone eine Schlüsselrolle – wie könnte es auch anders sein? Östrogen ist immunaktivierend, es verstärkt die Reaktion unserer B-Zellen und fördert die Antikörperbildung, ein klarer Vorteil in der Infektionsabwehr, aber ein Risiko für die Autoimmunität. Progesteron wirkt immunmodulierend und beruhigend, doch genau dieses Hormon fällt in der Perimeno- und Menopause stark ab. In dieser Phase erleben viele Frauen zum ersten Mal Symptome, die durch Autoimmunprozesse verursacht werden können, so zum Beispiel Störungen an ihrer Schilddrüse, Gelenkschmerzen, Hautprobleme oder chronische Müdigkeit.

Autoimmunerkrankungen beginnen häufig mit diffusen, unspezifischen Symptomen. Hinzu kommt, dass Hormonschwankungen das Mikrobiom destabilisieren, und das wiederum destabilisiert die Immunregulation. Eine US-amerikanische Studie aus dem Jahr 2022 zeigt, dass ein gestörtes Darmmikrobiom und eine durchlässige Darmbarriere (Leaky Gut) eng mit der Entstehung von Autoimmunerkrankungen verbunden sind. Wenn die Barriere geschwächt ist, gelangen bakterielle Bestandteile in den Körper und können das Immunsystem übermäßig aktivieren – ein Prozess, der langfristig dazu führen kann, dass der Körper sich gegen eigenes Gewebe richtet.

Das Mikrobiom kann also Auslöser, aber auch Verstärker von Autoimmunreaktionen sein. Gleichzeitig beeinflussen entzündliche Autoimmunprozesse das Mikrobiom negativ, wodurch ein sich selbst verstärkender Kreislauf entsteht. Die Autor:innen betonen die Rolle bestimmter mikrobieller Stoffwechselprodukte, vor allem kurzkettiger Fettsäuren wie Butyrat, die entzündungshemmend wirken und die Darmbarriere stärken. Diese Mechanismen erklären, warum eine stabile, vielfältige Darmflora und eine gesunde

Darmbarriere zentrale Faktoren der Prävention und Therapie von Autoimmunerkrankungen sind.

Neuere Daten zeigen zudem, dass hormonelle Umbruchphasen wie Pubertät und Schwangerschaft das Darmmikrobiom verändern und dabei metabolische Anpassungen auslösen, die Fortpflanzung und Fertilität begünstigen. Die Autor:innen gehen davon aus, dass Sexualhormone die geschlechtsspezifischen Unterschiede bei Autoimmunerkrankungen mitsteuern, was auch zu den epidemiologischen Beobachtungen passt, die wir machen. So treten Erkrankungen wie rheumatoide Arthritis oder Multiple Sklerose zwar deutlich häufiger bei Frauen auf, dieser Geschlechterunterschied nimmt aber mit höherem Erkrankungsalter ab, was zeitlich mit dem Absinken des Testosteronspiegels zusammenfällt. Beim Typ-1-Diabetes sieht man diesen Geschlechtsunterschied dagegen kaum, vermutlich weil die Erkrankung häufig vor der Pubertät beginnt, also bevor die Sexualhormone eine prägende Rolle spielen. Frühzeitige, gezielte Modulation des Darmmikrobioms könnte also helfen, genetisch angelegte Autoimmunerkrankungen abzumildern oder sogar zu verhindern – ein Präventionsansatz mit besonderer Relevanz für die Gesundheit von uns Frauen.

Wenn der Rhythmus von Psyche, Schlaf und Nerven aus dem Gleichgewicht gerät, gerät auch das Mikrobiom aus dem Takt und damit das Immunsystem. Diese Zusammenhänge erklären, warum viele autoimmune Erkrankungen erst in hormonellen Schlüsselphasen auftreten, entweder nach Schwangerschaften, in der Stillzeit, bei Absetzen hormoneller Verhütung, in der Perimenopause oder nach schweren Stressereignissen. Das Mikrobiom reagiert auf diese Phasen, und das Immunsystem reagiert auf das Mikrobiom.

Für die Longevity-Medizin bedeutet das: Die Prävention von Autoimmunerkrankungen ist Darmprävention. Die Stabilisierung der Darmbarriere, die Förderung einer vielfältigen Darmflora, die Unterstützung des Vagusnervs, die Reduktion von Stress und die gezielte Versorgung mit präbiotischen und antientzündlichen Lebensmitteln können das Risiko für Autoimmunreaktionen deutlich senken.

EIN GESUNDER DARM UND GUTER SCHLAF GEHÖREN ZUSAMMEN

Schlaf ist ebenfalls eine zentrale Schnittstelle zur Darmgesundheit. Frühere statistische Auswertungen haben gezeigt, dass Menschen, die unter gestörtem Schlaf leiden, häufig auch chronische Beschwerden des Magen-Darm-Trakts aufweisen, was mit dem Einfluss der Darmmikrobiota auf die Gehirnfunktion zusammenhängen könnte. So konnte gezeigt werden, dass Menschen mit schlechter Schlafqualität eine geringere Vielfalt an Darmbakterien besitzen.

Gleichzeitig verschlechtert ein gestörtes Mikrobiom unseren Schlaf. Bestimmte Darmbakterien sind direkt an der Bildung von Neurotransmittern beteiligt, die unseren Schlaf-Wach-Rhythmus steuern, darunter Serotonin, GABA und Melatoninvorstufen, wie beispielsweise Tryptophan. Studien zeigen, dass mikrobielle Diversität und die Höhe der Melatoninproduktion miteinander verknüpft sind. Ein vielfältiges Mikrobiom erhöht somit die Verfügbarkeit der Substrate, die wir für einen stabilen Schlafrhythmus brauchen.

Ein destabilisiertes Mikrobiom hingegen fördert Nachtwachheit und folglich morgendliche Müdigkeit sowie auch den Verlust der Tiefschlafphasen. Für uns Frauen ist dieser Mechanismus besonders relevant, denn die Schlafqualität verschlechtert sich, wie du mittlerweile weißt, häufig in hormonellen Übergangsphasen. In diesen Lebensphasen einer Frau verändert sich auch das Mikrobiom. Sinkendes Progesteron verringert die Schlafstabilität, erhöht unsere Stresssensibilität und schwächt die Darmbarriere. Niedriges Östrogen wiederum reduziert bakterielle Diversität und fördert entzündliche Prozesse. Schlafprobleme und Mikrobiom-Veränderungen verstärken sich in der Folge gegenseitig. Wenn du also gut schläfst, schützt du damit deine Darmflora, und hast du eine stabile Darmflora, so schläfst du tiefer und fester.

Während der weibliche Körper stärker auf Schlafentzug, Stress und Rhythmusverlust reagiert, profitiert er gleichzeitig in besonderem Maße von einer gezielten mikrobiellen Unterstützung. Wenn du deinen Schlaf stabilisierst, deine Stressachse regulierst und deine Darmflora pflegst, kannst du dein biologisches Alter messbar beeinflussen. Du siehst: Schlaf, Stress und unsere Darmgesundheit gehören untrennbar zusammen, und wie gut wir mit ihnen umgehen, beeinflusst unser Altern jeden Tag aufs Neue.

PROBIOTIKA UND PRÄBIOTIKA UNTERSTÜTZEN UNSERE DARMGESUNDHEIT

Im Zusammenhang mit unserer Darmgesundheit werden Probiotika und Präbiotika oft in einem Atemzug genannt, dabei erfüllen sie unterschiedliche, sich ergänzende Funktionen, auf die ich im Folgenden kurz eingehen möchte.

Probiotika

Probiotika sind lebende Mikroorganismen, meist Bakterien, die natürlicherweise Teil unseres Darmmikrobioms sind oder über die Nahrung aufgenommen werden. Sie kommen vor allem in fermentierten Lebensmitteln vor und können dazu beitragen, das Gleichgewicht unserer Darmflora zu stabilisieren, die Barrierefunktion des Darms zu unterstützen und das Immunsystem positiv zu beeinflussen. Viele Menschen nehmen Probiotika ganz selbstverständlich im Alltag auf, ohne es bewusst zu planen, etwa durch fermentiertes Gemüse, Joghurt oder Kefir.

Top-Probiotika aus Lebensmitteln:

- Naturjoghurt (ohne Zucker)
- Kefir
- Sauerkraut (roh, nicht pasteurisiert)
- Kimchi, Miso
- Tempeh
- Kombucha-Tee
- Fermentiertes Gemüse (z. B. Karotten und Rote Bete, siehe auch mein Rezept im Kapitel zur Ernährung)
- Traditionelle Sauerteigbrote (echte Fermentation)

Präbiotika

Präbiotika hingegen sind keine Bakterien, sondern unverdauliche Nahrungsbestandteile, meist bestimmte Ballaststoffe, die genau diesen «guten» Darmbakterien als Nahrung dienen. Sie gelangen unverdaut in den Dickdarm und fördern dort gezielt das Wachstum und die Aktivität gesundheitsförderlicher Mikroorganismen. In diesem Zusammenspiel wird deutlich, dass Darmgesundheit nicht durch einzelne Produkte entsteht, sondern durch ein dauerhaftes Milieu, das sowohl die richtigen Mikroorganismen enthält als auch die Bedingungen schafft, unter denen sie gedeihen können.

Top-Präbiotika aus Lebensmitteln:

- Chicorée
- Topinambur
- Lauch, Zwiebeln, Knoblauch
- Artischocken
- Haferkleie, Vollkorn-Haferflocken
- Flohsamenschalen
- Bananen (v. a. grünere Stadien, resistente Stärke)

- Hülsenfrüchte (Kichererbsen, Linsen, Bohnen)
- Gekochte und abgekühlte Kartoffeln oder Reis (resistente Stärke)

Wenn unser Darm aus dem Takt ist, braucht es keinen radikalen Eingriff, sondern hier hilft vor allem Kontinuität. Eine ausgewogene, ballaststoffreiche Ernährung unterstützt die Darmschleimhaut dabei, sich zu regenerieren, und schafft ein Milieu, in dem gesunde Darmbakterien wachsen können. Präbiotische Nahrungsbestandteile liefern diesen Bakterien die nötige Energie, während probiotische Lebensmittel dazu beitragen, die Vielfalt des Mikrobioms zu erhalten. Ebenso wichtig sind regelmäßige Mahlzeiten, ausreichend Flüssigkeit, Schlaf und der bewusste Umgang mit Stress, da auch das Nervensystem eng mit dem Darm verbunden ist. Darmgesundheit entsteht nicht über Nacht, sondern durch tägliche, oft unscheinbare Entscheidungen. Wer seinen Darm langfristig stärkt, investiert nicht nur in eine bessere Verdauung, sondern in ein stabileres Immunsystem und ein insgesamt robusteres Körpergefühl.

UNSER DARM ALS BASIS DER LANGLEBIGKEIT

Wie ich anfangs schon sagte, wurde der Darm über Jahrzehnte primär als rein funktionelles Verdauungsorgan verstanden, das der Aufnahme, Verarbeitung und Weiterleitung von Nahrung dient. Heute wissen wir, dass dieses Bild nicht nur falsch, sondern medizinisch gefährlich und verkürzt ist. Der Darm ist ein komplexes Regenerationsorgan – von der Immunregulation über die Energieproduktion bis hin zu Entzündungswegen, Hormonmetabolismus und sogar unserer emotionalen Stabilität. Kein Supplement, keine Vitamin-Booster-Infusion und kein Biohacking-Protokoll kann nachhaltig wirken, wenn unsere mikrobielle Basis brüchig ist.

Wenn wir jedoch verstehen, dass unser Darm die Basis ist, auf der Langlebigkeit überhaupt erst aufbauen kann, so können wir selbst für unsere Darmgesundheit Sorge tragen und dadurch gesund altern.

Der 60-Sekunden-Female-Gut-Self-Awareness-Check

Bitte beantworte jede Frage intuitiv, dein Bauch weiß es meist schneller als dein Kopf.

1. Fühlt sich dein Bauch nach dem Essen eher ruhig oder aufgebläht an?
2. Wachst du nachts zwischen 2 und 4 Uhr unruhig auf? (Fakt: Die Leber übernimmt zwischen 1 und 3 Uhr nachts zentrale Regenerationsprozesse.)
3. Reagiert dein Darm spürbar auf Stress oder emotionale Belastung?
4. Wie verändert sich deine Verdauung über deinen Zyklus hinweg?
5. Hast du regelmäßig das Gefühl, dass deine Energie plötzlich abfällt?
6. Gibt es Nahrungsmittel, die du nicht mehr so gut verträgst wie früher?
7. Wie intuitiv würdest du sagen: «Mein Darm ist stabil» – auf einer Skala von 1 bis 10?
8. Fühlst du dich emotional stabil, wenn dein Bauch ruhig ist?

Wenn du bei mehr als zwei oder drei Fragen gestutzt hast, lohnt es sich möglicherweise, deinen Darm bewusster wahrzunehmen. Spätestens jetzt solltest du den Darm in den Fokus rücken und ihn aktiv unterstützen.

SÄULE 5:

STRESSRESILIENZ – HARMONIE FÜR DEN GEIST

Stress gehört zum Leben dazu und ist zunächst einmal nichts Krankhaftes. Im Gegenteil, kurzzeitig hilft er uns sogar, aufmerksam zu sein, Entscheidungen zu treffen und auf Herausforderungen zu reagieren. Problematisch ist Stress dann, wenn er chronisch wird, wenn auf Phasen der «Anspannung» keine echte «Entspannung» mehr folgt und der Körper dauerhaft im Alarmzustand bleibt. Genau das erleben heute viele Menschen, oft ohne es bewusst zu merken. Besonders relevant ist dabei, dass Stress von uns allen sehr individuell erlebt wird. Was für dich gut umsetzbar ist, kann für jemand anderen dauerhaft überfordernd sein. Belastung ist immer auch subjektiv, sie hängt vor allem von unseren inneren Ressourcen ab und von der Lebensphase, in der wir uns gerade befinden.

Viele Frauen bewegen sich täglich zwischen Beruf, Familie und dem eigenen Anspruch, überall und gleichzeitig zu funktionieren. Diese dauerhafte Mehrfachbelastung wird schnell zum Normalzustand, medizinisch gesehen ist Stress jedoch mehr als nur ein Gefühl. Chronisch erhöhte Stresshormone beeinflussen unseren Stoffwechsel, und unser Immunsystem beeinflusst unser Herz und langfristig sogar unsere Alterungsprozesse. Wer über Langlebigkeit bei Frauen spricht, muss deshalb auch über Stress sprechen.

Die Weltgesundheitsorganisation hat Stress als eine der großen gesundheitlichen Herausforderungen des 21. Jahrhunderts beschrieben. Doch wie entsteht Stress überhaupt? Stress ist kein

Zustand, der einfach nur von außen auf uns einwirkt. Um diesen Zusammenhang besser zu verstehen, ist es hilfreich, die Stresstheorie von Richard Lazarus und Susan Folkman zu kennen. Sie macht deutlich, dass nicht das Ereignis selbst entscheidend ist, sondern die Art und Weise, wie wir persönlich damit umgehen und die «stressige Situation» bewerten.

Stress entsteht dann, wenn wir eine Situation als so belastend erleben, dass sie unsere vorhandenen Möglichkeiten zur Bewältigung zu übersteigen scheint. Dies verdeutlicht, warum die gleichen Situationen von verschiedenen Menschen sehr unterschiedlich erlebt werden können. Das Modell von Lazarus und Folkman erklärt auch, warum Stress nicht nur von äußeren Anforderungen abhängt, sondern eng mit unserer inneren Haltung und unseren inneren Ressourcen verknüpft ist. In der Art und Weise, wie wir mit belastenden Situationen umgehen, setzt demnach auch ein präventiver Umgang mit Stress an.

WAS STRESS IM KÖRPER WIRKLICH TUT

Wenn wir über Stress sprechen, sprechen wir im Grunde über einen Körper in Alarmbereitschaft. Gemeint ist die sogenannte Fight-or-Flight-Reaktion, ein biologisches Programm, das uns ursprünglich helfen sollte, auf Gefahr schnell zu reagieren. Wird dieser Zustand jedoch über längere Zeit aktiviert, bleibt der Körper in Alarmbereitschaft, und eben dieser Zustand kann auf Dauer sowohl die körperliche als auch die psychische Gesundheit beeinträchtigen.

Über das autonome Nervensystem steigen unsere Herzfrequenz und unser Blutdruck an, unsere Atmung wird schneller, die Muskulatur wird aktiviert, und der Körper ist bereit für «Kampf oder Flucht» (Fight or Flight). Diese klassische Stressantwort ist evolutionsbiologisch überlebensnotwendig, damit wir in akuten Gefahrensituationen handlungsfähig bleiben können. Heutzutage aber entsteht sie leider auch schon, wenn E-Mails nicht enden wollen und unbeantwortet bleiben, unsere Termine sich ballen und soziale Erwartungen uns zermürben, weil der Tag eben nur 24 Stunden hat. Das Problem ist weniger die Reaktion an sich als vielmehr ihre Chronifizierung, denn unser Körper unterscheidet biologisch kaum mehr zwischen einer akuten, realen Bedrohung und einer Dauerpräsenz mit einer fehlenden Phase von Entspannung und Regeneration.

Wenn ich mit Patient:innen über Stress spreche, versuche ich zunächst, ein Missverständnis aufzulösen. Unser Körper ist nicht dafür gemacht, Stress vollständig zu vermeiden. Stress gehört zum Leben dazu, entscheidend ist also vielmehr, wie wir auf diesen Stress reagieren.

In der Biologie beschreibt der Begriff Hormesis das Phänomen, dass geringe Dosen einer eigentlich schädlichen Substanz eine positive Wirkung auf den Organismus haben können. In Anlehnung an den Gedanken «Was uns nicht umbringt, macht uns stärker» entfalten Reize wie zum Beispiel Fasten oder Kälteexposition ihre positiven Effekte im Kontext der Langlebigkeit vor allem dann, wenn sie dosiert eingesetzt werden. Dieses Prinzip der Hormesis lässt sich auch auf Stress übertragen, denn ein kurzfristiger, moderater Stressreiz aktiviert unsere körpereigenen Schutz- und Reparaturmechanismen, was den Organismus langfristig widerstandsfähiger machen kann. Bewegung, Kälte, Hitze oder auch intensives Training sind typische Beispiele für solche Stressreize. Problematisch wird es erst dann, wenn ein Reiz zu stark oder zu dauerhaft wirkt. Chronischer Schlafmangel, permanente Arbeitsüberlastung oder anhaltende psychische Belastung können unsere Anpassungssysteme schnell überfordern. Dann wird aus einem stimulierenden Reiz ein schädlicher Stressor.

Gesundheit entsteht deshalb nicht durch permanente Schonung, sondern durch einen ständigen, rhythmischen Wechsel zwischen Herausforderung und Regeneration. Unser Körper ist erstaunlich gut darin, sich anzupassen, vorausgesetzt, wir geben ihm auch die

Zeit, sich von diesen Reizen wieder zu erholen. Körperliche Bewegung ist dafür das anschaulichste Beispiel, denn Training bedeutet zunächst Belastung, führt zu oxidativem Stress und kann sogar Mikroverletzungen im Muskel hervorrufen. Doch genau diese kontrollierte Irritation führt anschließend zu Anpassung, es entstehen mehr Mitochondrien und auch eine verbesserte Insulinsensitivität. Ähnliche Mechanismen sind bei kurzen Fastenphasen sowie bei Kälte- oder Wärmereizen zu beobachten. Der Organismus reagiert mit Aktivierung von antioxidativen Systemen, verbesserter Zellreparatur und effizienterer Energieverwertung. Klingt fast zu gut, um wahr zu sein, und genau deshalb lohnt sich ein nüchterner Blick auf dieses Phänomen. Das erklärt auch, warum chronischer Stress so grundlegend anders wirkt als akuter Stress. Dauerhaft erhöhte Cortisolspiegel erschöpfen unsere Regulationssysteme, fördern Entzündung und sogar Schlafstörungen. Ein kurzer Stressimpuls hingegen trainiert unsere Stresssysteme – entscheidend ist jedoch die anschließende Erholung. Ohne Regeneration gibt es keine Anpassung, sondern Überforderung.

Unser Ziel sollte also nicht ein möglichst reizarmes Leben sein, sondern ein biologisch sinnvoller Wechsel aus Aktivierung und Ruhe. Unser Körper braucht kleine Herausforderungen, um seine Reparaturmechanismen überhaupt einzuschalten. In gewisser Weise erinnern wir unseren Organismus dadurch daran, wofür er evolutionär gebaut wurde, nämlich um sich anzupassen. Und vielleicht liegt darin auch eine beruhigende Botschaft, besonders wenn wir uns in Lebensphasen mit erhöhter Belastung befinden. Nicht jeder Stress ist unser Gegner, im Gegenteil, unser Körper ist erstaunlich gut darin, auf Herausforderungen zu reagieren und sich anzupassen. Gesundheit entsteht deshalb nicht immer trotz dieser Stressreize, sondern teilweise gerade durch sie.

Typische Stresssymptome

Stress kann sich sehr unterschiedlich äußern. Gerade bei uns Frauen zeigt sich Stress häufig nicht als plötzlicher Zusammenbruch, sondern eher als dauerhafte Anpassungsleistung. Daher sollten wir die folgenden Signale unseres Körpers ernst nehmen, bevor Stress chronisch wird:

- Innere Unruhe
- Reizbarkeit (ständig «unter Strom»)
- Ein- oder Durchschlafstörungen
- frühes Erwachen
- Erschöpfung trotz ausreichend Schlaf
- Konzentrationsprobleme und Gedankenkreisen
- Kopf-, Nacken- oder Rückenschmerzen
- Kieferknirschen
- Magen-Darm-Beschwerden oder veränderter Appetit, emotionales Essen
- Herzklopfen, flache Atmung
- dauerhaft erhöhtes Spannungsgefühl
- erhöhte Infektanfälligkeit
- Rückzug und/oder weniger Lust auf soziale Kontakte
- vermehrter Alkohol- oder Koffeinkonsum

Die Auswirkungen von Stress auf unser Immunsystem

Eine interessante Studie aus dem Jahr 2022 von Eric Klopack und Kolleg:innen zeigt sehr anschaulich, warum Stress mehr ist als nur ein Gefühl von Überforderung. Untersucht wurde, wie sich anhaltender psychosozialer Stress auf das Immunsystem auswirkt, also auf einen Bereich, den wir für gesundes Altern dringend brauchen. Dazu wurden mehrere Tausend Menschen über 50 Jahre gefragt, wie viel Stress sie in ihrem Alltag erleben, etwa durch dauernde Belastungen, schwierige Lebensereignisse, traumatische

Erfahrungen oder das Gefühl von Ausgrenzung. Gleichzeitig wurde ihr Immunsystem untersucht, genauer gesagt bestimmte Abwehrzellen, die mit zunehmendem Alter Veränderungen durchlaufen.

Das Ergebnis war eindeutig: Menschen, die über mehr Stress berichteten, zeigten im Immunsystem Veränderungen, wie man sie sonst eher bei älteren Personen sieht. Besonders auffällig war eine Abnahme sogenannter naiver T-Zellen, die wichtig sind, damit wir auf neue Krankheitserreger reagieren können. Die Zahl der jungen, anpassungsfähigen Immunzellen war geringer, während ältere, weniger flexible Zellen überwogen. Das Immunsystem verliert in einem solchen Fall früher an Anpassungsfähigkeit und reagiert weniger effizient auf neue Herausforderungen. Es altert sozusagen schneller, was wir natürlich verhindern wollen. Mit Blick auf die Prävention sollten wir deshalb Bedingungen für uns schaffen, unter denen unser Körper seine Anpassungsfähigkeit möglichst lange erhalten kann.

Besonders interessant dabei ist, dass die Veränderungen innerhalb der Studie nicht allein durch Krankheiten oder das Lebensalter erklärt werden konnten. Denn auch der Stress selbst hinterließ messbare Spuren im Körper und wirkte wie ein Beschleuniger von Alterungsprozessen, ohne dass man ihn von außen sofort sah. Es lohnt sich also, Stress ernst zu nehmen, schon aus Fürsorge für unsere eigene Gesundheit.

Was die Studie ebenfalls deutlich macht: Wenn wir lernen, besser mit Belastungen umzugehen, schaffen wir uns nicht nur mehr Ruhe im Alltag, sondern unterstützen auch unser Immunsystem dabei, länger leistungsfähig zu bleiben.

STRESS UND UNSER PERSÖNLICHER LEBENSSINN

Über all die messbaren Faktoren hinaus spielt auch unser persönlicher Lebenssinn eine wichtige Rolle. Wer weiß, warum er lebt, wer eine klare innere Ausrichtung besitzt, erfährt täglich eine höhere Lebensqualität. Hast du dich je gefragt, wo du dich in zehn Jahren siehst und was du heute schon dafür tust? Und zwar nicht im Sinne von Leistungsdruck oder Selbstoptimierung, sondern ganz ehrlich: Was treibt dich an? Was berührt dich? Wofür stehst du morgens auf?

Wenn wir einen Sinn im Leben spüren, einen inneren Kompass oder eine Vision haben, verändert sich vieles, wir leben bewusster und kümmern uns häufig besser um uns selbst und auch um andere, und wir spüren, dass es sich lohnt. Studien – etwa jene im *Journal of Positive Psychology* – belegen, dass Menschen mit einem ausgeprägten Lebenssinn ein geringeres Sterberisiko aufweisen und emotional widerstandsfähiger sind. Achtsamkeitspraktiken, Meditation und auch kreative Tätigkeiten tragen dazu bei, unseren Geist zu beruhigen und unsere innere Balance zu fördern. Indem wir lernen, den Moment zu schätzen und uns auf das Wesentliche zu konzentrieren, schaffen wir ein Fundament, das uns selbst in schwierigen Zeiten trägt.

Sinnhaftigkeit und Purpose als Longevity-Hack

Menschen in den Blue Zones haben etwas gemeinsam – sie wissen, warum sie morgens aufstehen. In Okinawa nennt man das *Ikigai*, in Nicoya *Plan de Vida*. Es geht dabei nicht um große Lebensziele, sondern um einen klaren inneren Sinn, etwas, das dem Alltag täglich eine Richtung gibt. Studien zeigen: Wer seinen persönlichen Sinn oder Purpose im Leben kennt, lebt im Schnitt bis zu sieben Jahre länger.

Auch du kannst diesen Hack ganz einfach umsetzen. Nimm dir regelmäßig einen Moment und beantworte dir eine einfache Frage: «Wofür lohnt es sich heute aufzustehen?» Das kann deine Arbeit sein, deine Familie, ein Projekt, Bewegung, das Lernen einer neuen Sprache oder das Gefühl, gebraucht zu werden. Entscheidend ist die Bedeutung für dich persönlich! Ein individueller Lebenssinn wirkt wie ein biologischer Verstärker, denn er senkt chronischen

Stress, stabilisiert unsere mentale Gesundheit, und das wiederum beeinflusst langfristig unseren Alterungsprozess.

In der Ohsaki-Studie, die 2008 veröffentlicht wurde, wurden über 43 000 Erwachsene in Japan über etwa sieben Jahre beobachtet. Die Studienteilnehmer:innen wurden gefragt, ob sie ein Gefühl von Ikigai, also einen Lebenssinn, haben oder nicht. In der Auswertung zeigte sich: Menschen ohne Ikigai hatten ein signifikant höheres Risiko, früher zu sterben, verglichen mit denen, die ihr Leben als sinnhaft empfanden. Ikigai ist also nicht nur ein nettes Gefühl, sondern es hängt messbar mit unserer Lebenserwartung zusammen und kann ähnlich wie andere psychosoziale Faktoren – unser soziales Netzwerk oder unsere mentale Gesundheit – als Schutzfaktor gegen frühes Sterben wirken.

Eine 2024 in Deutschland durchgeführte Untersuchung zeigte zudem, dass ein höher ausgeprägtes Ikigai mit einer stärkeren Inanspruchnahme präventiver Gesundheitsleistungen assoziiert war. Dazu zählen regelmäßige Vorsorgeuntersuchungen, Check-ups und Impfungen. Ein persönlicher Lebenssinn wirkt damit nicht nur auf das subjektive Wohlbefinden, sondern beeinflusst ganz konkret gesundheitsrelevantes Verhalten, was wiederum indirekt auch Stress und Krankheitsrisiken beeinflussen kann.

Einen Sinn im Leben zu haben, ist also kein abstrakter Gedanke, sondern ein messbarer Schutzfaktor für unsere mentale und körperliche Gesundheit. Dieses Gefühl von Orientierung kann dir dabei helfen, Belastungen gelassener zu begegnen und deine ganz persönlichen Ressourcen achtsamer einzusetzen.

STRESS ALS AUSDRUCK EINES SCHNELLLEBIGEN ALLTAGS

Stress ist kein modernes Phänomen, sondern ein uralter physiologischer Anpassungsmechanismus unseres Körpers, aber wir erleben ihn heute auf eine neue Weise. Wir leben in einer Zeit, in der Pausen zur Ausnahme geworden sind, unser Alltag ist schnelllebig geworden und viele Beziehungen unverbindlich. Die Welt dreht sich schneller, die Anforderungen sind subtiler geworden, und kaum jemand merkt, dass unser Nervensystem nie wirklich abschaltet. Wir arbeiten, kümmern uns, planen und denken, swipen nach links oder rechts in der Dating-App, selbst unsere Ruhezeiten sind in irgendeiner Form durchgetaktet. Wir wachen morgens auf und greifen als Erstes nach dem Handy, bevor wir überhaupt mit jemandem sprechen. Die digitale Welt ist bei vielen zum ersten Kontakt des Tages geworden.

Vor allem wir Frauen spüren diesen Druck zwischen Beruf, Familie, Erwartungen und unserem eigenen Anspruch, alles gleichzeitig und richtig zu machen. Wir haben es aber auch nicht leicht! Morgens sollen wir stark sein, abends verfügbar, immer präsent, immer kontrolliert, und kaum jemand interessiert sich dafür, wann wir eigentlich einfach nur wir selbst sein oder zur Ruhe kommen dürfen. Aber gerade in Stress-Momenten solltest du auf dich selbst hören, nicht auf die Erwartungen anderer, nicht auf die Stimme im Kopf, die sagt, du müsstest noch mehr leisten oder noch etwas erledigen. Denn dein Körper weiß längst, was du brauchst, und gibt dir entsprechende Zeichen.

Physiologisch gesehen reagiert unser Körper auf Stress oft mit Daueranspannung, der Herzschlag beschleunigt sich, die Muskeln verkrampfen, und auch unser Schlaf wird insgesamt flacher. Doch Stress ist keine Schwäche, er ist vielmehr ein biologisches Warnsystem, das uns zeigt, dass etwas in uns gerade gegen unseren Rhythmus steuert.

CORTISOL UND DER WEIBLICHE ZYKLUS

Das Stresshormon Cortisol wird in der Nebennierenrinde gebildet und folgt normalerweise einem klaren Tagesrhythmus, sein Wert ist am Morgen hoch und am Abend niedrig. Cortisol sorgt dafür, dass unserem Körper genügend Energie bereitgestellt wird, indem es den Blutzucker erhöht und Stoffwechselprozesse anpasst. Kurzfristig ist das sinnvoll und sogar überlebenswichtig, aber wenn Cortisol dauerhaft erhöht bleibt, kann das langfristig zahlreiche Systeme im Körper beeinflussen, wie unseren Blutdruck oder unseren Schlaf. Genau deshalb spielt die Regulation des autonomen Nervensystems eine so zentrale Rolle in der Prävention.

Chronischer Stress kann zudem den natürlichen Tagesrhythmus aufheben. Bei uns Frauen wirkt das doppelt stark, weil Cortisol eng mit Östrogen und Progesteron interagiert. Studien konnten zeigen, dass Frauen in Phasen hormoneller Veränderungen deutlich empfindlicher auf Stress reagieren. Wenn die Hormone stabil sind, kann der Körper hingegen Stress besser regulieren. In Zeiten, in denen die Hormonspiegel schwanken, etwa in der zweiten Zyklushälfte, nach der Geburt oder in den Wechseljahren, reagiert die sogenannte Stressachse, also die Verbindung zwischen Gehirn und Nebennieren, dagegen stärker und empfindlicher. Wenn dann beispielsweise in der Perimenopause das Progesteron sinkt, verliert das Nervensystem seine natürliche Bremse. Wir Frauen fühlen uns infolgedessen oft unruhig, gereizt und haben nicht selten auch Schlafprobleme.

Dann gibt es da noch den Gegenspieler zum Progesteron, das Östrogen. Es wirkt normalerweise wie ein natürlicher Schutz, indem es das Nervensystem beruhigt und dabei hilft, Cortisol wieder herunterzufahren. Wenn dieser Schutz bei sinkenden Östrogenspiegeln in hormonellen Übergangsphasen wegfällt, fühlen sich Belastungen für uns Frauen intensiver an. Darum berichten viele Frauen gerade in den Wechseljahren davon, dass sie «dünnhäutiger» sind, schlechter schlafen oder sich schneller erschöpft fühlen, obwohl in ihrem Leben oft gar nicht mehr passiert als schon zuvor. Östrogen schützt aber auch unser Gehirn, wirkt antioxidativ und stabilisiert Serotonin, und wenn dieses abnimmt, sinkt auch die Fähigkeit, sich nach stressigen Situationen zu beruhigen. Das erklärt auch, warum viele Frauen in den Wechseljahren plötzliche Angst oder Nervosität verspüren, oft ohne einen klaren Auslöser.

FAKT: Spaziergänge und zügiges Gehen werden oft unterschätzt, gerade in stressigen Phasen. Sie senken nachweislich den Cortisolspiegel, stabilisieren das vegetative Nervensystem und fördern kreatives Denken und Problemlösung. Häufig klären sich Gedanken beim Gehen von selbst, und Lösungen für zuvor nicht greifbare Probleme werden plötzlich sichtbar.

STRESS LÄSST UNS ALTERN

Einer der am besten untersuchten Mechanismen, über den Stress den Alterungsprozess beeinflusst, sind die Telomere, also die Schutzkappen unserer DNA, die unsere Erbinformation vor Schäden schützen. Chronischer Stress beschleunigt ihre Verkürzung. Elissa Epel und Elizabeth Blackburn, die 2009 den Nobelpreis für Medizin erhielten, zeigten in ihrer bahnbrechenden Studie, dass Frauen, die über Jahre hinweg hohen Stressbelastungen ausgesetzt waren – etwa durch die Pflege eines chronisch erkrankten Angehörigen –, eine bis zu zehn Jahre verkürzte biologische Lebensspanne aufwiesen.

Das Ergebnis war beeindruckend, denn die Telomere dieser Frauen waren biologisch um bis zu zehn Jahre «älter», also entsprechend stark verkürzt, als bei gleichaltrigen Frauen ohne dauerhafte Stressbelastung. Mit anderen Worten: Stress schreibt in unsere Zellen hinein und macht sich in Form von Alterung bemerkbar! Vielleicht bist auch du in stressigen und anstrengenden Phasen schon einmal direkt darauf angesprochen worden, fast so, als würde sich dies in deinem Gesicht widerspiegeln? Und genau das tut es auch, denn Stress ist sichtbar. Er lässt uns nicht nur müder aussehen, sondern beschleunigt auf zellulärer Ebene unseren gesamten Alterungsprozess.

Aber keine Sorge, es gibt auch eine gute Nachricht. Telomere reagieren positiv auf Veränderungen – Achtsamkeit, Bewegung und soziale Verbundenheit können die Aktivität des Enzyms Telomerase wieder erhöhen. Dieses Enzym, das Telomere wieder verlängern oder reparieren kann, ist sozusagen eine körpereigene Reparaturwerkstatt für unsere Chromosomenenden. In einer US-amerikanischen Studie wurden Teilnehmende eines dreimonatigen Meditationsretreats mit einer Kontrollgruppe verglichen. Die Meditationsgruppe praktizierte täglich mehrere Stunden Achtsamkeits- und Konzentrationsmeditation. Am Ende des Retreats zeigte sich bei den Meditierenden eine signifikant höhere Telomeraseaktivität in den Immunzellen als in der Kontrollgruppe. Die Telomerlänge gilt dabei als möglicher biologischer Marker, der Stress mit Krankheitsrisiken verbindet, da verkürzte Telomere und eine verminderte Telomeraseaktivität mit zahlreichen Erkrankungen assoziiert sind.

Nicht nur unser Körper, auch unser Gehirn altert, denn chronischer Stress hinterlässt auch Spuren in unseren Nervenzellen. Wenn Stresshormone wie Cortisol über längere Zeit erhöht bleiben, beeinträchtigen sie insbesondere den Hippocampus, jenen Bereich im Gehirn, der für Lernen, Erinnerung oder unsere emotionale Verarbeitung verantwortlich ist. Studien zeigen, dass anhaltender Stress sogar das Volumen des Hippocampus schrumpfen lässt und auch die Neurogenese hemmen kann, also die Fähigkeit des Gehirns, neue Nervenzellen zu bilden, und somit die feinen Verschaltungen zwischen den Nervenzellen verändern kann. Die Folge ist für uns im Alltag deutlich spürbar. Wir werden vergesslicher, können uns schlechter konzentrieren, fühlen uns «vernebelt» im Kopf, unsere Emotionen kippen schneller, und selbst einfache Entscheidungen kosten plötzlich mehr Kraft als sonst. Stress ist also nicht nur ein Gefühl, Stress kann tatsächlich unsere Gehirnstruktur verändern.

Glücklicherweise bleibt das Gehirn aber auch in die andere Richtung formbar. Hier setzt die Arbeit des kanadischen Psychologen Eli Puterman an. In Studien konnten Puterman und Kolleg:innen zeigen, dass achtsamkeitsbasierte Bewegung – also

Formen der Bewegung, bei denen Körperwahrnehmung sowie Atmung im Vordergrund stehen, wie etwa Yoga, Walking oder sanftes Ausdauertraining – messbare biologische Effekte aufweist. Diese Art der Bewegung erhöht ebenso wie Meditation die Aktivität der Telomerase. Menschen, die sich regelmäßig und moderat bewegen, zeigen daher selbst unter Stressbedingungen längere Telomere als inaktive Vergleichsgruppen. Bewegung wirkt damit wie ein biologisches Anti-Stress-Programm auf Zellebene und kann stressbedingte Prozesse der Zellalterung verlangsamen.

FAKT: Stress kann unser Gehirn und unsere Zellen altern lassen, doch achtsame Bewegung, bewusste Pausen und ein freundlicherer Umgang mit uns selbst können diesen Prozess verlangsamen und teilweise sogar umkehren.

DAS WEIBLICHE STRESSMUSTER – TEND AND BEFRIEND

Lange Zeit galt das bereits erwähnte Fight-or-Flight-Modell als Standarderklärung für Stress. Wenn wir unter Stress stehen oder unter Druck geraten, reagiert unser Körper sofort, der Puls steigt, die Atmung beschleunigt sich, die Muskeln spannen sich an und der Organismus bereitet sich auf eine mögliche Gefahr vor. Doch diese Beschreibung basiert größtenteils auf Studien mit männlichen Versuchstieren und erzählt nur die halbe Wahrheit. Gerade in der Gendermedizin wird zunehmend deutlich, dass Stressreaktionen bei Frauen teilweise anders verlaufen können.

Die amerikanische Psychologin Shelley E. Taylor hat mit der Tend-and-Befriend-Theorie ein Modell entwickelt, das ein weibliches Muster beschreibt. Diese Theorie besagt, dass Frauen in Stresssituationen häufig mit Fürsorge und Bindung reagieren. Statt ausschließlich auf Kampf oder Flucht zu setzen, suchen viele Frauen also eher soziale Nähe, kümmern sich um andere oder stabilisieren Beziehungen. Auch hormonelle Faktoren spielen dabei eine wichtige Rolle. Östrogen und Oxytocin beeinflussen die Stressregulation und können dazu beitragen, dass soziale Bindungen in Stresssituationen eine besonders wichtige Ressource darstellen. Konkret versuchen wir Frauen also gerade in Stresssituationen, Sicherheit zu schaffen, uns zu kümmern und andere zu schützen.

Dieses Verhalten ist keineswegs ein Rückzug, sondern eine andere Form von Stärke, eine, die Nähe statt Angriff sucht. Evolutionär gesehen war das überlebenswichtig, denn in Gefahrensituationen stärkte gemeinsames Handeln die Gruppe, schützte den Nachwuchs und förderte gegenseitige Unterstützung. Bis heute prägt das unser Stresserleben – Nähe und Verbundenheit sind für viele Frauen keine Schwäche, sondern ein zentraler biologischer Schutzfaktor.

Und auch auf hormoneller Ebene unterscheidet sich die weibliche Stressantwort. Unter Belastung steigt bei Frauen der Spiegel des Hormons Oxytocin, das etwa Vertrauen und Empathie fördert und die Stressreaktion dämpft. Männer hingegen reagieren häufiger mit einem Anstieg von Adrenalin und Testosteron, was zu erhöhter Aktivität und manchmal zu Aggression führt, eben zur klassischen Fight-or-Flight-Antwort. Beide Reaktionen ergeben zwar Sinn, doch sie zeigen auch, dass Stress nicht geschlechtsneutral ist. Während Männer oft ihre Energie nach außen richten, suchen Frauen Halt in Verbindungen. Es ist eine sehr kraftvolle Form der Resilienz und vielleicht genau das, was in unserer hektischen Welt so oft fehlt. Doch in modernen Lebenswelten kann dieses Verhalten auch zu einer gefährlichen Schieflage führen, denn wir erleben oft, dass Frauen sich weiter kümmern, auch wenn sie selbst keine Ressourcen mehr haben. Der Preis ist nicht selten totale Erschöpfung, die uns alle betrifft.

Laut einer Metaanalyse von Tammy D. Allen und Kolleg:innen berichten Frauen etwa doppelt so häufig von stressbedingten Symptomen wie Männer, obwohl Männer im Durchschnitt mehr Arbeitsstunden leisten. Die Erklärung liegt vermutlich weniger in der reinen Arbeitszeit als in der mentalen Last, die viele Frauen zusätzlich tragen. Frauen behalten oft Termine im Blick, übernehmen emotionale Verantwortung und denken mehrere Schritte voraus. Dieses permanente Mitdenken wird aber häufig übersehen und kostet gleichzeitig Energie. Dazu kommen Phasen von Unsicherheit oder der Anspruch, verschiedenen Rollen gleichzeitig gerecht werden zu müssen.

Und dann ist da noch die Frage der Arbeitskultur, denn viele Frauen, die ich kenne, lieben ihre Arbeit und engagieren sich mit großer Leidenschaft. Trotzdem werden manche von genau dieser Arbeit krank. Das Problem ist selten die Aufgabe selbst, sondern oft die Kultur, in der sie erledigt wird, mit dauerhafter Erreichbarkeit gerade in Zeiten von Digitalisierung, hohen Erwartungen und wenig Raum für die eigene Regeneration.

Die WHO schätzt, dass weltweit über 50 Prozent aller Burnout-Fälle durch mangelnde soziale Unterstützung und unrealistische Erwartungen entstehen. Frauen, die Empathie und Beziehungsfähigkeit in die Arbeitswelt mit einbringen, werden häufig dafür nicht belohnt, sondern sogar kritisiert. Das Resultat kann zur sogenannten «emotionalen Dissonanz» führen, das Auseinanderklaffen zwischen innerem Erleben und äußerem Verhalten. Wer täglich Stärke zeigen muss, während innerlich Erschöpfung herrscht, gerät aus dem Gleichgewicht, und das kann auf Dauer sehr erschöpfend sein. Studien zeigen, dass dieser Zustand mit erhöhtem Stress, Erschöpfungssymptomen und einem erhöhten Risiko für depressive Beschwerden einhergeht. Deshalb ist es medizinisch so relevant, diese Belastung ernst zu nehmen.

Wir Frauen tragen also häufig eine große Last aus Verantwortung, Erwartungen, Gedanken und Gefühlen. Wir halten vieles im Alltag zusammen, organisieren vieles, kümmern uns und denken an andere, bevor wir an uns selbst denken. Doch in all dem Tun verlieren wir manchmal den Kontakt zu uns selbst. Genau deshalb brauchst du Momente, in denen du dich selbst wieder wahrnimmst – nicht als Mitarbeiterin, Mutter, Partnerin oder Kollegin, sondern einfach als Mensch! Zeit, die nur dir gehört. Dabei ist ganz egal, wie du deine freie Zeit füllst, ob mit einem Spaziergang in der Sonne oder vier bewussten Atemzügen am offenen Fenster. Nur wenn du dir selbst etwas gibst und glücklich bist, hast du Kraft, andere glücklich zu machen. Selbstfürsorge ist kein Egoismus, sie ist die Voraussetzung für echte Verbundenheit. Lerne also, dir Pausen zu erlauben, und setze dich nicht ans Ende deiner To-do-Liste.

WIE SICH STRESS AUF DAS HERZ AUSWIRKEN KANN

Das sogenannte Broken-Heart-Syndrom, in der Medizin als Takotsubo-Kardiomyopathie bezeichnet, zeigt sehr eindrücklich, wie stark sich emotionale Stressmomente auf unser Herz auswirken können. Auffallend häufig betrifft dieses Syndrom Frauen vor allem nach der Menopause. Auslöser ist oft ein akuter emotionaler oder körperlicher Stressmoment im Leben dieser Frauen, wie zum Beispiel der Verlust einer geliebten Person, eine belastende Nachricht oder auch eine Phase intensiver Überforderung.

Studien zeigen, dass Frauen im Vergleich zu Männern in solchen Stressmomenten häufig eine stärkere Aktivierung des sympathischen Nervensystems aufweisen, wodurch vermehrt Adrenalin und Noradrenalin freigesetzt werden. Kurzfristig gesehen ist das eine normale Anpassungsreaktion des Körpers auf eine Belastungssituation. Steigen die Konzentrationen jedoch stark an, können diese Stresshormone direkt auf den Herzmuskel wirken, und er verliert vorübergehend seine normale Pumpfunktion. Die Symptome der Frauen ähneln dann meist einem Herzinfarkt mit Brustschmerz, Luftnot oder einer unspezifischen Verschlechterung des Allgemeinzustands.

Aus medizinischer Sicht ist dieses Syndrom ein eindrückliches Beispiel dafür, dass Stress nicht nur ein nicht greifbares Gefühl ist, sondern vielmehr ein biologischer Prozess mit messbaren Folgen für unser Herz. Es zeigt uns, dass das weibliche Herz in bestimmten hormonellen Lebensphasen besonders empfindlich reagiert. Gerade deshalb gehören der Umgang mit Stress und die Stressregulation aus präventivmedizinischer Sicht genauso zu unserer Herzgesundheit wie Bewegung, Ernährung oder Blutdruckkontrolle. Unser Herz reagiert nicht nur auf Cholesterinwerte oder Blutdruck, sondern auch darauf, wie viel Last wir emotional tragen können.

Ein weiterer wichtiger Aspekt betrifft die hormonelle Situation von Frauen, denn mit dem Übergang in die Menopause sinkt der hormonelle Schutz für Gefäße und Nervensystem durch die Östrogene deutlich. Gleichzeitig verändern sich Stressreaktionen des Körpers, was möglicherweise erklärt, warum das Takotsubo-Syndrom überwiegend bei Frauen nach der Menopause auftritt. Psychosoziale Belastungen stellen somit gerade für uns Frauen ein signifikantes Risiko für Herz-Kreislauf-Erkrankungen dar.

FREIE TAGE FÜR DIE PSYCHISCHE REGENERATION

Der bei uns übliche arbeitsfreie Sonntag ist ein in unserer Kultur tief verwurzeltes Konzept. Doch die Idee, sich regelmäßig einen festen Tag für Erholung zu nehmen, wirkt in gewisser Weise auch sehr intuitiv. Interessanterweise gibt es tatsächlich einige Forschungsansätze, die zeigen, dass wiederkehrende Phasen bewusster Erholung messbare Effekte auf Stressregulation und Gesundheit haben können. Zwar untersuchen Studien selten direkt den «Sonntag» als Konzept, aber sie befassen sich zum Beispiel mit Wochenend-Erholung, arbeitsfreien Tagen oder bewusst eingeplanten Erholungszeiten. Forschungsarbeiten aus der Arbeits- und Gesundheitspsychologie zeigen, dass regelmäßige arbeitsfreie Zeiten eine wichtige Rolle für die psychische Regeneration spielen. So konnte das Team um die Arbeits- und Organisationspsychologin Sabine Sonnentag in mehreren Studien beobachten, dass Menschen am Wochenende oder an freien Tagen über eine bessere

Stimmung, geringere emotionale Erschöpfung und mehr mentale Energie berichten, insbesondere wenn sie sich bewusst von Arbeit distanzieren und Aktivitäten nachgehen, die sie als persönlich erfüllend erleben.

Dies zeigt, dass unser Körper nicht nur Urlaub braucht, sondern auch kleine, wiederkehrende Regenerationspausen und Rückzugsphasen im Alltag. Ein bewusst gestalteter Tag pro Woche – das kann gerne der Sonntag sein –, an dem die Arbeit zugunsten von Bewegung und sozialen Begegnungen in den Hintergrund tritt, kann uns dabei helfen, Stresssysteme zu regulieren und langfristig Resilienz aufzubauen.

Für viele Menschen ist der Sonntag jedoch längst keine echte Ruhezeit mehr. Stattdessen wird er meist genutzt, um nachzuholen, was unter der Woche liegen geblieben ist. Doch unser Nervensystem braucht Phasen von Ruhe und Leerlauf, damit der Parasympathikus, also der Teil des Nervensystems, der für Erholung zuständig ist, überhaupt aktiv werden kann. Ohne bewusste Pausen bleibt das Stresssystem dauerhaft eingeschaltet.

Ein oft unterschätzter Faktor dabei ist das Smartphone. Ständige Erreichbarkeit, Nachrichten und das permanente Wechseln zwischen Apps halten unser Gehirn in einer Art Daueraufmerksamkeit. Was eigentlich initial als praktisches Werkzeug gedacht war, ist für viele zu einer permanenten Reizquelle geworden mit spürbaren Folgen für unsere Konzentration, Stimmung und Schlaf. Deshalb kann es hilfreich sein, sich bewusst digitale Pausen zu erlauben. Manche Menschen profitieren davon, einen festen Tag pro Woche einzuplanen, an dem das Smartphone nur eingeschränkt genutzt wird oder ganz ausgeschaltet bleibt. Diese kurze Distanz schafft Raum für echte Erholung, mehr Präsenz und für Dinge, die im digitalen Dauerrauschen oft zu kurz kommen.

TIPP: Versuche, täglich bewusst feste Zeiten ohne Bildschirm einzuplanen, besonders morgens nach dem Aufwachen und abends vor dem Schlafengehen. Schon ein bis zwei klar abgegrenzte Offline-Phasen pro Tag können ausreichen, um deine Stressbelastung zu senken und deine Aufmerksamkeit spürbar zu verbessern.

STRESS UND SOZIALE MEDIEN

Neben den Auswirkungen auf unsere Konzentration und unseren Schlaf hat der übermäßige Gebrauch von Smartphones auch noch andere negative Konsequenzen für unsere Gesundheit. Wer heute durch soziale Medien scrollt, durchquert in Sekunden emotionale Extremräume und stellt sich meist unfreiwillig der digitalen Reizüberflutung. Brutale Gewalt steht häufig direkt neben Belanglosigkeit, politische Zuspitzung von narzisstischen Machthabern neben harmloser Unterhaltung und reale Bedrohung neben flüchtiger Ablenkung. Alles ist gleich nah und gleich dringlich, unser Nervensystem kann dabei gar nicht mehr unterscheiden zwischen Nähe und Ferne, zwischen persönlicher Relevanz und bloßer Beobachtung.

Physiologisch reagiert unser Gehirn auf digitale Reize ähnlich wie auf reale Bedrohungen, so als wäre all das Teil unserer unmittelbaren Umwelt – und das kann fatal sein. Denn unser Nervensystem ist nicht dafür gemacht, dauerhaft unter Hochspannung zu stehen. Wird die Reizüberflutung zu groß, greift ein Schutzmechanismus, unsere Wahrnehmung flacht daraufhin immer mehr ab und unser Mitgefühl zieht sich zurück. Was erstmal nach einer guten Anpassungsbereitschaft klingt, ist in Wahrheit eine Form der Selbstabschirmung von der Außenwelt.

Wir dürfen nicht vergessen: Neurobiologisch ist unser Gehirn darauf programmiert und ausgerichtet, Bedrohung zu priorisieren und zu verarbeiten. Angst, Gefahr und Gewalt werden daher schnell verarbeitet, und kurzzeitig ist das auch sinnvoll, denn es sichert unser Überleben. Wird diese Alarmbereitschaft jedoch zum Dauerzustand, dann fehlt uns die so entscheidende Phase der Beruhigung, und ohne sie bleibt der Körper im Wechsel zwischen

Aktivierung und Entladung, ohne jemals wirklich zur Ruhe zu kommen. Diese chronische Überstimulation kann im schlimmsten Falle in Rückzug münden, und Erschöpfung zeigt sich dann nicht selten als offensichtliche Überforderung mit einem Gefühl der Leere und wachsender Reizbarkeit.

Eine Meta-Analyse aus dem Jahr 2022 untersuchte den Zusammenhang zwischen der problematischen Social-Media-Nutzung und psychischen Belastungen bei Jugendlichen und jungen Erwachsenen. Im Fokus standen depressive Symptome, Angstsymptome und Stress. Die Ergebnisse konnten einen signifikanten Zusammenhang zwischen problematischer Nutzung sozialer Medien und ungünstigen psychischen Outcomes zeigen, insbesondere einer höheren Ausprägung von Depression, Angst und Stress. Die stärkste Korrelation fand sich für Angstsymptome.

Auch wenn die beobachteten Effekte insgesamt moderat ausfallen, liefert die Analyse wichtige Hinweise auf potenzielle Risiken. Problematische Social-Media-Nutzung beschreibt dabei mehr als nur eine lange Bildschirmzeit. Gemeint sind vielmehr Muster wie Kontrollverlust über die Nutzung, eine zunehmende Gewöhnung, Entzugssymptome oder eine Form der Abhängigkeit.

Hier liegt auch der entscheidende Unterschied zu vielen früheren Studien, die lediglich die Nutzungsdauer erfasst haben. Das Konzept der problematischen Nutzung berücksichtigt die psychologische Qualität des Verhaltens und scheint deshalb klinisch relevanter zu sein. Entsprechend zeigen sich in diesen Analysen deutlich stärkere Zusammenhänge mit depressiven Symptomen und Angstsymptomen als in Untersuchungen, die nur Screen Time oder allgemeine Social-Media-Aktivität betrachten.

Auswirkungen von Social-Media-Detox

Studien zum sogenannten Social-Media-Detox zeichnen ein noch differenzierteres Bild. So konnte eine 2025 im *Journal of the American Medical Association* erschienene Studie zeigen, dass eine kurzfristige Reduktion der Nutzung sozialer Medien mit einer messbaren Verbesserung der psychischen Gesundheit einhergehen kann. Bereits ein einwöchiger Social-Media-Detox war mit weniger depressiven Symptomen, weniger Angst und besserem Schlaf assoziiert, besonders bei Menschen mit einer höheren Ausgangsbelastung.

Eine aktuelle Meta-Analyse zeigt aber auch, dass eine vorübergehende Abstinenz keinen signifikanten Einfluss auf die allgemeine Lebenszufriedenheit sowie auf das Aufkommen von positiven oder negativen Gefühlen hat. Kurzzeitige Pausen, meist auf etwa eine Woche begrenzt, scheinen nicht ausreichend zu sein, um diese stabilen Dimensionen des Wohlbefindens messbar zu verändern.

Vielleicht gibt es aber auch einfach keine allgemeingültige Lösung zum Thema Social-Media Nutzung. Letztendlich muss jede von uns für sich selbst entscheiden, wie viel digitale Nähe ihr guttut und ab welchem Punkt sie eher belastend wird. Was sich jedoch unabhängig von Studien sinnvoll in den Alltag integrieren lässt, sind bewusste Pausen, sei es am Abend, am Wochenende oder in klar definierten Zeitfenstern. Diese Zeiten lassen sich mit Dingen füllen, die im digitalen Dauerrauschen oft keinen Platz mehr finden, zum Beispiel echte Gespräche mit Freundinnen, Bewegung, Yoga oder Pilates, ein Spaziergang, Lesen oder einfach Ruhe. Gleichzeitig müssen wir ehrlich anerkennen, dass das Smartphone und soziale Medien längst fester Bestandteil unseres Alltags geworden sind, beruflich und privat. Es geht also weniger um Verzicht als um einen reflektierten Umgang.

TIPP: Schau dir regelmäßig deine Bildschirmzeit an. Im Idealfall sollte die wöchentliche Bildschirmzeit im Verlauf eher stabil bleiben oder sogar leicht sinken und nicht kontinuierlich ansteigen. Ein stetiger Zuwachs ist oft ein stilles Warnsignal dafür, dass digitale Gewohnheiten unbemerkt immer mehr Raum in unserem Alltag einnehmen.

LONGEVITY-HACKS ZUM STRESSMANAGEMENT

Stressmanagement bedeutet nicht, alles zu vermeiden, was uns fordert, sondern zu lernen, wie wir mit dieser Belastung umgehen. Wenn wir lernen, das Nervensystem zu regulieren, ändert sich nicht nur, wie wir uns fühlen, sondern auch, wie wir altern. Bewegung, Atmung, Licht und bewusste Pausen sind keine Nebensache, sondern unsere biologischen Ressourcen zur ständigen Stressregulation. Wenn du regelmäßig tief atmest, dich bewegst, ausreichend Sonnenlicht tankst und echten Schlaf zulässt, aktivierst du damit deine körpereigene Regeneration.

Mentale Hygiene durch Journaling

Die emotionale Entgiftung ist ein wesentlicher Bestandteil gesunder Langlebigkeit. Sie hilft uns, mentale und körperliche Anspannung abzubauen und das Gleichgewicht in unserem Nervensystem wiederherzustellen. Forscher:innen der University of Texas konnten in mehreren Studien zeigen, dass *Expressive Writing*, also das schriftliche Ausdrücken von Gedanken und Gefühlen, unsere Immunabwehr stärkt und das Stressniveau senkt. Das sogenannte Journaling kann dich dabei unterstützen, deine Gedanken zu ordnen und die emotionalen Belastungen zu verarbeiten.

Beim Journaling schreibst du regelmäßig – am besten täglich oder auch mehrmals pro Woche – Gedanken, Gefühle, Beobachtungen oder Erlebnisse auf. Es geht hierbei gar nicht um perfektes Schreiben, sondern um Selbstreflexion und emotionale Entlastung, denn das Ziel ist es, die Gedanken aus dem Kopf «herauszubringen» und dadurch den Cortisolspiegel zu reduzieren und das Nervensystem zu entlasten. Ballast wird somit abgeworfen. Dabei kannst du dir Fragen stellen wie zum Beispiel «Was beschäftigt mich gerade?», «Wofür bin ich heute dankbar?» oder auch «Was hat mich heute gestresst?». Studien zeigen, dass regelmäßiges Journaling unsere Stresshormone reduzieren und unsere Resilienz stärken kann. Besonders in Phasen hormoneller Umstellung kann es helfen, emotionale Schwankungen zu stabilisieren.

Dein Dankbarkeitsjournal

Eine einfache, aber erstaunlich wirkungsvolle Methode im Umgang mit Stress ist das Führen eines Dankbarkeitsjournals. Nimm dir am Abend ein paar Minuten Zeit und schreibe drei Dinge auf, für die du an diesem Tag dankbar bist. Das können ganz kleine Momente sein, etwa ein gutes Gespräch, ein Spaziergang an der frischen Luft, ein freundlicher Blick oder ein ruhiger Moment nur für dich. Doch der entscheidende Punkt ist nicht nur das Aufschreiben. Unser Gehirn ist darauf trainiert, Probleme schneller wahrzunehmen als schöne Erlebnisse. Durch diese kleine Übung lenkst du deine Aufmerksamkeit gezielt auf positive Erfahrungen.
Wenn du dies regelmäßig praktizierst, verändert sich mit der Zeit deine Wahrnehmung. Studien zeigen, dass Dankbarkeitsübungen mit mehr Zufriedenheit, weniger Stress und einer stabileren emotionalen Gesundheit verbunden sind. Ein paar Minuten am Tag können also reichen, um deinem Gehirn eine neue Perspektive zu geben.

Atem als Regulation

In militärischen Trainingsprogrammen wird Atmung gezielt genutzt, um die körperliche Stressreaktion zu regulieren. Besonders bekannt ist das sogenannte «Tactical breathing». Diese Atemtechnik wird unter anderem in Ausbildungsprogrammen von Spezialeinheiten wie den U.S. Navy SEALs und in Trainings der U.S. Army vermittelt. Ziel ist es, in hochbelastenden Situationen Herzfrequenz, Aufmerksamkeit und emotionale Kontrolle stabil zu halten.

Auch im Alltag können bewusste Atemübungen unser Nervensystem positiv beeinflussen. Durch langsames, rhythmisches Atmen wird der Parasympathikus aktiviert, das ist der Teil unseres autonomen Nervensystems, der für Erholung und Regeneration zuständig ist. Studien zeigen, dass Atemübungen, insbesondere wenn sie regelmäßig und über mehrere Minuten durchgeführt werden, Stress und Angst spürbar reduzieren können. Entscheidend ist dabei weniger eine komplizierte Technik als vielmehr das ruhige, bewusste Verlangsamen der Atmung.

Gerade in Phasen hormoneller Veränderungen, etwa während der Perimenopause, kann das autonome Nervensystem sensibler reagieren. Schwankungen von Östrogen und Progesteron beeinflussen Stressreaktionen, Schlaf und auch unsere Stimmung. Atemübungen können hier wie ein einfaches Regulationsinstrument wirken. Sie helfen, innere Unruhe zu reduzieren, fördern Entspannung und können über die Aktivierung des Parasympathikus auch die Stresshormonausschüttung modulieren.

Natürlich ersetzen solche Übungen keine medizinische Therapie. Sie sind vielmehr ein leicht zugänglicher Baustein innerhalb eines ganzheitlichen Präventionskonzepts, jederzeit anwendbar, ohne Hilfsmittel und fast überall durchführbar. Die physiologische Idee dahinter ist erstaunlich schlicht: Über den Atem haben wir direkten Zugang zu einem Teil unseres Nervensystems, der sonst weitgehend unbewusst arbeitet. Indem wir unseren Atem verlangsamen, senden wir dem Körper das Signal, dass keine Gefahr besteht, und genau darauf reagiert der Organismus mit Ruhe.

Es gibt verschiedene Atemtechniken, die dich bei der Stressregulation unterstützen können. Die im Kapitel zum Schlaf erwähnte 4-7-8-Atemtechnik oder einfaches Zählen beim Atmen aktiviert den Vagusnerv. Studien belegen, dass bewusste Atmung die Herzfrequenzvariabilität erhöht, den Blutdruck senkt und sogar unsere Angst reduziert. Atmung ist ein biochemischer Prozess, und da jede langsame Ausatmung den pH-Wert des Blutes verändert, signalisiert es dem Gehirn Sicherheit.

Im Alltag lässt sich bewusste Atmung am einfachsten in bestehende Routinen integrieren. Tagsüber, etwa zwischen zwei Patiententerminen oder beim Warten an der Ampel, nutze ich manchmal ein oder zwei verlängerte Ausatmungen, um eine mögliche innere Anspannung zu senken. Entscheidend ist weniger die Dauer als die Regelmäßigkeit, und wer diese kleinen Atemroutinen bewusst in den Alltag einbaut, spürt ihre Wirkung deutlich nachhaltiger.

Boxatmung

Dies ist eine einfache Atemtechnik, die aus der Stressregulation stammt. Sie wird unter anderem in der Sportpsychologie und im militärischen Training eingesetzt, weil sie das autonome Nervensystem schnell beruhigen kann. Der Name kommt daher, dass der Atemrhythmus wie ein «visuelles Quadrat» aufgebaut ist. Jede Phase der Atmung dauert gleich lang, beispielsweise vier Sekunden, dadurch entsteht ein gleichmäßiger Rhythmus. Man beginnt damit, langsam durch die Nase einzuatmen und dabei innerlich bis vier zu zählen. Danach hält man den Atem ebenfalls für vier Sekunden an. Anschließend folgt eine langsame Ausatmung über vier Sekunden. Am Ende bleibt man wieder vier Sekunden in der Atempause, bevor der nächste Atemzug beginnt.
Mehrere solcher Atemzyklen reichen oft schon aus, um Herzfrequenz und Stressreaktionen spürbar zu beruhigen. Physiologisch aktiviert diese kontrollierte Atmung den Parasympathikus, also den Teil des Nervensystems, der für Regeneration und Entspannung zuständig ist. Gerade in stressigen Momenten, etwa vor einem wichtigen Gespräch oder dem Einschlafen, kann diese Übung helfen, den Körper zu beruhigen.

Uns sollte klar sein, dass langsames und bewusstes Atmen kein esoterisches Konzept ist, sondern eine neurophysiologische Intervention, die wir stark beeinflussen können. Letztlich sind strukturierte Atemübungen eine einfache, kostengünstige und wissenschaftlich gut begründete Möglichkeit, unsere Stressregulation und mentale Gesundheit zu unterstützen.

Bewegung zum Stressabbau

Bewegung baut überschüssiges Adrenalin ab und stabilisiert unseren Hormonhaushalt. Eine aktuelle Studie aus Südkorea untersuchte, wie regelmäßige Bewegung den Hormonhaushalt und das emotionale Wohlbefinden von Frauen beeinflusst. Über einen Zeitraum von zwölf Wochen nahmen ältere Frauen an einem strukturierten Bewegungsprogramm teil, entweder durch moderates Gehen oder durch sogenannte Barre-Übungen, das ist eine Kombination aus Tanz, Stretching und Krafttraining. In beiden Bewegungsgruppen sank der Spiegel des Stresshormons Cortisol signifikant, während sich gleichzeitig die Stimmung und emotionale Stabilität verbesserten, sogar Entzündungsmarker zeigten positive Veränderungen.

Regelmäßige Bewegung stärkt also nicht nur unseren Körper, sondern trägt gleichzeitig auch zur emotionalen Entlastung und hormonellen Balance bei. Besonders bei uns Frauen kann sie helfen, überschüssige Stresshormone wie Adrenalin und Cortisol abzubauen – ein natürlicher Mechanismus, der den Körper in einen Zustand innerer Ruhe und Regeneration zurückführt.

Yoga, Achtsamkeit und Meditation

Auch Yoga kann Stress auf körperlicher und mentaler Ebene abbauen. Studien zeigen, dass regelmäßige Yogapraxis die Aktivität der Amygdala, des Angstzentrums im Gehirn, reduzieren und gleichzeitig die Konzentration von GABA (Gamma-Aminobuttersäure) erhöhen kann. GABA ist der wichtigste beruhigende Botenstoff unseres Gehirns: Er unterstützt unsere Entspannung, unseren Schlaf und fördert unsere Stressregulation. Achtsamkeits- und Atemübungen im Yoga fördern zusätzlich die Fähigkeit, Emotionen bewusster wahrzunehmen und besser zu steuern.

Auch Momente der Stille oder ein bewusster Rückzug, beispielsweise durch Meditation, können helfen, das Nervensystem zu regulieren und neue Energie zu sammeln. Solche einfachen Maßnahmen sind medizinisch sinnvoll und oft leichter umzusetzen, als wir denken. Meditation muss weder lange dauern noch an einem besonderen Ort stattfinden. Häufig reichen schon wenige Minuten im Alltag, um Ruhe zu finden und wieder bei sich selbst anzukommen. In Studien wurde auch untersucht, wie sich stille Meditation auf unser Stresssystem auswirkt. Bereits nach wenigen Wochen zeigte sich eine messbar bessere Regulation des autonomen Nervensystems, erkennbar an einer erhöhten Herzfrequenzvariabilität (HRV) und niedrigeren Cortisolwerten.

Solche bewussten Phasen der Stille fördern nachweislich unsere innere Ruhe und emotionale Stabilität. Wer regelmäßig zur Ruhe kommt, schenkt seinen Zellen außerdem Zeit zum Regenerieren. Die Veränderungen lassen sich leicht beobachten: Unser Blutdruck sinkt, die Durchblutung verbessert sich, die Verdauung normalisiert sich und der Schlaf wird tiefer.

> **TIPP:** Es gibt inzwischen viele Apps, mit denen sich Meditieren ganz unkompliziert zu Hause ausprobieren lässt, ebenso wie zahlreiche Yoga-Kanäle auf YouTube, die einen sanften Einstieg ermöglichen und die Hemmschwelle deutlich senken.

Soziale Bindung zur Stressreduktion

Ebenso wichtig zur Stressreduktion sind die sozialen Verbindungen, die wir haben. Gespräche mit vertrauten Menschen fördern die Ausschüttung von Oxytocin, das als Gegenspieler des Stresshormons Cortisol wirkt. Oxytocin ist ein Hormon, das vor allem bei Nähe und Vertrauen ausgeschüttet wird und dabei Stress dämpft. Wie bedeutend dieser Zusammenhang ist, zeigte eine Studie aus Taiwan. Soziale Unterstützung senkte nur dann wirksam das Stressniveau, wenn die Teilnehmenden ausreichend Oxytocin im Blut hatten. Personen mit höheren Oxytocinspiegeln profitierten stärker von Nähe und zwischenmenschlichem Austausch, fühlten sich weniger einsam und wiesen niedrigere Cortisolwerte auf. Oxytocin wirkt somit als biologischer Puffer gegen Stress. Es stabilisiert das emotionale Gleichgewicht und schützt unser Nervensystem. Soziale Bindung ist daher kein Wohlfühlfaktor, sondern ein messbarer Bestandteil gesunder Stressregulation und Langlebigkeit.

Nährstoffe bei Stress

Bei Stress steigt der Bedarf unseres Körpers an bestimmten Nährstoffen nachweislich an. In der folgenden Übersicht findest du eine Auswahl an Nährstoffen, die dich im Umgang mit Stress unterstützen und zur Stressreduktion beitragen können.

Nahrungsergänzungsmittel	**Typische Dosierung pro Tag**	**Möglicher Nutzen bei Stress**	**Hinweise**
Ashwagandha	300–500 mg	Kann deine Stresswahrnehmung und den Cortisolspiegel senken, unterstützt innere Ruhe	Auf die Qualität achten, nicht in der Schwangerschaft oder bei Lebererkrankungen
Lavendelöl (Kapsel)	80–120 mg	Kann Unruhe und Angstgefühle reduzieren, fördert Entspannung	Arzneimittelqualität beachten
Magnesium	150–300 mg	Unterstützt deine Muskelentspannung und dein Nervensystem	Abends oft besser verträglich; Magnesiumcitrat oder Magnesiumbisglycinat
Omega-3-Fettsäuren	ca. 1000 mg	Entzündungsmodulation, Unterstützung der Stressresilienz	Auf EPA/DHA-Gehalt achten
Vitamin-B-Komplex	je nach Präparat	Unterstützt Energie- und Nervenstoffwechsel	Bedarf abhängig von Ernährung und Belastung, idealerweise vorher Spiegel bestimmen
Vitamin D	1000–2000 IE	Indirekter Einfluss auf Stimmung und Immunsystem	Idealerweise Spiegel vorher bestimmen

Deine Strategien zur Stressregulation im Alltag

Bewusstes Wahrnehmen von Stress
Wer seine individuellen Stressauslöser erkennt, kann gezielter gegensteuern. Selbstreflexion ist ein wichtiger erster Schritt zu mehr innerer Stabilität.

Erholsamer Schlaf
Sieben bis neun Stunden Schlaf pro Nacht unterstützen die Regeneration deines Nervensystems. Regelmäßige Schlafenszeiten und eine ruhige Abendroutine stabilisieren hingegen deinen zirkadianen Rhythmus.

Regelmäßige Bewegung
Tägliche Bewegung von etwa 30 bis 60 Minuten, wie beispielsweise Spaziergänge, Radfahren, leichtes Joggen oder Yoga, senkt Stresshormone und verbessert gleichzeitig deine emotionale Resilienz.

Entzündungshemmende Ernährung
Eine Ernährung mit viel Gemüse, hochwertigen Fetten und wenig stark verarbeiteten Lebensmitteln unterstützt den Stoffwechsel und deine Hormonbalance. Ein übermäßiger Konsum von Zucker, Alkohol oder Koffein kann Stressreaktionen verstärken.

Achtsamkeit und Entspannung
Atemübungen, Meditation oder Progressive Muskelentspannung (PME) können dir helfen, das Nervensystem aus dem Dauer-Alarmzustand zu holen. Bei PME handelt es sich um eine Entspannungstechnik, bei der einzelne Muskelgruppen bewusst angespannt und wieder gelöst werden, wodurch sich körperliche Spannung reduziert und das Nervensystem beruhigt.

Soziale Verbundenheit
Gespräche und Gemeinschaft wirken nachweislich stresspuffernd und stärken das psychische Wohlbefinden.

Bewusster Umgang mit digitalen Medien
Eine reduzierte Bildschirmzeit, besonders am Abend, kann die mentale Ruhe fördern und die Schlafqualität verbessern.

Geplante Erholungszeiten
Zeit in der Natur, kleine Pausen im Alltag oder bewusste Momente der Entspannung sind keine Luxusmomente, sondern Teil gesunder Stressregulation.

REISEN GEGEN BURN-OUT UND STRESS

Während vielerorts Erschöpfung, Stress oder Burn-out primär medikamentös behandelt werden, geht Schweden einen anderen, bemerkenswerten Weg. Mit der Kampagne «Schweden auf Rezept» möchte Visit Schweden zeigen, dass Gesundheit mehr ist als nur medizinische Versorgung. Dahinter steht die Idee, dass Erholung, Natur und ein bewusster Abstand vom belastenden Alltag selbst eine therapeutische Wirkung entfalten können. Das Ziel ist es, Menschen mit Stressbelastung oder beginnender Erschöpfung frühzeitig aus der Spirale von Überforderung und Daueranspannung herauszuführen und ihnen Raum für Regeneration zu geben.

Die Idee dahinter ist schlicht und zugleich tief menschlich, denn ein Wechsel der Umgebung kann manchmal den inneren Zustand verändern. Die Wissenschaft spricht in diesem Zusammenhang von einer Form der Reisetherapie. Neue Eindrücke aktivieren das dopaminerge System, das für unsere Motivation zuständig ist. Serotonin wird mit emotionaler Stabilität und innerer Ruhe in Verbindung gebracht und Oxytocin mit Verbundenheit. Gleichzeitig zeigen Studien, dass Abstand vom gewohnten Stressumfeld und der Aufenthalt in neuen oder naturnahen Umgebungen den Cortisolspiegel senken können.

Reisen ist in diesem Fall kein Luxus, sondern kann unter bestimmten Umständen eine ernstzunehmende präventive und therapeutische Maßnahme sein. Manchmal braucht die Seele einfach Raum, um wieder bei sich anzukommen. Wie schade, dass wir hierzulande noch nicht so weit sind. Umso wünschenswerter wäre ein Perspektivwechsel auch in unserem Gesundheitssystem, weg von der rein symptomorientierten Behandlung und hin zu mehr Vertrauen in präventive und lebensnahe Ansätze. Manchmal liegt wirksame Medizin eben nicht in einer Tablette, sondern vielleicht in einem bewussten Ortswechsel!

EINFLUSS DER NEUROPLASTIZITÄT AUF UNSERE STRESSRESILIENZ

Hast du schon einmal darüber nachgedacht, wie formbar dein Gehirn eigentlich ist? Neuroplastizität beschreibt die faszinierende Fähigkeit unseres Gehirns, sich kontinuierlich anzupassen, etwa durch neue Verknüpfungen, den Umbau bestehender Netzwerke und in bestimmten Arealen sogar durch die Neubildung von Nervenzellen. Lange ging man davon aus, das Gehirn sei ab einem gewissen Alter «fertig» entwickelt. Heute wissen wir jedoch, dass es sich um ein hochdynamisches Organ handelt, das sensibel auf Erfahrungen, Stress, Bewegung und soziale Beziehungen reagiert. Für die weibliche Gesundheit ist das besonders relevant, weil das Gehirn eng mit hormonellen Veränderungen verknüpft ist. Und da wir Frauen im Laufe unseres Lebens erstaunlich viele hormonelle Übergangsphasen durchlaufen, lohnt es sich, diese Zusammenhänge wirklich zu verstehen.

Wie Neuroplastizität funktioniert

Nervenzellen kommunizieren über Synapsen, und diese kleinen Kontaktstellen sind ständig in Bewegung. Sie werden stärker, wenn sie genutzt werden, und schwächer, wenn sie brachliegen. Wiederholungen stärken diese Verbindungen messbar, und emotionale Relevanz beschleunigt sie zusätzlich, Dopamin und Noradrenalin wirken wie ein natürlicher Verstärker. Deshalb lernen wir Dinge, die uns Spaß machen, deutlich schneller als Dinge, die «man halt vielleicht einfach können muss».

Was die Neuroplastizität fördert

Mehrere Lebensstilfaktoren erhöhen nachweislich die Plastizität des Gehirns:

Bewegung: Ausdauertraining steigert BDNF (Brain-Derived Neurotrophic Fact), einen Wachstumsfaktor für unsere Gehirnzellen. (Entgegen vieler Annahmen reicht es leider nicht aus, nur an Sport zu denken.)

Schlaf: Im Tiefschlaf sortiert das Gehirn seine Verbindungen und Emotionen. Ohne ausreichend Schlaf bleiben diese Prozesse und vor allem die Regeneration unvollständig.

Fremdsprachen lernen: Neue Sprachen sind ein Hochleistungstraining für unser Gehirn, sie aktivieren nicht nur unser Gedächtnis, sondern auch unsere Aufmerksamkeit. Gleichzeitig wird die Bildung neuer neuronaler Verbindungen gefördert.

Achtsamkeit & Meditation: Bereits acht Wochen regelmäßiger Praxis können die Struktur unseres Gehirns messbar verändern. Studien zeigen mehr Dichte im Hippocampus, also in einem Bereich, der für Lernen, Gedächtnis und Emotionsregulation wichtig ist, und zugleich eine geringere Stressreaktivität der Amygdala.

Ernährung: Omega-3-Fettsäuren, Polyphenole, Curcumin und eine magnesiumreiche Ernährung unterstützen die synaptische Signalübertragung im Gehirn.

Soziale Verbundenheit: Positive Beziehungen fördern die Plastizität, während Einsamkeit sie reduziert.

Stressreduktion: Chronischer Stress wirkt direkt auf den Hippocampus, eine Region des Gehirns, die für Gedächtnis, Lernen und emotionale Regulation zentral ist. Dauerhaft erhöhte Cortisolspiegel können dort neuronale Strukturen schwächen und die Plastizität der Netzwerke beeinträchtigen. Stressmanagement ist deshalb nicht nur ein angenehmer Zusatz im Alltag, sondern ein biologischer Schutzmechanismus für das Gehirn. Anders gesagt: Pausen sind kein Luxus, sie gehören zu unserer neurobiologischen Pflicht.

Neuroplastizität ist einer der wichtigsten Gründe, warum unser Gehirn auch weit über die Lebensmitte hinaus lernfähig bleibt. Sie stärkt unsere Stressresilienz und unterstützt unsere geistige Leistungsfähigkeit. Außerdem hilft sie uns dabei, uns schneller von Belastungen zu erholen und besser durch hormonelle Übergangsphasen zu navigieren. Kurz gesagt: Unser Gehirn bleibt formbar, egal wie alt wir sind.

Es klingt fast zu einfach, aber unser Gehirn ist erstaunlich beeinflussbar, und wiederholte Gedanken formen tatsächlich neue neuronale Muster. Je häufiger wir eine bestimmte innere Haltung einnehmen, desto stabiler werden die beteiligten neuronalen Verbindungen. Besonders interessant ist dabei der Effekt positiver Erwartungen. So zeigen Studien, dass Erwartungen reale physiologische Reaktionen auslösen können. Dabei aktiviert Erwartung anscheinend unsere Belohnungs- und Regulationsnetzwerke, die wiederum unsere Stimmung und unseren Stress modulieren können. Regelmäßige positive Selbstzuwendung trainiert somit unser Gehirn, das Gute klarer wahrzunehmen.

Wenn du also morgens aufwachst und dir ganz bewusst klarmachst, wie schön das Leben ist und dass ein guter Tag vor dir liegt, so erzeugt diese positive Erwartung Freude und signalisiert deinem Gehirn auch eine gewisse Art von Sicherheit. Es ist kein Zauber und keine naive Schönfärberei, der Tag startet einfach mit einer überdurchschnittlich positiven Grundhaltung, und genau diese prägt, wie wir Erfahrungen wahrnehmen oder zum Beispiel auch auf Stress reagieren und diesen verarbeiten.

FAKT: Wie du die ersten 20 Minuten nach dem Aufwachen verbringst, prägt deinen gesamten Tag. In dieser Phase ist der präfrontale Cortex besonders empfänglich, das Gehirn wird emotional «vorgeprimt». Startest du mit Stress, E-Mails oder Scrollen, gerät das System früh in einen Alarmzustand. Atmung, Ruhe, Tageslicht und ein bewusster Moment für dich selbst versetzen das Nervensystem dagegen in einen stabilen, regulierten Zustand. Ein paar Minuten am offenen Fenster, Licht im Gesicht, langsames Atmen und klare Fokussierung reichen oft aus, um über den Tag hinweg mehr Energie und innere Ruhe zu haben.

Dein Stress-Faktencheck

- Entscheidend ist nicht die vollständige Vermeidung von Stress, sondern der bewusste Umgang damit.
- Chronischer Dauerstress ohne Erholungsphasen wirkt sich negativ auf unsere mentale und körperliche Gesundheit aus.
- Ausreichender und regelmäßiger Schlaf ist einer der wirksamsten Schutzfaktoren gegen Stress.
- Feste Schlafenszeiten und morgendliches Tageslicht stabilisieren unseren inneren Rhythmus und damit unser Stressniveau.
- Kurze Pausen im Alltag helfen, das Nervensystem zwischendurch zu beruhigen.
- Meditation unterstützt unsere emotionale Regulation und reduziert innere Unruhe.
- Bewusste Atmung, insbesondere eine verlängerte Ausatmung (4–7–8-Atemtechnik), kann akuten Stress schnell reduzieren.
- Regelmäßige Bewegung kann Stress senken und die Belastbarkeit langfristig erhöhen.
- Yoga kann helfen, unser Nervensystem zu beruhigen.
- Geplante Erholungsphasen zwischendurch können verhindern, dass Stress chronisch wird.
- Nicht jede Belastung ist schädlich, zeitlich begrenzte Herausforderungen können sogar unsere Resilienz fördern.
- Soziale Verbundenheit wirkt als biologischer Schutzfaktor gegen Stress.
- Tragfähige Beziehungen verändern die körperliche Stressreaktion positiv.

- Ein erlebter Sinn im Alltag hilft, Belastungen gelassener zu bewältigen.
- Stressreduktion bedeutet ein gesundes Gleichgewicht zwischen Anspannungs- und Erholungsphasen.

SÄULE 6:

OXIDATIVE ENTGIFTUNG UND ZELLULÄRE REGENERATION

Jede Zelle unseres Körpers lebt von Energie. Der Prozess der Energiegewinnung, der uns am Leben hält, ist jedoch gleichzeitig mit der Entstehung von oxidativem Stress verbunden. Bei der Energiegewinnung entstehen reaktive Sauerstoffmoleküle (Reactive Oxygen Species), kurz ROS, die in geringer Menge zwar harmlos sind, im Übermaß jedoch Schäden anrichten können. Sie sind ein natürlicher Bestandteil des Stoffwechsels und übernehmen wichtige Signalfunktionen, wie Immunreaktionen und Anpassungsprozesse.

Solange das Gleichgewicht zwischen Oxidation und antioxidativem Schutz besteht, bleibt die Zelle gesund. Wird dieses Gleichgewicht jedoch gestört, spricht man von oxidativem Stress, einem Zustand, in dem mehr freie Radikale – das sind reaktive Sauerstoffmoleküle, die die Zellen angreifen – als körpereigene Antioxidantien vorkommen, also jene Schutzsysteme, die die reaktiven Sauerstoffmoleküle eigentlich neutralisieren sollen. In der Folge können die freien Radikale Zellstrukturen wie Lipide, Proteine und DNA schädigen und damit zu den biologischen Mechanismen des Alterns beitragen.

DIE ENTSTEHUNG VON OXIDATIVEM STRESS

Der Begriff «Oxidativer Stress» wurde bereits in den 1980er-Jahren geprägt und gehört heute zu den zentralen Konzepten der

Alternsforschung. Eine der meistzitierten Definitionen stammt von dem Biochemiker Helmut Sies, der oxidativen Stress als Verschiebung des Gleichgewichts zwischen oxidativen Molekülen und antioxidativen Abwehrmechanismen zugunsten der Oxidantien beschreibt. Fakt ist, dass jede einzelne Zelle unseres Körpers täglich einer Vielzahl von Belastungen ausgesetzt ist, sei es durch Umweltgifte, Stress, Nikotin oder UV-Strahlung, die wiederum die Bildung freier Radikale steigern.

Ursachen für oxidativen Stress

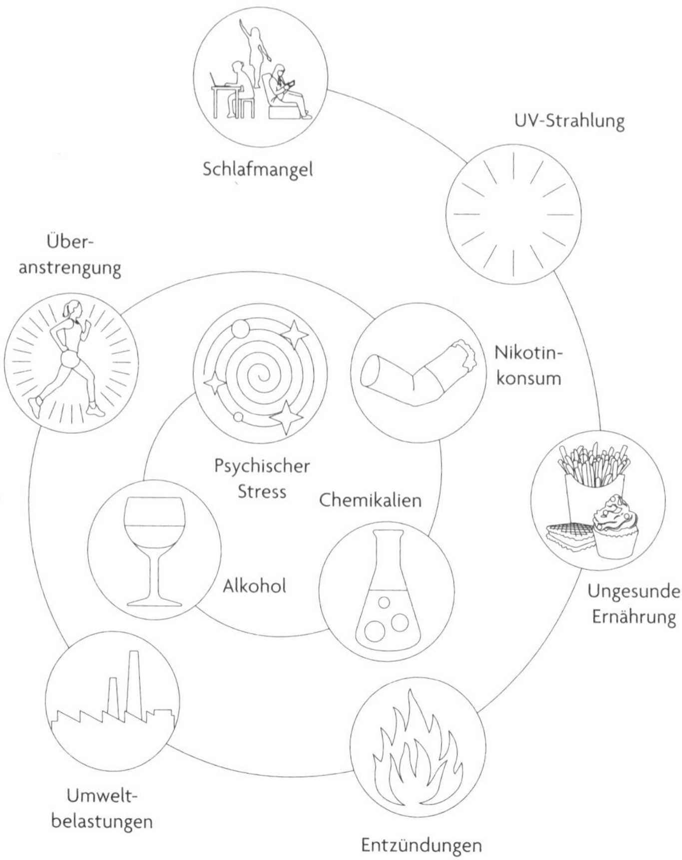

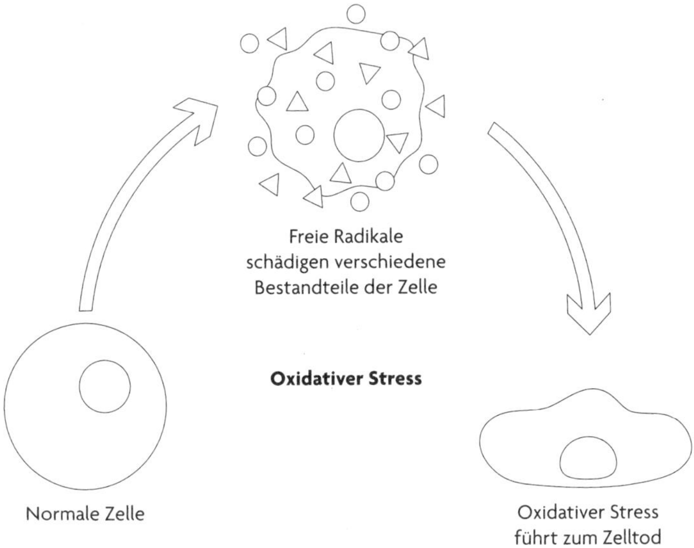

Freie Radikale können Zellbestandteile wie Lipide, Proteine oder DNA schädigen. Übersteigt die Bildung reaktiver Sauerstoffspezies die antioxidativen Schutzmechanismen der Zellen, kann dies zu strukturellen Zellschäden und schließlich zum Zelltod führen.

Die freien Radikale, also die hochreaktiven Sauerstoffmoleküle, können Zellmembranen, Proteine und sogar unsere DNA angreifen und so die Zellstruktur dauerhaft schädigen. Um diesem Prozess entgegenzuwirken, verfügt unser Körper über ein Schutzsystem aus antioxidativen Enzymen, Nährstoffen und Reparaturmechanismen, das freie Radikale neutralisiert und entstandene Schäden repariert. Oxidativer Stress beschreibt genau dieses Ungleichgewicht zwischen der Entstehung von ROS und der Fähigkeit des Körpers, diese zu neutralisieren. Es entwickelt sich meist schleichend über Jahre. Für Frauen wird oxidativer Stress besonders relevant, wenn hormonelle Schutzmechanismen nachlassen.

Gerade im Kontext von Longevity und Präventionsmedizin ist dieser Mechanismus entscheidend, denn chronischer oxidativer

Stress wird mit einer beschleunigten Zellalterung, mitochondrialer Dysfunktion und einem erhöhten Risiko für kardiovaskuläre und metabolische Erkrankungen in Verbindung gebracht. Gleichzeitig zeigen viele Studien, dass Lebensstilfaktoren wie Bewegung, eine antioxidative Ernährung, ausreichend Schlaf und Stressreduktion die körpereigenen Schutzsysteme stärken können.

Freie Radikale

Freie Radikale sind jedoch keineswegs nur schädlich, sondern sie erfüllen in ausgewogenem Maß sogar wichtige physiologische Funktionen, etwa in der Immunabwehr, der Zellkommunikation und bei der Wundheilung. Problematisch wird es erst dann, wenn das Gleichgewicht zwischen diesen aggressiven Molekülen und den körpereigenen Schutzsystemen kippt und oxidativer Stress entsteht.

Der Körper verfügt aber glücklicherweise über fein abgestimmte Schutzmechanismen, um diese reaktiven Moleküle zu neutralisieren. Antioxidative Enzyme wie Glutathion, Katalase und Super-

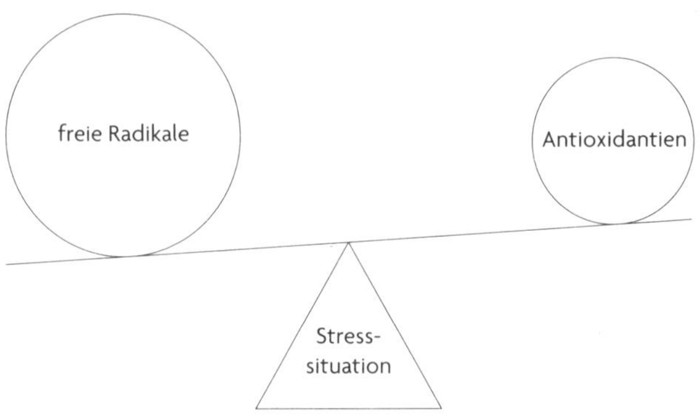

Das Gleichgewicht zwischen freien Radikalen und antioxidativen Schutzmechanismen der Zelle, dessen Störung zu oxidativem Stress führen kann.

oxiddismutase bilden dabei die erste Verteidigungslinie und schützen Zellen vor oxidativen Schäden. Ergänzend tragen besonders Nährstoffe wie Vitamin C, Vitamin A, Vitamin E, Zink, Selen und Coenzym Q10 zur Stabilisierung dieser Prozesse bei.

FAKT: Oxidativer Stress entsteht, wenn die Bildung reaktiver Sauerstoffmoleküle (ROS), sogenannter freier Radikale, die antioxidativen Schutzmechanismen des Körpers übersteigt. Dieses Ungleichgewicht kann Zellstrukturen, Proteine und DNA schädigen und gilt als wichtiger biologischer Mechanismus bei Alterungsprozessen und vielen chronischen Erkrankungen.

NÄHRSTOFFE BEI OXIDATIVEM STRESS UND ZELLSCHUTZ

Oxidativer Stress entsteht vor allem in Phasen erhöhter Belastung, bei chronischem Stress, Entzündungen oder hormonellen Umstellungen. Nährstoffe wie Vitamin A, Vitamin C, Vitamin E, Selen und Coenzym Q10 unterstützen dabei unterschiedliche Ebenen der zellulären Schutzsysteme, von enzymatischen Abwehrmechanismen bis zur Stabilisierung der Mitochondrien. Gerade bei Frauen in der Peri- und Postmenopause kann diese Balance durch hormonelle Veränderungen empfindlicher werden, weshalb eine individuelle Diagnostik und ärztliche Begleitung besonders wichtig sind.

So gilt bei Nährstoffen grundsätzlich, dass jeder Mensch eine persönliche, individuell passende Dosis eines Wirkstoffes benötigt, um seinen erforderlichen Spiegel zu erreichen. Deshalb gibt es gerade in der Nährstofftherapie nicht die «eine» richtige Standarddosis für alle, sondern nur Orientierungswerte, die als Ausgangspunkt dienen können. Entscheidend sind immer der gemessene Spiegel, dein Stoffwechsel, deine (hormonelle) Lebensphase, bestehende Vorerkrankungen, eingenommene Medikamente und dein Alltag. Erst wenn diese Faktoren zusammen gedacht werden, lässt sich eine sinnvolle, sichere und wirksame Dosierung für dich persönlich festlegen, die wirklich präventiv ist.

Ein Beispiel, das wir im Praxisalltag häufig beobachten, ist Selen. Viele Frauen glauben, sie seien automatisch gut mit Selen versorgt, weil sie «gesund essen». Gleichzeitig klagen sie jedoch über Erschöpfung, Konzentrationsprobleme oder Schilddrüsenbeschwerden. Erst wenn wir im Labor nachsehen, wird sichtbar, dass der Selenspiegel häufig niedriger ist als gedacht. Neuere Arbeiten zur Selenversorgung zeigen sehr deutlich, dass «viel hilft viel» bei diesem Spurenelement nicht gilt und dass die tatsächliche Versorgung einzelner Frauen stark schwankt, selbst bei ähnlicher Ernährung. Natürlich kannst du weiterhin selenreiche Lebensmittel wie Fisch, Eier oder Hülsenfrüchte essen, und das ist auch sinnvoll. Die Erfahrung aus Praxis und Forschung lehrt jedoch, dass dies allein oft nicht ausreicht, um einen stabilen Spiegel zu erreichen. Auch die häufig zitierte Empfehlung, täglich mehrere Paranüsse zu essen, ist problematisch, weil der Selengehalt extrem variiert und man damit schnell zu viel oder zu wenig des Spurenelementes zuführen kann.

Ich möchte dir daher nochmals ans Herz legen, dich ärztlich begleiten und deinen individuellen Status bestimmen zu lassen, sodass du genau das an Nährstoffen ausgleichen kannst, was dir tatsächlich fehlt. Wir haben heute so viele Möglichkeiten, Nährstoffe präzise zu messen und Defizite sanft zu korrigieren, und das ist in jedem Fall besser, als sich auf Zufall oder Mythen zu verlassen.

Die folgende Tabelle zeigt, in welchen Nahrungsquellen Selen, Zink, Vitamin C, Vitamin E und das Coenzym Q10 vorkommen. Was jedoch keinesfalls bedeutet, dass allein der Verzehr dieser Lebensmittel ausreicht, um einen wirksamen beziehungsweise therapeutisch relevanten Blutspiegel dieser Nährstoffe zu erreichen.

Nährstoffe bei oxidativem Stress

Nährstoff	Wirkung im Zusammenhang mit oxidativem Stress	Wichtige Nahrungsquellen
Selen	Bestandteil körpereigener antioxidativer Enzymsysteme, insbesondere der Glutathionperoxidasen, die Zellen vor oxidativem Stress schützen	Paranüsse, Fisch, Meeresfrüchte, Eier, Fleisch, Vollkorn
Zink	Essenziell für zahlreiche Enzyme des antioxidativen Systems, Immunfunktion und Zellreparatur; wichtig für Haut, Schleimhäute und Hormonstoffwechsel	Fleisch, Käse, Eier, Hülsenfrüchte, Nüsse, Vollkorn
Vitamin C	Wasserlösliches Antioxidans, neutralisiert freie Radikale und unterstützt die Regeneration anderer Antioxidantien	Zitrusfrüchte, Beeren, Kiwi, Paprika, Brokkoli, Kohl
Vitamin E	Fettlösliches Antioxidans, schützt Zellmembranen vor Lipidperoxidation	Pflanzliche Öle, Nüsse, Samen, Avocado, Spinat
Coenzym Q10	Zentral für die mitochondriale Energiegewinnung, gleichzeitig starkes Antioxidans zum Schutz von Zellmembranen und Mitochondrien	Fleisch, Innereien, fetter Fisch, Nüsse; körpereigene Synthese nimmt mit dem Alter ab

Die vorausgehende Nährstoff-Übersicht macht vor allem eines deutlich: Es gibt zwar viele Lebensmittel, die diese Nährstoffe enthalten, und sie sind in unserer Ernährung durchaus verbreitet. Trotzdem reicht der bloße Verweis auf «nährstoffreiche Kost» in der Realität oft nicht aus, um eine verlässliche Versorgung sicherzustellen. Deshalb bleibt die gezielte Labordiagnostik und gegebenenfalls eine individuell dosierte Supplementierung der entscheidende Schritt für eine wirksame Nährstofftherapie.

Ebenso wichtig ist ein weiterer Punkt, der in der Praxis häufig übersehen wird. So ist beispielsweise ein ausgeglichener Vitamin-E-Mangel nicht ausreichend und kann sogar problematisch sein, wenn gleichzeitig ein Vitamin-C-Defizit besteht. Vitamin E und Vitamin C wirken im antioxidativen Netzwerk des Körpers eng zusammen. Wird also Vitamin E ohne ausreichendes Vitamin C zugeführt, kann dies die Balance stören und im ungünstigen Fall sogar kontraproduktiv für den Stoffwechsel sein, vor allem weil Vitamin C als wasserlösliches Antioxidans im Alltag oft schneller verbraucht wird, als wir es über die Ernährung zuführen.

Ein weiteres Beispiel ist Coenzym Q10. Auch hier denken viele Frauen, dass eine gute Versorgung über Fleisch, Innereien oder fettreichen Fisch automatisch ausreicht. Dies ist jedoch häufig nicht der Fall, da die körpereigene Produktion von Coenzym Q10 mit dem Alter abnimmt und der Bedarf gerade ab 40 Jahren deutlich steigen kann. Hier ist in der Regel eine gezielte Substitution von Q10 notwendig, um einen funktionellen Mangel auszugleichen und die mitochondriale Energieproduktion zu unterstützen. Neben dem Coenzym Q10 kann vor allem auch das Vitamin E dabei helfen, körpereigene fettreiche Strukturen vor Oxidation zu schützen.

ÖSTROGEN ALS SCHUTZSCHILD GEGEN OXIDATIVEN STRESS

Östrogene wirken nicht nur auf unseren Zyklus und unsere Fruchtbarkeit, sondern haben auch antioxidative und entzündungshemmende Eigenschaften. Sie stabilisieren mitochondriale Prozesse und unterstützen die zelluläre Energiegewinnung. Besonders bei uns Frauen spielen sie daher eine wichtige Rolle. Die Funktion unserer Mitochondrien entscheidet schließlich maßgeblich darüber, wie belastbar und regenerationsfähig unser Gewebe ist. Mit zunehmendem Alter und unter chronischem Stress nimmt die Effizienz der Mitochondrien jedoch ab, wodurch weniger Energie entsteht, während gleichzeitig mehr oxidative Nebenprodukte anfallen.

Östrogen besitzt selbst antioxidative Eigenschaften und unterstützt auch die Aktivität körpereigener Abwehrsysteme. Solange dieses hormonelle Schutzschild aktiv ist, verfügen Frauen über einen gewissen biologischen Vorteil gegenüber oxidativem Stress. Mit dem Absinken unseres Östrogenspiegels in der Peri- und Postmenopause fällt dieser Schutz jedoch schrittweise weg, und der Körper verliert einen seiner wichtigsten natürlichen Schutzfaktoren gegen oxidative Prozesse, was erklärt, warum Entzündungsprozesse und altersbedingte Erkrankungen in dieser Lebensphase deutlich zunehmen können. Auch Hautalterung, Gefäßversteifung oder Erschöpfung treten häufiger auf. Östrogen wirkt also nicht nur hormonell, sondern auch wie ein fein regulierendes Antioxidans, denn es stabilisiert Mitochondrien und verbessert die Energiegewinnung in unseren Zellen.

WARUM OXIDATIVE ENTGIFTUNG SO WICHTIG IST

Du siehst: Jeden Tag läuft in jeder Zelle unseres Körpers ein feiner Balanceakt zwischen Belastung einerseits und Schutz andererseits ab. Hier entscheidet sich, wie gut wir altern und wie resilient unser Organismus bleibt. Alterung ist somit kein Schicksal, sondern ein biochemischer Vorgang, den du selbst, beispielsweise durch Ernährung, Bewegung, Schlaf und Stressmanagement, mit beeinflussen kannst.

Eine US-amerikanische Studie aus dem Jahr 2023 zeigt, dass bereits milder Schlafmangel, und zwar etwa eineinhalb Stunden weniger Schlaf pro Nacht über sechs Wochen, bei gesunden Frauen zu erhöhtem oxidativen Stress in Gefäßzellen führt, was diese schädigen und langfristig das kardiovaskuläre Risiko erhöhen kann. Schlaf ist damit nicht nur ein zentraler Faktor für den Alterungsprozess insgesamt, sondern auch für den zellulären Schutz, besonders bei uns Frauen. Bei Schlafmangel reagieren Zellen nachweislich empfindlicher auf oxidative Belastung, selbst wenn unser Lebensstil und äußere Faktoren unverändert bleiben.

Eine weitere Studie konnte zeigen, dass gerade peri- und postmenopausale Frauen mit Schlafstörungen deutlich höhere Marker für oxidativen Stress und ungünstigere Blutfettwerte aufweisen, während die antioxidativen Schutzmechanismen unverändert blieben, was auf ein erhöhtes kardiometabolisches Risiko in dieser Lebensphase hinweist.

Oxidative Entgiftung ist also kein Modewort, sondern einer der zentralen Prozesse unseres Lebens. Sie beschreibt die Fähigkeit unseres Körpers, Schadstoffe und Stoffwechselrückstände so zu neutralisieren, dass sie in unserem Körper keinen Schaden anrichten. Eine zentrale Rolle in diesem System spielt auch die Leber, das Organ, das tagtäglich Millionen Substanzen filtert und unschädlich macht. In mehreren Schritten verwandelt sie beispielsweise fettlösliche Stoffe in wasserlösliche Formen, damit sie ausgeschieden werden können. Dabei entstehen kurzfristig reaktive Zwischenprodukte, die sofort durch Antioxidantien wie Glutathion neutralisiert werden müssen. Fehlt diese Schutzschicht, kommt es zu oxidativem Stress, und die Leber selbst wird zum Ziel der Schädigung.

Interessanterweise reagiert das weibliche System wieder mal sensibler auf all diese Belastungen. Studien zeigen, dass gerade Frauen in der fruchtbaren Phase dank Östrogen über eine höhere antioxidative Enzymaktivität verfügen. Wenn dieser natürliche Schutz dann nach der Menopause rapide abfällt, verändern sich gleichzeitig auch Stoffwechsel, Fettverteilung und die Leberfunktion, was erklärt, warum viele Frauen in dieser Lebensphase über Erschöpfung, Gewichtszunahme oder Hautveränderungen klagen. Der Körper verarbeitet Giftstoffe und oxidativen Stress langsamer, während gleichzeitig die hormonelle Balance kippt.

Oxidative Entgiftung bedeutet also weit mehr als «Detox». Sie ist ein biochemisches, hochkomplexes Zusammenspiel aus Zellschutz und hormoneller Regulation, ein dynamisches Gleichgewicht, das wir durch unseren Lebensstil und beispielsweise unsere Ernährung aktiv beeinflussen können.

Eine Studie aus Cleveland, Ohio, aus dem Jahr 2013 beschreibt diesen Zusammenhang als eine Art oxidativen Wendepunkt. Mit dem Rückgang der Östrogene kann sich das Gleichgewicht zwischen oxidativen Prozessen und antioxidativer Abwehr verschieben. Diese Veränderung wird mit der Entstehung typischer altersassoziierter Erkrankungen in Verbindung gebracht, etwa Herz-Kreislauf-Erkrankungen oder Osteoporose.

Du merkst also, wie wichtig es ist, das antioxidative Schutzsystem langfristig zu unterstützen, und zwar möglichst nicht erst nach der Menopause, wenn unser hormoneller Schutz bereits nachlässt, sondern viele Jahre vorher. Neben einer möglichen Hormonersatztherapie – über die du mit deinem Arzt oder deiner Ärztin sprechen solltest – können insbesondere Lebensstil- und Ernährungskomponenten, wie eine pflanzenreiche, mediterrane Kost, Bewegung, Schlaf und Stressmanagement, dazu beitragen, das Gleichgewicht wiederherzustellen und deine Zellgesundheit zu erhalten.

AUTOPHAGIE – UNSER ZELLULÄRES RECYCLINGSYSTEM

Das zelluläre Recyclingsystem der Autophagie – was wörtlich übersetzt so viel bedeutet wie «sich selbst essen» – habe ich dir ja bereits im Zusammenhang mit den Hallmarks of Aging und im Kapitel Ernährung erklärt. Dabei werden beschädigte Zellbestandteile erkannt und recycelt. Es ist ein ständiger Mechanismus, der die Zelle funktionsfähig hält. In speziellen Vesikeln, den sogenannten Autophagosomen, werden fehlerhafte Strukturen eingeschlossen und anschließend in Einzelteile (Lysosomen) zerlegt, um ihre Bausteine wiederzuverwenden. Dieser Prozess schützt vor Zellschäden, reduziert oxidativen Stress und wird besonders durch Fasten, Bewegung und Schlaf aktiviert.

Wir können uns die Autophagie wie eine molekulare Müllabfuhr und gleichzeitig wie eine Reparaturwerkstatt in unserem Körper vorstellen. In diesem Prozess bauen unsere Zellen beschädigte Bestandteile ab und recyceln sie, sodass neue, funktionstüchtige Strukturen entstehen können. Eine besonders wichtige Rolle spielt die Autophagie in den Mitochondrien, denn hier entscheidet sich, wie effizient Energie produziert wird und wie gut Reparaturprozesse funktionieren.

Autophagie

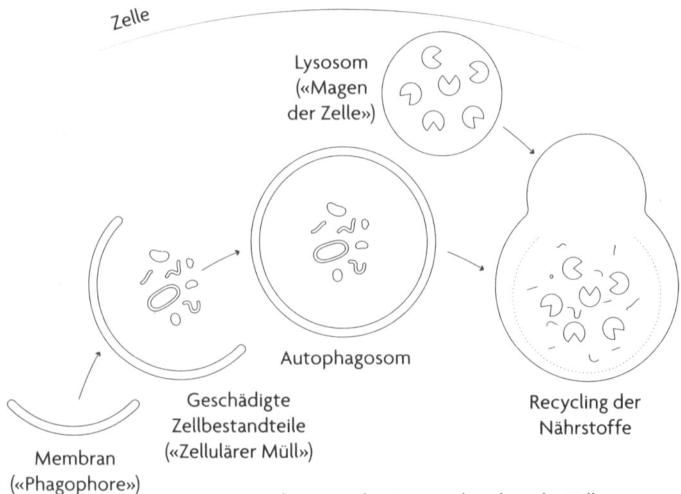

Autophagie ist der Prozess, bei dem die Zelle beschädigte oder nicht mehr benötigte Bestandteile in einem Autophagosom einschließt, mithilfe von Lysosomen abbaut und die dabei entstehenden Bausteine für Energiegewinnung und Zellreparatur wiederverwendet.

Bei Frauen ist diese zelluläre Selbstreinigung eng mit dem hormonellen System verbunden. Dabei wirkt Östrogen stimulierend, während chronischer Stress und hohe Cortisolspiegel den Autophagie-Prozess hemmen. Mit zunehmendem Alter und sinkendem Östrogenspiegel verlangsamen sich viele zelluläre Reparaturprozesse. Auch deshalb kann die Regeneration bei Frauen ab der Menopause weniger effizient ablaufen. Das Gewebe benötigt dann häufig mehr Zeit, um sich nach körperlicher oder psychischer Belastung zu erholen, was sich nicht selten in einer langsameren Regeneration nach sportlicher Aktivität, Stress oder auch nach Phasen mit wenig Schlaf zeigt. Regeneration ist zwar weiterhin möglich, erfordert jedoch gezieltere Unterstützung und eine bewusste Anpassung von Belastung und Erholung.

Die gute Nachricht ist: Du kannst Autophagie über deinen Lebensstil beeinflussen. Regelmäßige Bewegung, besonders Ausdauertraining und moderates Krafttraining, kann diesen Prozess stimulieren und gleichzeitig die Neubildung gesunder Mitochondrien fördern. Auch Esspausen, wie sie beispielsweise bei zeitlich begrenztem Essen oder moderaten Fastenphasen entstehen, unterstützen die zellulären Reinigungs- und Reparaturmechanismen. Ebenso wichtig ist ausreichend Schlaf. Erst in den Tiefschlafphasen laufen die Reparaturprozesse auf Hochtouren. In dieser Zeit wird unter anderem die DNA-Reparatur aktiviert, und auch das glymphatische System, ein Reinigungssystem für Stoffwechselprodukte im Gehirn, wird besonders aktiv.

NAD+ (Nicotinamid-Adenin-Dinukleotid)

NAD+ ist ein zentrales Coenzym unseres Zellstoffwechsels und spielt eine entscheidende Rolle bei der Energieproduktion in den Mitochondrien sowie bei DNA-Reparatur- und Regenerationsprozessen. Mit zunehmendem Alter sinkt die Verfügbarkeit von NAD+, unter anderem durch erhöhten Verbrauch bei oxidativem Stress und hormonellen Veränderungen. Lebensstilfaktoren wie regelmäßige Bewegung, Esspausen, ausreichend Schlaf und Stressreduktion können die körpereigene NAD+-Produktion unterstützen und wichtige zelluläre Reparaturmechanismen aktivieren. Genaueres dazu findest du im Kapitel Ernährung.

Spermidin, Resveratrol & Co.

Wie ich bereits im Kapitel Ernährung erwähnt habe, ist in diesem Zusammenhang auch Spermidin von Bedeutung – ein körpereigenes Molekül, das unter anderem in Weizenkeimen, Pilzen und Soja vorkommt und die Autophagie aktivieren kann. Im Weiteren beeinflusst Resveratrol, bekannt aus roten Trauben, Sirtuine und antioxidative Signalwege, während Curcumin und Coenzym Q10 im Zusammenhang mit entzündungsmodulierenden Effekten und einer Unterstützung der mitochondrialen Funktion stehen.

All diese Substanzen sind jedoch kein Ersatz für einen gesunden Lebensstil, sondern entfalten ihre Wirkung nur im Zusammenspiel mit Ernährung, Bewegung, ausreichend Schlaf und einem guten Umgang mit Stress. Entscheidend ist weniger der einzelne Stoff als vielmehr das langfristige Gleichgewicht der biologischen Prozesse in unserem Körper, und dieses Gleichgewicht ist immer individuell.

Wie gesagt sind es meist die kleinen, konsequenten Gewohnheiten, die darüber entscheiden, ob Reparaturprozesse unterstützt werden oder nicht. Wenn du deine Zellregeneration stärken willst, brauchst du deshalb vor allem ein gutes Verständnis für deinen Körper und die Motivation, gesunde Routinen langfristig umzusetzen. Eine abwechslungsreiche, überwiegend pflanzenbasierte Ernährung kann dabei eine wichtige Rolle spielen. Gemüse, Beeren, Hülsenfrüchte, Nüsse und hochwertige Öle liefern Antioxidantien, Spurenelemente und Polyphenole, die zelluläre Schutzsysteme unterstützen. Auch Omega-3-Fettsäuren wirken entzündungsmodulierend und tragen zu einem inneren Milieu bei, in dem sich Zellen besser regenerieren können. Sie beeinflussen unter anderem die Zusammensetzung von Zellmembranen und können entzündliche Signalwege dämpfen, die mit oxidativem Stress verbunden sind.

Spurenelemente wie Selen, Zink und Magnesium sind notwendig, damit antioxidative Enzymsysteme überhaupt funktionieren können. Ohne sie kann unser Körper freie Radikale schlechter neutralisieren, selbst wenn ansonsten ausreichend Schutzmechanismen vorhanden wären. Vitamine und Cofaktoren wie Coenzym Q10 sowie die Vitamine C, E und D3 tragen zum Zellschutz und zur Energieproduktion bei. Sie stabilisieren mitochondriale Prozesse, unterstützen antioxidative Kreisläufe und wirken damit nicht isoliert, sondern eingebettet in das gesamte Stoffwechselsystem.

Pflanzliche Polyphenole aus grünem Tee, Olivenöl, Beeren oder Kurkuma ergänzen diesen Schutz. Sie wirken nicht primär als klassische Antioxidantien, sondern aktivieren körpereigene Schutz- und Reparaturmechanismen und helfen so, die zelluläre Balance langfristig zu erhalten.

ZELLULÄRE REGENERATION UND HORMONE

Unsere Hormone spielen, wie du weißt, eine sehr wichtige Rolle im Stoffwechsel. Sie entscheiden darüber, ob der Körper im Modus von Regeneration oder Abbau arbeitet. Eines der stärksten Schutzhormone für die Zelle ist Östrogen. Es wirkt nicht nur auf Knochen, Gefäße und Gehirn, sondern auch tief in den Mitochondrien. Dort stabilisiert es die Membran, steigert die Energieproduktion und reduziert die Bildung freier Radikale. Studien zeigen, dass Frauen vor der Menopause eine höhere antioxidative Kapazität besitzen als Männer, ein biologischer Vorteil, der mit dem Absinken des Östrogenspiegels schrittweise verloren geht. Dieser hormonelle Wandel erklärt, warum ab der Menopause Erkrankungen wie Bluthochdruck, Fettstoffwechselstörungen und Herz-Kreislauf-Leiden plötzlich sprunghaft zunehmen, denn die Zellen verlieren einen Teil ihres natürlichen Schutzes.

Auch Progesteron trägt zur Zellbalance bei, es wirkt entzündungshemmend, beruhigt das Nervensystem und fördert den Schlaf. In Phasen hormoneller Instabilität, etwa in der Perimenopause, kann ein Progesteronmangel daher zu Reizbarkeit, Schlafstörungen und einer erhöhten Stressanfälligkeit führen. Weniger Schlaf bedeutet wiederum weniger Zellregeneration – ein Kreislauf, der die Erschöpfung vieler Frauen in dieser Lebensphase erklärt.

Auf der Gegenseite steht das Stresshormon Cortisol. Kurzfristig ist es überlebenswichtig, denn es stellt Energie bereit, reduziert Entzündungen und hält uns leistungsfähig. Doch chronisch erhöhte Cortisolspiegel führen zu mitochondrialem Stress, hemmen Autophagie und fördern Insulinresistenz sowie Fettansammlung. Auf Zellebene bedeutet das: weniger Energie, mehr Entzündung, beschleunigte Alterung.

Das Gleichgewicht zwischen diesen drei Hormonen ist daher entscheidend für die zelluläre Homöostase. Wenn die Balance kippt, leidet die Regeneration, denn die Haut verliert Spannkraft, Muskeln bauen sich langsamer auf, das Herz reagiert empfindlicher auf Stress, und das Gehirn speichert Informationen weniger effizient. Doch Hormone sind keine Einbahnstraße. Ihr Zusammenspiel lässt sich durch Lebensstil, Ernährung und Rhythmus beeinflussen. Regelmäßiger Schlaf stabilisiert die Cortisolachse, Bewegung erhöht die Östrogenrezeptorempfindlichkeit, und eine pflanzenbasierte, polyphenolreiche Ernährung unterstützt die Progesteronbildung. Selbst Achtsamkeit und Atmung können messbar auf die Hormonachsen wirken, sie senken Cortisol und erhöhen DHEA, das «Hormon der Vitalität».

ZELLGESUNDHEIT IST KEIN ZUFALL

Du merkst: Unsere Zellgesundheit spiegelt wider, wie wir leben, essen, schlafen und mit Stress umgehen. Jede Entscheidung im Alltag übersetzt sich in biochemische Signalwege. Diese Signale steuern, ob unsere Zellen Energie produzieren, sich reparieren oder in den Erschöpfungsmodus wechseln. Ernährung ist dabei weit mehr als bloße Kalorienzufuhr, jede Mahlzeit beeinflusst die Aktivität unserer Gene und die Qualität unserer Mitochondrien. Eine pflanzenbasierte Ernährung, die reich an Antioxidantien ist, liefert die Bausteine, die Zellen schützen und erneuern, etwa Polyphenole aus Beeren, grünem Tee oder Olivenöl, Omega-3-Fettsäuren, Selen, Zink, Vitamin C und Coenzym Q10. Diese Stoffe fangen freie Radikale ab, stärken die Zellmembran und verbessern die Energiegewinnung. Besonders wir Frauen profitieren davon, da die antioxidative Kapazität nach der Menopause sinkt.

Doch Ernährung kann eben auch das Gegenteil bewirken. Denn übermäßiger Zucker, verarbeitete Fette und chronische Überernährung aktivieren entzündliche Signalwege, die die Zellalterung beschleunigen. Studien zeigen, dass schon kurze Phasen von kalorischer Reduktion oder Intervallfasten zelluläre Schutzmechanismen aktivieren, die wiederum Reparatur, Autophagie und Langlebigkeit anstoßen. Zu lange Fastenfenster oder radikale

Diäten können bei uns Frauen jedoch auch hormonelle Achsen aus dem Gleichgewicht bringen, besonders in der Perimenopause. Sanfte Strategien, wie beispielsweise das 14:10-Fasten, nächtliche Esspausen oder pflanzenbetonte Fastentage sind daher oft effektiver und nachhaltiger.

Auch Bewegung ist ein starkes Signal für unsere Zellverjüngung, sie aktiviert antioxidative Enzyme, steigert die Mitochondrienzahl und verbessert die Insulinsensitivität. Bereits moderate Bewegung, etwa 30 Minuten zügiges Gehen täglich, erhöht messbar die antioxidative Kapazität des Blutes. Krafttraining wiederum stimuliert die Bildung neuer Mitochondrien und senkt Entzündungsmarker. Regelmäßiges Training kann zudem den Östrogenspiegel positiv beeinflussen und die Empfindlichkeit der Östrogenrezeptoren verbessern, ein wichtiger Faktor für unseren Zellschutz und die Herzgesundheit nach der Menopause.

Während des Schlafs regeneriert sich unser gesamter Organismus, denn Melatonin wirkt nicht nur schlaffördernd, sondern auch als eines der stärksten körpereigenen Antioxidantien. In der Nacht laufen essenzielle Reparaturprozesse ab, beschädigte Zellstrukturen werden abgebaut, die DNA wird repariert und das Immunsystem neu justiert. Studien zeigen, dass Frauen mit unregelmäßigem oder zu kurzem Schlaf, etwa durch Stress, hormonelle Schwankungen oder Schichtarbeit, deutlich höhere Werte für oxidativen Stress und Entzündung aufweisen. Schlaf ist also keine Zeitverschwendung, sondern aktive Regeneration.

Doch nicht nur unser Körper, auch unser Geist braucht Entgiftung. Denn oxidativer Stress entsteht nicht nur durch schlechte Ernährung oder Umweltgifte, sondern auch durch Gedanken, Sorgen und emotionale Daueranspannung. Jedes Mal, wenn wir uns gestresst, überfordert oder innerlich getrieben fühlen, schüttet unser Körper Cortisol und Adrenalin in teilweise hohen Mengen aus. Und wird der Alarmzustand chronisch, beginnen die Zellen darunter zu leiden. Langfristig kann Cortisol auch die Produktion freier Radikale erhöhen und die Zellregeneration hemmen. Die

Mitochondrien werden weniger effizient, während Entzündungsprozesse zunehmen. Diese mentale Überlastung wird biochemisch für uns dann in Form der Hautalterung sichtbar.

Doch die gute Nachricht lautet: Entspannung ist trainierbar und messbar. Schon 15 Minuten bewusste Atmung pro Tag können den Cortisolspiegel senken und die Herzfrequenzvariabilität verbessern. Am besten, du machst aus den Atemübungen ein kleines, tägliches Ritual, einen Moment nur für dich. Schon wenige Minuten bewusstes Atmen lenken dein Nervensystem in den Ruhemodus, senken Puls und Stresshormone und schenken dir Klarheit.

DEINE NÄHRSTOFFE FÜR EIN LANGES UND GESUNDES LEBEN

Wenn es um unseren Bedarf an Nährstoffen geht, spielt gerade in der Frauengesundheit die individuelle Betrachtung eine wichtige Rolle, denn hormonelle Veränderungen, etwa im Verlauf unseres Zyklus, während Schwangerschaften oder in der Peri- und Postmenopause, nehmen hier großen Einfluss. Auch die Schilddrüsenfunktion, unser Eisenstatus, unsere Entzündungsneigung sowie kardiovaskuläre Risikofaktoren wirken sich darauf aus, ob und in welcher Dosierung Supplemente für uns persönlich sinnvoll sind. Deshalb ist es aus präventionsmedizinischer Sicht entscheidend, Nährstoffe nicht einfach so «auf Verdacht» oder «blind» einzunehmen. Eine Labordiagnostik ist unabdingbar und schafft die Grundlage, um Defizite oder auch Überversorgungen zu erkennen.

Die folgende Tabelle dient entsprechend nicht als Empfehlung, sondern eher als Orientierung und Information. Sie zeigt typische Dosierungsbereiche, wie sie in Studien oder in der klinischen Praxis diskutiert werden, ersetzt aber weder eine Laboranalyse noch das Gespräch mit deiner behandelnden Ärztin oder deinem Arzt.

Die Rolle der Nährstoffe für deine Langlebigkeit

Nährstoff	Orientierende Dosierung pro Tag	Kurz erklärt
Selen	mindestens 200–400 µg (Natriumselenit)	Selen ist ein essentielles Spurenelement für antioxidative Enzymsysteme und eine normale Schilddrüsenfunktion. Es spielt eine Rolle beim Schutz der Zellen vor oxidativem Stress.
Vitamin D	Variiert; ca. 2000–5000 IE	Vitamin D beeinflusst unseren Knochenstoffwechsel, Immunsystem und Muskelfunktion. Menschen hierzulande erreichen ohne Supplementation keinen ausreichenden Spiegel.
Omega-3-Fettsäuren	ca. 1000 mg	Omega-3-Fettsäuren sind strukturelle Bestandteile von Zellmembranen und wirken entzündungsmodulierend. Sie sind besonders relevant für unsere Herz-Kreislauf-Gesundheit und unser Gehirn.
Coenzym Q10	200–400 mg (aktive Form: Ubiquinol)	Coenzym Q10 ist zentral für die Energieproduktion in den Mitochondrien und wirkt antioxidativ, mit zunehmendem Alter nimmt die körpereigene Produktion ab.
Vitamin C	variiert stark, mindestens 1000 mg, in Stresssituationen auch 4000 mg und mehr möglich	Vitamin C unterstützt unser Immunsystem, die Kollagensynthese und den antioxidativen Zellschutz. Unter Stress oder bei Infekten steigt der Bedarf deutlich an.
Resveratrol	500 mg	Resveratrol ist ein pflanzliches Polyphenol, das mit zellulären Langlebigkeitsmechanismen in Verbindung gebracht wird. Die Datenlage ist zwar experimentell, aber biologisch plausibel.
Quercetin	500 mg	Quercetin wirkt antioxidativ und entzündungshemmend und beeinflusst zelluläre Signalwege. Es wird intensiv im Kontext von Immun- und Gefäßgesundheit untersucht.
Spermidin	2,5–5,0 mg	Spermidin ist ein natürlicher Bestandteil vieler Lebensmittel und steht im Zusammenhang mit Autophagie, also zellulären Reinigungsprozessen.
Taurin	ca. 1 g, variiert je nach Laborwert	Taurin ist eine schwefelhaltige Aminosäure, die an Zellschutz, osmotischer Regulation und Herz-Kreislauf-Funktion beteiligt ist.

Quelle: Elke Mantwill & Alicia Mantwill, *Der Nährstoffguide für Frauen*, München 2026.

Schon mal von Peptiden gehört?

Peptide werden in der Longevity-Forschung zunehmend diskutiert, weil sie gezielt biologische Signalwege beeinflussen können. Chemisch betrachtet handelt es sich um kurze Ketten aus Aminosäuren, also gewissermaßen kleine Bausteine von Proteinen, die im Körper als Signal- und Botenstoffe wirken und zahlreiche physiologische Prozesse wie Regeneration, Immunfunktion oder Stoffwechsel regulieren können. Sie gehören ohne Zweifel zu den spannendsten Ansätzen in der modernen Longevity-Forschung, weil sie exogen, also beispielsweise über die Nahrung, zugeführt werden und gezielt biologische Signale modulieren können. Ihre Wirkung wird aktuell intensiv erforscht, und sie haben zukünftig enormes Potenzial für mögliche regenerationsfördernde und altersmodulierende Effekte auf Zellebene. In der Diskussion um Longevity stehen Peptide deshalb im Fokus, weil einige von ihnen möglicherweise zelluläre Reparaturmechanismen unterstützen.

Für die meisten sogenannten Longevity-Peptide fehlen jedoch derzeit noch robuste Humanstudien, die nicht nur kurzfristige Biomarker, sondern Punkte wie Krankheitsrisiken oder Lebensspanne untersuchen. Viele Peptide sind auch bisher noch nicht als Arzneimittel zugelassen, und die Qualität und Reinheit der Produkte auf dem Markt variiert stark, daher ist Vorsicht geboten. In Deutschland ist ihre medizinische Anwendung aber reguliert, sodass du deine Ärztin oder deinen Arzt um Rat fragen kannst, falls du sie einsetzen möchtest.

SÄULE 7:

DIE ENERGIE UNSERER SOZIALEN BEZIEHUNGEN

Du hast auf den letzten Seiten viel über die Messung von Herzfrequenz, Blutdruck oder Entzündungswerten im Labor gehört, aber eines lässt sich in keinem Labor bestimmen, nämlich das Gefühl, verbunden zu sein. Und doch entscheidet genau das oft darüber, wie jemand altert. Menschen mit guten Beziehungen leben einfach länger und auch gesünder. Vielleicht, weil Nähe etwas bewirkt, was kein Medikament ersetzen kann, sie bringt den Körper von innen zur Ruhe. Seien wir ehrlich: Wenn wir an Prävention und Langlebigkeit denken, kommen uns meist Ernährung, Bewegung und Schlaf in den Sinn. Beziehungen tauchen in diesem Zusammenhang dagegen selten auf, obwohl sie für unsere Gesundheit eine ähnlich große Rolle spielen.

Soziale Verbundenheit hat langfristig messbare Effekte auf unsere Gesundheit und unsere Lebenserwartung. Gleichzeitig verändern sich soziale Netzwerke natürlicherweise im Laufe des Lebens, besonders in den verschiedenen Lebensphasen, nach Trennungen, beruflichen Veränderungen oder zum Beispiel im Ruhestand. Entscheidend ist dabei nicht die Anzahl der Kontakte, die du hast, sondern die Qualität der Beziehungen. Während belastende oder einseitige Beziehungen bestehenden Stress verstärken können, wirken sich Nähe, emotionale Wärme und gegenseitiger Respekt positiv auf unsere Gesundheit aus.

Zu einem langen und guten Leben gehören also eine starke Gemeinschaft, Freunde, Familie, Kolleg:innen – einfach Menschen, mit denen wir uns verbunden fühlen. Einsamkeit hingegen kann uns krank machen. So macht eine große nationale US-Längsschnittstudie aus dem Jahr 2012 deutlich, dass soziale Isolation im höheren Lebensalter weitreichende gesundheitliche Folgen hat. Menschen, die sich einsam fühlen, haben ein um fast 50 Prozent erhöhtes Sterberisiko. In ihrer Bedeutung für unsere Gesundheit steht soziale Isolation damit klassischen Risikofaktoren wie Bewegungsmangel oder Rauchen in nichts nach.

Eine große Meta-Analyse der US-amerikanischen Psychologin Julianne Holt-Lunstad zeigt eindrücklich, dass sowohl objektive soziale Isolation als auch subjektiv empfundene Einsamkeit das Risiko für einen vorzeitigen Tod deutlich erhöhen können. Ob Menschen tatsächlich allein leben oder sich innerlich einsam fühlen, macht dabei erstaunlich wenig Unterschied, in beiden Fällen steigt die Mortalität um etwa 25 bis 30 Prozent. Dieser Zusammenhang zeigt sich bei Frauen und Männern gleichermaßen. Besonders ausgeprägt ist er jedoch bei Menschen unter 65 Jahren, was verdeutlicht, dass soziale Verbundenheit bereits in früheren Lebensphasen ein Thema ist und nicht nur im höheren Alter, wie oft angenommen wird.

Die Ursachen liegen in komplexen biologischen Mechanismen. Anhaltende soziale Isolation wirkt für den Körper wie ein chronischer Stressreiz. Dadurch wird die Stressachse aktiviert, Stresshormone steigen an, Entzündungsprozesse können zunehmen, und gleichzeitig wird das Immunsystem weniger effektiv reguliert. In der Folge erhöht sich langfristig das Risiko für Herz-Kreislauf-Erkrankungen, depressive Erkrankungen und Schlafstörungen.

Einsamkeit ist deshalb weit mehr als nur ein unangenehmes Gefühl. Sie wirkt auf neurobiologischer und immunologischer Ebene und wird zunehmend als messbarer Gesundheitsfaktor verstanden.

FAKT: Nähe und stabile soziale Beziehungen wirken nachweislich gesundheitsfördernd. Studien zeigen, dass soziale Verbundenheit das Risiko für chronische Erkrankungen senkt und mit einer längeren Lebenserwartung assoziiert ist, und zwar vergleichbar mit Bewegung, gesunder Ernährung, Rauchverzicht und ausreichend Schlaf. Soziale Gesundheit ist somit ein eigenständiger, relevanter Faktor für ein langes und gesundes Leben.

SOZIALE FITNESS ZÄHLT MINDESTENS GENAUSO WIE KÖRPERLICHE FITNESS

Soziale Fitness beschreibt die Fähigkeit, stabile und erfüllende Beziehungen zu Mitmenschen aufzubauen und zu pflegen, sowohl im privaten wie auch im beruflichen Umfeld. Es bedeutet, in sozialen Situationen möglichst empathisch zu kommunizieren und Bindungen bewusst zu gestalten und zu pflegen. So, wie wir durch körperliches Training unsere Muskeln stärken, können wir auch unsere sozialen Fähigkeiten trainieren. Soziale Fitness ist dabei weit mehr als ein Soft Skill, sie ist ein entscheidender Faktor für Gesundheit und Langlebigkeit.

Menschen mit einer hohen sozialen Kompetenz und stabilen Beziehungen sind emotional ausgeglichener und psychisch belastbarer. Studien zeigen, dass sie seltener an Depressionen oder Herz-Kreislauf-Erkrankungen leiden und eine höhere Lebenserwartung haben. Das liegt nicht nur an der emotionalen Unterstützung, die diese Menschen erfahren, sondern auch an biologischen Effekten, denn stabile soziale Beziehungen senken chronischen Stress, reduzieren Entzündungsprozesse und stärken das Immunsystem.

Soziale Fitness entsteht durch bewusste Übung, durch echtes Zuhören und aufrichtiges Interesse für unser Gegenüber und nicht zuletzt durch die aktive Pflege von Freundschaften. Denn die eigenen Beziehungen zu pflegen, bedeutet auch, vertrauen zu können. Und genau darin liegt die Kraft der sozialen Fitness für unseren Körper und unseren Geist und somit auch für ein langes, gesundes Leben.

Hast du schon einmal darüber nachgedacht, wie viele wirklich bedeutungsvolle Kontakte du in deinem Leben hast und was du tust, um sie aufrechtzuerhalten? Beziehungen entstehen keinesfalls zufällig, sondern soziale Fitness wächst mit jedem ehrlichen Gespräch und jedem Moment zwischenmenschlicher Nähe. Denn am Ende sind es nicht nur die Kilometer, die wir laufen, oder die Vitamine, die wir zu uns nehmen, die unser Leben verlängern, sondern auch die Menschen, mit denen wir unser Leben teilen.

Deine Soziale-Fitness-Checkliste

Bewusstsein schaffen

- Habe ich mir bewusst gemacht, wie wichtig soziale Beziehungen für meine Gesundheit sind?
- Weiß ich, welche Menschen mir wirklich guttun und welche mir meine Energie entziehen?
- Habe ich meine wichtigsten fünf Beziehungen klar im Kopf oder mir notiert?

Beziehungspflege im Alltag

- Ich nehme mir jede Woche Zeit, zwei Personen aktiv zu kontaktieren.
- Ich höre in Gesprächen wirklich zu (60 Prozent zuhören, 40 Prozent sprechen).
- Ich zeige Wertschätzung, zum Beispiel durch eine kleine Nachricht oder einen Anruf.
- Ich bin bereit, mich zu öffnen und auch persönliche Gedanken zu teilen.
- Ich habe gemeinsame Rituale mit Partner:in, Freund:in, Familienangehörigen (z. B. wöchentlicher Spaziergang oder ein Telefontermin).

Neue Verbindungen aufbauen

- Ich habe in den letzten 30 Tagen mindestens eine neue Person kennengelernt.
- Ich besuche regelmäßig Gruppenaktivitäten (z. B. einen Sportkurs oder eine Kulturveranstaltung).
- Ich bin offen für unerwartete Begegnungen und halte Blickkontakt in Alltagssituationen.
- Ich nutze soziale Medien bewusst, um reale Begegnungen zu initiieren (nicht zu ersetzen).

Grenzen und Balance

- Ich erkenne, wenn eine Beziehung mich dauerhaft stresst oder auslaugt.
- Ich kann Nein sagen, ohne Schuldgefühle zu haben.
- Ich nehme mir auch Zeit für Rückzug und Regeneration.

FREUNDSCHAFT UND LIEBE SIND DIE WAHREN JUNGBRUNNEN

Die positive Wirkung sozialer Interaktionen spiegelt sich in einer verbesserten psychischen und auch physischen Gesundheit wider, und das nicht zuletzt, weil sie uns helfen, Stress zu bewältigen und ein Gefühl von Zugehörigkeit zu entwickeln. Menschen ohne tragendes Netzwerk haben hingegen weniger Reserven und eine geringere Widerstandskraft im Alter. Denn fehlt das Gefühl von Zugehörigkeit, fehlt oft auch der innere Halt, der uns durch schwierige Zeiten trägt.

Während der Corona-Pandemie hat sich eindrücklich gezeigt, wie verletzlich unsere sozialen Strukturen eigentlich sind. Homeoffice, Kontaktbeschränkungen und der Wegfall informeller Begegnungen haben bei vielen Menschen das Gefühl von Einsamkeit deutlich verstärkt. Diese Veränderungen wirken immer noch nach, gerade weil digitale Kommunikation reale Nähe nur begrenzt ersetzen kann. So leiden weiterhin viele Menschen unter Einsamkeit oder sozialer Isolation, was mit deutlichen Auswirkungen auf Lebensqualität und Gesundheit verbunden ist. Laut Studien fühlen sich hierzulande rund 8,3 Prozent der Bevölkerung ab 50 Jahren einsam, was bedeutet, sie fühlen sich subjektiv allein, unabhängig davon, ob sie tatsächlich isoliert sind.

Das Bundesministerium für Familie, Senioren, Frauen und Jugend hat deshalb eine «Nationale Strategie gegen Einsamkeit» entwickelt. Diese im Jahr 2023 veröffentlichte Strategie ist die erste umfassende politische Initiative in Deutschland, die Einsamkeit ausdrücklich als gesellschaftliches und gesundheitliches Problem anerkennt. Ziel ist es, Einsamkeit sichtbar zu machen und Betroffene zu erreichen, denn insgesamt umfasst die Strategie rund 100 Maßnahmen in mehreren Handlungsfeldern von Forschung über Bildungsinitiativen bis hin zu kommunalen Programmen.

Laut dem Einsamkeitsbarometer 2024 hat das Einsamkeitsempfinden in den letzten Jahren weiter zugenommen. Besonders betroffen sind inzwischen junge Erwachsene, in der Altersgruppe der 18- bis 29-Jährigen berichteten 73,9 Prozent über wahrgenommene soziale Isolation. Einsamkeit ist also längst keine reine Alterserscheinung mehr, sie betrifft alle Generationen und beginnt inzwischen deutlich früher als angenommen.

Einsamkeit ist ein biologischer Stressor und aktiviert dieselben physiologischen Stressachsen wie Angst oder Schmerz. Dadurch werden unser Schlaf, unser Immunsystem und unsere Herz-Kreislauf-Funktion messbar beeinflusst, unter anderem durch veränderte Cortisolprofile, erhöhte Entzündungsmarker und eine reduzierte Herzfrequenzvariabilität. Nähe, Vertrauen und Zugehörigkeit sind daher keine Nebensache, sondern sie sind messbare Gesundheitsdeterminanten und wesentliche Bestandteile moderner Prävention.

TIPP: Loved Ones First – räume Familie und engen Beziehungen bewusst Priorität ein. Zeit füreinander und miteinander, stabile Partnerschaften und Generationennähe senken unsere Mortalität nachweislich.

SOZIALE LANGLEBIGKEIT IN DEN BLUE ZONES

Aus Longevity-Sicht sind soziale Verbindungen also eine zentrale Säule, weil alle anderen Gesundheitsfaktoren wie Ernährung, Bewegung, Schlaf und Stressmanagement besser wirken, wenn sie in ein unterstützendes Netzwerk eingebettet sind. Dies lässt sich auch in den Blue Zones gut beobachten, wo das soziale Umfeld, wie wir gesehen haben, eine zentrale Rolle spielt. Orte wie Okinawa in Japan, Sardinien in Italien oder die griechische Insel Ikaria zeigen, dass Langlebigkeit weit mehr ist als das Ergebnis guter Gene oder gesunder Ernährung. An diesen Orten steht die Gemeinschaft an erster Stelle – die Menschen leben in stabilen, generationsübergreifenden Netzwerken, in denen täglicher Kontakt selbstverständlich ist. Man isst gemeinsam, hilft einander, kümmert sich umeinander, und genau das scheint das Leben zu bereichern.

Diese Form der sozialen Verpflichtung, durch das Teilen von Mahlzeiten, gegenseitige Unterstützung und gemeinsame Rituale, gibt dem Leben einen Sinn und den Menschen vielleicht auch die emotionale Sicherheit für ein langes Leben. Sie schützt vor Einsamkeit und schafft zugleich ein tiefes Gefühl der Zugehörigkeit.

TIPP: Du solltest soziale Verbindungen bewusst wie einen Gesundheitsfaktor behandeln. Schon kurze, regelmäßige Kontakte haben messbare Effekte auf unser Wohlbefinden. Manchmal reicht eine kurze Nachricht oder ein ehrliches Kompliment, manchmal ist vielleicht auch der Mut gefragt, einen lange nicht gepflegten Kontakt wieder aufzunehmen.

WIE FRAUEN UND MÄNNER VON PARTNERSCHAFTEN PROFITIEREN

Wusstest du eigentlich, dass Männer gesundheitlich deutlich mehr von Partnerschaften profitieren als wir Frauen? Das klingt erst einmal überraschend, aber die Studienlage ist erstaunlich eindeutig: Männer leben in stabilen Beziehungen länger, haben weniger Herz-Kreislauf-Erkrankungen und eine geringere Gesamtsterblichkeit. Frauen dagegen scheinen ihre gesundheitlichen Ressourcen oft auch außerhalb von Partnerschaften aufzubauen, durch ihr soziales Netzwerk, intensive Freundschaften und Routinen.

Besonders deutlich zeigt sich dieser Unterschied nach Trennungen oder dem Verlust des Partners bzw. der Partnerin. Während Männer auf diese Ereignisse mit einem messbaren Anstieg von Morbidität und Mortalität reagieren, bleiben Frauen deutlich stabiler – was weniger etwas über emotionale Tiefe aussagt als vielmehr über soziale Selbstfürsorge und den Umgang mit Belastungen.

Es gibt mittlerweile auch Studien und Analysen, die geschlechtsspezifische Gesundheitseffekte von Partnerschaften beleuchten. Hier zeigt sich, dass Männer oft stärker von den Partnerschaften profitieren als Frauen, zumindest wenn es um Lebenserwartung und reduzierte Sterblichkeit geht. Eine große Längsschnittanalyse aus Kanada, die rund 7000 Erwachsene über mehrere Jahre begleitete, kam zu dem Ergebnis, dass verheiratete Männer im Vergleich zu Männern ohne Partnerschaft deutlich höhere Chancen auf «optimales Altern» hatten, während dieser Effekt bei Frauen nicht beobachtet wurde.

Wir Frauen sorgen also nicht nur für uns selbst, sondern sind zugleich auch in der Lage, innerhalb von Beziehungen Fürsorge zu leisten und Strukturen mitzutragen. Diese Fähigkeit ist Ausdruck weiblicher Stärke – emotional wie sozial.

DAS SOZIALE NETZWERK ALS UNSICHTBARES SCHUTZSYSTEM

Wir wissen inzwischen, dass Frauen im Durchschnitt länger leben als Männer, doch die entscheidende Frage lautet: Leben sie auch besser? Die Forschung zeigt deutlich, dass die Qualität von sozialen Beziehungen besonders für Frauen ein zentraler Schlüssel zu Gesundheit und Langlebigkeit ist. Während wir oft über Hormone, Ernährung oder Bewegung sprechen, ist es die emotionale Verbundenheit, die den größten biologischen Einfluss auf das Altern hat.

Wir Frauen verfügen von Natur aus über ein stärker ausgeprägtes soziales und empathisches Netzwerkverhalten. Denn Frauen reagieren auf Stress, wie zuvor schon erklärt, nicht primär mit Kampf oder Flucht, sondern mit Fürsorge und Beziehung. Diese Reaktion wird hormonell durch Oxytocin, das Bindungs- und Anti-Stress-Hormon, vermittelt und kann wie ein biologischer Schutzschild wirken. So belegen Daten aus der «Nurses' Health Study» mit über 120 000 Teilnehmerinnen, dass Frauen mit einem aktiven sozialen Netzwerk ein deutlich niedrigeres Risiko für kardiovaskuläre Erkrankungen und vorzeitige Sterblichkeit haben. Je stärker die soziale Einbindung ist, desto niedriger sind die Entzündungswerte und desto besser die psychische Resilienz.

Gleichzeitig geraten diese schützenden sozialen Strukturen in modernen Lebensrealitäten zunehmend unter Druck. Viele Frauen erleben insbesondere ab der Lebensmitte eine neue Form von sozialer Isolation. Vieles ist im Fluss, die Kinder ziehen aus oder Beziehungen verändern sich, berufliche Strukturen werden zunehmend digitaler und vertraute Freundschaften können wegbrechen. Bleibt soziale Verbundenheit aus, kann dies zu einer anhaltenden Aktivierung von Stresssystemen führen. Studien zeigen hier Zusammenhänge mit einem erhöhten Risiko für depressive Symptome sowie Schlafstörungen.

Frauen, die bewusst Nähe zulassen und Freundschaften pflegen, aktivieren dagegen ihr eigenes Anti-Aging-System. Langlebigkeit heißt für uns also auch, Beziehungen zu priorisieren, auf echte Gespräche, gegenseitige Unterstützung und gemeinsames Lachen zu setzen. Denn unser Herz braucht mehr als Sauerstoff und Vitamine. Es braucht echte Verbindungen.

In der sogenannten Polyvagal-Theorie wird angenommen, dass unser Vagusnerv – also der Teil des parasympathischen Nervensystems, der eng mit sozialer Sicherheit verknüpft ist – aktiviert wird, wenn wir uns verbunden fühlen. Dadurch können sich unser Herzschlag und unsere Atmung verlangsamen und Stresshormone sinken. Dieses System schafft somit die physiologische Grundlage für Vertrauen innerhalb sozialer Beziehungen. Fühlen wir uns dagegen einsam oder bedroht, übernimmt der «Überlebensmodus», das heißt, der Körper bleibt in Alarmbereitschaft, Entzündungen steigen und die Regeneration wird blockiert. Genau deshalb wirkt soziale Nähe wie Medizin, eine Umarmung kann dem Körper Sicherheit signalisieren und aktiviert gleichzeitig unsere Selbstheilungskräfte.

Du kennst das vielleicht auch: Du triffst eine gute Freundin, es gibt gar nicht viel zu erzählen, und irgendwann sagt eine von euch beiden: «Kannst du mich kurz drücken?» Und genau darum geht es in diesem Moment – denn die körperliche Nähe muss nichts erklären, sondern sie vermittelt dem Nervensystem Sicherheit und senkt messbar Stressreaktionen. Am Ende sind es nicht nur die alltäglichen Routinen, die uns gesund altern lassen, sondern die Verbindungen, die uns tragen. Gerade wir Frauen sind biologisch darauf ausgerichtet, Nähe zu suchen und uns gegenseitig zu stützen. Dieses Netzwerk aus Freundschaften und Familie wirkt wie ein unsichtbares Schutzsystem – es reguliert Stress und schenkt uns gleichzeitig emotionale Stabilität.

Langlebigkeit bedeutet also nicht, dem Alter davonzulaufen oder das Altern zu vermeiden, sondern es bedeutet vor allem, in Beziehungen eingebunden zu bleiben. Denn wer sich gesehen und verstanden fühlt, lebt nachweislich länger und gesünder.

Longevity – ein multisystemischer Ansatz

Die Longevity-Pyramide versteht Gesundheit als Multisystemansatz: Eine stabile gesundheitliche Basis aus beispielsweise Schlaf, Ernährung, Bewegung, Stressregulation und sozialen Faktoren trägt weiterführende Ebenen wie Diagnostik, hormonelle Regulation, regelmäßige Vorsorge und die individuelle Lebensausrichtung im Sinne des Ikigai. Ziel ist es, Gesundheit nicht isoliert, sondern als Zusammenspiel biologischer, psychischer und lebensstilbezogener Prozesse zu verstehen.

Teil III

GESUND BLEIBEN STATT KRANK WERDEN – DEN FOKUS AUF PRÄVENTION RICHTEN

KRANKHEITSRISIKEN VON FRAUEN

Die Krankheitsrisiken von Frauen verändern sich im Laufe des Lebens deutlich. Während in jüngeren Jahren vor allem gynäkologische und hormonelle Aspekte im Fokus stehen, verschiebt sich das Erkrankungsspektrum mit zunehmendem Alter hin zu chronischen, nicht übertragbaren Erkrankungen. Besonders relevant sind dabei Herz-Kreislauf-Erkrankungen, die die häufigste Todesursache bei Frauen darstellen, auch wenn sie in der öffentlichen Wahrnehmung oft unterschätzt werden und es nach wie vor an ausreichender Aufmerksamkeit und dem Bewusstsein dafür fehlt. Insgesamt zeigt sich, dass viele der zentralen Krankheitsrisiken von Frauen durch gezielte Prävention, frühe Diagnostik und ein besseres Bewusstsein für geschlechterspezifische Unterschiede positiv beeinflusst werden können. Genau hier liegt ein großes, bislang nicht ausreichend genutztes Potenzial – das betrifft Männer übrigens ebenso, sie merken es nur oft etwas später.

Fragt man Frauen in Deutschland, wie es ihnen gesundheitlich geht, wirken die Antworten zunächst beruhigend. Rund zwei Drittel schätzen ihre Gesundheit als gut oder sehr gut ein. Auch im Zeitverlauf zeigt sich, dass Frauen ab etwa 40 Jahren ihre eigene Gesundheit heute besser bewerten als noch in den 1990er-Jahren. Auf den ersten Blick scheint also vieles in Ordnung zu sein. Schaut man jedoch genauer hin, verändert sich das Bild. Große Datensätze, etwa vom Robert Koch-Institut, dem Bundesgesundheitsministerium oder aus internationalen Analysen wie der «Global Burden of Disease», zeigen eine andere Realität. Gerade jene Erkrankungen, die Frauen häufig unterschätzen oder lange nicht wahrnehmen, sind dann oft die, die langfristig am meisten zu Krankheit und vorzeitiger Sterblichkeit beitragen.

HERZ-KREISLAUF-ERKRANKUNGEN

Noch immer denken viele Frauen bei «ernster Erkrankung» zuerst an Krebs, insbesondere an Brustkrebs. Und fragt man Frauen danach, was sie für die häufigste Todesursache halten, nennen viele ebenfalls Brustkrebs. Tatsächlich sind es jedoch Herz-Kreislauf-Erkrankungen, die bei Frauen mit Abstand die häufigste Todesursache darstellen. Diese Diskrepanz zwischen Wahrnehmung und medizinischer Realität erklärt, warum Prävention im kardiovaskulären Bereich bei Frauen nach wie vor unterschätzt wird. Je nach Jahr entfallen rund 37 bis 40 Prozent aller Todesfälle bei Frauen auf Herzinfarkt, Schlaganfall oder andere kardiovaskuläre Erkrankungen.

Lange galt das Herz als «Männerorgan» – ein Irrtum mit gravierenden Folgen. Frauen erkranken im Durchschnitt später, aber häufig schwerer. Ihre Symptome können atypisch sein: ungewöhnliche Müdigkeit, Atemnot, Übelkeit, Rücken- oder Bauchschmerzen, eine Kombination aus mehreren dieser Symptome oder auch ein diffuser Druck im Brustkorb statt des klassischen, stechenden Brustschmerzes. Genau deshalb werden diese Warnzeichen so häufig fehlinterpretiert oder übersehen. Der Frauen-Gesundheitsbericht des RKI spricht das klar aus: Herz-Kreislauf-Erkrankungen gelten noch immer als eher «männlich» und werden bei Frauen systematisch unterschätzt, von den Betroffenen selbst, aber auch im medizinischen Alltag.

Auch internationale Daten stützen dies. Die große Lancet-Kommission zu Frauen und Herz-Kreislauf-Erkrankungen zeigt, dass Herzkrankheiten weltweit die häufigste Todesursache von Frauen sind und dass Frauen in vielen Ländern schlechter diagnostiziert und später behandelt werden als Männer. Sie kommen im Durchschnitt später in die Notaufnahme, erhalten seltener eine leitliniengerechte Therapie und haben nach einem Herzinfarkt häufiger eine höhere Sterblichkeit als Männer.

Ein wichtiger Grund liegt wie gesagt in der Art, wie sich Herzerkrankungen bei Frauen äußern. Viele Frauen – und leider auch einige Ärzt:innen – ordnen die unklaren Beschwerden zunächst Stress, der Psyche, dem Magen oder der Wirbelsäule zu. Das Herz wird häufig erst spät in Betracht gezogen, und diese Verzögerung in der Einordnung und Abklärung kann in manchen Fällen lebensentscheidend sein.

KREBSERKRANKUNGEN

Krebserkrankungen sind nach Herz-Kreislauf-Erkrankungen die zweithäufigste Todesursache in Deutschland und auch weltweit. Daten des Robert Koch-Instituts zeigen, dass rund 37 Prozent der zu erwartenden Krebsneuerkrankungen auf modifizierbare Risikofaktoren zurückzuführen sind. Dazu zählen vor allem Lebensstilfaktoren, bestimmte Infektionen und Umweltfaktoren. Ein erheblicher Teil dieser Erkrankungen wäre also grundsätzlich vermeidbar. Der wichtigste beeinflussbare Risikofaktor bleibt das Rauchen. Daneben spielen chronische Infektionen eine zentrale Rolle, etwa mit humanen Papillomviren, dem Hepatitis-B- und Hepatitis-C-Virus oder Helicobacter pylori. Sie sind maßgeblich an der Entstehung von Gebärmutterhals-, Leber- und Magenkrebs beteiligt. Hier zeigt sich, wie groß das präventive Potenzial moderner Medizin eigentlich ist.

Beim Thema Krebs steht der Brustkrebs im Mittelpunkt. Mit rund 75 000 Neuerkrankungen pro Jahr ist er die häufigste Krebserkrankung bei Frauen. Die gute Nachricht ist, dass sich durch strukturierte Screeningprogramme, verbesserte Diagnostik und moderne Therapien die Überlebenschancen in den letzten Jahren deutlich erhöht haben. Die Herausforderung bleibt dennoch beste-

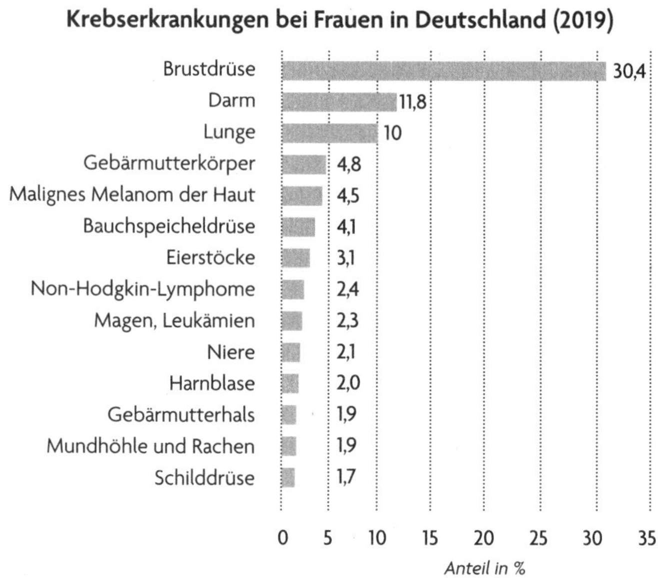

hen. Nicht wenige Frauen wiegen sich in falscher Sicherheit, weil sie regelmäßig zur Mammographie gehen, während andere zentrale Gesundheitsfaktoren kaum Beachtung finden. Herzgesundheit, Blutzucker, Blutdruck oder die hormonelle Balance geraten oft in den Hintergrund.

Andere Krebserkrankungen wie Darm-, Lungen- oder Eierstockkrebs sind zwar seltener, verlaufen jedoch häufig aggressiver und stehen in engem Zusammenhang mit Lebensstilfaktoren wie Rauchen, Ernährung, Bewegungsmangel sowie hormonellen Übergangsphasen. Wie gut, dass die Altersgrenze für die Darmkrebsfrüherkennung gerade erst auf 50 Jahre gesenkt wurde, für Frauen wie für Männer gleichermaßen. Früheres Screening heißt schließlich mehr Zeit, um Vorstufen zu entdecken und Erkrankungen zu verhindern, anstatt sie erst dann ernst zu nehmen, wenn sie nicht mehr zu übersehen sind.

STOFFWECHSELERKRANKUNGEN

Zwischen dem 40. und 60. Lebensjahr nehmen vor allem metabolische und hormonabhängige Erkrankungen zu. Schilddrüsenerkrankungen, insbesondere die Hashimoto-Thyreoiditis, betreffen Frauen deutlich häufiger als Männer. Auch Typ-2-Diabetes und Fettstoffwechselstörungen werden in dieser Lebensphase vermehrt diagnostiziert, nicht selten als Zufallsbefund. Begünstigt werden sie durch hormonelle Veränderungen, Gewichtszunahme und Bewegungsmangel. Vor allem der Bluthochdruck wird nicht selten zufällig bei einer Routineuntersuchung oder vor einer Operation entdeckt.

Das eigentlich Besorgniserregende ist jedoch, dass sich das Risikoprofil nach der Menopause noch einmal deutlich verschiebt. Mit dem Rückgang des Östrogens verliert der Körper einen Teil seines vaskulären Schutzes, und das Risiko für Herzinfarkt, Schlaganfall, Osteoporose und Insulinresistenz steigt spürbar an. Große internationale Kohortenstudien sowie Auswertungen der Global-Burden-of-Disease-Daten zeigen sehr klar, dass der hormonelle Übergang einen biologischen Wendepunkt markiert, insbesondere für Herz und Stoffwechsel. Umso erstaunlicher ist es, wie selten in der klinischen Routine konkret über kardiovaskuläre Risiken rund um die Menopause gesprochen wird.

PSYCHISCHE GESUNDHEIT

Die Zahlen zeigen noch etwas anderes: Frauen tragen eine deutlich höhere Last psychischer Erkrankungen. Depressionen und Angststörungen treten bei ihnen etwa doppelt so häufig auf wie bei Männern. Dieser Befund findet sich konsistent in internationalen Erhebungen und auch in den Daten der Global-Burden-of-Disease-Studien. Neben biologischen Faktoren, einschließlich hormoneller Veränderungen, spielen soziale Rahmenbedingungen eine zentrale

Rolle. Mehrfachbelastung, Care-Arbeit und die oft unsichtbare mentale Verantwortung in Familie und Beruf führen dazu, dass echte Erholungsphasen zu kurz kommen. Diese chronische Überlastung bleibt selten folgenlos und ist ein wesentlicher, oft unterschätzter Faktor für die psychische Gesundheit von Frauen.

AUTOIMMUNERKRANKUNGEN

Doch das ist nicht alles. Hinter den großen Schlagzeilen über Herzinfarkt und Krebs verbirgt sich eine chronische Krankheitslast, die das Leben vieler Frauen oft über Jahrzehnte prägt. Dazu gehören vor allem Autoimmunerkrankungen wie Hashimoto-Thyreoiditis, rheumatoide Arthritis, Lupus erythematodes, Multiple Sklerose oder chronisch-entzündliche Darmerkrankungen (CED). Rund 80 Prozent aller Autoimmunerkrankungen betreffen Frauen, und zwar vor allem in der Lebensphase zwischen 20 und 50 Jahren, also genau dann, wenn sie mitten im Beruf, in der Familienplanung oder in der Doppelbelastung von Arbeit und Care-Verantwortung stehen. Forscher:innen vermuten dahinter eine Kombination aus genetischer Prädisposition, hormoneller Modulation und Umweltfaktoren.

Das weibliche Immunsystem reagiert im Durchschnitt aktiver als das männliche. Das ist evolutionär sinnvoll, weil es besser vor Infektionen schützt, kann aber auch dazu führen, dass Abwehrreaktionen schneller und stärker ausfallen als nötig. Das Östrogen spielt dabei eine ambivalente Rolle, denn es kann unser Immunsystem stimulieren und Entzündungen dämpfen, aber bei bestimmten genetischen Konstellationen auch Autoimmunreaktionen verstärken. So erklärt sich, warum Erkrankungen wie Hashimoto-Thyreoiditis oder der systemische Lupus erythematodes – eine chronisch-entzündliche Autoimmunerkrankung – oft in hormonellen Übergangsphasen auftreten, etwa nach einer Schwangerschaft oder rund um die Menopause. Ein weiterer Grund für geschlechtsspezifische Unterschiede in der stärkeren Immunaktivität bei Frauen liegt im X-Chromosom. Dieses trägt zahlreiche Gene, die eine zentrale Rolle für unser Immunsystem spielen. Frauen verfügen – anders als Männer – über zwei X-Chromosomen statt eines, was sich in vielerlei Hinsicht als biologischer Vorteil erweisen kann.

CHRONISCHE SCHMERZEN

Auch chronische Schmerzen gehören zu den Begleitern weiblicher Gesundheit, oft vielleicht unsichtbar für die Außenwelt und die Mitmenschen, aber im Alltag allgegenwärtig. Zahlreiche Studien belegen, dass Frauen signifikant häufiger unter chronischen Schmerzen leiden als Männer, ganz unabhängig von Alter, sozialem Status oder kulturellem Hintergrund. Besonders häufig sind Fibromyalgie, chronische Rückenschmerzen, Reizdarmsyndrom, Spannungskopfschmerzen und Beckenbodenschmerzen. Das sind Erkrankungen, die selten lebensbedrohlich sind, aber über Jahre hinweg Energie und Lebensfreude rauben und damit unser gesamtes hormonelles und psychisches Gleichgewicht beeinflussen können.

Die Ursachen sind vielschichtig, unter anderem spielt die hormonelle Regulation der Schmerzverarbeitung eine zentrale Rolle, denn Östrogen und Progesteron beeinflussen die Aktivität von Schmerzrezeptoren und Neurotransmittern. Sinkt der Östrogenspiegel, etwa in der späten zweiten Zyklushälfte oder in der Menopause, steigt bei vielen Frauen die Schmerzempfindlichkeit deutlich an, was auch erklärt, warum zyklische oder hormonabhängige Schmerzsyndrome so häufig sind.

Zum anderen besitzen Frauen eine höhere Dichte an Schmerzrezeptoren in Haut, Muskulatur und den viszeralen Organen. Studien zeigen, dass Schmerzsignale im weiblichen Gehirn intensiver verarbeitet werden, insbesondere in Regionen, die Emotionen und

Aufmerksamkeit steuern. Schmerz wird also nicht nur stärker gefühlt, sondern auch emotionaler erinnert. Diese biologische Feinabstimmung ist ursprünglich ein Überlebensvorteil, sie macht Frauen empfindsamer für Veränderungen im Körper, doch in einer Welt chronischen Stresses und Dauerbelastung kann sie auch schnell zur Schwachstelle werden. Hinzu kommen psychosoziale Faktoren, die die Schmerzwahrnehmung verstärken, Dauerstress, aber auch gesellschaftlicher Druck, als Frau ständig funktionieren zu müssen.

Ein Beispiel stellt in diesem Zusammenhang die Fibromyalgie dar, eine chronische Erkrankung mit Muskel- und Sehnenschmerzen, die fast ausschließlich Frauen betrifft. Sie zeigt genau dieses Muster: kein eindeutiger Laborwert, keine auffällige Bildgebung, und doch sind die Schmerzen tiefgreifend. Forschungen deuten darauf hin, dass es sich um eine Störung der zentralen Schmerzverarbeitung handelt – das Nervensystem reagiert überempfindlich auf Reize, und das Schmerzgedächtnis bleibt aktiviert. Hormone, Schlafmangel und Stress wirken hier als Verstärker, ein Teufelskreis, der schwer zu durchbrechen ist.

Auch Reizdarm und Beckenbodenschmerz sind Ausdruck dieser komplexen Interaktion. Beide Erkrankungen zeigen gut, wie eng Nervensystem, Hormonlage und Mikrobiom miteinander verknüpft sind. Die Darm-Hirn-Achse kann empfindlich auf Cortisol, Östrogen und Serotonin reagieren – kein Wunder, dass Reizdarmbeschwerden oft in hormonellen Umbruchphasen auftreten. Dasselbe gilt für chronische Spannungskopfschmerzen und Migräne, auch diese Erkrankungen korrelieren eng mit Östrogenschwankungen oder aber variierenden Stresshormonspiegeln. Natürlich, diese Schmerzen sind selten gefährlich, aber sie verändern das Leben, beeinträchtigen nicht selten die Lebensqualität, und sie bestimmen, wie viel Energie für den Tag bleibt, ob man Sport treiben kann, ob Schlaf erholsam ist oder ob man morgens schon erschöpft aufwacht. Chronische Schmerzen zeigen, wie fein das Zusammenspiel zwischen unseren Hormonen, Stressfaktoren und unserem

Nervensystem wirklich ist und wie sehr Prävention hier ansetzen muss. Wer das versteht, hört auf zu bagatellisieren und beginnt, Schmerzen bei Frauen ernsthaft und differenziert zu behandeln.

Die Migräne betrifft etwa dreimal so viele Frauen wie Männer, bei vielen dieser Patientinnen sind die Attacken klar hormonabhängig. Sie treten kurz vor der Menstruation auf, bessern sich in der Schwangerschaft und verändern sich erneut in den Wechseljahren. Neurologisch betrachtet ist die Migräne eine neurovaskuläre Dysregulation, die eng mit Östrogenschwankungen, Cortisol-Rhythmus und Mikronährstoffstatus (z. B. Magnesium, Vitamin B2) verknüpft ist. Auch diese Erkrankung ist selten akut gefährlich, aber die Leistungsfähigkeit kann leiden, ebenso die Freude, und gerade bei uns Frauen manchmal auch das Selbstwertgefühl. Man kann kaum in Worte fassen, wie stark Migräne die Lebensqualität von Frauen einschränken kann – mit Auswirkungen auf Alltag und Arbeit, aber auch unsere Beziehungen. Viele Frauen gewöhnen sich an diesen Zustand, «funktionieren» einfach weiter, nehmen Schmerzmittel, akzeptieren Müdigkeit, Gereiztheit oder Konzentrationsstörungen und empfinden es vielleicht als normal.

Das Problem ist, dass viele dieser Erkrankungen durch die Raster klassischer Medizin fallen, denn sie sind diffus und meist nur schwer messbar. Diese Beispiele zeigen, wie dringend wir eine geschlechtersensible Medizin brauchen, die Symptome bei Frauen nicht als «psychisch» abtut, sondern versteht, dass unsere Hormone und unsere Psyche in enger Wechselwirkung stehen.

CHRONISCHER STRESS

Chronische Stressbelastung erweist sich zunehmend als relevanter Risikofaktor für die Gesundheit von Frauen. So zeigt eine aktuelle systematische Übersichtsarbeit aus dem Jahr 2025, dass anhaltender Stress weit über psychische Folgen hinausgeht. Die Autor:innen werteten 52 Studien aus und kamen zu einem klaren Ergebnis: Chronischer Stress steht bei Frauen konsistent mit einem erhöhten Risiko für psychische Erkrankungen, reproduktive Probleme und Herz-Kreislauf-Erkrankungen in Zusammenhang. Gleichzeitig weisen die Daten darauf hin, dass Stress das Immunsystem moduliert und damit die Anfälligkeit für autoimmune Erkrankungen erhöhen kann. Insgesamt zeigt sich, dass Stress einen erheblichen und vielschichtigen Einfluss auf die Gesundheit von Frauen hat und sowohl psychische als auch körperliche Ebenen betrifft.

Auch der aktuelle TK-Stressreport (Stand 2025) unterstreicht diese Entwicklung deutlich. Das subjektive Stressempfinden hat in den vergangenen Jahren insgesamt zugenommen. Während sich 2013 noch 57 Prozent der Befragten häufig oder zumindest gelegentlich gestresst fühlten, lag dieser Anteil 2025 bereits bei 66 Prozent. Besonders betroffen sind Frauen, aktuell berichten 71 Prozent von regelmäßigem Stressempfinden, bei Männern sind es «nur» 60 Prozent.

Auffällig sind die geschlechtsspezifischen Unterschiede in den Stressursachen. Frauen nennen deutlich häufiger hohe Ansprüche an sich selbst als eine zentrale Belastung. Männer wiederum verorten Stress häufiger in Schule, Studium oder Beruf. Zusätzlich zeigt sich, dass Frauen deutlich stärker durch sogenannte Care-Arbeit belastet sind, dazu zählen die Arbeitsbelastung im Haushalt, die Betreuung von Kindern, die Pflege Angehöriger oder die Belastung durch schwere Erkrankungen nahestehender Personen. Die Daten machen sichtbar, dass Stress bei Frauen nicht nur häufiger auftritt, sondern strukturell anders verteilt ist und eng mit gesellschaftlichen Rollen, Verantwortung und mentaler Dauerbelastung verknüpft bleibt.

Zunehmende Stressbelastung in der Bevölkerung – mit besonderer Betroffenheit bei Frauen

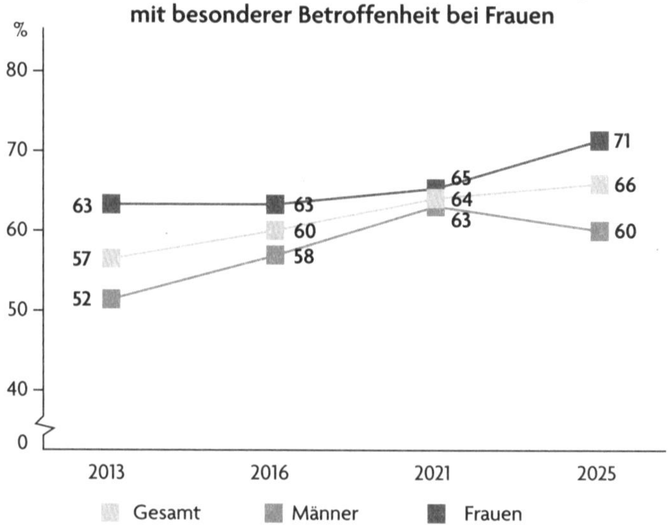

Modifiziert nach *TK-Stressreport 2025*.

Anteil der Personen, die sich häufig oder zeitweise gestresst fühlen. Der Anteil bei den Frauen stieg zwischen 2021 und 2025 von 65 Prozent auf 71 Prozent an.

LÄNGER LEBEN, ABER WIE?

Die Lebenserwartung ist in den vergangenen Jahrzehnten sowohl bei Frauen als auch bei Männern deutlich gestiegen und liegt für Frauen aktuell bei etwa 83 bis 83,5 Jahren, bei Männern bei etwa 78 bis 79 Jahren. Wir Frauen haben also, zumindest biologisch betrachtet, einen leichten Vorsprung. Dieses Phänomen, dass Frauen im Durchschnitt länger als Männer leben, ist in Deutschland bereits seit Mitte des 18. Jahrhunderts dokumentiert. Klingt gut, oder? Aber länger zu leben heißt, wie wir inzwischen wissen, nicht automatisch, auch länger gesund zu leben – und genau das ist das Problem. WHO- und RKI-Daten zeigen, dass Frauen gleichzeitig auch mehr Jahre mit chronischen Erkrankungen und somit in schlechter Gesundheit verbringen, vor allem mit Herz-Kreislauf-Erkrankungen, Arthrose, Osteoporose, Depressionen und Angststörungen. Anders ausgedrückt: Frauen gewinnen zwar Jahre, aber nicht immer Gesundheit.

> **TIPP:** Mein größter Tipp lautet daher: Geh ruhig regelmäßig zur Ärztin oder zum Arzt deines Vertrauens und nutze Vorsorgeuntersuchungen, lass zumindest deinen Blutdruck, die Schilddrüsenwerte, Blutfett- und Blutzuckerwerte sowie deinen Hormonstatus kontrollieren. Wichtig ist auch, dein persönliches Risiko für nichtübertragbare Erkrankungen wie Diabetes und Herz-Kreislauf-Erkrankungen zu kennen, heute lässt sich das mithilfe von Blutwerten gut einschätzen.

Deutschland bietet eine Vielzahl von Screening-Programmen und Check-up-Angeboten, die viel zu selten wahrgenommen werden, vom Gesundheits-Check-up ab 35 über die Krebsfrüherkennung bis hin zu Hormon- und Stoffwechselanalysen. Im Grunde ist Prävention nichts anderes als Vorsorge – und die beginnt nicht im Krankenhaus, sondern in deinem Alltag.

Und jetzt genug der Theorie. Unser Vorsatz für die nächsten Monate darf gern realistisch und gut umsetzbar sein. Versuche, täglich etwa eine Stunde in Bewegung zu sein, dich überwiegend pflanzenbasiert mit viel Gemüse und Hülsenfrüchten zu ernähren und auf ausreichend Schlaf zu achten, idealerweise sieben bis acht Stunden pro Nacht. Das klingt machbar und ist es auch, es ist eben nur nicht immer leicht umzusetzen. Die Kunst liegt weniger darin, die perfekte Routine zu kennen, wichtig ist vielmehr, überhaupt anzufangen und dir genug Zeit zu geben, damit sich die Routine im Alltag verankern kann. Denn wie du mittlerweile weißt, liebt unser Gehirn Verlässlichkeit, akzeptiert Veränderung aber oft nur langsam. Deshalb beginnt Veränderung nicht nur mit Disziplin, sondern mit dem ersten Schritt und einer Entscheidung, die du für dich und deine Gesundheit triffst.

Motivation entsteht auch nicht immer durch das Setzen hoher Ziele, sondern vor allem durch das Gefühl, dass wir uns selbst und unsere Gesundheit ernst nehmen. Wenn du spürst, dass dir frische Luft guttut, deine Energie zunimmt und sich dein Schlaf verbessert, entsteht etwas, das stärker ist als reine Disziplin, nämlich ein echtes Bewusstsein für deinen eigenen Körper und deine Gesundheit. Und genau das trägt langfristig weiter als jeder Neujahrsvorsatz. Wir starten also nicht, weil wir müssen, sondern weil unser Körper es verdient, dass wir gut mit ihm umgehen. Du wirst sehen: Schon nach kurzer Zeit fühlt es sich nicht mehr wie Anstrengung an, sondern wird zu einer Routine, die sich ganz natürlich in deinen Alltag einfügt.

MEDIZINISCHE VORSORGE FÜR FRAUEN

Wenn es um Prävention geht, haben wir Frauen heute mehr Möglichkeiten als je zuvor, und doch nutzen wir sie oft zu spät oder viel zu wenig. Die moderne Medizin bietet Vorsorgeuntersuchungen, die darauf ausgelegt sind, Erkrankungen möglichst früh zu erkennen, noch bevor sie Beschwerden verursachen oder langfristige Folgen nach sich ziehen. Doch der Gedanke der Prävention geht weit über Früherkennung hinaus. Es geht darum, Gesundheit aktiv zu gestalten, genau hier beginnt Langlebigkeit – nicht mit dem Versuch, länger zu leben, sondern mit dem Ziel, länger gesund zu bleiben.

Der Fokus der Vorsorgeuntersuchungen liegt auf den häufigsten Volkskrankheiten, insbesondere auf Herz-Kreislauf-Erkrankungen und Tumoren. Denn Fakt ist: Je früher solche Erkrankungen entdeckt werden, desto größer sind die Chancen, ihre Folgen zu verhindern oder abzumildern. Prävention bedeutet in diesen Fällen nicht nur Früherkennung durch Hausärzt:innen, sondern beinhaltet gleichzeitig auch die Entdeckung individueller Risikofaktoren, wie etwa Bluthochdruck, erhöhte Blutfettwerte oder beispielsweise familiäre Vorbelastungen.

Vorsorge ist kein Luxus, sondern sollte stets Teil unserer aktiven Gesundheitskultur sein und deshalb auch viel häufiger in Anspruch genommen werden. Wir brauchen endlich eine Awareness, dieses echte Gesundheitsbewusstsein, das über die bloße Abwesenheit von Krankheit hinausgeht und Prävention als aktiven und eigenverantwortlichen Prozess versteht.

Zu den Vorsorgeuntersuchungen für Frauen zählen hierzulande

unter anderem gynäkologische Vorsorgeuntersuchungen, Krebsvorsorgeprogramme, Impfungen, Hautkrebsscreening, zahnmedizinische Vorsorgeuntersuchungen sowie alle drei Jahre allgemeine Gesundheits-Check-ups, sowohl für Frauen als auch für Männer (vor dem 35. Lebensjahr ist das Ganze einmalig möglich!). Dennoch zeigt sich in der Praxis: Die Inanspruchnahme hängt stark von Bildung, Einkommen und Bewusstsein ab. Prävention ist verfügbar, aber sie erreicht noch lange nicht alle Frauen (und Männer) gleich gut. Das aber sollte unser Ansporn sein – für das Gesundheitssystem, für alle Ärzt:innen, aber auch für uns selbst. Denn Wissen und Aufklärung entscheiden darüber, ob Prävention wirklich wirkt.

Jede Frau sollte die Möglichkeit haben, ihre eigene Gesundheit zu verstehen und aktiv zu gestalten, unabhängig von Alter, Einkommen oder Lebenssituation. Prävention darf kein Privileg sein, sondern muss zu einer selbstverständlichen Form unserer weiblichen Gesundheitskompetenz werden. Gleichzeitig ist es wichtig, dass auch Männer über diese Zusammenhänge informiert sind, insbesondere darüber, welche Rolle Stressreduktion und Selbstfürsorge für die Gesundheit von Frauen spielen. Nur mit dem geeigneten Wissen und einem niedrigschwelligen Zugang können frühzeitig Entscheidungen getroffen werden, idealerweise gemeinsam mit dem Hausarzt oder der Hausärztin.

GYNÄKOLOGISCHE VORSORGE

Bei uns Frauen beginnt der erste Zugang zur Vorsorge oft in der frauenärztlichen Praxis. Bereits ab dem 20. Lebensjahr übernehmen Krankenkassen einmal jährlich eine Früherkennungsuntersuchung auf Gebärmutterhalskrebs (Pap-Test), ergänzt ab dem 35. Lebensjahr alle drei Jahre durch einen HPV-Test. Ab dem 30. Lebensjahr wird die Brustuntersuchung durch Tasten zur Routine. Und natürlich sind Frauen weiterhin dazu angehalten, ihre Brust regelmäßig selbst abzutasten. Uns Frauen wird zudem zwischen 50 und 75 Jahren hierzulande das Mammographie-Screening alle zwei Jahre empfohlen und von den gesetzlichen Krankenkassen übernommen, die Teilnahme auf die schriftliche Einladung hin ist freiwillig.

Brustkrebs ist mit Abstand die häufigste Krebserkrankung bei Frauen, im Jahr 2016 wurden in Deutschland rund 69 000 Neuerkrankungen registriert, das durchschnittliche Erkrankungsalter liegt bei etwa 64 Jahren. Fachgesellschaften und Gesundheitsexpert:innen sprechen sich zunehmend dafür aus, das Screening bereits ab 45 Jahren anzubieten, da Brustkrebs heutzutage in dieser Altersgruppe häufiger diagnostiziert wird als früher. Aus präventiver Sicht wäre eine solche Anpassung sinnvoll und wünschenswert. Die entsprechenden Regelungen sind jedoch – Stand November 2025 – noch nicht endgültig beschlossen.

Daten des Bundesamts für Strahlenschutz zeigen interessanterweise sogar, dass die regelmäßige Teilnahme am Mammographie-Screening das Risiko für Frauen, an Brustkrebs zu sterben, um etwa 20 bis 30 Prozent senkt. Der entscheidende Faktor ist also der Zeitpunkt der Diagnose. Wird Brustkrebs früh erkannt, sind die Behandlungsmöglichkeiten schonender und die Heilungschancen deutlich besser. Genau hier liegt die Stärke vieler strukturierter Vorsorgeprogramme: Sie greifen ein, bevor Symptome überhaupt auftreten, und geben Frauen wertvolle Zeit, die gerade in der Onkologie oft den Unterschied macht.

TIPP: Beim Thema Vorsorge kann es dir vielleicht helfen, solche Termine nicht nur für dich selbst zu organisieren, sondern auch im Umfeld darüber zu sprechen. Erinnerungen, gemeinsame Terminvereinbarungen oder der offene Austausch mit Müttern, Freundinnen oder Kolleginnen können dazu beitragen, dass Vorsorge im Alltag tatsächlich stattfindet und nicht aufgeschoben wird.

Krebsfrüherkennungsuntersuchungen der gesetzlichen Krankenversicherung für Frauen

Ziel der Früherkennung	Art der Untersuchung	Alter	Untersuchungsintervall
Früherkennung von Gebärmutterhalskrebs	Abstrich am Gebärmutterhals im Rahmen des seit Januar 2020 stattfindenden Screening-Programms	20 bis 34 Jahre	jährlich
	Abstrich am Gebärmutterhals und Test auf Humane Papillomviren (HPV) als Ko-Testung im Rahmen des seit Januar 2020 stattfindenden Screening-Programms	ab 35 Jahre	alle drei Jahre
Früherkennung von Brustkrebs	Abtasten der Brust	ab 30 Jahre	jährlich
	Mammographie beider Brüste im Rahmen des seit 2009 stattfindenden Mammographie-Screening-Programms	50 bis 69 Jahre	alle zwei Jahre
Früherkennung von Hautkrebs	Ganzkörperuntersuchung der Haut	ab 35 Jahre	alle zwei Jahre
Früherkennung von Darmkrebs	Stuhluntersuchung (immunologischer Test auf verborgenes Blut im Stuhl) im Rahmen des seit Juli 2019 stattfindenden Screening-Programms	50 bis 54 Jahre	jährlich
		ab 55 Jahre	wenn keine Koloskopie, alle zwei Jahre
	Koloskopie (Darmspiegelung) im Rahmen des seit Juli 2019 stattfindenden Screening-Programms	ab 50 Jahre	zwei Koloskopien im Mindestabstand von zehn Jahren

Quelle: Gemeinsamer Bundesausschuss (5,6)

ALLGEMEINER CHECK-UP

Frauen ab 35 Jahren können zusätzlich alle drei Jahre den allgemeinen Gesundheits-Check-up bei ihren Hausärzt:innen in

Anspruch nehmen. Er beinhaltet die Basisuntersuchungen mit Anamnese und körperlicher Untersuchung, mit Untersuchung des Blutdrucks, der Cholesterin- und Blutzuckerwerte sowie den Urinstatus, also jene Marker, die Aufschluss über Herz-Kreislauf- und Stoffwechselgesundheit geben können. Auch haben Versicherte ab 35 Jahren im Rahmen der Gesundheitsuntersuchung einmalig Anspruch auf ein Screening auf die Viruserkrankungen Hepatitis B und C. Der Check-up ist weit mehr als eine routinemäßige Untersuchung, er ist eine Gelegenheit, den eigenen Gesundheitszustand ganzheitlich zu verstehen und zu evaluieren. Auch sollte bei diesem Check-up der Impfstatus überprüft und fehlende Impfungen gegebenenfalls empfohlen werden.

Neben der körperlichen Untersuchung und den Laborwerten sollte immer auch ein ausführliches Gespräch mit deinem Arzt oder deiner Ärztin stattfinden. Es ist das Herzstück der Vorsorge, weil es darum geht, Risikofaktoren frühzeitig zu erkennen und die eigenen Lebensstilgewohnheiten zu reflektieren und zu überdenken. Ich spreche bei diesen Terminen mit meinen Patient:innen nicht nur über rein medizinische Werte, sondern über das, was wirklich zählt: Ernährung, Bewegung, Schlaf, Stress, psychische Belastung, familiäre Risiken und hormonelle Veränderungen, also all jene Faktoren, die maßgeblich beeinflussen, wie gesund wir altern.

Ein guter Check-up bedeutet nicht, sich nur auf Laborwerte zu konzentrieren, sondern den Menschen in seiner Lebenssituation und seinem Umfeld zu betrachten. Gerade bei Frauen, deren Gesundheit auch im Kontext hormoneller Schwankungen betrachtet werden muss und dadurch manchmal unspezifisch erscheinen kann, sind solche ganzheitlichen Betrachtungen entscheidend. Sie schaffen die Möglichkeit, Zusammenhänge zu erkennen, Warnsignale ernst zu nehmen und frühzeitig gegenzusteuern, bevor aus ersten Anzeichen und Symptomen echte Erkrankungen entstehen.

DARMKREBSVORSORGE

Auch die Darmkrebsvorsorge, entweder durch Stuhltest oder Darmspiegelung, wird ab 50 Jahren als Kassenleistung angeboten, bei familiärem Risiko sogar deutlich früher. Frauen und Männer haben inzwischen gleichermaßen ab dem 50. Lebensjahr Anspruch auf ein einmaliges Beratungsgespräch zum kolorektalen Karzinom sowie auf umfassende Informationen zum entsprechenden Früherkennungsprogramm. Bei Männern wurde Darmkrebs in der Vergangenheit im Durchschnitt früher und häufiger diagnostiziert als bei Frauen, weshalb man von einem höheren Risiko in jüngeren Lebensjahren ausging. Auf dieser Basis empfahlen Fachgremien und der Gemeinsame Bundesausschuss (G-BA), Männern seit 2019 die Vorsorge-Koloskopie bereits ab 50 Jahren zu ermöglichen, während sie für Frauen erst ab 55 Jahren vorgesehen war. Diese Altersgrenze wurde glücklicherweise im Frühjahr 2025 angeglichen. Frauen und Männer können nun also beide einheitlich ab 50 Jahren zweimal eine Koloskopie im Abstand von zehn Jahren in Anspruch nehmen. Alternativ gibt es alle zwei Jahre einen immunologischen Stuhltest (iFOBT) auf nicht sichtbares Blut im Stuhl. Dies wird als Leistung zur Krebsfrüherkennung von Hausärzt:innen ebenso angeboten wie von Gynäkolog:innen und Urolog:innen.

Wünschenswert wäre vor allem eine höhere Teilnahmequote, die durch eine insgesamt vereinfachte Krebsvorsorge und die Angleichung der Anspruchsberechtigung erreicht werden könnte.

WICHTIGKEIT DER AUSRICHTUNG VON VORSORGEPROGRAMMEN

Männer über 65 Jahre haben ein signifikant erhöhtes Risiko für ein Bauchaortenaneurysma (Erweiterung der Hauptschlagader), insbesondere bei vorliegenden Risikofaktoren wie Rauchen, Bluthochdruck und Dyslipidämie, also einer Fettstoffwechselstörung.

Eine frühzeitige Diagnose mittels Ultraschall ermöglicht die Identifikation großer Aneurysmen, die bei Indikation operiert werden können, um drohenden Rupturen vorzubeugen, während kleinere Aneurysmen regelmäßiger Verlaufskontrollen bedürfen. Daher wird Männern ab dem 65. Lebensjahr eine einmalige Ultraschalluntersuchung der Bauchaorta empfohlen, während Frauen bislang nicht routinemäßig in dieses Screening eingeschlossen sind. Eine Metaanalyse konnte zeigen, dass abdominale Aortenaneurysmen (AAA) bei Männern zwar deutlich häufiger auftreten (ca. 6 Prozent), jedoch auch bei Frauen relevant sind (ca. 1,6 Prozent). Damit ist die Erkrankung zwar drei- bis viermal häufiger bei Männern, Frauen sind jedoch keineswegs frei von Risiko.

Diese Praxis verdeutlicht einmal mehr, dass viele Vorsorgeprogramme historisch am männlichen Risikoprofil ausgerichtet wurden. Während Männer in der Präventionsmedizin traditionell vor allem mit Herz-Kreislauf-Erkrankungen assoziiert werden, steht bei Frauen bis heute überwiegend die Krebsfrüherkennung im Vordergrund. Diese Fokussierung spiegelt jedoch die aktuelle Krankheitslast nur unzureichend wider und wird der Breite weiblicher Gesundheitsrisiken über die Lebensspanne hinweg nicht gerecht. Herzinfarkt, Schlaganfall, Diabetes, Demenz und Osteoporose zählen heute zu den häufigsten Gesundheitsrisiken von Frauen, insbesondere im höheren Lebensalter, und erfordern eine stärkere präventive Berücksichtigung im hausärztlichen und gesundheitspolitischen Kontext. Ein Großteil dieser Erkrankungen ließe sich durch gezielte präventive Maßnahmen verzögern oder in ihrer Ausprägung sogar ganz verhindern.

FAKT: Der Nutzen von Hautkrebs-Screenings, gynäkologischen Vorsorgeuntersuchungen, zahnärztlicher Vorsorge sowie der GU, also der Gesundheitsuntersuchung bei den Hausärzt:innen, ist Bestandteil einer strukturierten Präventionsstrategie, die Lebensstil und individuelle Risikofaktoren berücksichtigt.

IMPFUNGEN

Impfungen sind, ebenso wie Vorsorgeuntersuchungen, ein ganz zentraler Bestandteil der Prävention. Sie schützen nicht nur den Einzelnen, sondern unsere gesamte Gesellschaft, indem sie die Ausbreitung schwerer Infektionskrankheiten verhindern oder den Verlauf einer Erkrankung abmildern. In Deutschland gehören Schutzimpfungen zu den wichtigsten präventiven Maßnahmen und werden von der Ständigen Impfkommission (STIKO) am Robert Koch-Institut regelmäßig überprüft und aktualisiert.

Zu den empfohlenen Impfungen, die je nach Alter variieren, zählen unter anderem Tetanus, Diphtherie, Pertussis, Masern, Mumps, Röteln, Influenza, COVID-19, FSME und HPV. Letztere schützt vor Gebärmutterhalskrebs und wird Mädchen und auch Jungen bereits ab 9 Jahren empfohlen, ein entscheidender Fortschritt in der Krebsvorsorge.

Der Nutzen von Impfungen ist weit mehr als nur der Schutz vor Infektionen. Sie wirken präventiv, tragen langfristig zur Gesundheitserhaltung bei und leisten auch einen wichtigen Beitrag zu einem gesunden Altern. Viele Erwachsene gehen davon aus, ausreichend geschützt zu sein, obwohl die letzten Impfungen häufig bereits Jahrzehnte zurückliegen. Ein kurzer Blick in den Impfpass kann hier bereits Klarheit schaffen. Aus ärztlicher Sicht ist es sinnvoll, jede hausärztliche Konsultation zu nutzen, um den Impfstatus zu überprüfen. Vorsorge kann sehr einfach sein, manchmal reicht es, das Thema beim nächsten Arztbesuch aktiv anzusprechen.

> **FAKT:** Gerade Impfungen zählen zu den zentralen Bausteinen moderner Präventionsmedizin. Ein regelmäßiger Abgleich des Impfstatus und eine individuelle Beratung sind daher essenziell.

IMPFKALENDER	in Wochen		in Monaten						
Impfung / Alter	00	06	2	3	4	5-7	8-10	11*	1
	U2/U3		U4			U5		U6	
RSV	Monoklonale Antikörper (Einmaldosis)						N		
Rotaviren		G1		G2	(G3)				
Tetanus			G1	N	G2	N		G3	
Diphterie			G1	N	G2	N		G3	
Pertussis			G1	N	G2	N		G3	
Haemophilus Influenzae Typ b			G1	N	G2	N		G3	
Poliomyelitis			G1		G2	N		G3	
Hepatitis B			G1	N	G2			G3	
Pneumokokken			G1	N	G2			G3	
Meningokokken B			G1	N	G2				[illegible]
Masern								G1	
Mumps, Röteln								G1	
Varizellen								G1	
Humane Papillomviren									
Meningokokken ACWY									
COVID 19									
Herpes Zoster									
Influenza									
RSV (Impfung)									

Erläuterungen: **G**: Grundimmunisierung **S**: Standardimpfung

* Impfungen können auf mehrere Impftermine verteilt werden. MMR und Varizellen können am selben Termin oder mit einem Mindestabstand von 4 Wochen verabreicht werden.

Impfungen und auch passive Immunisierungen sollten nicht aufgeschoben werden, sondern möglichst früh erfolgen. Der Impfstatus sollte in jedem Lebensalter regelmäßig überprüft werden. Fehlende Impfungen lassen sich jederzeit nachholen, orientiert an den aktuellen Empfehlungen für die jeweilige Lebensphase. Sprich dazu am besten mit deiner Ärztin oder deinem Arzt.

Quelle: Impfkalender, Empfehlungen der Ständigen Impfkommission (STIKO), www.rki.de, Stand 2026

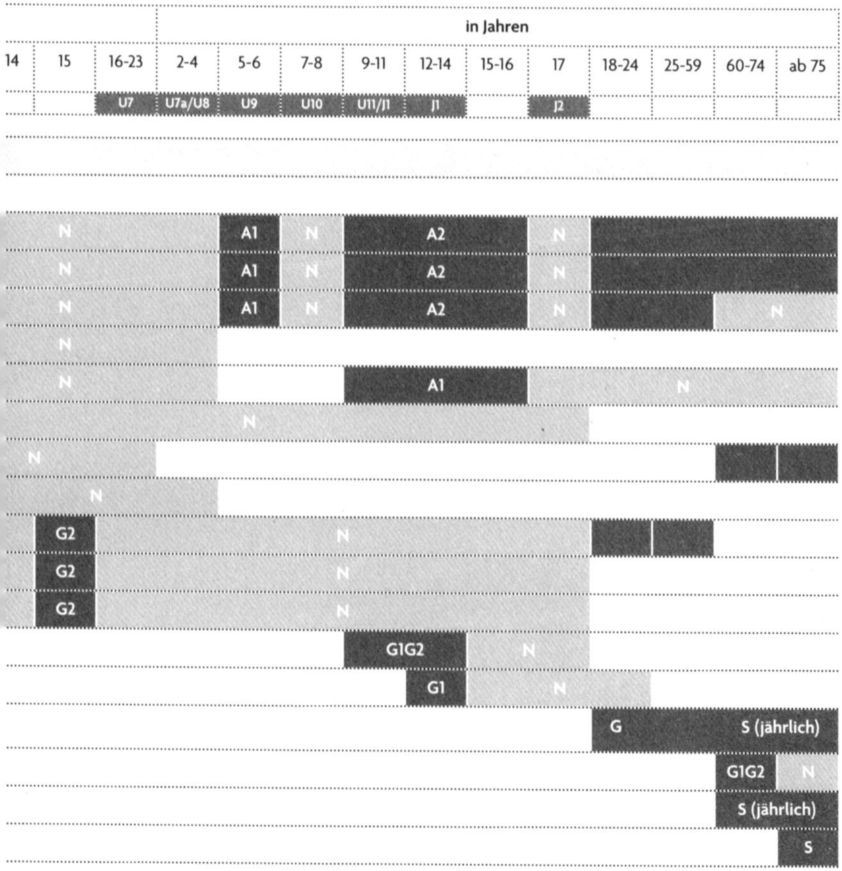

A: Auffrischimpfung **N:** Nachholimpfung **U:** Früherkennungsuntersuchung **J:** Jugenduntersuchung

Impfprävention im Alter

Im Erwachsenenalter werden Impfungen oft unterschätzt, obwohl das Risiko für schwere Infektionsverläufe mit zunehmendem Alter deutlich ansteigt, insbesondere für Pneumokokken, Influenza und COVID-19. Dieser Zusammenhang ist gut belegt und spiegelt die altersabhängige Veränderung des Immunsystems wider. Vor diesem Hintergrund empfiehlt die STIKO ab dem 60. Lebensjahr eine gezielte Impfprävention. Am sinnvollsten ist es, dieses Thema im persönlichen Gespräch mit deiner behandelnden Ärztin oder deinem behandelnden Arzt anzusprechen. Dort kann der Impfpass gemeinsam mit dir geprüft werden, um zu klären, welche Impfungen für dich infrage kommen.

Auch Influenza ist im höheren Lebensalter keine harmlose Erkrankung. Jährliche Grippeimpfungen senken nachweislich das Risiko für schwere Krankheitsverläufe und notwendige Krankenhausaufenthalte und sind ein fester Bestandteil der altersbezogenen Prävention. Gleiches gilt inzwischen für COVID-19. Aufgrund der erhöhten Vulnerabilität empfiehlt die STIKO insbesondere für Menschen ab 60 Jahren eine jährliche Auffrischimpfung im Herbst, um einen stabilen Schutz über die Infektionssaison hinweg zu gewährleisten.

Herpes Zoster

Besonders ans Herz legen möchte ich dir die Impfung gegen Gürtelrose, den sogenannten «Herpes Zoster». Nach einer durchgemachten Windpocken-Infektion bleibt das Virus lebenslang in den Nervenzellen. Wenn das Immunsystem nachlässt oder unter Stress steht, kann es erneut aktiviert werden. Typisch ist hierbei ein einseitiger, brennender Schmerz, gefolgt von einem blasigen Hautausschlag entlang eines Nervs, meistens am Rumpf, manchmal auch im Gesicht oder an anderen Körperstellen.

Die Gürtelrose ist keine harmlose Alterserscheinung, sondern kann mit schweren und langanhaltenden Nervenschmerzen einhergehen, die die Lebensqualität über Monate oder Jahre erheblich beeinträchtigen kann. Epidemiologische Studien belegen, dass Frauen in vielen Altersgruppen häufiger an Herpes Zoster erkranken als Männer. Die empfohlene zweimalige Impfung im Abstand von zwei bis sechs Monaten bietet hier einen sehr wirksamen Schutz. In meiner ärztlichen Tätigkeit habe ich zu viele Patient:innen gesehen, die diese Impfung nicht erhalten hatten und anschließend dauerhaft unter neuropathischen Schmerzen (brennende oder stechende Nervenschmerzen) litten. Gerade deshalb gehört die Zoster-Impfung für mich zu einem der wichtigsten präventiven Maßnahmen im höheren Lebensalter.

Die Ständige Impfkommission am Robert Koch-Institut empfiehlt die Impfung gegen Herpes Zoster standardmäßig für alle Personen ab dem 60. Lebensjahr, bereits ab dem 50. Lebensjahr wird sie bei bestimmten Grunderkrankungen empfohlen, wenn ein erhöhtes Risiko für einen schweren Krankheitsverlauf besteht. Darüber hinaus kann die Impfung aber auch schon ab dem 18. Lebensjahr als Indikationsimpfung sinnvoll sein, beispielsweise bei ausgeprägter Immunsuppression oder anderen Erkrankungen mit erhöhtem Risiko.

Impfprävention ab 60 Jahren bedeutet nicht, möglichst viele Impfungen wahllos zu verabreichen, sondern vorhandene Risiken ernst zu nehmen und evidenzbasierte Empfehlungen konsequent umzusetzen. Ein regelmäßiger Abgleich des Impfstatus und eine individuelle Beratung sind zentrale Bestandteile guter Präventionsmedizin – besprich das am besten mit deinem Arzt oder deiner Ärztin.

PRÄVENTION JENSEITS DER KLASSISCHEN VORSORGE

Es gibt noch viel mehr, was Krankenkassen uns bieten. Neben den gesetzlich geregelten Programmen fördern viele Präventionskurse, unter anderem in den Bereichen Bewegung, Ernährung, Stressbewältigung und Suchtprävention. Diese Kurse sind zertifiziert, werden bis zu 80 Prozent bezuschusst und manchmal sogar vollständig übernommen. Denn genau in diesen sensiblen Bereichen zeigt sich, wie stark unser Stoffwechsel und unser Lebensstil ineinandergreifen – wir sollten daher hierbei unterstützt werden.

Das geht glücklicherweise auch vielfach bereits mit den DiGAs, den Digitalen Gesundheitsanwendungen. DiGAs sind ärztlich verordnungsfähige medizinische Apps, die Diagnostik oder Therapien unterstützen. Sie können ärztlich verordnet oder inzwischen direkt bei der Krankenkasse beantragt werden und bieten Patient:innen Unterstützung, etwa in der Prävention, bei Begleiterkrankungen oder in der Nachsorge. Wenn sie richtig eingesetzt und gut in den Alltag integrierbar sind, können sie einen sinnvollen Baustein darstellen, um unsere Gesundheitskompetenz zu stärken und uns, auch jenseits des klassischen Arztbesuchs, kontinuierlich zu begleiten.

PRÄVENTION SINNVOLL NUTZEN

Doch wie sieht die Realität in der Praxis aus? Viele Frauen beschäftigen sich mit ihrer eigenen Gesundheit erst dann intensiver, wenn bereits Krankheitssymptome auftreten. Studien zeigen, dass nur etwa jede zweite anspruchsberechtigte Frau den allgemeinen Gesundheits-Check-up (GU) regelmäßig in Anspruch nimmt. Damit bleibt für einen erheblichen Teil eine wichtige Möglichkeit ungenutzt, gesundheitliche Risiken frühzeitig zu erkennen und rechtzeitig gegenzusteuern. Diese Beobachtung wirft zugleich eine weiterführende Frage auf: Sind die Beschwerden von Frauen tatsächlich unspezifisch, oder fehlt es einem historisch männlich geprägten Gesundheitssystem noch immer an geeigneten Strukturen und diagnostischen Mustern, um weibliche Symptome frühzeitig richtig einzuordnen?

Die verspätete Erkennung vieler Erkrankungen bei Frauen deutet zumindest darauf hin, dass hier weniger individuelles Verhalten als vielmehr systemische Faktoren eine Rolle spielen könnten. Dabei stellt Prävention eine der einfachsten Möglichkeiten dar, gesundheitliche Risiken frühzeitig zu erkennen und den biologischen Alterungsprozess positiv zu beeinflussen. Parameter wie HbA1c und Homa-Index, Lipidprofil mit Lipoprotein(a), Blutdruck sowie Nieren-, Leber-, und Entzündungswerte wie der CRP-Wert sind zentrale Indikatoren (siehe auch das Kapitel «Deine Laborwerte») nicht nur für manifeste Erkrankungen, sondern für die langfristige Stoffwechselgesundheit und ein gesundes Altern insgesamt.

FAKT: Informierte Vorsorge bedeutet, dass du verstehst, was medizinische Untersuchungen leisten können und wo ihre Grenzen liegen. Dieses Verständnis ist ein zentraler Teil unserer Gesundheitskompetenz und entscheidet darüber, ob Prävention sinnvoll genutzt und wirksam wird.

Gerade im Kontext von Langlebigkeit verdient Prävention ein neues Selbstverständnis. Es geht dabei nicht allein um klassisches Screening, sondern um den Erhalt der sogenannten Healthspan, also der Jahre, die wir möglichst lange gesund und leistungsfähig leben möchten. Wenn du deine Schilddrüsenfunktion regelmäßig überprüfen lässt, deinen Hormonstatus kennst, auf Blutzuckerwerte achtest, versuchst, ausreichend zu schlafen, und Bewegung fest in deinen Alltag integrierst, nimmst du aktiv Einfluss auf dein biologisches Altern.

FAKT: Gerade ausreichender Schlaf ist für viele Frauen keine Selbstverständlichkeit. Care-Arbeit, familiäre Verantwortung und mentale Dauerbelastung, aber auch die hormonellen Veränderungen im Übergang zur Menopause erschweren häufig erholsamen Schlaf. Zu einer modernen Basisversorgung zählt jedoch eine Prävention, die reale Lebensbedingungen von Frauen mitdenkt.

Ein Blick in andere Länder zeigt, dass Prävention dort stärker strukturell verankert ist. In skandinavischen Gesundheitssystemen ist sie beispielsweise fester Bestandteil der Primärversorgung. In Deutschland sind hausärztliche Praxen dagegen meist überlastet,

Zuständigkeiten zwischen Fachdisziplinen nicht immer klar, und viele Frauen fühlen sich bei dem Thema Vorsorge und Prävention alleingelassen. Gerade deshalb darf Prävention für Frauen nicht erst mit der Menopause beginnen. Bereits ab dem dritten Lebensjahrzehnt verändern sich unser Stoffwechsel, unsere Haut, unser Schlaf und unsere Stressverarbeitung. Diese frühen Veränderungen ernst zu nehmen und unter realistischen Lebensbedingungen präventiv zu begleiten, ist ein zentraler Schlüssel für langfristige Gesundheit und gesundes Altern – und diese Verantwortung liegt auch bei uns selbst.

Primordiale Prävention

Primordiale Prävention bezeichnet Maßnahmen, die ansetzen, bevor unsere gesundheitlichen Risikofaktoren überhaupt entstehen. Ziel ist es, unsere Lebensbedingungen so zu gestalten, dass krankheitsfördernde Verhaltensweisen gar nicht erst etabliert werden. Dazu gehören unter anderem bewegungsfreundliche Städte, gesundheitsfördernde Arbeits- und Lernumgebungen sowie frühe Gesundheitsbildung, angefangen in der Schule.

Matthew W. Gillman von der Harvard Medical School beschrieb 2016 das Konzept der primordialen Prävention bei Herz-Kreislauf-Erkrankungen. Gemeint ist ein Ansatz, der nicht erst bestehende Risikofaktoren behandelt, sondern ihre Entstehung von vornherein verhindern will. Da Atherosklerose bereits sehr früh im Leben beginnt, sollten präventive Maßnahmen möglichst schon in Kindheit und Jugend ansetzen. Langzeitstudien zeigen, dass ein früher gesunder Lebensstil langfristig zu günstigeren Blutdruck- und Cholesterinwerten führt. Prävention ist dabei kein einmaliger Schritt, sondern ein Prozess über das ganze Leben – und genau dieses Verständnis verändert unseren Blick auf Gesundheit grundlegend.

DIE GESUNDHEITSKOMPETENZ VON FRAUEN STÄRKEN

Ein wichtiger Aspekt, der an dieser Stelle keinesfalls fehlen sollte: Laut dem Robert Koch-Institut werden Geschlechteraspekte in Maßnahmen zur Förderung der Gesundheitskompetenz bislang nur unzureichend berücksichtigt. Dabei zeigt sich, dass Frauen nicht nur geschlechtsspezifische Gesundheitsinformationen benötigen, sondern häufig auch eine anders strukturierte und aufbereitete Ansprache als Männer. Entscheidend ist die Art der Vermittlung – ob Gesundheitsinformationen verständlich, alltagsnah und empowernd kommuniziert werden, beeinflusst maßgeblich, ob Frauen sich tatsächlich erreicht fühlen und in die Lage versetzt werden, ihre Selbstfürsorge aktiv im Alltag umzusetzen.

Wirksame Strategien zur Stärkung weiblicher Gesundheitskompetenz sollten daher über den gesamten Lebensverlauf hinweg ansetzen, beginnend mit schulischer Gesundheitsbildung bis hin zu alters- und lebensphasenspezifischen Angeboten im Erwachsenenalter. Es geht vor allem um ein strukturiertes Verständnis dafür, wie sich gesundheitliche Risiken im Laufe des Lebens verändern und wie Prävention jeweils sinnvoll angepasst werden kann. Ein Beispiel hierfür sind präventive Vorsorgeuntersuchungen in den unterschiedlichen Lebensphasen von Frauen, insbesondere in der Prä- und Perimenopause, die dazu beitragen können, hormonelle, metabolische und psychosoziale Veränderungen frühzeitig zu erkennen und einzuordnen.

Projekte wie Wechseljahrs-Sprechstunden zeigen, wie gezielte Aufklärung, strukturierte Beratung und eine realistische Risikoeinschätzung gelingen können. Genau hier setzt ein neues Beratungs- und Vorsorgeprogramm für Frauen in den Wechseljahren an, das bislang in Bayern im Rahmen des «Masterplans Prävention» entwickelt wurde, die sogenannte Wechseljahresuntersuchung W1. Ziel dieses Konzepts ist es, Frauen in der Peri- und frühen Postmenopause systematisch zu begleiten, individuelle Risiken zu erfassen und Prävention gezielt an diese Lebensphase anzupassen.

Solche Programme wären flächendeckend wünschenswert und machen deutlich, dass Prävention lebensphasenorientiert, geschlechtersensibel und an reale Lebensbedingungen angepasst sein sollte, um Frauen frühzeitig zu befähigen, ihre Gesundheit selbstbestimmter mitzugestalten. Und damit sind alle Frauen gemeint, denn Prävention muss inklusiv gedacht werden. Besonders wichtig sind gezielte Unterstützungsangebote für Frauen, die strukturell benachteiligt sind, etwa durch geringere Bildung, höheres Lebensalter, einen Migrationshintergrund, chronische Erkrankungen oder aufgrund ihrer sexuellen Identität. Nur wenn diese Unterschiede mitgedacht werden, kann Prävention gerecht wirksam sein.

Wie relevant diese strukturelle Perspektive ist, zeigen auch die Daten des RKI in der Gesundheitsberichterstattung des Bundes. So nahm rund die Hälfte der anspruchsberechtigten Frauen die vorgesehenen regelmäßigen Früherkennungsuntersuchungen auf Gebärmutterhalskrebs nicht im empfohlenen jährlichen Intervall wahr. Ein vergleichbares Muster zeigte sich auch beim organisierten Mammographie-Screening. Etwa jede zweite anspruchsberechtigte Frau nahm daran nicht teil.

Gesundheitsprävention beruht also im Kern auf zwei Säulen: den strukturellen Rahmenbedingungen von außen und unserer individuellen Handlungskompetenz. Dennoch darf Prävention nicht allein zur Frage der Eigenverantwortung werden. Auch wenn Zugänge, Angebote und Systeme eine zentrale Rolle spielen, bleibt der größte Hebel bislang die persönliche Bewusstseinsbildung. Gerade wir Frauen benötigen mehr Wissen über unseren Körper, mehr Awareness für Krankheiten, für atypische Symptome, für individuelle Risikofaktoren und für die Möglichkeiten, frühzeitig und aktiv gegenzusteuern. Es geht darum, zu verstehen, dass Gesundheit ein dynamischer Prozess ist, den wir selbst mitgestalten können. Wir alle brauchen dieses Wissen, um Gesundheit nicht dem Zufall zu überlassen, sondern sie informierter und auch selbstbestimmter mitgestalten zu können.

Ein grundlegender Perspektivwechsel weg vom reinen Reparaturdenken hin zu einer präventiven, geschlechtersensiblen Medizin ist längst überfällig. Frauen altern anders, nicht nur hormonell, sondern auch metabolisch und emotional. Die Medizin der Zukunft muss daher nicht nur Krankheiten verhindern, sondern eine gute Lebensqualität verlängern. Sie sollte Frauen dazu befähigen, ihr biologisches Alter zu verstehen und gezielt positiv zu beeinflussen.

Die verschiedenen Elemente wie Impfungen, klassische Check-ups oder organisierte Krebsfrüherkennungsprogramme greifen dabei als zusammenhängende Bausteine eines lebensphasenorientierten Präventionsplans ineinander. Entscheidend ist, dass du nachvollziehen kannst, was diese Angebote jeweils leisten können, wo ihre Grenzen liegen und ab welchem Lebensalter sie sinnvoll eingesetzt werden. Informierte Entscheidungen bilden die Grundlage dafür, präventive Maßnahmen wirksam und individuell passend zu nutzen. Aufklärung ist daher die Basis jeder erfolgreichen Prävention. Nur wenn wir wissen, welche Möglichkeiten bestehen, welche Vor- und Nachteile Vorsorgeuntersuchungen haben und welche Entscheidungen zu unserer jeweiligen Lebenssituation passen, können wir Verantwortung für unsere eigene Gesundheit übernehmen.

PRÄVENTION UND PSYCHISCHE GESUNDHEIT

Auch die psychische Gesundheit ist ein zentraler Baustein weiblicher Vorsorge. Denn Depressionen, Angststörungen und Erschöpfungssyndrome treten bei Frauen häufiger auf, nicht zuletzt vor dem Hintergrund chronischer Mehrfachbelastungen. Wie wir inzwischen wissen, beeinflusst dauerhafter Stress hormonelle Regelkreise, begünstigt chronische Entzündungsprozesse und kann biologische Alterungsprozesse auf zellulärer Ebene beschleunigen. Medizinische Prävention beschränkt sich daher nicht nur auf Laborwerte und Diagnostik, sondern schließt das Gespräch über

Schlaf, mentale Belastungen, Alltagsanforderungen und Lebensstil zwingend mit ein.

Gleichzeitig stellt sich die Frage nach der praktischen Konsequenz. Was kann also die ärztliche Prävention realistisch leisten, etwa für eine alleinerziehende, berufstätige Mutter, deren Alltag kaum Raum für ausreichend Schlaf, ausgewogene Ernährung oder regelmäßige Bewegung lässt? Hier zeigt sich, dass wirksame Prävention nicht allein auf individuelle Verhaltensänderungen setzen kann, sondern unterstützende Strukturen, realistische Empfehlungen und eine sensible ärztliche Begleitung braucht, die die Lebensrealität von Frauen mitdenkt.

Depressive Erkrankungen zählen inzwischen weltweit zu den führenden Ursachen der Krankheitslast, insbesondere in Ländern mit mittlerem und hohem Einkommen. Analysen der WHO sowie große internationale Studien zur globalen Krankheitslast zeigen, dass Depressionen mittlerweile eine der bedeutendsten Ursachen für gesundheitliche Beeinträchtigungen darstellen, noch vor vielen somatischen Erkrankungen. Auch in Deutschland spiegelt sich diese Entwicklung wider. Gesundheitsberichte der Krankenkassen dokumentieren seit Jahren einen kontinuierlichen Anstieg von Krankschreibungen aufgrund psychischer Erkrankungen, insbesondere depressiver Störungen.

Parallel dazu haben sich die Rentenzugänge wegen verminderter Erwerbsfähigkeit infolge psychischer Erkrankungen zwischen 2000 und 2011 mehr als verdoppelt, wobei der Anstieg bei Frauen etwas ausgeprägter ausfiel. Die Daten des Robert Koch-Instituts unterstreichen diese geschlechtsspezifische Dimension deutlich. Laut der Studie «Gesundheit Erwachsener in Deutschland» sind Frauen etwa doppelt so häufig von Depressionen betroffen wie Männer, ein Befund, der sich konsistent in internationalen Studien wiederfindet und die Relevanz geschlechtersensibler Präventions- und Versorgungsansätze verdeutlicht.

Diese geschlechtsspezifischen Unterschiede lassen sich jedoch keineswegs durch einen einzelnen Faktor erklären, sondern entstehen aus einem Zusammenspiel mehrerer Einflüsse. Dazu zählen vor allem biologische Faktoren, insbesondere hormonelle Unterschiede. Schwankungen im Hormonhaushalt im Zusammenhang mit Menstruationszyklus, Schwangerschaft, Wochenbett oder Menopause können die psychische Vulnerabilität einer Frau erhöhen und sich in depressiven Verstimmungen bis hin zu manifesten Depressionen äußern.

Gleichzeitig wirken psychosoziale und kulturelle Faktoren. Geschlechterrollen, soziale Erwartungen und unterschiedliche Normen im Umgang mit Emotionen beeinflussen, wie Symptome wahrgenommen, benannt und kommuniziert werden. Aus präventiver Sicht ist es daher entscheidend, die sozialen und gesellschaft-

Depression und Sozialstatus: Unterschiede zwischen Frauen und Männern

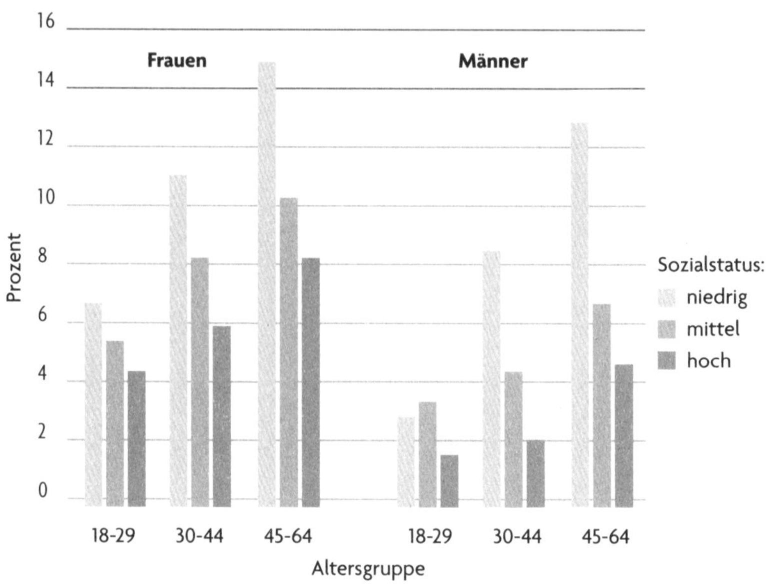

Quelle: S. Müters, J. Hoebel, C. Lange: *Diagnose Depression: Unterschiede bei Frauen und Männern.* Hrsg. Robert Koch-Institut Berlin. GBE kompakt 4(2) www.rki.de/gbe-kompakt (Stand: 30.09.2013)

lichen Lebensrealitäten von Frauen stärker zu berücksichtigen. Fehlende Unterstützung, Mehrfachbelastungen, mangelndes Verständnis im privaten oder beruflichen Umfeld und strukturelle Benachteiligungen können psychische Belastungen verstärken und den Zugang zu früher Hilfe zusätzlich erschweren.

Hinzu kommt, dass diagnostische Prozesse selbst nicht frei von Verzerrungen sind. Stereotype Rollenzuschreibungen können dazu führen, dass depressive Symptome bei Frauen schneller erkannt und diagnostiziert werden, während sie bei Männern häufiger übersehen oder anders interpretiert werden. Zudem wird in Fachkreisen diskutiert, ob sich Depressionen bei Frauen und Männern vielleicht sogar mit unterschiedlicher Symptomatik äußern. Während Frauen häufiger von Traurigkeit, Rückzug oder Schuldgefühlen berichten, zeigen Männer tendenziell eher Ausdrucksformen wie Reizbarkeit, Aggression oder vermehrten Substanzkonsum.

Psychische Gesundheit bei Frauen ist somit das Ergebnis eines komplexen Zusammenspiels biologischer, sozialer und strukturel-

Entwicklung der Gesundheitsausgaben in Deutschland

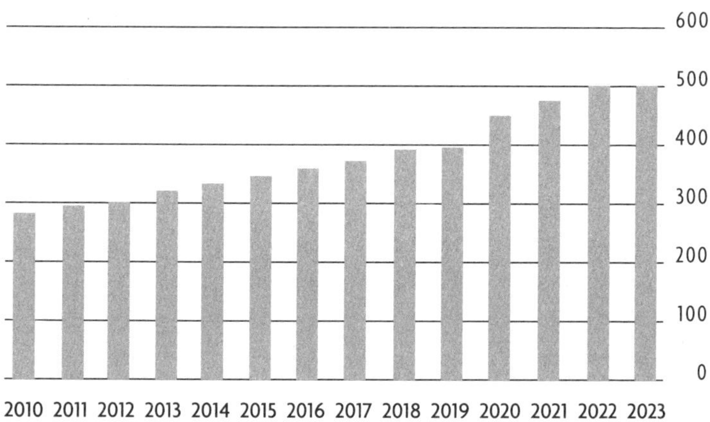

Quelle: Entwicklungen der Gesundheitsausgaben in Deutschland, Statistisches Bundesamt Deutschland (DESTATIS), 2025

ler Faktoren. Wer weibliche Gesundheit ernst nimmt, muss diese Zusammenhänge benennen und psychische Belastungen ebenso systematisch erfassen wie Laborparameter oder kardiovaskuläre Risikofaktoren, auch und gerade im Kontext von Langlebigkeit. Schlaf, Bewegung, soziale Verbundenheit, Stressregulation sowie eine frühzeitige therapeutische oder soziale Begleitung wirken nicht nur auf unsere psychische Stabilität, sondern sind auch mit messbaren Effekten auf Gesundheit und Lebensdauer verbunden. Psychische Gesundheit ist damit ein wichtiger Hebel unserer modernen Präventionsmedizin, insbesondere für uns Frauen.

VIEL AUSGABEN, WENIG VORBEUGUNG?

Die Gesundheitsausgaben in Deutschland sind in den letzten Jahren kontinuierlich gestiegen. 2022 nahmen sie gegenüber dem Vorjahr um fast 4,8 Prozent beziehungsweise 22,6 Milliarden Euro zu und erreichten damit 497,7 Milliarden Euro. Das entspricht Ausgaben von 5939 Euro pro Einwohnerin und Einwohner in Deutschland. Nach Angaben des Statistischen Bundesamts lag der Anteil der Gesundheitsausgaben am Bruttoinlandsprodukt bei 12,8 Prozent und damit leicht unter dem Wert von 2021.

Was sagen diese Zahlen nun konkret über den Stellenwert von Prävention in Deutschland aus? Insgesamt investieren wir in Deutschland viel zu wenig in den Bereich der Prävention. Oder wusstest du, dass in Deutschland nur rund 5 Prozent der Gesundheitsausgaben in Prävention und Gesundheitsschutz fließen? Das bedeutet, wir investieren den Großteil erst dann, wenn Menschen bereits krank sind, nicht etwa vorher. Es ist kein Geheimnis, dass Deutschland eines der teuersten europäischen Gesundheitssysteme hat, ohne dass sich dies in überdurchschnittlichen Ergebnissen in unserer Lebenserwartung innerhalb Europas widerspiegelt. Diese befindet sich mit aktuell etwa 83 Jahren für Frauen und circa 78 Jahren für Männer lediglich im europäischen Mittelfeld. Ein wesentlicher Grund dafür ist der nach wie vor geringe Stellenwert von Prävention in der deutschen Gesundheitspolitik.

Vorbeugende Maßnahmen, frühzeitige Gesundheitsbildung, Awareness und strukturelle Präventions- und Vorsorgeprogramme werden seit Jahren vernachlässigt. Das Ergebnis sind hohe Kosten unseres Gesundheitssystems, aber eben nicht eine entsprechend höhere Lebensqualität. Wenn Deutschland gesundheitspolitisch zukunftsfähig sein will, muss hier ein grundlegendes Umdenken stattfinden, weg von der reaktiven Versorgung, hin zu mehr Verantwortung für Gesundheit, von Anfang an.

WIE EINE FRAUENSPEZIFISCHE PRÄVENTIONSSTRATEGIE AUSSEHEN KÖNNTE

Leider existiert bis heute keine geschlechterspezifische Präventionsstrategie für Frauen, obwohl wir in bestimmten Lebensphasen ein deutlich erhöhtes Risiko für verschiedene Krankheiten tragen. So führt der Verlust des hormonellen Schutzes nach den Wechseljahren sowohl zu einem erhöhten kardiovaskulären Risiko als auch zu einer Zunahme von Fettstoffwechselstörungen, Blutdruckanstiegen, endothelialer Dysfunktionen (Gefäßschwäche) und zunehmender Entzündungsaktivität. Das dahinterstehende Zusammenspiel aus biologischen, hormonellen und strukturellen Faktoren wird in der aktuellen Präventionspolitik jedoch kaum abgebildet.

Um Risiken zu erkennen, lange bevor sie klinisch relevant werden, wäre aus meiner Sicht eine strukturierte Vorsorgeuntersuchung sinnvoll, die Frauen in der prämenopausalen Phase und erneut in der Peri- und Postmenopause gezielt begleitet – also genau in jenen Zeitfenstern, in denen sich Hormone, Stoffwechsel und Gefäßfunktion häufig, meist unbemerkt, verändern. Eine solche frauenspezifische Vorsorge sollte klassische kardiometabolische Parameter erfassen und diese um geschlechtersensible Marker wie Fettverteilung, Entzündungsaktivität, Schlafqualität,

Stressbelastung und hormonelle Dynamiken ergänzen. Entscheidend sollte dabei also ein präventivmedizinischer Ansatz sein, der Hormone, Stoffwechsel, Gefäßgesundheit und Lebensstil nicht isoliert betrachtet, sondern diese als Regelkreise versteht. So ließe sich Prävention stärker an den tatsächlichen biologischen Bedürfnissen von uns Frauen ausrichten.

WAS WIR VON FINNLAND UND DEN NIEDERLANDEN LERNEN KÖNNEN

Andere Länder zeigen eindrücklich, was möglich ist, wenn Prävention nicht dem Zufall überlassen wird, sondern politisch klar verankert ist. Finnland gilt seit Jahrzehnten als ein Vorzeigebeispiel. Dort begann Anfang der Siebzigerjahre das *North-Karelia-Projekt*, zunächst als regionale Initiative, später als nationales Programm. Ziel war es, die damals weltweit höchste Herzinfarktrate zu senken – und zwar nicht durch mehr Reparaturmedizin, sondern durch einen Wandel im Alltag der Menschen.

Die finnische Bevölkerung wurde beim Rauchstopp unterstützt, Schulen und Arbeitsplätze wurden miteinbezogen, Lebensmittelhersteller reduzierten gesättigte Fette und Salz, und die öffentliche Kommunikation machte Gesundheit zunehmend sichtbarer für die Bevölkerung. Das Ergebnis war bemerkenswert: Die kardiovaskuläre Sterblichkeit sank innerhalb von wenigen Jahrzehnten um bis zu 80 Prozent, der Cholesterinspiegel der Bevölkerung fiel deutlich, und die Lebenserwartung stieg an. Finnland hat damit gezeigt, dass nationale Präventionsstrategien nicht nur funktionieren – sie verändern die Gesundheit eines ganzen Landes!

Auch die Niederlande gehören zu jenen Staaten, in denen Prävention verbindlich gedacht wird. Mit dem 2019 eingeführten *Preventieakkoord* (Präventionsabkommen) hat die Regierung klare, messbare Ziele formuliert. Beispielsweise wurde Werbung für ungesunde Produkte eingeschränkt, Zucker in Getränken reduziert, und betriebliche Gesundheitsprogramme wurden ausgeweitet. Erste Auswertungen zeigen, dass vor allem Jugendliche davon profitieren, beispielsweise sinkt die Raucherquote hier schneller als in vielen vergleichbaren Ländern.

Beide Beispiele verdeutlichen, was in Deutschland bislang fehlt, nämlich eine klare nationale Präventionsstrategie mit konkreten Zielen, definierten Indikatoren und einem jährlichen Monitoring. Denn Gesundheit wird erst dann nachhaltig verbessert, wenn politische Rahmenbedingungen, öffentliche Strukturen und gesellschaftliche Akteure gemeinsam handeln. Prävention braucht eine adäquate Infrastruktur und gesellschaftliche Priorität, nicht nur gut gemeinte Empfehlungen.

KÜNSTLICHE INTELLIGENZ IN DER ZUKÜNFTIGEN GESUNDHEITSVERSORGUNG

Künstliche Intelligenz wird die Medizin nicht revolutionieren, indem sie Ärztinnen und Ärzte ersetzt, sondern indem sie medizinische Entscheidungsprozesse für uns alle präziser macht. Besonders in der Präventionsmedizin und der Frauengesundheit liegt darin ein bislang unterschätztes Potenzial. Denn viele der Erkrankungen, die Frauen im Laufe ihres Lebens entwickeln – kardiovaskuläre Erkrankungen, metabolische Störungen oder Osteoporose –, entstehen nicht plötzlich, sondern über Jahre hinweg. Algorithmen können große Datenmengen analysieren und Zusammenhänge erkennen, die für das menschliche Auge nicht mehr erfassbar sind, und daraus Wahrscheinlichkeiten ableiten. Der entscheidende Unterschied zur klassischen Statistik liegt in der Fähigkeit, komplexe Beziehungen zwischen Variablen zu erfassen, etwa zwischen Lebensstil, Hormonstatus, genetischer Prädisposition, Bildgebung und Laborparametern. In der Praxis bedeutet das für uns: Die KI kann Risiken sichtbar machen, bevor sie klinisch manifest werden oder für uns spürbar sind.

KI in der Herz- und Gefäßmedizin

Gerade in der Herz- und Gefäßmedizin ist dieses Prinzip nicht mehr theoretisch, sondern bereits gelebte Realität. Algorithmen werden heute eingesetzt, um kontinuierlich erhobene Vitaldaten auszuwerten und daraus Risiken abzuleiten, lange bevor eine Erkrankung klinisch sichtbar wird oder ein akuter Notfall eintritt. Dabei geht es nicht um einzelne Messwerte, sondern um Veränderungen von Mustern über die Zeit. Für die Präventionsmedizin bedeutet das eine Verschiebung des Fokus weg von der Behandlung manifest erkrankter Organe, hin zur frühzeitigen Identifikation biologischer Vulnerabilität.

Moderne KI-basierte Systeme analysieren Vitalzeichen, wie zum Beispiel Herzfrequenz, Herzfrequenzvariabilität, Atemfrequenz, Blutdruckverläufe und Aktivitätsmuster. Aus der Kombination dieser Daten lassen sich subtile Abweichungen erkennen, die dem menschlichen Auge im Alltag kaum auffallen würden. Eine allmählich sinkende Herzfrequenzvariabilität, eine zunehmende nächtliche Ruheherzfrequenz oder eine veränderte Atemdynamik können frühe Hinweise auf eine bevorstehende kardiale Dekompensation, also eine Verschlechterung der Herzfunktion, sein.

In klinischen Studien und ersten Versorgungsmodellen zeigt sich, dass solche Systeme Patient:innen oft Tage bis Wochen vor einer akuten Verschlechterung identifizieren können. Das bedeutet: Die Software meldet nicht erst, wenn die Patientin kollabiert oder mit Brustschmerzen in der Notaufnahme erscheint, sondern in einer Phase, in der noch ausreichend Zeit für Intervention ist. Medikamente können angepasst, eine engere Kontrolle eingeleitet oder eine frühzeitige Vorstellung veranlasst werden.

KI und Frauengesundheit

Für die Frauengesundheit ist dieser Ansatz besonders relevant. Frauen sind in vielen Datensätzen der klassischen Medizin unterrepräsentiert, Symptome werden häufiger atypisch präsentiert und Risiken später erkannt. KI kann hier helfen, geschlechtsspezifische Muster sichtbar zu machen, vorausgesetzt, sie wird mit entsprechenden Daten trainiert. Zyklusveränderungen, Schwangerschaften, hormonelle Übergangsphasen wie die Perimenopause oder der Einfluss einer Hormonersatztherapie auf Stoffwechsel und Gefäßgesundheit lassen sich algorithmisch erfassen, wenn man sie systematisch erhebt. Der Menstruationszyklus wird damit nicht nur ein reproduktiver Rhythmus, sondern ein Verlaufsbiomarker für Frauengesundheit.

KI und Longevity

Im Kontext von Longevity eröffnet die künstliche Intelligenz eine weitere Ebene, denn Altern ist kein homogener Prozess. Wir altern alle unterschiedlich schnell und mit unterschiedlichen Risikoprofilen. KI-gestützte Modelle können biologische Alterungsmarker integrieren, von Entzündungsparametern über metabolische Profile bis hin zu Bildgebung und funktionellen Daten, und daraus ein individuelles biologisches Alter ableiten. Für die präventive Medizin bedeutet das eine personalisierte Risikoeinschätzung.

Verzerrte Datensätze führen zu verzerrten Ergebnissen – ein besonders sensibles Thema in der Frauengesundheit, weil wir es nicht nur mit zufälligen Datenlücken zu tun haben, sondern mit historisch gewachsenen strukturellen Leerstellen. Was können wir also tun, um genau diese Datenlücken zu schließen? Praktisch bedeutet das, dass wir Daten nicht nur retrospektiv aus bestehenden Registern ziehen können, sondern aktiv neue Datensätze schaffen müssen. Dabei ist es essenziell, prospektive Studien, die Frauen gezielt einschließen, geschlechtsspezifisch auszuwerten und hormonelle Lebensphasen zu berücksichtigen. Genauso wichtig ist die Nutzung von Alltagsdaten, etwa aus Wearables, Zyklustrackern oder Präventionsprogrammen, sofern sie verantwortungsvoll, transparent und datenschutzkonform erhoben werden. Gerade diese kontinuierlichen Verlaufsdaten können Muster sichtbar machen, die in klassischen Querschnittsstudien nie erfasst wurden.

Wenn Algorithmen Routineanalysen übernehmen, bleibt mehr Zeit für das, was Medizin im Kern ausmacht: ärztliche Aufklärung, Einordnung der Risiken und eine gemeinsame Entscheidungsfindung am Ende des Prozesses. Prävention und Longevity sind keine standardisierten Programme, sondern individuelle Prozesse, und genau dort kann KI unterstützen, ohne zu dominieren. Die Zukunft der Gesundheitsversorgung wird nicht künstlich im Sinne von unpersönlich sein, sondern sie wird datenreicher und vorausschauender werden. Ob KI dazu beiträgt, hängt weniger von der Technologie selbst ab als davon, wie wir sie einsetzen. Als Ärzt:innen tragen wir die Verantwortung, diese Entwicklung medizinisch und geschlechtersensibel mitzugestalten, damit KI nicht nur effizienter wird, sondern auch eine bessere Medizin für alle ermöglicht.

WARUM DIE ZUKUNFT DER MEDIZIN MIT GESUNDEM ALTERN BEGINNT

Die Longevity-Medizin ist keine Vision für eine ferne Zukunft, sondern die logische Weiterentwicklung einer modernen individualisierten Präventionsmedizin. Sie entsteht vor allem aus der Erkenntnis, dass unser bisheriges Verständnis von Gesundheit zu kurz greift, weil wir Krankheiten verwalten, statt Gesundheit systematisch zu erhalten. Während medizinischer Fortschritt jahrzehntelang vor allem darin bestand, immer neue Therapien für manifeste Erkrankungen zu entwickeln, rückt heute eine andere Frage in den Mittelpunkt: Warum werden Menschen krank, und warum altern sie so unterschiedlich?

Altern ist kein zufälliger, gleichförmiger Prozess, der für alle Menschen gleich abläuft, sondern vielmehr ein biologisch hochkomplexes Geschehen, das sich auf individueller zellulärer, molekularer, metabolischer und systemischer Ebene abspielt und dabei maßgeblich bestimmt, ob ein Mensch gesund alt wird oder aufgrund seiner Genetik oder seines Lebensstils früh erkrankt. Dass Alter der stärkste bekannte Risikofaktor für nahezu alle chronischen Erkrankungen ist, gehört längst zum medizinischen Grundwissen. Trotzdem wird Altern in der klassischen Medizin kaum aktiv adressiert. Es gilt als unvermeidlich, als etwas, das außerhalb unseres therapeutischen Einflussbereichs liegt, und genau an diesem Punkt setzt die Longevity-Medizin an.

LONGEVITY ALS VISION

Noch vor wenigen Jahren war *Longevity* ein Begriff, der eher nach Vision als nach Wissenschaft klang, heute ist er das Fundament einer neuen ärztlichen Denkweise. Wir beginnen alle zu verstehen, dass Altern kein passiver Prozess ist, sondern ein biologischer Mechanismus, den wir beeinflussen und in Teilen sogar umkehren beziehungsweise verlangsamen können. Genau hier beginnt eine der spannendsten Entwicklungen unserer Zeit. Die Medizin der nächsten Jahrzehnte wird nicht mehr primär darauf ausgerichtet sein, Krankheiten zu behandeln, wenn sie entstehen, sondern vielmehr darauf – davon bin ich überzeugt –, Gesundheit zu verlängern, und zwar auf zellulärer und epigenetischer Ebene.

Biomarker werden so selbstverständlich sein wie heute routinemäßige Blutdruckmessungen. Epigenetische Uhren können und werden uns auch in Zukunft zeigen, wie alt unsere Zellen wirklich sind, auch wenn manche von uns das gar nicht wissen wollen. Personalisierte Präventions- und Therapiepläne werden sicherlich ebenfalls zur Norm gehören, nicht etwa zur Ausnahme. Das wiederum eröffnet uns Mediziner:innen völlig neue Perspektiven, wir werden höchstwahrscheinlich Technologien nutzen, die heute noch in den Kinderschuhen stecken. Damit meine ich beispielsweise die Kryokonservierung von Zellen und Geweben, mitochondriale Regenerationsprogramme, hyperpersonalisierte Infusionstherapien, KI-basierte Gesundheitsmodelle oder Gesundheitsapps, die Erkrankungen vorhersagen, bevor erste Symptome sich überhaupt bemerkbar machen.

Die Idee, den Körper oder einzelne Organe «einzufrieren», mag für viele von uns futuristisch wirken, doch sie ist gegenwärtig längst Teil wissenschaftlicher Forschung. Vielleicht wird Kryokonservierung – also das Einfrieren biologischer Proben – irgendwann nicht mehr nur für Reproduktionsmedizin oder Transplantation reserviert sein, sondern als Option verstanden werden, unsere Lebenszeit zu konservieren. Mir persönlich wird bei dem Gedanken daran selbst ein wenig (eis-)kalt, doch die Umsetzung dieser Idee ist nicht mehr weit entfernt. In Europa existieren bislang vor allem einzelne Initiativen, aber kaum etablierte Anbieter mit langjähriger Erfahrung. Anders stellt sich die Situation in den Vereinigten Staaten dar, dort ist mit *Alcor Life* seit Jahrzehnten ein Unternehmen aktiv, das Kryokonservierung als Dienstleistung anbietet. Dort haben bereits mehrere Hundert Menschen ihren Körper nach dem Tod einfrieren lassen, was zeigt, dass Kryokonservierung keine rein theoretische Zukunftsvision mehr ist.

Longevity-Medizin ist eine fortgeschrittene, personalisierte Form der Präventionsmedizin. Sie nutzt Erkenntnisse aus Biogerontologie, Geroscience, Molekularbiologie, klinischer Forschung und Datenwissenschaft, um Alterungsprozesse besser zu verstehen, messbar zu machen und gezielt zu beeinflussen. Dabei geht es nicht um Lebensverlängerung um jeden Preis, sondern um gesundes Altern und um unseren Funktionserhalt im Alter. Vielleicht aber geht es auch um die Fähigkeit des Körpers, sich an Belastungen anzupassen, ohne frühzeitig zu dekompensieren.

Der Begriff *Anti-Aging* greift dafür zu kurz und ist in vielerlei Hinsicht irreführend, er suggeriert einen Kampf gegen das Altern, als wäre Altern ein Feind, den man besiegen müsste. Altern ist jedoch kein Gegner, sondern ein natürlicher, biologischer Prozess, der zum Leben dazugehört. Entscheidend ist nicht, ob wir altern, sondern wie wir altern, und *Healthy Aging* beschreibt diesen Perspektivwechsel präziser. Es geht um die Qualität unserer Jahre, nicht um deren bloße Anzahl.

BLICK IN DIE ZUKUNFT

Du liest dieses Buch vermutlich, weil du nicht nur hoffen, sondern bewusst und informiert handeln möchtest. Der Longevity-Markt boomt, doch nicht alles, was glänzt, ist Gold. Die Forschung rund um viele Produkte steht noch am Anfang, und es gibt vielversprechende Erkenntnisse, aber auch viele offene Fragen. Manche Substanzen zeigen in Tierversuchen faszinierende Ergebnisse, beim Menschen aber fehlen häufig noch die Langzeitstudien. Ein gutes Beispiel dafür ist das im Kapitel Ernährung bereits erwähnte Spermidin, eine Substanz, die in den letzten Jahren viel Aufmerksamkeit im Bereich der Longevity-Forschung erhalten hat.

In Mausmodellen konnte Spermidin die Zellreinigung fördern, Entzündungen reduzieren und die Lebensspanne sogar verlängern. Die vermuteten positiven Effekte von Spermidin beruhen vor allem auf seiner Fähigkeit, die zelluläre Autophagie zu aktivieren, also jenen Prozess der Zelle, der beschädigte oder nicht mehr benötigte Zellbestandteile abbaut und recycelt. Mit zunehmendem Alter nimmt die Autophagie natürlicherweise ab, und Spermidin könnte hier entgegenwirken. Beim Menschen deuten erste Studien auf positive Effekte in Bezug auf Gedächtnisleistung und Zellgesundheit hin. Doch belastbare Daten über mehrere Jahre hinweg fehlen uns heute noch, auch wenn die ersten Ergebnisse vielversprechend sind. Ob Spermidin gezielt als Intervention eingesetzt werden sollte, muss jedoch noch in weiteren klinischen Studien geklärt werden. Für die Präventionsmedizin ergibt sich daraus vor allem ein Impuls, Ernährung nicht nur nach Makronährstoffen, sondern auch nach biologisch aktiven Substanzen zu betrachten.

Doch das ist längst nicht alles. Die Forschung zur Langlebigkeit entwickelt sich rasant weiter. Am UConn Center on Aging in den USA konnte in einem experimentellen Modell gezeigt werden, dass das gezielte Entfernen sogenannter seneszenter p21-Zellen bei Mäusen bemerkenswerte Effekte hat. Dabei handelt es sich um «gealterte» Zellen, die sich nicht mehr teilen, aber aktiv entzündungsfördernde Botenstoffe freisetzen und so umliegendes Gewebe schwächen. Diese seneszenten Zellen gelten als ein zentraler Treiber altersassoziierter Erkrankungen, vor allem über den sogenannten seneszenz-assoziierten sekretorischen Phänotyp, kurz SASP. Wird dieser Zellpool reduziert, sinken auch die entzündlichen Marker im Blut deutlich. Genau diese chronischen Entzündungsprozesse gelten, wie du mittlerweile weißt, als Beschleuniger biologischer Alterung. Die Ergebnisse zeigen eindrücklich, wie eng Zellalterung, Entzündung und unser langfristiger Gesundheitszustand miteinander verknüpft sind. Die regelmäßige aktive «Zellreinigung» bremst dabei nicht nur Alterungsprozesse, sondern kann auch die Lebensqualität spürbar verbessern, was zeigt, welches Potenzial in einem tieferen Verständnis von Zellalterung und gezielter Prävention liegt.

Dass unsere Organe wieder arbeiten könnten wie in jungen Jahren – fast utopisch, oder? Und doch zeigen genau solche Studien, dass Altern eben kein starrer Verfall, sondern formbar ist.

Senolytika sind Wirkstoffe, die darauf abzielen, seneszente Zellen gezielt zu eliminieren, indem sie deren programmierten Zelltod (Apoptose) auslösen. Der Schwerpunkt bisheriger klinischer Studien liegt jedoch vor allem auf der Untersuchung von Sicherheit, Verträglichkeit und ersten biologischen Effekten beim Menschen. Da gibt es beispielsweise das Fisetin, einen sekundären Pflanzenstoff aus der Gruppe der Flavonoide, das natürlicherweise in verschiedenen Obst- und Gemüsesorten vorkommt, besonders in Erdbeeren, Äpfeln, Zwiebeln und Trauben. Neben seinen antioxidativen Eigenschaften wird Fisetin seit einigen Jahren auch im Kontext altersassoziierter Prozesse untersucht, da es in präklinischen Studien entzündungsmodulierende Effekte zeigt und auf zellulärer Ebene mit Mechanismen des gesunden Alterns in Verbindung gebracht wird.

Insgesamt spricht die bislang verfügbare Datenlage dafür, dass Fisetin grundsätzlich das Potenzial haben könnte, bei einer Vielzahl chronischer Erkrankungen und bei Multimorbidität wirksam zu sein. Um die Sicherheit des Wirkstoffes zu bestätigen, pharmakokinetische Eigenschaften zu verstehen und erste Hinweise auf eine klinische Wirksamkeit beim Menschen zu liefern, sind aber weitere Studien notwendig. Es kann daher noch einige Zeit dauern, bis diese Substanzen sicher bei gesunden Menschen zur Prävention oder zur Verzögerung beziehungsweise Umkehr normaler Alterungsprozesse eingesetzt werden können. Dennoch entwickelt sich das Feld der Senolytika-Forschung sehr dynamisch weiter.

DIE ZUKUNFT DER KÜNSTLICHEN INTELLIGENZ IN DER MEDIZIN

Ein zentraler Treiber der Entwicklung im Bereich Longevity-Medizin sind zudem die Fortschritte in künstlicher Intelligenz und maschinellem Lernen. Erst durch moderne Rechenmodelle ist es möglich geworden, die enorme Komplexität biologischer Systeme sinnvoll auszuwerten. So wissen wir heute: Altern ist kein linearer Prozess, der sich an Laborwerten ablesen lässt. Es ist das Ergebnis Tausender miteinander interagierender Variablen und sicherlich auch multifaktoriell bedingt.

Die klassische medizinische Diagnostik stößt hier schnell an ihre Grenzen. Künstliche Intelligenz hingegen kann (zukünftige) Muster erkennen, Zusammenhänge herstellen und Entwicklungen prognostizieren, die dem menschlichen Auge verborgen bleiben. So ist es nicht verwunderlich, dass die künstliche Intelligenz heute Vorhersagen treffen kann, etwa bei der Auswertung von Röntgen- oder Mammographie-Bildern, die dem menschlichen Auge nicht zugänglich sind. KI-basierte Systeme erkennen feinste Muster und strukturelle Veränderungen im Gewebe, lange bevor sie für uns Ärzt:innen visuell eindeutig interpretierbar sind. Gerade in der Brustkrebsdiagnostik konnte in der Vergangenheit gezeigt werden, dass solche Modelle das individuelle Erkrankungsrisiko Jahre im Voraus abschätzen können, noch bevor ein Tumor klinisch oder radiologisch eindeutig sichtbar wird.

Dabei ersetzt die künstliche Intelligenz keineswegs die ärztliche Expertise, sondern erweitert sie. Sie dient uns eher als Werkzeug, das große Datenmengen systematisch auswertet und subtile Veränderungen erkennt, die in der klassischen Bildgebung bislang untergingen. Für die Präventionsmedizin ist das ein entscheidender Fortschritt, denn so können Erkrankungen früher erkannt und Risiken präziser eingeschätzt werden. Gerade im Kontext von Longevity-Medizin und Geroscience, die eine Brücke zwischen der Biologie des Alterns und altersbedingten Krankheiten schlägt, zeigt sich, wie technologische Innovationen dazu beitragen können, Medizin von einer reaktiven hin zu einer vorausschauenden Disziplin weiterzuentwickeln.

Wearables

Wearables begleiten heute viele von uns durch den Alltag. Sie messen Schritte, Schlaf, Herzfrequenz, Stresslevel, Kalorienaufnahme und zunehmend auch Stoffwechselparameter. Sie beobachten, was früher unbeobachtet blieb. Zeit, Schlaf, Essen, Bewegung, selbst Erholungsphasen werden in Daten übersetzt – für manche fühlt sich das vielleicht nach Kontrolle an, für andere nach Orientierung. Für viele Menschen können Wearables tatsächlich sinnvoll sein, indem sie Zusammenhänge sichtbar machen: Wer schlecht schläft, erkennt plötzlich Muster. Wer erschöpft ist, sieht, wie wenig Erholungstage er oder sie wirklich hat. Und wer abnehmen oder fitter werden möchte, bekommt Rückmeldung über den eigenen Alltag.

Feedback zum persönlichen Lebensstil kann motivieren und vielleicht auch Veränderungen anstoßen. Gleichzeitig dürfen wir nicht überschätzen, was diese Technik leisten kann. Wearables liefern Daten, aber sie können noch lange keine Diagnosen stellen, und das ist auch gut so. Noch gibt es keinen Gesundheits-Tracker, der zuverlässig vorhersagen kann, wann eine Erkrankung entsteht oder wann bestimmte Supplemente wirklich sinnvoll wären. Es können höchstens Trends erkannt werden, aber die Interpretation sollte auch weiterhin ärztliche Aufgabe bleiben.

In der Praxis begegnet mir auch die andere Seite, ich sehe Patient:innen, die sich durch das ständige Tracking unter Druck gesetzt fühlen. Wenn du ständig liest, dass dein Schlaf nicht mehr erholsam ist, sondern zu kurz oder zu ineffizient, und Bewegung nicht mehr aus Freude gemacht wird, sondern um Zielwerte zu erfüllen, können die Wearables schnell deinen Stress verstärken, statt ihn zu reduzieren.

Wir dürfen auch nicht vergessen, dass diese Daten nie neutral sind. Sie spiegeln Messungen, Algorithmen und Normwerte wider, die nicht immer individuell passen. Besonders bei Frauen, deren Schlaf, Leistungsfähigkeit und Stoffwechsel hormonell schwanken, können solche Werte irritieren oder verunsichern, wenn sie nicht richtig eingeordnet werden – da helfen auch keine Referenzwerte. Wearables werden sicher auch weiterhin für manche ein hilfreiches Tool sein, für andere hingegen eine unnötige Dauerbeobachtung. Entscheidend ist nicht, ob du trackst, sondern welche Konsequenz das für dich persönlich hat. Manchmal helfen Daten dabei, einen besseren Umgang mit dem eigenen Körper und so in der Folge einen gesunden Lebensstil zu erreichen. Manchmal ist es aber vielleicht auch gesünder, die konkreten Daten bewusst auszublenden.

Der digitale Zwilling

Was ich persönlich sehr spannend finde und was aus meiner Sicht großes Zukunftspotenzial hat, ist das Konzept des KI-Zwillings, oft auch als *Digital Twin* bezeichnet. Gemeint ist damit ein virtuelles Abbild eines Menschen, das auf realen, individuellen Gesundheitsdaten basiert. Dieser digitale Zwilling entsteht aus einer Vielzahl persönlicher Informationen wie Laborwerten, Mikrobiom-Profil, genetischen Daten, Hormonstatus, Daten aus Wearables sowie Angaben zu Ernährung, Bewegung, Schlaf und Stressbelastung. Aus all diesen Informationen erstellt die künstliche Intelligenz ein sehr individuelles biologisches Profil und kann ableiten, wie jemand altert, wie empfindlich der Körper auf Stress reagiert, wie der Stoffwechsel funktioniert oder wo potenzielle Schwachstellen liegen.

Der entscheidende Unterschied zur klassischen Diagnostik liegt darin, dass nicht nur der Ist-Zustand betrachtet wird, sondern auch dynamische Entwicklungen über die Zeit zukunftsfähig modelliert werden können. Ein digitaler Zwilling ermöglicht es somit, verschiedene Szenarien gedanklich durchzuspielen, noch bevor sie real umgesetzt werden. Er kann simulieren, wie sich Veränderungen in unserem Lebensstil auswirken könnten, etwa durch eine andere Ernährungsform, mehr oder weniger Training, verbesserten Schlaf oder gezielte Supplementierung. Auch komplexere Fragestellungen lassen sich theoretisch abbilden, zum Beispiel, wie eine Erhöhung von NAD+, die Einnahme von Spermidin oder eine Anpassung des Trainingsplans langfristig auf Stoffwechsel, Entzündungsprozesse oder biologische Alterung wirken könnten.

Besonders relevant ist dabei die Fähigkeit der KI, Muster sehr früh zu erkennen. Risiken können sichtbar werden, lange bevor Beschwerden auftreten oder klassische Laborparameter auffällig sind. Damit verschiebt sich unsere zukünftige Medizin weg von einer reaktiven Krankheitsbehandlung hin zu einer proaktiven Gesundheitsbegleitung. Der KI-Zwilling ersetzt keine ärztliche Beurteilung, kann sie aber sinnvoll ergänzen, indem er komplexe Zusammenhänge sichtbar macht und personalisierte Präventionsstrategien unterstützt.

Und damit wären wir auch schon bei der personalisierten Medizin. Unsere Medizin wird zunehmend individueller. Personalisierte Medizin rückt in den Vordergrund, weil wir verstehen, dass Gesundheit nicht nach einem einheitlichen Schema funktioniert. Denn personalisierte Medizin bedeutet, dass medizinische Entscheidungen nicht mehr primär auf Referenzwerten beruhen, die wir kennen, oder auf Leitlinien für die «typischen» Patient:innen, sondern vielmehr auf dem individuellen biologischen Profil eines Menschen.

Deine genetischen Voraussetzungen spielen ebenso eine Rolle wie die Lebensbedingungen, die du mitbringst. Auch deine Darmflora ist hochindividuell. Das Mikrobiom gleicht einem biologischen Fingerabdruck und lässt sich nicht sinnvoll mit dem deines Nachbarn vergleichen. Vor diesem Hintergrund verlieren pauschale Empfehlungen zunehmend an Bedeutung. Was für den einen funktioniert, kann für den anderen wirkungslos oder sogar ungünstig sein. Prävention und Therapie werden sich deshalb immer stärker an individuellen Profilen orientieren, an Stoffwechsel, Lebensphase, Mikrobiom und persönlichen Ressourcen, statt an allgemeinen Regeln.

Der digitale Zwilling stellt dabei eine Mischung aus hochpräzisem Gesundheitskompass und sehr ehrlichem Spiegelbild dar, nur eben digital. Ist das nicht faszinierend? Digitale Zwillinge, also computergestützte, biologisch präzise Abbilder von uns, könnten uns in Zukunft helfen, Krankheiten früher zu erkennen und Therapien individuell zu simulieren, bevor wir sie am echten Menschen anwenden. Gerade in der Longevity-Medizin wird dieser Ansatz besonders interessant – und in diesem Zusammenhang ist der KI-Zwilling sicherlich keine futuristische Vorstellung mehr, sondern ein logischer nächster Schritt auf dem Weg zu einer Medizin, die sich personalisiert am einzelnen Menschen orientiert und nicht am statistischen Mittel.

GESCHLECHTERSPEZIFISCHE ALTERUNG

Doch bevor wir weiter über Zukunftsmedizin sprechen, müssen wir in einem ersten Schritt anerkennen, dass Frauen biologisch anders altern als Männer und dass jede präzise Longevity-Strategie diese Unterschiede berücksichtigen muss. Eine Medizin ohne geschlechtersensible Perspektive, die die hormonellen, immunologischen oder metabolischen Unterschiede im Alterungsprozess von Frauen und Männern ignoriert, kann nur unpräzise bleiben! Die Zukunft der Longevity ist deshalb auch die Zukunft einer Medizin, die Frauen endlich differenziert betrachtet, statt sie weiterhin nur als Variante des männlichen Modells zu behandeln.

Gerade für uns Frauen eröffnet diese neue Medizin eine enorme Chance, weil die weibliche Biologie jahrzehntelang untererforscht war. Frauen altern nicht nur anders, sie erleben auch andere Krankheitsverläufe. Unser Immunsystem reagiert stärker, Autoimmunerkrankungen treffen uns häufiger, die Mitochondrien altern bei uns früher, und die Peri- und Postmenopause beschleunigen unseren biologischen Alterungsprozess auf mehreren Ebenen gleichzeitig.

Longevity muss diese Aspekte nicht nur berücksichtigen, sondern explizit erforschen und auch adressieren. Frauen verlieren im Schnitt 8 bis 10 Prozent ihrer Knochenmasse allein im ersten Jahr nach Ausbleiben der Periode. Ihr kardiovaskuläres Risiko vervierfacht sich innerhalb weniger Jahre, und sowohl ihr Schlaf, ihr Stoffwechsel als auch ihre Stressachse verändern sich fundamental. Eine Medizin, die darauf keine Antwort hat, ist einfach keine präzise Medizin der Zukunft.

Vergangene Studien aus der Präventions- und Versorgungsforschung zeigen auch, dass Frauen präventive Strategien häufig besser annehmen und konsequenter umsetzen als Männer. Sie nehmen Vorsorgeangebote regelmäßiger wahr, halten empfohlene Maßnahmen für einen gesünderen Lebensstil eher ein und profitieren biologisch oft stärker von präventiven Maßnahmen. Der präventive Hebel ist bei Frauen damit häufig größer, wird aber leider bislang nicht systematisch und ausreichend genutzt. Gerade deshalb sind Frauen eine treibende Kraft in der Präventionsmedizin, nicht, weil sie biologisch «besser» prädisponiert wären, sondern weil sie Prävention als Prozess verstehen und damit Gesundheitsentscheidungen häufiger in ihren Alltag integrieren – sei es in Bezug auf Ernährung, Bewegung, Schlaf oder Stressregulation. Und sie tragen dieses Wissen oft auch in ihre Familien, Partnerschaften und ihr Umfeld weiter.

Eine US-Studie aus dem Jahr 2012 zeigt deutlich, dass Frauen präventive Maßnahmen wie beispielsweise Krebsvorsorgeuntersuchungen häufiger wahrnehmen als Männer. Obwohl Männer und Frauen gleichermaßen an die Wirksamkeit von Screenings glauben, hatte ein signifikanter Anteil der Männer noch nie an einer entsprechenden Vorsorge teilgenommen. Ein zentraler Grund dafür ist womöglich, dass Frauen im Laufe ihres Lebens mehr regelmäßige Kontakte zum Gesundheitssystem haben, etwa durch gynäkologische Betreuung, Schwangerschaften oder hormonelle Fragestellungen. Männern fehlen solche kontinuierlichen Anknüpfungspunkte häufig. Hinzu kommt, dass Männer bei zentralen Vorsorgeentscheidungen, etwa beim Prostatakrebs-Screening, stärker mit Unsicherheiten und Ängsten konfrontiert sind. Diese Überforderung kann dazu führen, dass sie andere Präventionsangebote ebenfalls meiden.

Ein weiterer Faktor ist die gesellschaftliche Sichtbarkeit von Prävention. Frauengesundheit, insbesondere Brustkrebsfrüherkennung, ist medial und institutionell deutlich präsenter als Männergesundheit. Nationale Kampagnen oder Vorsorgemöglichkeiten sind eher auf Frauen ausgerichtet, während vergleichbare Initiativen für Männergesundheit lange gefehlt haben oder deutlich weniger sichtbar sind. Diese strukturelle Ungleichverteilung trägt dazu bei, dass Frauen Prävention eher als selbstverständlichen Teil ihrer Gesundheitsversorgung wahrnehmen.

WARUM HEALTHY AGING AUCH WIRTSCHAFTLICH SINNVOLL IST

Vor uns liegt also eine Medizin, die Verantwortung teilt zwischen ärztlichem Wissen, wissenschaftlichem Fortschritt und unserem eigenen Lebensstil. So bekommen wir alle die Möglichkeit, unser biologisches Alter aktiv zu gestalten! Wir stehen zwar erst am Anfang dieser Entwicklung, doch die Richtung ist klar: Die zukünftige Medizin wird uns gesünder halten, und sie wird uns lehren, dass Prävention kein Zusatz ist, sondern der Schlüssel zu einem langen und gesunden Leben. Dabei geht es nicht nur darum, Menschen länger gesund zu halten, sondern auch um eine nachhaltige Entlastung des

Gesundheitssystems. Diese sogenannte *Healthspan Extension* hat größere ökonomische Effekte als jede Einzelkrankheitsprävention.

Eine modellbasierte Analyse in *Nature Aging* zeigt, dass die ökonomischen Gewinne eines verlangsamten Alterns, wie wir es uns bei Longevity wünschen, weit größer sind als bisher angenommen. Während frühere Berechnungen eine 2,2-jährige Verlangsamung des Alterns mit rund 7 Billionen US-Dollar bewerteten, kommt die neue Modellierung unter Berücksichtigung realistischerer Parameter auf über 21 Billionen US-Dollar allein für die über 50-Jährigen. Der entscheidende Unterschied gegenüber Krankheitsprävention ist eindeutig: Wer Altern verlangsamt, verhindert nicht nur eine Erkrankung, sondern gleich mehrere, unter anderem Herzkrankheiten, Krebs, Demenz, Diabetes und Sarkopenie, also den altersassoziierten Verlust von Muskelmasse und Muskelkraft. Je länger Menschen gesund leben, desto wertvoller wird jeder weitere Zugewinn an Gesundheit. Den Prozess des Alterns zu verlangsamen, ist somit nicht nur für jeden Einzelnen von uns medizinisch sinnvoll, sondern eine der wirtschaftlich bedeutendsten Strategien unserer modernen Gesundheitsversorgung.

Und noch etwas dürfen wir nicht außer Acht lassen: Für uns Frauen ist diese gesundheitliche und ökonomische Perspektive besonders relevant. Wir leben insgesamt länger, verbringen jedoch im Durchschnitt deutlich mehr Jahre mit chronischen Erkrankungen und Schmerzen. Eine Verlängerung der Healthspan würde daher sicher nicht nur die individuelle Lebensqualität von Millionen von Frauen verbessern, sondern auch gesellschaftliche Strukturen entlasten, zum Beispiel durch weniger Pflegebedürftigkeit, weniger Krankheitsausfälle sowie weniger alleinige Care-Arbeit im Alter. Die Longevity-Forschung wird damit zu einem Schlüsselwerkzeug für echte Chancengerechtigkeit im Gesundheitssystem, denn Frauen tragen das Gesundheitssystem seit Jahrzehnten als Patientinnen, als Mütter oder auch als pflegende Angehörige. Eine Medizin, die die Gesundheit der Frauen stärkt, stärkt letztlich unsere gesamte Gesellschaft.

Doch wie weit sind wir in Deutschland tatsächlich, wenn es um eine evidenzbasierte, lebensphasenorientierte Versorgung von Frauen geht? Dazu ein Beispiel: Erste deutschlandweite Schätzungen aus dem Projekt *MenoSupport* der Hochschule für Technik und Wirtschaft Berlin zeigen, dass unbehandelte Menopause-Beschwerden am Arbeitsplatz einen volkswirtschaftlichen Schaden von rund 9,4 Milliarden Euro pro Jahr verursachen können. Der Großteil entfällt auf krankheitsbedingte Fehlzeiten und Produktivitätsverluste. Rund 40 Millionen Arbeitstage gehen jährlich verloren, hinzu kommen reduzierte Arbeitszeiten und ein vorzeitiger Rückzug aus dem Erwerbsleben. Jede zehnte befragte Frau gab an, aus Menopause-Gründen früher in Rente gegangen zu sein oder dies zu planen, bei Frauen über 55 sogar fast jede fünfte.

Diese Zahlen fügen sich in ein größeres Bild ein. Nach Daten des Statistischen Bundesamts verursachen Frauen in Deutschland im Durchschnitt höhere Krankheitskosten pro Kopf als Männer, im Jahr 2020 etwa 5690 Euro gegenüber rund 4690 Euro. Zwar nähern sich diese Kosten im Lebensverlauf an, sie bleiben jedoch insbesondere im höheren Alter bei Frauen erhöht. Die Menopause ist damit ein unterschätzter Faktor mit relevanten individuellen und gesellschaftlichen Folgen.

Dies zeigt auch, dass sich volkswirtschaftliche Kosten erst dann nachhaltig reduzieren lassen, wenn die Zielgruppe, in diesem Falle Frauen, adäquat versorgt wird. Solange Beschwerden bagatellisiert, unzureichend diagnostiziert oder therapeutisch nicht ernst genommen werden, entstehen vermeidbare Folgekosten auf individueller und gesamtgesellschaftlicher Ebene. Und eine bessere Versorgung bedeutet nicht nur Symptomlinderung, sondern den Erhalt von Lebensqualität über viele Jahre. Genau deshalb ist es dringend notwendig, Forschung im Bereich Frauengesundheit systematisch voranzutreiben. Um ein zukunftsfähiges Gesundheitssystem und die Langlebigkeit der Frauen zu fördern, brauchen wir belastbare Daten, spezifische Versorgungsmodelle und eine Medizin, die weibliche Lebensphasen nicht als Abweichung versteht.

DIE RELEVANZ MODERNER BIOMARKER

Unabhängig von geschlechtsspezifischen Fragestellungen hat sich in den letzten Jahren auch auf einer grundsätzlichen Ebene ein entscheidender Wandel in der Medizin vollzogen. Gerade in der Biomarkerforschung kam es zu einem Paradigmenwechsel, der weit über einzelne Fachgebiete hinausreicht. Während früher vor allem isolierte Parameter wie Cholesterin, Blutzucker oder Blutdruck betrachtet wurden, erlauben moderne Ansätze heute eine systemische Sicht auf den Organismus. So ist es möglich, biologische Alterungsprozesse abzubilden, lange bevor klinische Symptome auftreten.

Ein besonders eindrucksvolles Beispiel dafür sind die bereits in Teil I des Buches angesprochenen biologischen Uhren. Diese Altersmodelle basieren auf epigenetischen Veränderungen, insbesondere DNA-Methylierungsmustern, die sich im Laufe des Lebens verändern. Lebensstil, Umweltfaktoren, psychosoziale Belastungen und genetische Prädispositionen hinterlassen messbare Spuren in unserem Epigenom. Diese Unterschiede erklären, warum manche Menschen bis ins hohe Alter leistungsfähig und gesund bleiben, während Gleichaltrige deutlich früher funktionelle Einschränkungen oder chronische Erkrankungen entwickeln.

Moderne Biomarker machen somit sichtbar, was uns bisher verborgen blieb, und ermöglichen dadurch eine etwaige Abschätzung unseres persönlichen Risikos. Forschungen von Wissenschaftler:innen wie Steve Horvath haben gezeigt, dass diese Uhren nicht nur das Alter abbilden, sondern auch die Wirksamkeit therapeutischer Maßnahmen nach einer gewissen Zeit sichtbar machen können. Sie reagieren auf Bewegung, Ernährung, Stress, Schlaf und Krankheit, und damit werden sie zu einem potenziell mächtigen Instrument für individualisierte Prävention.

Gleichzeitig zeigen diese Daten, dass Altern kein einheitlicher Prozess ist, der alle in gleicher Art und Weise betrifft. Verschiedene Organe und Gewebe altern vielmehr unterschiedlich schnell.

Ein Mensch kann ein «junges» Herz, aber ein «altes» Immunsystem haben, oder umgekehrt. Diese Erkenntnis stellt das bisherige Denken in starren Altersgrenzen infrage und eröffnet uns die Möglichkeit, Prävention gezielt dort anzusetzen, wo biologische Schwachstellen entstehen, lange bevor sie sich klinisch manifestieren.

LANGLEBIGKEIT ZWISCHEN WISSENSCHAFTLICHER VISION UND BIOLOGISCHEN GRENZEN

Ein aktueller Artikel in *Nature* zeigt eindrücklich, wie kontrovers und gleichzeitig hoffnungsvoll die Forschung zur Langlebigkeit derzeit diskutiert wird. Die zentrale Frage lautet hier: «Können Menschen künftig 120 Jahre oder älter werden, und das bei guter Gesundheit?» Die Antwort fällt differenziert aus und bewegt sich zwischen wissenschaftlicher Vision und biologischen Grenzen. Forscher:innen unterscheiden wie gesagt klar zwischen Lebensspanne (Lifespan) und Gesundheitsspanne (Healthspan). Während die Lebenserwartung über die letzten 150 Jahre deutlich gestiegen ist, blieb die maximale(!) Lebensdauer des Menschen weitestgehend unverändert. Die Gesundheitsspanne hingegen, das wissen wir inzwischen, lässt sich beeinflussen, und genau hier setzt moderne Longevity-Medizin künftig an.

Der Artikel zeichnet zwei wissenschaftliche Positionen nach. Die Optimisten gehen davon aus, dass wir kurz vor einem biologischen Durchbruch stehen könnten. Tierstudien zeigen bereits heute, dass die Lebensdauer bestimmter Spezies durch Eingriffe in zentrale Alterungsmechanismen erheblich verlängert werden kann. Skeptiker jedoch erinnern daran, dass mehrere vielversprechende Ansätze beim Menschen scheiterten und dass radikale Lebensverlängerungen ohne grundlegendes Verständnis der menschlichen Alterungsbiologie unrealistisch sind. Doch genau diese Debatte ist wichtig, denn sie zeigt, dass Longevity-Medizin keine einfache Fortschreibung der Anti-Aging-Industrie ist, sondern ein echter wissenschaftlicher Wettlauf.

Glücklicherweise betont der Artikel, dass das Ziel nicht die maximale Lebensverlängerung um jeden Preis sein sollte, sondern die Verlängerung der gesunden Jahre. Letztlich wollen wir doch alle erreichen, dass Menschen seltener Diabetes, kardiovaskuläre oder andere chronische Erkrankungen entwickeln, gleichzeitig ihre Muskelkraft und kognitive Leistungsfähigkeit möglichst lange erhalten und eine stabile Resilienz gegenüber körperlichen und psychischen Stressoren bewahren. Ziel ist nicht nur ein krankheitsfreies Idealbild, sondern vor allem ein Zustand funktioneller Stabilität, in dem unser Organismus Belastungen besser kompensieren kann, sich schneller erholt und über die Lebensspanne hinweg leistungsfähig bleibt. Genau darauf zielt moderne Präventions- und Longevity-Medizin ab.

Am Ende kommen die Autor:innen zu einem nüchternen Fazit: Die maximale Lebensdauer wird sich in naher Zukunft wahrscheinlich nicht radikal verändern. Aber die Gesundheitsspanne kann deutlich verlängert werden – und das ist der eigentliche Fortschritt, um den es uns hier geht.

ETHISCHE ASPEKTE DER LANGLEBIGKEIT

Wir sollten vielleicht an dieser Stelle auch mal über unsere ethische Verantwortung sprechen. Das Streben nach einem immer längeren Leben wirft unweigerlich ethische und moralische Fragen auf: Wer entscheidet eigentlich, ob wir 120 oder gar 150 Jahre alt werden dürfen oder sollen? Ist es eine individuelle Entscheidung, eine medizinische Möglichkeit oder am Ende eine gesellschaftliche Weichenstellung? Und wem wäre ein solches langes Leben überhaupt vorbehalten?

Schon heute zeigt sich, dass gesundheitliche Chancen ungleich verteilt sind. Zugang zu Prävention, moderner Medizin, Zeit für

Gesundheit, Wissen und Ressourcen sind keine Selbstverständlichkeit. Wenn Langlebigkeit zunehmend technologisch und medizinisch optimiert wird, besteht die Gefahr, dass sie zu einem Privileg wird und soziale Ungleichheiten weiter verstärkt. Ein langes Leben sollte jedoch keinesfalls zur Frage des Geldbeutels oder des Wohnorts werden.

Hinzu kommt die moralische Dimension, denn ein längeres Leben ist nur dann ein Gewinn, wenn es auch ein gutes Leben ist. Jahre ohne Selbstbestimmung, ohne soziale Teilhabe oder ohne körperliche und geistige Integrität sind kein Fortschritt. Longevity darf deshalb nicht allein an Lebensjahren gemessen werden, sondern mindestens ebenso wichtig sind funktionelle Selbstständigkeit und Lebensqualität. Die ethische Kernfrage lautet weniger, wie alt wir werden können, sondern wie wir altern wollen und welche Verantwortung wir als Gesellschaft übernehmen. Personalisierte Medizin und Prävention bieten große Chancen, verlangen aber ein klares ethisches Bewusstsein.

Bei aller Zukunftsbegeisterung dürfen wir nicht vergessen, dass Longevity nicht nur aus High-Tech besteht, denn die Grundlagen dafür bleiben weiterhin Ernährung, Bewegung, Schlaf, mentale Gesundheit und soziale Verbundenheit. Es klingt vielleicht banal, aber es sind genau diese einfachen Faktoren, die in nahezu jeder großen Studie die stärkste Wirkung auf unser biologisches Alter haben. Vielleicht ist das die eigentliche Ironie der Zukunft. Während wir an epigenetischen Re-Programmierungen arbeiten, erinnern uns die Daten immer wieder daran, dass die elementarsten Dinge die größten Hebel bleiben.

PRÄVENTION IST KEIN ELITENPROJEKT – DIE DO-HEALTH-STUDIE

Dass bereits einfachste Maßnahmen im Alltag einen messbar hohen Nutzen haben können, zeigt eindrücklich die DO-HEALTH-

Studie. Sie macht deutlich, dass Prävention nicht zwangsläufig komplex sein muss, um wirksam zu sein, sondern dass konsequent umgesetzte Grundlagen wie Bewegung, Mikronährstoffversorgung und Lebensstil einen relevanten Einfluss auf Gesundheit und Funktionsfähigkeit im Alter haben. In dieser großen europäischen Studie mit über 2100 gesunden Menschen über 70 Jahren zeigte sich, dass einfache Maßnahmen ihre Wirkung vor allem dann entfalten können, wenn sie kombiniert werden.

Teilnehmende, die täglich Vitamin D (2000 IE) sowie Omega-3-Fettsäuren (1 g) einnahmen und regelmäßig moderates Krafttraining absolvierten, hatten im Studienverlauf verglichen mit der Kontrollgruppe ein um rund 60 Prozent geringeres Risiko, eine invasive Krebserkrankung zu entwickeln. Gleichzeitig sank das Risiko für altersbedingte Gebrechlichkeit um fast 40 Prozent. Jede der Maßnahmen für sich allein zeigte dabei nur geringe Effekte, erst im Zusammenspiel wurde ein relevanter präventiver Nutzen sichtbar.

Die Studie liefert damit ein wichtiges Signal für die Präventionsmedizin. Nicht die einzelne Intervention entscheidet, sondern das durchdachte Zusammenspiel alltagstauglicher Strategien über Jahre hinweg. Genau darum geht es bei Longevity – nicht um die eine Wunderwaffe, nicht um eine «Anti-Aging-Pille», sondern um unterschiedliche Maßnahmen, die jeweils für sich moderat wirken können, ihre eigentliche Wirkung aber erst im Zusammenspiel entfalten. Longevity ist damit weniger ein Versprechen für unsere Verjüngung als eine langfristige Strategie, unsere biologischen Systeme zu beeinflussen, und zwar durch konsistente Entscheidungen, die sich über Jahre addieren.

Es ist also kein Zufall, dass wir die größten Effekte auf unser biologisches Alter erzielen, wenn wir diese Bereiche ernst nehmen. Die Herausforderung wird sein, beides miteinander zu verbinden – die molekulare, zukunftsweisende Medizin von morgen und eine präventive Lebenskunst, die wir bereits heute im Alltag umsetzen können. Die eigentliche Verantwortung von uns Longevity-Ärzt:innen beginnt damit, dieses Wissen zu übersetzen und gesundheitsbewusste Menschen gut anzuleiten. Denn Frauen brauchen in der Longevity-Medizin nicht nur Wissen, sondern auch Struktur. Jahrzehntelang wurden ihre Symptome und Beschwerden fehlgedeutet und ihre Risiken unterschätzt. Eine Zukunftsmedizin muss daher mit klarer Diagnostik Orientierung geben, zum Beispiel mit präzisen Hormonanalysen, personalisierten Trainings- und Ernährungsstrategien und lückenloser Prävention. Nicht zuletzt wirken sich auch soziale Bindungen und Sinnhaftigkeit messbar positiv aus, während Einsamkeit, chronischer Stress und Isolation Alterungsprozesse beschleunigen. Gesundheit entsteht, wie schon gesagt, nicht irgendwo im Labor, sondern vor allem im gelebten Alltag.

Dieser ganzheitliche Blick macht deutlich, warum Longevity-Medizin nicht als Lifestyle-Trend missverstanden werden darf, denn sie ist definitiv keine reine Selbstoptimierung, sondern ein medizinisches Konzept, das Verantwortung erfordert. Verantwortung auf Seiten der Ärzt:innen, die die komplexen Daten einordnen und sinnvoll übersetzen müssen, und Verantwortung auf Seiten der Gesundheitssysteme, die Prävention nicht länger als Zusatzleistung betrachten dürfen. Nicht zuletzt haben wir Mediziner:innen eine Verantwortung gegenüber unseren Patient:innen, sie vor falschen Versprechungen zu schützen. Denn ein zentrales Problem der Gegenwart sind die massiven Wissenslücken in diesem Bereich.

Viele Ärzt:innen sind in Longevity-relevanten Themen nicht adäquat ausgebildet, was zu Unsicherheit, Ablehnung oder unkritischer Übernahme von Trends führen kann. Dabei sollte jedem klar sein: Prävention ist keine Option, sondern eine Notwendigkeit. Die Zukunft der Medizin wird sicherlich davon abhängen, ob es gelingt, Prävention neu zu definieren, nicht als Checkliste oder Screening, die wir abhaken, und auch nicht als wahrgenommene Vorsorgeuntersuchung, sondern als kontinuierliche Begleitung über alle Lebensphasen hinweg, besonders bei uns Frauen. Und die Longevity-Medizin bietet dafür einen Rahmen, denn sie verbindet moderne Technologie mit ärztlicher Erfahrung und wissenschaftliche Präzision mit ethischer Verantwortung.

Teil IV

DEINE INDIVIDUELLE LONGEVITY-STRATEGIE

CHECKLISTE FÜR DEINE LONGEVITY-STRATEGIE

Im Folgenden findest du deine ganz persönliche Checkliste zum Abhaken, denn deine Gesundheit beginnt mit dem ersten bewussten Schritt und mit der Erkenntnis, dass Veränderung möglich ist, und zwar jederzeit. Anhand der Checkliste kannst du herausfinden, was du bereits im Alltag lebst und wo noch Potenzial liegt.

Die 7 Säulen

Ernährung mit Maß und Qualität

- ☐ Ich esse überwiegend unverarbeitete, pflanzenreiche Lebensmittel.
- ☐ Ich höre auf mein Sättigungsgefühl und esse bewusst, nicht nebenbei.
- ☐ Ich verteile meine Proteinaufnahme sinnvoll über den Tag.
- ☐ Ich achte auf ballaststoffreiche Kost zur Unterstützung meines Darms.

Bewegung als Lebensstil

- ☐ Ich integriere tägliche Bewegung selbstverständlich in meinen Alltag, etwa durch Gehen, Treppensteigen oder kurze Wege zu Fuß.
- ☐ Ich trainiere regelmäßig Kraft, idealerweise zwei- bis dreimal pro Woche.
- ☐ Ich bewege mich mit Fokus auf Regelmäßigkeit und Freude.

Schlaf & Regeneration

- ☐ Ich habe feste Schlaf- und Aufwachzeiten, auch am Wochenende.

- ☐ Ich nehme mir bewusst Zeit für Erholung und Pausen ohne schlechtes Gewissen.
- ☐ Ich sehe Schlaf als medizinisch relevante Säule meiner Gesundheit.

Darm & Stoffwechsel

- ☐ Ich unterstütze mein Mikrobiom regelmäßig durch Ballaststoffe, fermentierte Lebensmittel oder einfache Maßnahmen wie Kiwi, Leinsamen oder Flohsamenschalen.
- ☐ Ich beobachte, wie mein Körper auf Zucker, Alkohol und stark verarbeitete Nahrung reagiert.

Stressregulation & Nervensystem

- ☐ Ich habe kleine tägliche Rituale, die mein Nervensystem beruhigen.
- ☐ Ich erkenne frühe Stresssignale und reagiere darauf, statt sie zu ignorieren.
- ☐ Ich erlaube mir Phasen geringerer Leistungsfähigkeit.

Oxidativer Stress & Zellschutz

- ☐ Ich achte auf eine antioxidative Ernährung mit Gemüse, Beeren, Kräutern, Hülsenfrüchten und Gewürzen.
- ☐ Ich vermeide chronische Überlastung durch Schlafmangel, Dauerstress oder stark verarbeitete Lebensmittel.
- ☐ Ich verstehe, dass oxidativer Stress nicht per se schlecht ist, sondern wir eine gewisse Balance brauchen.

Soziale Verbundenheit & Sinn

- ☐ Ich pflege regelmäßige soziale Kontakte, die mir guttun.
- ☐ Ich fühle mich eingebunden und gebraucht.
- ☐ Ich habe ein Gefühl von Sinn oder Richtung in meinem Leben.

Hormone, Prävention und Alltag

Hormonelle Gesundheit & weibliche Lebensphasen

- ☐ Ich kenne meinen Körper und nehme Veränderungen ernst.
- ☐ Ich informiere mich aktiv über meinen Zyklus, Perimenopause und Menopause.

- ☐ Ich suche mir kompetente Begleitung und Rat, statt Symptome kleinzureden.

Prävention & medizinische Eigenverantwortung

- ☐ Ich nutze Vorsorgeuntersuchungen regelmäßig und informiert.
- ☐ Ich verstehe meine Laborwerte im Kontext meines Lebensstils, wenn nicht, dann frage ich von nun an bei meinem Arzt oder meiner Ärztin genauer nach.
- ☐ Ich sehe Medizin nicht nur reaktiv, sondern proaktiv.

Alltag & Rituale

- ☐ Ich habe meine täglichen kleinen Routinen, die mir im Alltag Struktur geben.
- ☐ Ich erlaube mir ganz bewusst langsame Momente, Achtsamkeit und Auszeiten.
- ☐ Ich weiß, dass Prävention mit jeder Entscheidung in meinem Alltag entsteht.

Am Ende geht es nicht darum, wie viele Kästchen du angekreuzt hast, sondern entscheidend ist, wo du heute ansetzen möchtest. Denn Langlebigkeit ist kein Ziel in ferner Zukunft, sondern deine ganz persönliche und tägliche Entscheidung für gesundes Altern.

DEINE LABORWERTE

Aus präventionsmedizinischer Sicht halte ich es für sinnvoll, bei den vielen verschiedenen Laborwerten zwischen Krankwerten, Gesundmachwerten und Schlüssel- beziehungsweise Funktionswerten zu unterscheiden. Diese Einteilung nach Dr. Helena Orfanos-Boeckel erlaubt es, Laborbefunde nicht nur als Momentaufnahme zu interpretieren, sondern sie in ihrer Bedeutung für dein persönliches Risiko und deine Gesundheit richtig einzuordnen. Sie schafft damit die Grundlage für ein Verständnis von Gesundheit, das über die reine Abwesenheit von Krankheit hinausgeht und den Fokus auf Erhalt und Stabilisierung legt.

Es reicht eben nicht aus, einen Laborwert anzuschauen und daraus vorschnell zu resümieren, dass alles in Ordnung ist, nur weil er im Normbereich liegt. Referenzbereiche bilden oft sehr breite Spannweiten ab und orientieren sich daran, was statistisch häufig ist, nicht unbedingt daran, was individuell für jeden von uns optimal ist. Die entscheidende Frage ist daher nicht nur, ob ein Wert «normal» ist, sondern wo er für dich sinnvoll liegt – erst im Zusammenhang mit deinen Beschwerden, deinem Lebensstil und deinem Zyklus wird aus einem Laborwert eine wirklich hilfreiche Information.

Krankwerte beschreibt Orfanos-Boeckel als Parameter, die mit zunehmender Krankheitslast ansteigen. Je gesünder ein Mensch also ist, desto niedriger liegen diese Werte. Hier gilt es folglich, steigende und erhöhte Werte gezielt zu erkennen und diese zu senken, um das Risiko für Folgeerkrankungen zu reduzieren.

Dem gegenüber stehen die sogenannten **Gesundmachwerte.** Diese werden in der klassischen Routinediagnostik oft weniger beachtet, obwohl sie ebenfalls eine wichtige Rolle für Regeneration und langfristige Stabilität spielen, besonders im präventivmedizinischen Kontext. Dazu gehören beispielsweise Vitamine oder bestimmte Nährstoffe, zum Beispiel auch das freie 25-OH-Vitamin D. Anders als Krankwerte sollten sie nicht möglichst niedrig, sondern möglichst nah an oder über der Norm sein, um die physiologischen Prozesse des Körpers optimal zu unterstützen.

Als dritte Kategorie beschreibt Orfanos-Boeckel die **Schlüssel- oder Funktionswerte**. Hier geht es nicht um ein «mehr» oder «weniger», sondern um ein Optimum in der Norm. Diese Werte bewegen sich idealerweise stabil innerhalb eines definierten Referenzbereichs. Sowohl Abweichungen nach oben als auch nach unten können dabei ein Hinweis auf eine gestörte Regulation sein. Entscheidend ist hier das präzise Gleichgewicht, das eine gesunde und optimale Funktion überhaupt erst ermöglicht.

Und noch etwas ist mir wichtig: Wenn du deine eigenen Blutwerte betrachtest, ist es elementar, zu verstehen, dass ein einzelner Parameter für sich genommen oft nur eine begrenzte Aussagekraft hat. Wirklich relevant wird die Interpretation erst im Zusammenspiel mehrerer Werte, etwa im Verhältnis von Gesamtcholesterin zu HDL. Gleichzeitig sollten Laborwerte immer im Kontext gesehen werden – dein Lebensstil, deine Ernährung und auch bestehende entzündliche Prozesse beeinflussen, wie diese Zahlen einzuordnen sind. Erst in dieser Gesamtschau entsteht ein Bild, das letztlich Rückschlüsse auf deine Gesundheit und dein individuelles Risiko zulässt.

Ferritin ist beispielsweise ein klassischer Schlüsselwert, dessen Interpretation besondere Sorgfalt erfordert. Ein Mangel kann durchaus bereits im Normbereich bestehen, vor allem dann, wenn funktionell zu wenig Eisen zur Verfügung steht. Gleichzeitig ist Ferritin ein Akute-Phase-Protein und steigt bei Entzündungen, Lebererkrankungen, Infekten oder Stress unabhängig vom tatsächlichen Eisenspeicher an. Deshalb sollte dieser Wert nie isoliert beurteilt werden, sondern immer im Kontext weiterer Parameter und der klinischen Situation. Und das wiederum kann einen Eisenmangel verschleiern. Für eine korrekte Einschätzung des Eisenstatus braucht es daher immer den Kontext, also insbesondere CRP, Transferrinsättigung und gegebenenfalls das lösliche Transferrinrezeptor-Ferritin-Verhältnis. Du siehst, ein einzelner Laborwert ist nicht gleichbedeutend mit deiner tatsächlichen Versorgung. Erst im Zusammenhang mit weiteren Parametern und dem klinischen Bild ergibt sich eine verlässliche Interpretation.

Falls du unsicher bist, hol dir unbedingt Rat bei deinem Arzt oder deiner Ärztin, sie können dir dein Labor im persönlichen Kontext ausführlich erklären. Genauso wichtig ist es, dranzubleiben. Laborwerte sollten gewiss nicht nur einmal bestimmt werden, sondern immer dann erneut, wenn du selbst Veränderungen spürst, klinische Auffälligkeiten auftreten oder sich neue Symptome entwickeln. Besonders bei bekannten Mängeln oder wenn du bereits Nährstoffe supplementierst, sind regelmäßige Verlaufskontrollen entscheidend, denn nur so lässt sich beurteilen, ob eine Maßnahme wirkt, angepasst werden muss oder vielleicht gar nicht die eigentliche Ursache trifft.

Weiterführende Informationen und eine vertiefende Einordnung dieser Zusammenhänge findest du in dem Buch *Nährstofftherapie – Der Praxisleitfaden* von Dr. Orfanos-Boeckel.

WAS DEINE LABORWERTE WIRKLICH AUSSAGEN UND WORAUF DU ACHTEN SOLLTEST

Das **kleine Blutbild** gibt einen Überblick über die zellulären Bestandteile deines Blutes. Es umfasst rote Blutkörperchen, Hämoglobin und Hämatokrit zur Beurteilung von Sauerstofftransport und Anämien sowie weiße Blutkörperchen (Leukozyten) und Thrombozyten (Blutplättchen) als Hinweis auf Entzündungen, Infekte und/oder eine Störung der Blutgerinnung.

Das **große Blutbild** (Differenzialblutbild) schlüsselt speziell die weißen Blutkörperchen nochmal genauer auf. Es liefert wichtige Hinweise über das körpereigene Abwehrsystem und kann eventuell auf bestimmte Erkrankungen hinweisen.

Krankwerte

Krankwerte sind Parameter, die mit zunehmender Krankheitsentwicklung ansteigen. Je weiter sie sich vom optimalen beziehungsweise unteren Zielbereich entfernen, desto stärker spiegelt sich darin eine pathologische Belastung wider. Ihr Anstieg ist häufig Ausdruck von Entzündung, Gewebeschädigung oder metabolischer Dysregulation.

LDL («schlechtes Cholesterin») wird vor allem dann problematisch, wenn es oxidiert ist, etwa durch freie Radikale aus Stress, Umweltbelastung, Nikotin oder eine stark verarbeitete Ernährung. In dieser Form trägt es wesentlich zur Gefäßverkalkung bei und sollte möglichst niedrig gehalten werden. Gleichzeitig darf man nicht vergessen, dass LDL häufig auch genetisch bedingt erhöht sein kann. Zudem zeigt sich gerade bei Frauen, dass die Werte nach der Menopause nochmals ansteigen können, was mit den hormonellen Veränderungen zusammenhängt und das kardiovaskuläre Risiko zusätzlich beeinflusst.

Triglyceride zeigen, dass überschüssige Energie als Fett gespeichert wird. Erhöhte Werte entstehen somit häufig durch zu viele Kohlenhydrate, Zucker oder industriell verarbeitete Lebensmittel. Bewegung, Fasten und eine bewusste Ernährung können die Triglyceride effektiv senken.

Cholesterin ist kein «schlechter» Stoff, sondern essenziell für den Aufbau von Zellmembranen sowie die Bildung von Sexual- und Stresshormonen. Sowohl zu niedrige als auch zu hohe Werte sind ungünstig, entscheidend ist also das Gleichgewicht.

Lipoprotein(a), kurz **Lp(a)**, ist ein genetisch determinierter und unabhängiger Risikofaktor für kardiovaskuläre Erkrankungen.

Wenn der Wert erhöht ist, wurde er in der Regel vererbt. Lebensstilfaktoren wie Ernährung oder Bewegung haben darauf kaum Einfluss, und ein einmal erhöhter Wert bleibt in der Regel lebenslang konstant. Das bedeutet aber nicht, dass man nichts tun kann – der Fokus muss vielmehr konsequent auf den beeinflussbaren Faktoren liegen.

Was oft unterschätzt wird: Erhöhtes Lp(a) ist nicht selten, etwa 20 Prozent der Menschen sind davon betroffen. Deshalb halte ich es für zentral, diesen Wert zumindest einmal im Leben bestimmen zu lassen, um das eigene Risiko überhaupt zu kennen. In meiner Praxis gehört dieser Wert zur Basisdiagnostik und wird bei allen Patient:innen routinemäßig mitbestimmt.

Ist Lp(a) erhöht, dann reicht es nicht, «ein bisschen auf den Lebensstil zu achten». Vielmehr müssen alle anderen Risikofaktoren konsequent optimiert werden, insbesondere das LDL. In vielen Fällen bedeutet das auch eine medikamentöse Senkung des LDL-Wertes, weil nur so das zusätzliche genetische Risiko abgefedert werden kann. Spezifische medikamentöse Therapien zur Senkung von Lp(a) sind derzeit noch nicht breit etabliert, befinden sich aber in fortgeschrittener Entwicklung. Bis dahin bleibt eine präzise Risikokontrolle und ein strukturierter Lebensstil die wichtigste Strategie, um Gefäße langfristig zu schützen.

Aber gerade bei Frauen kommt eine weitere Ebene hinzu: Nach der Menopause steigt das kardiovaskuläre Risiko ohnehin an, gleichzeitig spielt die hormonelle Situation eine Rolle für Gefäßgesundheit und Knochendichte. In diesem Zusammenspiel wird deutlich, dass ein erhöhtes Lp(a) nicht isoliert betrachtet werden darf, sondern Teil eines größeren präventiven Konzepts ist, das Herzgesundheit, Longevity und auch Aspekte wie Osteoporose mitdenkt.

TIPP: Lass deinen Lp(a)-Wert idealerweise einmal vor und noch einmal nach der Menopause bestimmen. In dieser Phase kann es, zumindest in manchen Fällen, zu einem Anstieg kommen, der klinisch relevant ist und nicht übersehen werden sollte. Gerade weil Lp(a) als genetischer Risikofaktor lange als stabil gilt, lohnt sich hier ein zweiter Blick im hormonellen Übergang.

Leberwerte wie **GOT, GPT und GGT** steigen bei Belastung der Leber an, etwa durch Fettleber, Alkohol oder Medikamente. Ein dauerhaft erhöhter Wert sollte immer weiter abgeklärt werden.

Bilirubin ist ein Abbauprodukt der roten Blutkörperchen. Erhöhte Werte können auf Leber- oder Gallengangsprobleme hinweisen und sollten klinisch eingeordnet werden.

HbA1c zeigt den durchschnittlichen Blutzucker der letzten drei Monate und ist einer der zentralen Marker für die Beurteilung des Glukosestoffwechsels. Aus präventionsmedizinischer Sicht ist er ein ausgesprochen wichtiger Krankheitswert, weil er als «Krankmachwert» lange vor der manifesten Erkrankung Hinweise auf eine beginnende Dysregulation geben kann.

Werte ab etwa 5,7 Prozent weisen bereits auf einen Prädiabetes hin. In dieser Phase entstehen die entscheidenden Weichenstellungen mit Modifikation des Lebensstils, auch wenn klinisch oft noch wenig auffällt. Genau hier sollte man ansetzen, denn ein weiterer Anstieg ist kein Zufall, sondern Ausdruck einer fortschreitenden Stoffwechselbelastung.

In der klassischen Medizin wird häufig erst ab einem HbA1c von über 6,5 Prozent von einem Typ-2-Diabetes gesprochen. Aus präventiver Perspektive ist das ein später Zeitpunkt, da metabolische Veränderungen dann oft schon über Jahre bestehen. Ziel sollte es daher sein, früh zu intervenieren und den HbA1c stabil niedrig zu halten, bevor sich manifeste Erkrankungen entwickeln.

HOMA-Index ist einer der sensibelsten Marker, wenn es darum geht, frühe Störungen im Glukosestoffwechsel zu erkennen. Er zeigt eine Insulinresistenz, oft lange bevor klassische Parameter wie Nüchternblutzucker oder HbA1c auffällig werden, und gehört damit als Biomarker für die Insulinresistenz ganz klar in die präventivmedizinische Frühdiagnostik. Eine Insulinresistenz bedeutet, dass die Körperzellen, vor allem in Leber, Muskel und Fettgewebe, weniger empfindlich auf Insulin reagieren. Wusstest du, dass dein HbA1c über Jahre im Normbereich liegen kann, während dein HOMA-Index bereits erhöht ist?

Für eine optimale Stoffwechselsituation sollte das Nüchtern-Insulin idealerweise um etwa 5 µU/ml liegen und auf jeden Fall unter 10 bleiben. Der HOMA-Index sollte dabei unter 2,0 liegen. Werte darüber zeigen, dass die Zellen bereits weniger sensibel auf Insulin reagieren und der Körper kompensatorisch mehr Insulin ausschütten muss. Und genau hier beginnt Prävention, denn eine erhöhte Insulinlast ist nicht nur ein Vorläufer des Typ-2-Diabetes, sondern steht auch in engem Zusammenhang mit viszeraler Adipositas, chronischer Entzündung und langfristig kardiovaskulären Erkrankungen. Diese Werte geben dir eine Orientierung, indem sie nicht nur zeigen, ob bereits eine Erkrankung vorliegt, sondern offenlegen, ob dein Stoffwechsel noch effizient und gesund arbeitet oder bereits unter Druck steht. In dieser Phase lässt sich nämlich noch gezielt gegensteuern.

FAKT: In der Praxis gilt ein HOMA-Index unter 2 als unauffällig, Werte darüber können auf eine beginnende oder bestehende Insulinresistenz hinweisen, natürlich immer im Kontext der klinischen Gesamtsituation.

TPO-Antikörper, Thyreoglobulin-Antikörper und **TRAK** sind Autoantikörper, die sich gegen unterschiedliche Strukturen der Schilddrüse richten: Bei Autoimmunerkrankungen der Schilddrüse steht nicht primär das Organ selbst im Mittelpunkt, sondern vielmehr ein Immunsystem, das aus der Balance geraten ist. Die gebildeten Antikörper sind Ausdruck dieser fehlgeleiteten Regulation und führen zu einer entzündlichen Reaktion gegen das Schilddrüsengewebe. In diesem Verständnis ist die Schilddrüse vor allem das Zielorgan, an dem sich die Störung manifestiert, nicht jedoch deren Ursprung. Daraus ergibt sich ein erweiterter therapeutischer Ansatz, der über die rein endokrinologische Behandlung hinausgeht. Neben der Regulation der Schilddrüsenfunktion sollte auch das Immunsystem gezielt unterstützt werden, etwa durch eine adäquate Versorgung mit Vitamin D, Selen, Zink und Vitamin C sowie durch die Stabilisierung der Darmfunktion, die eine zentrale Rolle in der Immunregulation einnimmt.

TPO-Antikörper (TPO-AK) richten sich gegen das Enzym Thyreoperoxidase, das für die Hormonbildung in der Schilddrüse notwendig ist. Erhöhte Werte sprechen häufig für eine autoimmune Schilddrüsenerkrankung, insbesondere Hashimoto-Thyreoiditis.

Thyreoglobulin-Antikörper (Tg-AK) sind gegen Thyreoglobulin gerichtet, ein Speicherprotein der Schilddrüsenhormone. Sie treten oft gemeinsam mit TPO-AK auf und unterstützen die Diagnose autoimmuner Schilddrüsenerkrankungen.

TSH-Rezeptor-Antikörper (TRAK) binden an den TSH-Rezeptor der Schilddrüse und können ihn stimulieren oder blockieren. Stimulierende TRAK sind typisch für Morbus Basedow und führen zu einer Überfunktion der Schilddrüse.

Der Nieren-Krankwert Kreatinin ist ein zentraler Marker der Nierenfunktion, sollte aber niemals isoliert interpretiert werden. Der Wert hängt stark von der Muskelmasse, dem Alter und dem Geschlecht ab und kann dadurch gerade bei sportlichen Menschen oder unter Kreatin-Supplementation scheinbar erhöht sein, ohne dass tatsächlich eine Nierenerkrankung vorliegt. Entscheidend ist deshalb die Einordnung über die glomeruläre Filtrationsrate, die sogenannte GFR. Sie beschreibt, wie gut die Niere tatsächlich filtert. Eine gesunde und junge Nierenfilterfunktion liegt bei einer GFR von > 90 ml/min. Im Alter sollte die Nierenfunktion bei einer GFR von über 60 ml/min (CKD G2) liegen. Sinkt und bleibt die Krea-GFR dauerhaft darunter (CKD G3), bedeutet das, dass bereits 75 Prozent der Nierenfilterchen nicht mehr arbeiten, dass also anderthalb Nieren ihre Wasch-Funktion verloren haben.

Gerade im präventivmedizinischen Kontext ist es wichtig, hier genau hinzuschauen. Wenn Kreatinin erhöht ist, sollte immer geprüft werden, ob dies tatsächlich Ausdruck einer eingeschränkten Nierenfunktion ist oder durch Faktoren wie Muskelmasse oder Supplemente erklärt werden kann. In solchen Fällen bietet Cystatin C (mit Cystatin C-GFR) eine wertvolle Ergänzung. Dieser Marker ist weitgehend unabhängig von der Muskelmasse und erlaubt eine präzisere Einschätzung der tatsächlichen Nierenleistung.

> **FAKT:** Mit Blick auf ein Longevity-Konzept geht es hier also nicht um einen einzelnen Laborwert, sondern um das Verständnis der Nierenfunktion als Ganzes. Die frühzeitige Erkennung subtiler Veränderungen ist entscheidend, um langfristig die Organfunktion zu erhalten.

Gesundmachwerte

Zu den sogenannten «Gesundmachwerten» zählen vor allem essenzielle Nährstoffe und beispielsweise Vitamin B12, Vitamin C, Selen, Zink, 25-OH-Vitamin D, Coenzym Q10 oder auch DHEA. Sie spielen eine zentrale Rolle für unsere Stoffwechselprozesse, Immunfunktion, mitochondriale Energiegewinnung und hormonelle Regulation.

Entscheidend ist jedoch nicht, hier einen Norm-Wert zu haben, sondern vielmehr einen satten Wert an oder über der Mangel- und Alters-Norm. Satte Gesundmachwerte helfen dabei, Schlüsselwerte zu optimieren und so Krankwerte zu senken oder niedrig zu halten.

Schlüsselwerte/Funktionswerte

Bei den Funktionswerten geht es nicht darum, sie möglichst hoch oder niedrig zu halten. Sie sollten weder in Richtung pathologischer Abweichungen absinken noch durch Übersteuerung ansteigen. Entscheidend für das gesunde Funktionieren ist ein optimaler, enger Bereich in der klassischen Referenz und Norm. Genau in diesem Korridor entfalten sie ihre optimale Wirkung für den Stoffwechsel und die Regulation im Körper.

Homocystein wirkt in erhöhten Konzentrationen gefäßschädigend, entzündungsfördernd und thrombogen. Ein optimaler Wert liegt etwa bei 7 µmol/l. Meist ist die Ursache einer Homocystein-Erhöhung der Mangel an B-Vitaminen, insbesondere von Vitamin B6, Biotin (B7), Folsäure (B9) und Vitamin B12, die, wenn sie fehlen, gut mit Nährstofftherapie nach Labor ausgeglichen werden können. Aber auch eine fortgeschrittene Niereninsuffizienz kann zu einer Erhöhung des Homocysteins führen. In diesen Fällen lässt sich der HC-Spiegel auch mit der besten B-Vitamin-Therapie nur selten unter 10 µmol/l senken.

Das **Transferrinrezeptor-Ferritin-Verhältnis** hilft dir, den Eisenstatus differenziert zu beurteilen, und erlaubt gleichzeitig die Unterscheidung zwischen echtem Eisenmangel und einer durch Entzündung maskierten Eisenverarmung, da der lösliche Transferrinrezeptor bei Eisenmangel ansteigt, während Ferritin als Akut-Phase-Protein erhöht sein kann.

hs-CRP zeigt stille Entzündungsprozesse im Körper an. Auch leicht erhöhte Werte können auf ein chronisches Entzündungsgeschehen hinweisen. Sie sollten daher immer ernst genommen und die Ursache (wie beispielsweise eine chronische Sinusitis oder oxidativer Stress) gezielt gesucht werden, da chronische Entzündung ein zentraler Treiber vieler Erkrankungen ist. Auch dieser Wert sollte möglichst niedrig gehalten werden.

FAKT: Bei Raucher:innen sind CRP-Werte häufig chronisch erhöht, da die im Tabakrauch enthaltenen Schadstoffe eine dauerhafte, niedriggradige Entzündungsreaktion im Körper auslösen. Diese anhaltende Entzündung führt oft zu leicht erhöhten CRP-Spiegeln, die als Marker für ein erhöhtes Risiko unter anderem für Herz-Kreislauf-Erkrankungen gelten.

Der **Quotient aus Gesamtcholesterin und HDL** liefert oft eine aussagekräftigere Einschätzung als die Einzelwerte allein. Idealerweise liegt er unter 4. Er beschreibt das Verhältnis zwischen atherogenen Lipoproteinen, die mit einem erhöhten kardiovaskulären Risiko assoziiert sind, und dem protektiven HDL-Cholesterin.

Alkalische Phosphatase kann bei Leber- oder Knochenerkrankungen erhöht sein und gehört ebenfalls zu den Parametern, die bei Abweichungen nach oben genauer betrachtet werden müssen.

Nüchternblutzucker ist ein erster Screeningwert für den Glukosestoffwechsel. Er kann jedoch lange unauffällig bleiben, obwohl bereits Störungen bestehen. Daher sollte er nie isoliert bewertet werden.

HDL unterstützt bestimmte Prozesse des Lipidtransports, wird aber heute nicht mehr pauschal als verlässlich protektiver Einzelmarker gewertet. Ein höherer Wert ist nicht automatisch günstig, relevant ist immer die Einordnung in das gesamte kardiovaskuläre Risikoprofil. Entscheidend ist jedoch, dass HDL nicht isoliert bewertet werden sollte. Für die tatsächliche Risikoeinschätzung sind vor allem atherogene Partikel und entzündliche Prozesse relevant, also insbesondere LDL, Non-HDL, ApoB und Lipoprotein(a). Sie spiegeln die Partikellast und die Gefäßentzündung deutlich präziser wider, und vor diesem Hintergrund relativiert sich die Bedeutung eines einzelnen HDL-Wertes, wenn die übrigen Risikoparameter ungünstig sind.

Die **Transferrinsättigung** zeigt, wie viel des Transportproteins Transferrin tatsächlich mit Eisen beladen ist, und damit, wie gut der Körper aktuell mit verfügbarem Eisen versorgt ist. Sie ist besonders wichtig, um Eisenmangel oder Eisenüberladung korrekt einzuordnen, vor allem dann, wenn Ferritin beispielsweise durch Entzündungen verfälscht sein kann.

Ferritin ist ein klassischer Schlüsselwert und zeigt die Eisenspeicher an, kann aber als Akute-Phase-Protein bei Entzündung erhöht sein und damit einen Mangel verschleiern. Deshalb sollte es nie isoliert beurteilt werden.

TSH wird klassisch als Steuerhormon der Schilddrüse betrachtet und reagiert sensibel auf Veränderungen im System. In der Praxis greift diese isolierte Betrachtung jedoch oft zu kurz. TSH ist nicht «die Wahrheit», sondern nur ein Teil eines komplexen Regelkreises. Gerade bei chronischem Stress, bei hoher Belastung oder in Phasen hormoneller Umstellung kann das zentrale Steuerungssystem aus Hypothalamus und Hypophyse dysreguliert sein. In solchen Fällen kann das TSH niedrig oder unauffällig erscheinen, obwohl auf Gewebeebene bereits eine Unterversorgung besteht.

Deshalb sollte die Schilddrüsenfunktion nie allein anhand des TSH beurteilt werden. Entscheidend ist immer die Gesamtschau: freies T3 (fT3) als aktives Hormon, freies T4 (fT4) als Speicherform, gegebenenfalls reverses T3 (rT3) als Ausdruck von Stress- und Adaptationsprozessen, dazu die Antikörper zur Beurteilung autoimmuner Vorgänge und, wenn nötig, die sonographische Darstellung der Schilddrüse. Erst in dieser Kombination lässt sich verstehen, ob die Schilddrüse wirklich im Gleichgewicht arbeitet oder ob eine funktionelle Störung vorliegt, die im isolierten TSH verborgen bleibt. Im präventivmedizinischen Kontext bleibt dieser differenzierte Blick entscheidend.

Das **fT3** ist das stoffwechselaktive Schilddrüsenhormon und der eigentliche Effektor auf Zellebene. Nur T3 bindet an den nukleären Rezeptor und steuert dort die Genexpression. T4 hingegen ist vor allem ein Prohormon. Es muss in der Zelle durch selenabhängige Deiodinasen, das sind selenabhängige Enzyme, in das aktive T3 umgewandelt werden. Und eben hier liegt in der Praxis häufig das Problem.

Bei vielen Frauen funktioniert diese periphere Konversion nicht optimal, etwa unter chronischem Stress, bei Entzündungen, Mikronährstoffmängeln oder hormonellen Veränderungen. In solchen Situationen kann trotz «normaler» Laborwerte eine funktionelle Unterversorgung auf Zellebene bestehen. Typisch ist ein Bild mit relativ niedrigem fT3 und gleichzeitig erhöhtem rT3. Letzteres ist eine inaktive Form, die den T3-Rezeptor blockieren kann und damit die Wirkung von aktivem T3 zusätzlich abschwächt. Diese Konstellation kennt man klassisch aus der Intensivmedizin, aber auch im ambulanten Setting sehen wir bei vielen Patient:innen eine solche zelluläre Dysregulation, die im Standardlabor leicht übersehen wird.

Das **fT4** dient dabei als Speicher- und Vorläuferhormon und stellt die Grundlage für die hormonelle Balance dar. Entscheidend für die klinische Wirkung ist jedoch, wie viel davon tatsächlich in aktives T3 umgewandelt wird und im Gewebe ankommt.

Wenn man diese Einteilung verinnerlicht, verändert sich der Blick auf Laborwerte grundlegend. Es geht nicht mehr nur darum, «auffällige Werte» in deinem Labor zu finden, sondern eben auch zu verstehen, wo dein individuelles Risiko liegt.

BLUTDRUCK MESSEN

Auch deine Blutdruckwerte solltest du im Blick haben. Eine schnelle Übersicht bietet die folgende Tabelle.

Blutdruck – ein zentraler Hebel für deine langfristige Gesundheit

	BP-Praxismessung (mmHg)	BP-Selbstmessung (mmHg)
Nicht-erhöhter Blutdruck	<120/70	<120/70
Erhöhter Blutdruck	120/70 – <140/90	120/70 – <135/85
Hypertonie	≥140/90	≥135/85

Als **nicht erhöht** gilt ein Blutdruck dann, wenn der systolische Wert unter etwa 120 mmHg und der diastolische unter 70 mmHg liegt.

Befinden sich die Werte im Bereich von etwa 120 bis 140 mmHg systolisch oder 70 bis 90 mmHg diastolisch, spricht man von einem **erhöhten Blutdruck**. Auch wenn hier noch keine manifeste

Hypertonie vorliegt, ist das kardiovaskuläre Risiko bereits messbar gesteigert.

Eine **arterielle Hypertonie** wird definiert bei systolischen Werten ab 140 mmHg oder diastolischen Werten ab 90 mmHg.

Aber Achtung: Für die Einordnung einzelner Messwerte ist entscheidend, unter welchen Bedingungen sie erhoben wurden. Ruhe vor der Messung, eine passende Manschettengröße und eine ruhige Umgebung beeinflussen das Ergebnis erheblich. Die Diagnose einer arteriellen Hypertonie sollte daher nicht auf einer Einzelmessung beruhen, sondern auf wiederholten Messungen an verschiedenen Tagen oder auf ergänzenden Verfahren, wie der häuslichen Blutdruckmessung oder einer 24-Stunden-Langzeitmessung. Sprich hierzu gerne mit deinem Arzt oder deiner Ärztin.

Die therapeutischen Zielwerte werden zudem immer individuell festgelegt und orientieren sich am kardiovaskulären Gesamtrisiko sowie an Begleiterkrankungen – und genau hier liegt ihr präventiver Anspruch. Blutdruck wird nicht erst dann relevant, wenn eine Diagnose gestellt ist, sondern lange davor.

Allgemein wird unter einer laufenden Therapie ein Blutdruck unter 140/90 mmHg angestrebt, bei vielen Patient:innen – insbesondere bei erhöhtem Risiko – auch niedrigere Zielbereiche, etwa in Richtung 130/80 mmHg, sofern sie gut vertragen werden.

Gerade bei Frauen, deren kardiovaskuläre Risiken häufig später oder atypischer erkannt werden, ist diese frühe Einordnung relevant. Lass also bei deinem nächsten Arztbesuch deinen Blutdruck mitmessen. Nicht nur einmal und auch nicht erst dann, wenn Beschwerden auftreten, sondern immer wieder in regelmäßigen Abständen. Der Blutdruck gehört zu den wichtigen Parametern unserer Gesundheit. Er kann sich oft unbemerkt über Jahre verändern und beeinflusst unser Herz, unsere Gefäße, Gehirn und Stoffwechsel früher, als viele von uns denken. Jede Messung, ob in der Praxis oder zu Hause, hilft, Risiken rechtzeitig zu erkennen. Und je früher wir hinschauen, desto mehr können wir selbst steuern.

HORMONE FÜR HEALTHY AGING

Hormone sind für mich ein zentrales Instrument für Healthy Longevity in der Lebensmitte. Wenn Östradiol und Progesteron in der Peri- und Postmenopause wegfallen, verlieren viele Frauen nicht nur Fruchtbarkeit, sondern auch wichtige biologische Schutzmechanismen für Schlaf, Stoffwechsel, Knochen, Gefäße und Gehirn. Und wie sollen wir gesund altern, wenn all diese schützenden Systeme ausgerechnet in der Lebensmitte wegfallen?

Für mich als Ärztin stellt das einen Wendepunkt dar, an dem wir Mediziner:innen Verantwortung übernehmen können. Gut dosiertes, bioidentisches Östradiol, idealerweise transdermal und zum richtigen Zeitpunkt begonnen, kann diesen Verlust teilweise ausgleichen und Frauen helfen, länger gesund und auch leistungsfähig zu bleiben. Progesteron ergänzt dies, indem es das Nervensystem stabilisiert, den Schlaf vertieft und Stressreaktionen dämpft und uns damit hilft, biologisch widerstandsfähiger durch diese Lebensphase zu gehen. Entscheidend ist dabei keine pauschale Verschreibung für alle, sondern eine individualisierte Therapie, die den Stoffwechselzustand, genetische Unterschiede, Risiken wie Thrombose oder Brustkrebs, den Gebärmutterstatus und die persönlichen Beschwerden berücksichtigt.

Im Kontext von Healthy Aging ist zudem bedeutsam, dass Melatonin in hohen Konzentrationen in den Mitochondrien vorkommt und dort eine gezielte Schutzfunktion ausübt. Es wirkt als starkes Antioxidans, stabilisiert die mitochondriale Funktion und unterstützt körpereigene Reparaturmechanismen, sodass Zellen stressresistenter bleiben. Gleichzeitig sinkt die körpereigene Melatoninproduktion bereits ab dem vierzigsten Lebensjahr, also in einer

Phase, in der unsere Zellen eigentlich mehr Schutz bräuchten. Deshalb wird Melatonin im Longevity-Diskurs so stark thematisiert – es verbindet erholsamen Schlaf mit direkter zellulärer Resilienz und nächtlichem Zellschutz und wird in höheren Dosierungen als Antioxidans genutzt.

Hormone und Laborwerte sind komplex und lassen sich nicht auf wenige Seiten reduzieren. Meine Darstellung erhebt also keinen Anspruch auf Vollständigkeit, sondern ich möchte dir an dieser Stelle ein Verständnis für die Zusammenhänge vermitteln, damit du einordnen kannst, was in deinem Körper passiert, und vorbereitet in ein Gespräch mit deiner Ärztin oder deinem Arzt gehen kannst. Denn gut informiert zu sein bedeutet nicht, alles allein entscheiden zu müssen. Es bedeutet, die richtigen Fragen stellen zu können und gemeinsam mit deiner Ärztin oder deinem Arzt fundierte Entscheidungen zu treffen.

DEIN HORMONPROFIL

Zu den wichtigsten Hormonlaborwerten bei Frauen zählen **Östradiol**, **Progesteron**, **AMH**, **FSH**, **LH** und **Prolaktin** (sowie die Schilddrüsenwerte **TSH**, **fT3**, **fT4** und **rT3**). Sie geben Auskunft über deine Zyklusphase, deine ovarielle Reserve, deine Eisprungaktivität und den Übergang in die Peri- oder Postmenopause und sollten, wenn möglich, zyklusabhängig interpretiert werden. Ergänzend sind **Testosteron gesamt**, **SHBG (Sexualhormon-bindendes Globulin)** und der daraus berechnete **Freie Androgen-Index (FAI)** und **DHEA-S** relevant, da sie Energielevel, Libido, Muskelmasse und Stoffwechsel beeinflussen. Ihre Bedeutung wird gerade in der Präventions- und Longevity-Medizin zunehmend erkannt, insbesondere im Zusammenhang mit Erschöpfung, Gewichtsentwicklung und kardiovaskulärer Gesundheit. Hormone und mögliche Hormonschwankungen oder -profile solltest du am besten gemeinsam mit deiner Gynäkologin oder deinem Gynäkologen des Vertrauens abklären.

Sie werden dich exzellent beraten, deine Laborwerte richtig einordnen und dir bei Bedarf auch sinnvolle Therapieempfehlungen geben. Die angegebenen Referenzwerte können je nach Labor variieren.

FSH und LH schwanken im Verlauf des Zyklus und sollten deshalb nur im Zusammenhang mit dem Zyklustag beurteilt werden. Für die Basisdiagnostik erfolgt die Bestimmung idealerweise in der frühen Follikelphase, meist an Zyklustag 1 bis 4, teilweise bis Tag 5. FSH hilft vor allem bei der Einschätzung der ovariellen Reserve – erhöhte basale Werte können auf eine nachlassende Ovarialfunktion hinweisen, wobei ein einzelner Wert wegen der Schwankungen zwischen den Zyklen nur begrenzt aussagekräftig ist. LH steigt physiologischerweise kurz vor dem Eisprung an und spiegelt in dieser Phase die Ovulationsauslösung wider. Erhöhte LH-Werte zu Zyklusbeginn können zusammen mit Klinik und Androgenstatus sowie Zyklusanamnese auf ein PMOS, also ein polyzystisches Ovarialsyndrom, hinweisen, sind für sich allein jedoch nicht beweisend. Auch die LH/FSH-Ratio kann ergänzend betrachtet werden, sollte aber nie isoliert interpretiert werden. Zu Zyklusbeginn zeigt sich in der Regel ein ausgewogenes Verhältnis zwischen FSH und LH, häufig mit leicht höherem FSH im Vergleich zu LH. Verschiebt sich dieses Verhältnis und LH liegt relativ höher als FSH, kann das ein Hinweis auf eine hormonelle Dysregulation beziehungsweise Progesteronmangel sein.

FSH hilft bei der Einschätzung der Eizellreserve, da erhöhte Werte auf eine nachlassende ovarielle Funktion hinweisen und häufig im Übergang zur Menopause auftreten.

LH steigt kurz vor dem Eisprung an und zeigt dessen Auslösung an, während erhöhte LH-Werte zu Zyklusbeginn auf hormonelle Störungen wie PMOS hindeuten können.

Östradiol (E2) spiegelt die Aktivität der Eierstöcke wider und schwankt zyklusabhängig, wobei ungewöhnlich hohe Frühzykluswerte auf Zysten oder eine eingeschränkte Ovarialreserve hinweisen können.

Progesteron entsteht erst nach dem Eisprung im Gelbkörper. Ohne Ovulation gibt es keine relevante Progesteronproduktion. Das bedeutet: Wenn Progesteron in der zweiten Zyklushälfte messbar ansteigt, ist ein Eisprung erfolgt. Gleichzeitig zeigt die Höhe des Progesterons, wie stabil die Lutealphase ist. Ein ausreichend hoher Wert spricht für eine funktionierende Gelbkörperphase, während niedrige Werte auf eine Lutealinsuffizienz hinweisen können. Entscheidend ist auch hier der Zeitpunkt der Messung, idealerweise etwa eine Woche nach dem Eisprung, wenn Progesteron physiologisch seinen Höhepunkt erreicht.

Prolaktin liegt bei nicht schwangeren Frauen meist unter 20 ng/ml, höhere Werte können den Eisprung hemmen und auf eine hormonelle Dysregulation hinweisen. Prolaktin reagiert sehr empfindlich auf Stress, Schlafmangel oder auch die Blutabnahme selbst. Leichte Erhöhungen sind daher im Alltag nicht selten und müssen nicht zwangsläufig pathologisch sein. Gleichzeitig sieht man erhöhte Werte auch bei einer Schilddrüsenunterfunktion, insbesondere wenn die periphere Stoffwechsellage verlangsamt ist. Physiologisch deutlich erhöht ist Prolaktin in der Schwangerschaft und Stillzeit, in dieser Phase ist die Suppression der Ovulation gewollt und Teil eines natürlichen Regulationsmechanismus.

AMH ist ein relativ zyklusunabhängiger Marker der Ovarialreserve, wobei niedrige Werte für eine reduzierte Reserve und hohe Werte häufig für PMOS sprechen.

FEMALE HEALTH HACKS – KLEINE STRATEGIEN, DIE DEINEN ALLTAG SPÜRBAR LEICHTER MACHEN

Selbstfürsorge ist so wichtig, und deshalb sind es oft gerade die kleinen und unspektakulären Rituale, die langfristig den größten Unterschied machen. Im Folgenden habe ich einige Health Hacks für dich zusammengestellt, die dir das Leben im Alltag erleichtern können. Wie immer gilt auch hier: Menschen mit Vorerkrankungen sowie schwangere und stillende Frauen sollten solche Maßnahmen zurückhaltend anwenden und sie erst nach Rücksprache mit ihrer Ärztin oder ihrem Arzt in den Alltag integrieren.

Schwarzkümmelöl

Schwarzkümmelöl wird seit Jahrhunderten in der traditionellen Medizin eingesetzt und rückt auch wissenschaftlich zunehmend in den Fokus. Es enthält bioaktive Substanzen wie Thymochinon, die entzündungsmodulierend und antioxidativ wirken können. Studien zeigen Hinweise auf positive Effekte bei allergischen Beschwerden, auf das Immunsystem sowie auf Blutzucker- und Fettstoffwechsel. Ich nehme jeden zweiten Tag einen kleinen Teelöffel Schwarzkümmelöl zu mir, sicherlich gewöhnungsbedürftig! In der Prävention kann Schwarzkümmelöl als unterstützender Baustein gesehen werden, also nicht als Wundermittel, sondern als ergänzende Maßnahme bei chronischer Entzündungsneigung oder immunologischer Belastung. Entscheidend sind auch hier vor allem ein gesunder Lebensstil und eine gute Verträglichkeit.

Nelken

Nelken sind für mich eines der am meisten unterschätzten Werkzeuge in der Präventionsmedizin. Ihre ätherischen Öle, allen voran Eugenol, wirken antimikrobiell, antioxidativ und unterstützen entzündungshemmende Prozesse. Besonders spannend ist ihr möglicher Effekt auf den Blutzucker: Nelken können die Insulinsensitivität verbessern und nach dem Essen auftretende Glukosespitzen abflachen. Gleichzeitig regen sie die Verdauung sanft an und wirken bei Völlegefühl entlastend. Deshalb trinke ich täglich einen kleinen Schluck Nelkentee oder nehme abends eine Nelke in den Mund. Nelken wirken zudem leicht beruhigend auf das Nervensystem, viele Frauen berichten über weniger innere Unruhe, ruhigeres Einschlafen und weniger Grübeln. Gerade bei stress- oder blutzuckerbedingten Schlafproblemen können Nelken indirekt unterstützen.

Morgens ein Glas Apfelessig mit Zimt

Apfelessig kann die Magensäure leicht unterstützen und damit die erste Verdauungsphase erleichtern. Das schafft oft bessere Voraussetzungen im Darm, weil Proteine vollständiger aufgeschlossen werden und weniger Gärungsprozesse entstehen. Indirekt kann das auch Blähungen und Trägheit nach den Mahlzeiten reduzieren. Zimt wirkt antimikrobiell und kann dabei helfen, ein Übermaß ungünstiger Keime einzudämmen, ohne das Mikrobiom «hart» zu stören. Gerade bei Frauen mit wechselnden Hormonlagen sieht man häufig funktionelle Dysbalancen, bei denen solche milden Reize hilfreich sind. Das Glas Apfelessig mit Zimt am Morgen ist jedoch nicht für jede Person geeignet, da Apfelessig bei empfindlichem Magen schnell zu Reizungen oder Beschwerden führen kann.

Bewegung nach dem Essen

Versuche, dich nach dem Essen für mindestens zehn Minuten zu bewegen. Das kann ein kurzer Spaziergang sein oder einfach ein paar Schritte an der frischen Luft. Diese kleine Gewohnheit stabilisiert vor allem unseren Blutzuckerspiegel und unterstützt langfristig deine metabolische Gesundheit. Bewegung nach dem Essen verbessert zudem die Glukoseaufnahme in die Muskulatur, reduziert Insulinspitzen und fördert die Darmmotilität, gerade abends wirkt das oft besser als jedes Supplement.

Gemüse zuerst

Beim Essen lohnt es sich, mit dem Gemüse zu beginnen. Ballaststoffe verlangsamen die Glukoseaufnahme und nähren ganz nebenbei dein Darmmikrobiom. So bleibt der Blutzucker stabiler, Insulinspitzen fallen moderater aus, und auch das nachfolgende Hungergefühl wird oft geringer.

Kein verarbeitetes Essen

Wenn du zu Hause keine stark verarbeiteten Produkte vorrätig hast, triffst du automatisch bessere Entscheidungen. Mahlzeiten mit ein oder zwei guten Zutaten reichen meist völlig aus. Sie reduzieren Heißhunger, stabilisieren die Stimmung und halten deinen Blutzucker oft erstaunlich ruhig.

Jujube-Datteln

Jujube-Datteln sind überraschend reich an Vitamin C und enthalten zudem antioxidative Pflanzenstoffe, die sowohl unsere Haut als auch unser Immunsystem unterstützen können. In der traditionellen chinesischen Medizin werden sie genau deshalb gerne eingesetzt. Da sie sanft stärkend wirken, gebe ich sie gerne in meinen

Nelkentee. Das empfinde ich als unkompliziert, und es verbindet den Genuss mit einem kleinen präventiven Effekt im Alltag.

Sauna als Gesundheitsroutine

Regelmäßige Saunagänge, idealerweise ein- bis zweimal pro Woche, können gerade für uns Frauen gesundheitlich sehr wertvoll sein. Die Hitze fördert die Durchblutung, wirkt sich günstig auf Blutdruck und Gefäßfunktion aus und entlastet das Herz-Kreislauf-System. Viele Frauen berichten zudem über eine deutliche Stressreduktion. Wenn du allerdings Vorerkrankungen hast, solltest du den Saunagang vorher mit deiner behandelnden Ärztin oder deinem behandelnden Arzt besprechen.

Sprossen, die kleinen Kraftpakete

Besonders reich sind Sprossen an Vitamin C, Folsäure und antioxidativen Substanzen, die Zellen vor oxidativem Stress schützen können. Das nächste Mal, wenn du im Supermarkt bist, halte bewusst Ausschau nach Sprossen, wenn du sie magst. Schon kleine Portionen lassen sich, beispielsweise als Topping oder im Salat, leicht in deinen Alltag integrieren und sind ein einfacher Impuls für deine tägliche Ernährung.

Leichte Abendkost

Abends profitiert der Körper davon, wenn die letzte Mahlzeit früh und leicht ist, ein idealer Zeitpunkt ist spätestens gegen 17 oder 18 Uhr. Das verbessert die Schlafqualität, entlastet deinen Hormonhaushalt und gibt deinem Körper genug Zeit für Regeneration statt Verdauungsarbeit. Oft reicht allein diese Verschiebung, ohne große Ernährungsumstellung.

Hydration über den Tag verteilt

Ebenso zentral ist es, über den Tag verteilt ausreichend zu trinken. Ein Glas Wasser am Morgen, gern mit etwas Zitrone (für mich auch mit einer Prise Salz, das gibt mir subjektiv eine unglaubliche Energie), kann den Kreislauf sanft aktivieren. Aber Achtung: Bei Bluthochdruck sollte auf zusätzliches Salz verzichtet werden!

Täglich Sonnenlicht

Zwanzig bis dreißig Minuten Tageslicht unterstützen unseren Serotoninspiegel, stabilisieren unseren zirkadianen Rhythmus und wirken sich messbar auf unser Wohlbefinden aus. Viele meiner Patientinnen profitieren enorm davon, morgens Licht bewusst zu nutzen. Hier zählt kein kompliziertes Vorgehen, sondern einfach zehn Minuten Tageslicht am offenen Fenster oder beim kurzen Gang nach draußen. Das senkt abends unseren Cortisolspiegel und verbessert nachweislich die Schlafqualität. Gerade in hormonell sensiblen Phasen reagiert unser Körper darauf erstaunlich gut.

Muskelaufbau

Gerade für Frauen bekommt Muskelaufbau eine besondere Bedeutung im Verlauf des Lebens. Mit den hormonellen Veränderungen, insbesondere rund um die Menopause, verschiebt sich der Stoffwechsel spürbar, denn plötzlich nimmt die Muskelmasse leichter ab, Fettgewebe steigt eher an, und die Insulinsensitivität verändert sich.

Gezieltes Krafttraining stabilisiert den Glukosestoffwechsel, unterstützt die hormonelle Balance und schützt vor dem altersbedingten Abbau von Muskel- und Knochensubstanz. Gleichzeitig bleibt Mobilität erhalten, was langfristig über Selbstständigkeit und Lebensqualität entscheidet.

Kein Kaffee nach 14 Uhr

Nach dem Vormittag auf Koffein zu verzichten, kann die Schlafqualität deutlich verbessern. Wer nicht ganz ohne Kaffee auskommt, kann auf entkoffeinierten Kaffee ausweichen, ein vollständiger Verzicht ist aber gar nicht zwingend notwendig, denn pur getrunken liefert Kaffee relevante Mengen an Antioxidantien und kann so auch positive gesundheitliche Effekte haben.

Schockgefrostet statt nährstoffarm

Wenn du einmal keine frischen Vitamine zur Hand hast, ist Tiefkühlgemüse eine sehr gute Alternative. Es wird meist direkt nach der Ernte schockgefrostet und enthält dadurch oft mehr Vitamine als «frische» Ware, die bereits mehrere Tage gelagert wurde. Für den Alltag ist Tiefkühlgemüse also kein Kompromiss, sondern vielmehr eine nährstoffreiche Lösung.

Regeneration

Erholung ist keine Nebensache, sondern Voraussetzung für unsere Regeneration. Schlaf, bewusste Pausen und Zeit für dich selbst sind medizinisch relevant, auch für unsere geistige Leistungsfähigkeit und unsere Kreativität.

Dunkle Schokolade mit Maß

Auch wenn ich selbst kein großer Fan von Süßigkeiten bin und zu Hause eher zuckerarm lebe, empfehle ich dunkle Schokolade sogar bewusst. In kleinen Mengen liefert sie wertvolle Polyphenole und wirkt antioxidativ, zudem zeigt sie günstige Effekte auf die Insulinsensitivität. Entscheidend sind der Kakaoanteil, idealerweise sollte der über 80 Prozent liegen, und ein bewusster, maßvoller Genuss.

Täglich 1 Löffel Leinöl

Leinöl ist eine hochwertige pflanzliche Quelle für Omega-3-Fettsäuren, insbesondere Alpha-Linolensäure. Diese wirkt entzündungshemmend und kann deine Gefäßgesundheit unterstützen und sich günstig auf deinen Cholesterinstoffwechsel auswirken. Gerade für Frauen, die wenig Fisch essen, kann Leinöl eine sinnvolle Ergänzung sein. Wichtig ist aber die richtige Anwendung: Du solltest Leinöl kalt verwenden, lichtgeschützt lagern (deshalb auch die dunklen Flaschen) und zeitnah verbrauchen, da es sehr empfindlich ist.

Digital Detox

Sehr wirkungsvoll ist auch ein kleines Abendritual ohne Bildschirm. Nicht aus dogmatischen Gründen, sondern weil das blaue Licht Melatonin unterdrückt und das Gehirn in einem aktiven Dauermodus hält. Schon zwanzig bis dreißig Minuten mit gedimmtem Licht, einem Buch oder ruhiger Musik können die Einschlafzeit deutlich verkürzen.

Eisbaden

Eisbaden ist so ein klassischer Longevity-Trend, bei dem ich ehrlicherweise sagen muss: Wenn du es unbedingt machen möchtest, dann mach es. Ich persönlich ziehe die Kältekammer vor, sie ist etwas weniger kalt-nass und im Alltag deutlich praktischer. Für manche Menschen kann Eisbaden echten Stress bedeuten, während es für andere wie ein kleiner Energie-Booster wirkt. Entscheidend ist also weniger die Methode als die Frage, wie dein Körper darauf reagiert.

Täglich Proteine

Ernährungsseitig sind Proteine zentral, idealerweise bei jeder Mahlzeit. Sie reduzieren Heißhunger, stabilisieren den Blutzucker und unterstützen den Muskelerhalt. Versuche, deine tägliche Proteinaufnahme möglichst gleichmäßig auf drei Mahlzeiten zu verteilen. Das unterstützt die Muskelproteinsynthese und hilft, über den Tag hinweg Energie und Sättigung zu erhalten.

Leberwickel

Ich mache mir tatsächlich ziemlich häufig einen Leberwickel, das habe ich in der Mayr-Medizin gelernt. Der Wickel sollte nach dem Essen angewendet werden, meist für etwa 10 bis 20 Minuten. Dabei wird ein lauwarmes, feuchtes Handtuch bzw. eine Wärmeflasche mit einem umgewickelten Handtuch auf den Leberbereich gelegt. Ziel ist es, die Durchblutung im Leber-Gallen-Bereich zu fördern, die Verdauung zu unterstützen und das vegetative Nervensystem zu beruhigen. Aber Achtung, die Wärme sollte dabei stets angenehm sein und der Wickel keinesfalls heiß.

Kiwis

Ballaststoffreiche Lebensmittel wie Leinsamen, Flohsamenschalen oder auch die Kiwi können das Mikrobiom gezielt unterstützen und damit viele Prozesse positiv verstärken. Ich habe deshalb fast immer Kiwis zu Hause – sie werden gut vertragen und liefern lösliche Ballaststoffe sowie Vitamin C. Durch den hohen Vitamin-C- und Polyphenolgehalt können Kiwis oxidativen Stress im Darm reduzieren, auch für Reizdarmpatienten sind sie definitiv geeignet. Der positive Effekt wurde vor allem bei Reizdarm mit Verstopfung gesehen. Verantwortlich dafür sind wahrscheinlich die löslichen und unlöslichen Ballaststoffe, die hohe Wasserbindungsfähigkeit der Frucht sowie das Enzym Actinidin, das unsere Verdauung unterstützen kann.

Verzicht auf Getränke während des Essens

Ich bin wie gesagt ein Fan der Mayr-Medizin, und hier ist ganz klar geregelt, dass zu den Mahlzeiten nichts getrunken wird. Flüssigkeit vor, während oder unmittelbar nach dem Essen ist nicht vorgesehen. Der Hintergrund ist ganz einfach: Verdauungssäfte sollen nicht verdünnt werden, Kauen und Einspeicheln stehen im Vordergrund, ebenso ein ruhiger, konzentrierter Verarbeitungsprozess. Getrunken wird zeitlich getrennt von den Mahlzeiten, und zwar mit einem Abstand von etwa einer Stunde. Viele berichten, dass sich dadurch Blähungen, Völlegefühl und Müdigkeit nach dem Essen deutlich reduzieren. Es ist eine konsequente, aber sehr wirkungsvolle Umstellung, die zeigt, wie sensibel unser Verdauungssystem auf kleine Alltagsgewohnheiten reagiert. Probier es doch einfach mal aus!

Leinsamen

Leinsamen im Joghurt sind eine einfache, alltagstaugliche Maßnahme mit erstaunlich vielen positiven Effekten. Die enthaltenen Ballaststoffe unterstützen die Darmgesundheit, fördern ein stabiles Mikrobiom und können den Blutzuckeranstieg nach dem Essen abflachen. Gleichzeitig wirken die Omega-3-Fettsäuren entzündungsmodulierend und unterstützen den Fettstoffwechsel. Wichtig ist, die Leinsamen frisch geschrotet zu verwenden und ausreichend zu trinken, damit sie ihre Wirkung entfalten können. Für viele ist das eine kleine Routine mit großer Wirkung.

Wärme am Abend

Ein weiteres kleines, aber wirkungsvolles Ritual ist Wärme am Abend. Eine Wärmflasche auf dem Bauch oder unterm unteren Rücken wirkt nicht nur entspannend, sondern aktiviert auch parasympathische Prozesse, fördert die Darmbewegung und erleichtert das Einschlafen. Viele unterschätzen, wie eng Nervensystem, Darm und unser Schlaf miteinander verbunden sind. Wichtig ist, dass die Wärme angenehm bleibt – die Wärmflasche sollte also nicht zu heiß sein und nur für eine begrenzte Zeit angewendet werden. Die Wärme soll ja schließlich beruhigen, nicht reizen.

Verzicht auf herkömmliche Duftkerzen

Wenn du dich das nächste Mal für eine Duftkerze entscheidest, greif lieber zu einer aus Bienenwachs oder reinem Stearin, idealerweise ohne Paraffine und synthetische Duftstoffe. Viele herkömmliche Duftkerzen können beim Abbrennen flüchtige, potenziell toxische Duftstoffe freisetzen, die unser weibliches Hormonsystem subtil beeinflussen. Gerade bei Schilddrüsenerkrankungen, Kinderwunsch oder hormonellen Dysbalancen ist es sinnvoll, solche unnötigen Expositionen zu reduzieren. Wenn du tiefer einsteigen möchtest, gibt es zu diesem Thema inzwischen zahlreiche Studien im Netz. Ein kurzer Blick in die Umwelt- und Hormonforschung zeigt, dass Duftstoffe mehr sind als nur angenehmer Geruch – deshalb lohnt es sich, bewusst hinzuschauen.

Sardinen

Sardinen sind eines der am meisten unterschätzten Longevity-Foods überhaupt. Sie liefern hochwertiges Protein, reichlich Omega-3-Fettsäuren, Vitamin D, B12, Jod, Selen und, wenn man sie mit Gräten isst, sogar gut verfügbares Calcium. Gleichzeitig stehen sie am unteren Ende der Nahrungskette, enthalten deutlich weniger Schwermetalle als große Fische und sind damit besonders gesund und alltagstauglich. Zwei Portionen pro Woche reichen oft schon, um Entzündungsmarker günstig zu beeinflussen und Herz- und Hormonstoffwechsel zu unterstützen. Ideal sind Sardinen in Olivenöl, schlicht, ohne Zusätze, nährstoffdicht und erstaunlich wirkungsvoll, aber auch gebackene Sardinen schmecken toll.

Schwimmen

Beim Schwimmen kommen tatsächlich ein paar Dinge zusammen, die im Kontext von Longevity relevant sind. Hier trainierst du Ausdauer und Kraft zugleich, belastest die Gelenke sehr wenig und bewegst dich in einer reizarmen Umgebung, was akute Stressreaktionen senkt und langfristig Entzündungsprozesse reduzieren kann. In epidemiologischen Studien wurde regelmäßige körperliche Aktivität im Wasser mit besseren kardiovaskulären Parametern und sogar einer verringerten Sterblichkeit assoziiert. Andere Arbeiten zeigen, dass Schwimmen sogar den Blutdruck senken kann. Dabei musst du kein «Leistungssportler» sein, ein moderates Tempo reicht. Na, hoffentlich ist das jetzt Ansporn genug, einmal pro Woche schwimmen zu gehen, dein Körper wird es dir danken!

Bitterstoffe für den Darm

Positiv für den Darm ist ein täglicher Bitterimpuls. Das kann Rucola, Chicorée, ein paar Tropfen Bitterstoffe oder auch ein Espresso nach dem Essen sein. Bitterstoffe aktivieren Verdauungssäfte, unterstützen die Gallenfunktion und wirken regulierend auf unseren Appetit und Blutzucker. Ein uraltes Prinzip, das wir irgendwie verlernt haben.

Atmung

Nicht vergessen sollten wir die Wirksamkeit unserer Atmung. Schon mit zwei Minuten langsamem Ausatmen, länger als das Einatmen, vor dem Schlafengehen kannst du Stress abbauen. Du brauchst also häufig gar kein Yoga, sondern nur langsames und bewusstes Atmen. Dein Nervensystem versteht das sofort als Signal zur Entspannung. Oft sind es gerade diese einfachen Interventionen, die besonders effektiv sein können. Und sie geben uns das Gefühl, selbst etwas für unseren Körper tun zu können.

Bewusstes Kauen

Ein unterschätzter Hebel ist das Kauen. Viele von uns essen vielleicht gesunde Produkte, aber leider viel zu schnell. Gründliches Kauen ist zwar kein Wellness-Ritual, aber es hat weitreichende neurophysiologische Auswirkungen. Es aktiviert unsere Verdauung, steigert die Enzymsekretion und senkt nachweislich Glukosespitzen nach dem Essen. Und wenn du mehr kaust, bedeutet das für den Darm weniger Arbeit und für unser Nervensystem mehr Ruhe.

Magnesium

Für viele Frauen ist Magnesium nicht nur ein «Schlafmineral», sondern ein Stresspuffer. Besonders gut verträglich ist beispielsweise Magnesiumbisglycinat am Abend. Niedrig dosiert und regelmäßig kann es unsere Muskulatur entspannen, unseren Parasympathikus unterstützen und vielleicht sogar nächtliches Grübeln reduzieren. Für viele Frauen in meiner Sprechstunde sicher ein Gamechanger.

Salz

Ein weiterer Punkt ist Salz. Morgens ein Glas Wasser mit etwas Zitrone und einer kleinen Prise Salz kann, sofern kein Bluthochdruck besteht, den Kreislauf sanft aktivieren und die Hydrierung nach der Nacht unterstützen. Viele empfinden dadurch weniger morgendliche Trägheit. Es ist kein Wundermittel, sondern eine einfache Routine, die für manche gut funktionieren kann, besonders bei niedrigem Blutdruck oder hoher Belastung. Wichtig bleibt jedoch die Gesamtmenge, denn im Tagesverlauf sollte die empfohlene Höchstmenge von etwa 5 Gramm Salz nicht überschritten werden.

Ölziehen mit Kokosnussöl

Ölziehen mit Kokosöl ist eine einfache ayurvedische Routine zur Mundpflege. Dabei wird morgens ein Esslöffel Kokosöl für etwa fünf bis zehn Minuten im Mund bewegt und anschließend ausgespuckt. Kokosöl wirkt antibakteriell, kann die Mundflora unterstützen und wird von vielen als hilfreich gegen Mundgeruch und Zahnbelag empfunden. Wichtig ist, das Öl nicht zu schlucken und die Methode nicht als Ersatz für Zähneputzen zu verstehen. Ölziehen ersetzt keine professionelle Zahnreinigung und verändert auch nicht die natürliche Zahnfarbe.

Kollagen schlürfen

Knochenbrühe kann, gelegentlich eingesetzt, eine sinnvolle Ergänzung sein. Sie liefert kollagenreiche Aminosäuren wie Glycin und Prolin sowie Mineralstoffe und stellt damit Bausteine bereit, die der Körper für den Kollagenaufbau nutzt. Glycin wirkt zudem beruhigend auf das Nervensystem, kann den Schlaf unterstützen und ist am Aufbau von Bindegewebe beteiligt. Für viele ist die Knochenbrühe daher ein unkomplizierter Weg, gerade in stressigen Phasen Eiweiß und Flüssigkeit aufzunehmen.

Tägliche Schritte

Täglich etwa 8000 Schritte sind ein realistisches Bewegungsziel für jeden von uns. Dabei geht es weniger um Sport als vielmehr um deine Stoffwechselaktivierung und die Förderung deiner Insulinsensitivität. Gerade weil sich diese Bewegung unaufwendig in den Alltag integrieren lässt, wirkt sie oft nachhaltiger als seltene, intensive Trainingseinheiten.

Lesen

Und dann noch etwas, das oft unterschätzt wird: Wir sollten täglich mindestens 20 Minuten lesen. Lesen fördert deine kognitive Reserve und kann der Stressreduktion dienen. Rechnen wir das spaßeshalber mal aus: Ein Tag hat 1440 Minuten, 20 Minuten entsprechen also rund 1,4 Prozent des Tages. Das macht einen minimalen Zeitanteil mit potenziell großem Effekt auf dein Nervensystem und deine langfristige Gehirngesundheit. Wenn du also 20 Minuten am Tag liest, tust du definitiv etwas für dich – und ganz nebenbei erweiterst du deinen Wissenshorizont.

Verlässliche Routinen im Alltag

Ein letzter, sehr präventionsorientierter Punkt ist die Regelmäßigkeit. Unser Körper reagiert sensibel auf Wiederholung und Konsistenz. Feste Essenszeiten, ähnliche Schlaf- und Aufwachzeiten und kleine, sich wiederholende Rituale geben unserem Nervensystem Stabilität, bis hinunter auf zelluläre Ebene. Prävention entsteht selten durch das Außergewöhnliche, sondern vielmehr durch das Verlässliche und Vorausschauende im Alltag.

Museumsbesuch

Wenn ich merke, dass mein System unter Stress steht, hilft es mir oft, die Reizdichte des Alltags bewusst zu reduzieren, und ein Museum ist dafür ein ziemlich effektiver Ort. Die ruhige Umgebung kann eine parasympathische Aktivierung fördern und bringt den Körper raus aus dem Dauerstressmodus. Wenn man vor einem Kunstwerk verweilt, verlangsamen sich plötzlich Aufmerksamkeit und Atmung, was wiederum unsere kognitive Entlastung unterstützt. Probier es doch mal aus, denn Studien zeigen, dass Kunstrezeption mit einer Senkung von Stressmarkern wie Cortisol einhergehen kann!

SCHLUSSWORT

Woche für Woche sitzen Patient:innen vor mir und stellen mir immer dieselben Fragen: «Wie bleibe ich im Alter gesund? Wie kann ich mir Beweglichkeit, Energie und Lebensfreude erhalten, so, dass ich mit meinen Enkelkindern noch auf dem Trampolin stehen kann und nicht nur daneben?»

Es ist deutlich zu spüren, dass sich etwas verändert, denn die Menschen denken heute bewusster über Gesundheit nach als noch vor Jahren. Während es früher oft darum ging, erst bei Beschwerden ärztliche Hilfe zu suchen oder Vorsorge eher aus Pflichtgefühl wahrzunehmen, steht inzwischen der Wunsch im Vordergrund, möglichst lange gesund zu bleiben. Frauengesundheit und Longevity sind untrennbar miteinander verbunden, und deshalb müssen wir heute genauer hinschauen als je zuvor. Dabei reicht es nicht aus, Lebensjahre zu zählen – entscheidend ist eher, wie gesund und leistungsfähig diese Jahre am Ende sind. Was uns erwartet, ist ein grundlegender Perspektivwechsel, weg von einer Medizin, die erst reagiert, wenn Krankheit bereits entstanden ist, hin zu einer Medizin, die früh ansetzt und Prävention als kontinuierlichen Prozess versteht. Hormonelle Übergänge, insbesondere die Menopause, rücken dabei stärker in den Fokus als je zuvor, ebenso kardiovaskuläre Risiken, die bei Frauen lange Zeit unterschätzt wurden.

Gleichzeitig eröffnet die Longevity-Forschung neue Möglichkeiten, biologische Alterungsprozesse gezielt zu beeinflussen, sodass Frauengesundheit zukünftig stärker personalisiert sein sollte. Genetik, Stoffwechsel, Lebensstil, psychosoziale Faktoren und Umweltbedingungen werden gemeinsam betrachtet statt isoliert wie bisher. Digitale Technologien und präzise Diagnostik können helfen, Risiken früher zu erkennen und Prävention individueller zu gestalten. Der Anspruch ist klar: Wir wollen nicht nur länger leben, sondern dabei auch länger gesund bleiben, und das soll für alle Frauen möglich sein, unabhängig von Herkunft oder sozialem Status.

Longevity bedeutet eben nicht, vor dem Älterwerden wegzulaufen, sondern ihm aktiv zu begegnen. Wenn wir genetische Risiken frühzeitig kennen, können wir sie einordnen und Erkrankungen oft deutlich hinauszögern, und genau darin liegt eine große Chance für uns alle. Am Ende geht es nicht um Unsterblichkeit, sondern um Lebensqualität und um Jahre, die nicht nur gezählt, sondern gelebt werden. Und auch um eine Medizin, die Frauen dabei begleitet, ihre Gesundheit informiert und selbstbestimmt in die Hand zu nehmen.

Im Praxisalltag begegnet mir diese Ambivalenz immer wieder. Da sind Frauen Anfang fünfzig, die weniger nach Diagnosen fragen, sondern nach Alltagstauglichkeit und gesunden Routinen. «Wie komme ich morgens leichter aus dem Bett? Warum bin ich trotz guter Werte ständig müde? Was kann ich tun, damit meine Gelenke mich auch in zehn oder zwanzig Jahren noch tragen?» Gleichzeitig sehe ich aber auch die Schattenseiten dieser neuen Gesundheitsbewegung. Ich habe Patient:innen in höherem Alter, manchmal 64, manchmal 76 Jahre alt, äußerlich fit, mit Laborwerten, die besser sind als meine eigenen. Sie bewegen sich regelmäßig, essen ausgewogen, schlafen gut und haben ihre Risikofaktoren im Griff – und doch sitzen sie mir gegenüber mit einer Leere, die kein Laborwert abbildet. Es gibt keine engen Freundschaften, keine Familie, kein soziales Netz, das ihren Alltag trägt. Dann weiß ich, dass ich mir für diese Gespräche besonders viel Zeit nehmen werde, weil es nicht nur um Medizin geht. Aber ich weiß auch, dass meine

Sprechstunde nicht ersetzen kann, was im Leben dieser Frau fehlt: die soziale Verbundenheit.

Gesundheit ist eben mehr als optimale Blutwerte, mehr als Bewegung, Ernährung und Schlaf. Auch die soziale Verbundenheit schützt nachweislich das Herz-Kreislauf-System, senkt die Sterblichkeit und beeinflusst, wie wir altern. Longevity zeigt uns nicht nur neue Möglichkeiten, sondern hält uns auch einen Spiegel vor. Es reicht keinesfalls, nur einzelne Stellschrauben zu optimieren, wenn andere unbeeinflusst bleiben. Ein langes Leben braucht nicht nur einen gesunden Körper, sondern auch Beziehungen, Sinn und Zugehörigkeit. Und vielleicht ist genau das eine der wichtigsten Erkenntnisse dieses Buches.

Und warum habe ich dieses Buch nun gezielt für Frauen geschrieben? Warum ist mir geschlechterspezifische Medizin so wichtig?

Die moderne Medizin versteht sich als evidenzbasiert und universell anwendbar. Dennoch zeigt sich bei genauerer Betrachtung ein strukturelles Defizit, denn medizinisches Wissen wurde über Jahrzehnte hinweg überwiegend an männlichen Körpern, männlichen Krankheitsverläufen und männlichen Lebensrealitäten entwickelt. Frauen erhalten häufiger spätere Diagnosen, insbesondere bei Herz-Kreislauf-Erkrankungen, Autoimmunerkrankungen und neurodegenerativen Prozessen, Symptome werden bei ihnen schneller als «unspezifisch» oder «atypisch» eingestuft, Beschwerden psychologisiert oder weniger aggressiv behandelt. Medikamente zeigen bei Frauen andere Wirkprofile, Nebenwirkungen treten häufiger auf, und Dosierungen sind oft nicht optimal angepasst.

Die Geschlechtermedizin setzt genau an dieser Stelle an. Sie betrachtet biologische Unterschiede zwischen Frauen und Männern als zentrale Determinanten von Gesundheit und Krankheit. Hormone, Immunantworten, Stoffwechselwege, Genexpression und zelluläre Alterungsprozesse unterscheiden sich deutlich zwischen Männern und Frauen. Diese biologischen Unterschiede gewinnen auch in der Präventions- und Longevity-Medizin zunehmend an

Bedeutung. Und auch Studien aus der Alternsforschung zeigen zunehmend, dass identische Maßnahmen, von pharmakologischen Interventionen bis zu Lebensstilstrategien, bei Frauen und Männern unterschiedlich wirksam sein können.

Selbst wirksame Anti-Aging-Strategien sind nicht automatisch auf beide Geschlechter übertragbar, und wer Langlebigkeit und Prävention gezielt fördern will, muss diese Unterschiede berücksichtigen, sonst bleiben Effekte unvollständig oder potenziell wirkungslos.

Geschlechtermedizin ist somit eine notwendige Weiterentwicklung evidenzbasierter Medizin. Sie schließt bestehende Wissenslücken, verbessert Diagnosesicherheit, erhöht Therapiewirksamkeit und reduziert unerwünschte Nebenwirkungen, und zwar für beide Geschlechter. In der Präventions- und Longevity-Medizin bildet sie die Grundlage für individualisierte Strategien, die biologische Realität ernst nehmen, anstatt sie zu vereinheitlichen. Nur wenn Geschlecht systematisch in Forschung, Datenerhebung und klinische Anwendung integriert wird, kann Medizin ihrem Anspruch gerecht werden, zukunftsfähig zu sein.

Ich habe dieses Buch geschrieben, weil ich seit Jahren sehe, wie groß das Potenzial der präventiven und geschlechtersensiblen Medizin ist und wie wenig davon bisher im Alltag ankommt. Als Ärztin erlebe ich täglich, wie sehr Frauen von einer klaren, evidenzbasierten Longevity-Strategie profitieren können. Langlebigkeit bedeutet für mich nicht, den Alterungsprozess zu romantisieren (was ohnehin selten funktioniert), sondern ihn zu verstehen, zu messen und gezielt zu beeinflussen, und zwar mit wissenschaftlichen Methoden und realistischen Maßnahmen, die tatsächlich Wirkung zeigen.

Nutze auch du das Wissen, das du jetzt hast, als Grundlage. Setze Prioritäten und triff bewusste Entscheidungen für dich und deine Gesundheit, denn die Verantwortung liegt bei dir. Besonders wir Frauen dürfen diese Chance bewusst ergreifen. Wir sind nicht mehr die stille Zielgruppe einer Medizin, die uns nie wirklich gesehen hat. Wir sind die Generation, die den Zusammenhang zwischen Prävention, Hormonen, Lebensstil und biologischem Alter endlich versteht und nutzt. Longevity gibt uns nicht nur Jahre zurück, sie gibt uns Selbstwirksamkeit – und genau das ist der Beginn einer neuen Ära der Frauengesundheit und Langlebigkeit.

NACHWORT

von Prof. Dr. med. Johannes Albes

Seit Tausenden von Jahren wissen die Menschen um die gesundheitlichen Unterschiede zwischen Frauen und Männern. Die vornehmlich patriarchalischen Gesellschaften haben jedoch diese Unterschiede auf die ganz offenkundigen, der Säugetierbiologie folgenden Unterschiede fokussiert und diese teilweise auch ganz bewusst mit einer negativen Konnotation verbunden. Dennoch gab es in vielen Gesellschaften die Medizinerinnen, die mitunter im Geheimen und auch unter persönlichen Gefahren frauenspezifische Gesundheitsfragen adressierten, diagnostizierten und behandelten. Dies meist mit tradiertem, persönlich von Generation zu Generation weitergegebenem Wissen. Mal waren sie als Schamaninnen oder Heilerinnen in ihrer Gesellschaft akzeptiert oder sogar angesehen, mal wurden sie nur geduldet und im schlimmsten Fall als Hexen verfolgt. Auch gab es mutige Frauen, die mit einer gewissen Autorität versehen neue Heilmethoden abseits der ärztlichen Sphäre etablieren konnten, so wie Hildegard von Bingen.

Erst in der Neuzeit gelang es Frauen, in die männerdominierte Medizin vorzudringen und dort auch geschlechtsspezifische Fragestellungen zu verankern. Dennoch herrscht auch heute noch in unserem modernen Gesundheitswesen weltweit die Sicht der Männer auf Erkrankungen vor. Dies hat dazu geführt, dass die ganz eindeutig und zunehmend besser belegten Unterschiede der

Geschlechter immer noch nicht in den Köpfen der Lehrenden und Behandelnden angekommen sind. Symptomatische Unterschiede werden negiert oder ganz einfach «atypisch» genannt, notwendige therapeutische Unterschiede werden nicht oder nur unzureichend berücksichtigt, die ganz unterschiedlichen geschlechtsspezifischen Wirkungen von Pharmaka bleiben unbeachtet. Die Wirkungen bei Männern werden als die Norm angesehen.

Das alles wird tatsächlich erst seit wenigen Jahren systematisch hinterfragt, und auch erst seit wenigen Jahren sickert die Erkenntnis bei allen Medizinerinnen und Medizinern ein, dass Frauen und Männer in vielen Aspekten ganz unterschiedlich zu behandeln sind. Diese Erkenntnis erreicht jetzt auch die Prävention von Erkrankungen. Die Gesundheit von Mann und Frau weist von der Geburt bis ins hohe Alter erhebliche Unterschiede auf. Die immer weiter steigende Lebenserwartung in der modernen Zivilgesellschaft hat den Wunsch nach einem langen, aber auch vornehmlich gesunden Leben gerade im Lichte der durch den demographischen Wandel bedingten Zunahme degenerativer Erkrankungen stark befeuert. Eine Fülle von wissenschaftlichen Erkenntnissen liegt bereits vor, wie ein gesundes Leben bis ins hohe Alter möglich ist. Longevity ist das Schlagwort hierzu. Aber auch hier haben die bisherigen Publikationen wenig dazu beigetragen, geschlechterspezifische Unterschiede zu beleuchten.

Frau Dr. Sido hat ganz folgerichtig in ihrem Buch erstmalig die zwei bedeutsamen Aspekte der Medizin – Longevity und frauenspezifische Gesundheit – miteinander verbunden und zu einer Synthese zusammengeführt. Natürlich ist dieses Buch als Informationsquelle und als Ratgeber für Frauen geschrieben, von «Freundin zu Freundin» sozusagen. Aber wir Männer sollten es, wenn unsere Frauen, Partnerinnen, Schwestern, Töchter es gelesen haben, auch zur Hand nehmen. Zum einen fördert es das Verständnis für die Gesundheit der Frau, zum anderen gibt es aber auch uns Männern so manchen wertvollen Hinweis darauf, welchen enormen Stellenwert eine gesunde Lebensführung für ein weitgehend gesundes

Altern hat. Wir dürfen diese Ratschläge auch gern befolgen, wissen wir doch, dass unsere Lebenserwartung hinter der der Frauen zurückbleibt. Und da wir doch wollen, dass wir unsere Partnerinnen möglichst lange begleiten dürfen und dabei auch fit genug sind, ihrem alsbald schnellen, gesunden Schritt zu folgen – insbesondere, nachdem sie dieses Buch gelesen haben –, sind wir gut beraten, die Tipps auch zu befolgen.

Univ.-Prof. Dr. med. Johannes Albes, MBA, FETCS
Chefarzt der Klinik für Herzchirurgie
am Herzzentrum Brandenburg

DANK

Liebe Leserin,

danke, dass du dir die Zeit genommen hast, dieses Buch zu lesen. Ich hoffe, die Seiten haben dir nicht nur Wissen vermittelt, sondern auch dein Vertrauen in deinen eigenen Körper gestärkt und in deine Fähigkeit, gut für dich und deine Gesundheit zu sorgen. Prävention und Langlebigkeit setzen keinen perfekten Lebensstil voraus, im Gegenteil, es geht nicht darum, alles richtig zu machen oder ständig optimiert zu leben, sondern darum, herauszufinden, was deinem eigenen Körper guttut.

Mein tiefster Dank gilt meiner Lektorin Julia Suchorski, die von Anfang an an mich und an dieses Buch geglaubt hat. Danke für deinen kritischen Blick, deine Geduld und dafür, dass du diese Vision mit mir getragen hast. Auch Ulrike Gallwitz danke ich für die großartige Unterstützung. Gerade bei komplexen Passagen bist du oft das Licht am Ende des Tunnels gewesen. Danke an den Rowohlt Verlag für das Vertrauen in dieses Buch. Danke an Jannah Clemens, Maria Krohm und Asja Caspari, an Susanne Frank, Karoline Richardt, Leonie Krey, Katrin Seele und noch viele mehr.

Ein großer Dank gilt Professor Johannes Albes, meinem Mentor und Chefarzt der Klinik für Herzchirurgie am Herzzentrum Brandenburg. Er hat mit mir zusammen die Frauenambulanz in Bernau aufgebaut, als niemand an die Idee geglaubt hat. Er ist ein Visionär im wahrsten Sinne des Wortes, und er hat mir beigebracht, an die eigenen Ideen zu glauben und sie kompromisslos zu verfolgen – «Einfach machen!». Ohne ihn wäre vieles nicht möglich gewesen. Danke, dass wir Frauengesundheit zu unserem gemeinsamen Thema machen konnten und auch in Zukunft weiterhin machen werden. Denn sie verdient mehr Aufmerksamkeit!

Danke auch an Georgia Fehler für ihre wertvolle Unterstützung und den intensiven Austausch im Bereich der geschlechtersensiblen Medizin, einem Feld, das heute wichtiger ist denn je. Als Gleichstellungsbeauftragte ebnet sie jeden Tag den Weg für mehr Sichtbarkeit von Frauen und für eine Medizin, die Frauen wirklich gerecht wird.

Ein weiterer besonderer Dank gilt meiner Freundin Anna Augstein. Unsere Begegnung fand im perfekten Moment statt, zur richtigen Zeit, am richtigen Ort. Du inspirierst mich jedes Mal, motivierst mich und gibst mir Kraft, oft ohne es selbst zu merken. Danke, dass du in fast jeder Lebenslage an meiner Seite bist, und danke dafür, dass ich mit dir nicht nur Tränen lachen kann, sondern auch die leisen Augenblicke teilen darf.

Danke an Prof. Mandy Mangler, dass du mich immer wieder daran erinnerst, mutig zu bleiben, weiterzugehen und nicht aufzugeben, und danke für deine klaren Gedanken und deinen Rat zum Thema Hormone. Du bist ein großartiges Vorbild für uns Frauen und machst mit deinem Einsatz für Frauengesundheit anderen Mut, ihren eigenen Weg zu gehen.

Mein Dank gilt auch Frau Dr. Ute Teichert, Fachärztin für Öffentliches Gesundheitswesen, MPH, Ministerialdirektorin a.D., die mit ihrer fachlichen Expertise die präventiven Maßnahmen sorgfältig und kritisch begutachtet und mit wertvollen inhaltlichen Impulsen begleitet hat.

Ein weiterer Dank gilt Prof. Dr. med. Bernd Kleine-Gunk, Präsident der German Society of Anti-Aging Medicine e.V., der das Schlusskapitel gelesen und mir wertvolle Impulse sowie fachlich fundiertes Feedback gegeben hat. Seine Denkanstöße haben die inhaltliche Schärfe des Kapitels wesentlich bereichert.

Nadja Heiliger danke ich von Herzen für all die Tage, die wir gemeinsam verbracht haben auf dem Weg, im Leben das zu erreichen, was uns wichtig ist. Ich danke Frau Dr. med. Helena Orfanos-Boeckel herzlich für ihre großartige Unterstützung und ihren klaren Blick bei der Einordnung von Laborwerten. Ein besonderer Dank geht auch an Frau Peggy Stützer für den stetigen Support. Ohne dich wäre meine Zeit in Österreich nur halb so schön gewesen. Danke für dein wertvolles Feedback zum Manuskript.

Danke, liebe Melanie Hügel, dass du mich als Personal Trainerin und Freundin dabei unterstützt, meine eigene High-Performance-Transformation zu starten. Deine Leichtigkeit erinnert mich immer wieder daran, auch die wichtigen Dinge nicht aus den Augen zu verlieren.

Zum Schluss danke ich meiner Familie. Ihr habt an mich geglaubt, lange bevor ich an mich selbst geglaubt habe. Ihr habt mir schon als Kind gesagt, ich könne Herzchirurgin werden, in einer Zeit, in der es nur wenig Frauen in diesem Fach gab (okay, so lange ist das dann doch nicht her!). Ohne euch wäre das alles nicht möglich gewesen. Ihr wart mein Rückhalt in den anstrengendsten Jahren, in Nachtdiensten, Prüfungsphasen und Momenten, in denen vieles manchmal vielleicht zu viel wurde. Ihr habt mich daran erinnert, warum es sich lohnt weiterzumachen, auch wenn der Weg nicht immer einfach war. Danke, dass ihr mir nie das Gefühl gegeben habt, «zu viel» zu sein mit meinen Ideen, meinem Ehrgeiz, meiner Vision und meinem Wunsch, Dinge zu verändern. Dieses Buch trägt deshalb nicht nur meine Handschrift, sondern enthält auch einen Teil von euch. Ich erinnere mich an Nächte, in denen ich nach einer endlosen zwölfstündigen Operation, etwa bei einer Aortendissektion, gegen drei Uhr morgens völlig erschöpft, ausgekühlt und innerlich leer nach Hause ging. Manchmal war die Müdigkeit so überwältigend, dass ich in Berlin-Mitte sogar meine U-Bahn-Haltestelle verpasst habe. Es gab Nächte, in denen ich mich gefragt habe, wie lange man eigentlich so weitermachen kann. Und dennoch war da immer dieser eine Gedanke, der mich getragen hat, der Wunsch, Menschen zu helfen und die medizinische Versorgung zu verbessern. Heute weiß ich, warum sich all das gelohnt hat. Ich arbeite genau in dem Feld, für das ich wirklich brenne, Prävention und Langlebigkeit für Frauen. Eine Form der Medizin, die lange übersehen wurde und doch das Potenzial hat, so viel zu verändern.

Drei Seiten Danksagung reichen leider kaum aus, um all jenen gerecht zu werden, die es verdient hätten, hier genannt zu werden. Im Laufe meiner Ausbildung und meiner beruflichen Stationen sind mir so viele Menschen begegnet, die mich geprägt haben, fachlich und menschlich. Sie haben mir gezeigt, dass es sich lohnt, für die eigenen Visionen einzustehen, auch dann, wenn der Weg nicht immer einfach ist. Ihnen allen gilt mein aufrichtiger Dank, auch wenn ich nicht jede einzelne Unterstützung und Wegbegleitung namentlich erwähnen kann.

Danke für euren großartigen Support.

LITERATURVERZEICHNIS

Teil I Longevity und die Wissenschaft des Alterns

Warum Longevity nicht nur ein Trend ist

A. Garmany, A. Terzic, «Global Healthspan-Lifespan Gaps Among 183 World Health Organization Member States», The Journal of the American Medical Association, 2. Dezember 2024.

N. van den Berg, M. Rodríguez-Girondo, I. K. van Dijk, R. J. Mourits, K. Mandemakers, A. A. P. O. Janssens, M. Beekman, K. R. Smith, P. E. Slagboom, «Longevity defined as top 10 % survivors and beyond is transmitted as a quantitative genetic trait», *Nature Communications*, 7. Januar 2019.

S. Masfiah, A. Kurnialandi, J. J. Meij, A. B. Maier, «Definitions of healthspan: A systematic review», *Ageing Research Reviews*, September 2025.

M. Poulain, A. Herm, «Blue Zone, a Demographic Concept and Beyond», *American Journal of Lifestyle Medicine*, 28. Mai 2025.

M. Kreouzi, N. Theodorakis, C. Constantinou, «Lessons Learned From Blue Zones, Lifestyle Medicine Pillars and Beyond: An Update on the Contributions of Behavior and Genetics to Wellbeing and Longevity», *American Journal of Lifestyle Medicine*, 20. August 2022.

C. Caruso, G. Accardi, A. Aiello, A. Calabrò, R. Zarcone, G. Candore, «The longevity of blue zones: myth or reality», *Journal of Gerontology and Geriatrics*, 2025.

K. Pihlainen, L. Enroth, T. Härkänen, T. Martelin, «Searching for a potential Blue Zone in the Nordics: A study on differences in lifestyle and health in regions varying in longevity in Western Finland», *Journal of Aging Research*, 2025.

Die biologischen Grundlagen des Alterns

A. Garmany, A. Terzic, «Global Healthspan-Lifespan Gaps Among 183 World Health Organization Member States», The Journal of the American Medical Association, 2. Dezember 2024.

B. A. Benayoun, A. Kochersberger, J. L. Garrison, «Studying ovarian aging and its health impacts: modern tools and approaches», *Genes & Development*, 1. August 2025.

K. N. Goldman, «The quest for biomarkers linking ovarian aging and longevity», *Fertility & Sterility*, Juli 2022.

X. Xu, Y. Pang, X. Fan, «Mitochondria in oxidative stress, inflammation and aging: from mechanisms to therapeutic advances», *Signal Transduction and Targeted Therapy*, 11. Juni 2025.

H. Yang, T. Yang, J. A. Baur, E. Perez, T. Matsui, J. J. Carmona, D. W. Lamming, N. C. Souza-Pinto, V. A. Bohr, A. Rosenzweig, R. de Cabo, A. A. Sauve, D. A. Sinclair, «Nutrient-sensitive mitochondrial NAD+ levels dictate cell survival», *Cell*, 21. September 2007.

S. Horvath, «DNA methylation age of human tissues and cell types», *Genome Biology*, 2013. Erratum in: *Genome Biology*, 13. Mai 2015.

M. Moqri, C. Herzog, J. R. Poganik, Biomarkers of Aging Consortium; J. Justice, D. W. Belsky, A. Higgins-Chen, A. Moskalev, G. Fuellen, A. A. Cohen, I. Bautmans, M. Widschwendter, J. Ding, A. Fleming, J. Mannick, J. J. Han, A. Zhavoronkov, N. Barzilai, M. Kaeberlein, S. Cummings, B. K. Kennedy, L. Ferrucci, S. Horvath, E. Verdin, A. B. Maier, M. P. Snyder, V. Sebastiano, V. N. Gladyshev, «Biomarkers of aging for the identification and evaluation of longevity interventions», *Cell*, 31. August 2023.

N. Sun, R. J. Youle, T. Finkel, «The Mitochondrial Basis of Aging», *Molecular Cell*, 3. März 2016.

S. Horvath, K. Raj, «DNA methylation-based biomarkers and the epigenetic clock theory of ageing», *Nature Reviews Genetics*, Juni 2018.

M. Pertea, A. Shumate, G. Pertea, A. Varabyou, F. P. Breitwieser, Y. C. Chang, A. K. Madugundu, A. Pandey, S. L. Salzberg, «CHESS: a new human gene catalog curated from thousands of large-scale RNA sequencing experiments reveals extensive transcriptional noise», *Genome Biology*, 18. November 2018.

N. Sun, R. J. Youle, T. Finkel, «The Mitochondrial Basis of Aging», *Molecular Cell*, 3. März 2016.

A. T. Lu, A. Quach, J. G. Wilson, A. P. Reiner, A. Aviv, K. Raj, L. Hou, A. A. Baccarelli, Y. Li, J. D. Stewart, E. A. Whitsel, T. L. Assimes, L. Ferrucci, S. Horvath, «DNA methylation GrimAge strongly predicts lifespan and healthspan», *Aging*, 21. Januar 2019.

C. Franceschi, P. Garagnani, P. Parini, C. Giuliani, A. Santoro, «Inflammaging:

a new immune-metabolic viewpoint for age-related diseases», *Nature Reviews Endocrinology*, Oktober 2018.

P. M. Lansdorp, «Sex differences in telomere length, lifespan, and embryonic dyskerin levels», *Aging Cell*, Mai 2022.

L. Ferrucci, E. Fabbri, «Inflammageing: chronic inflammation in ageing, cardiovascular disease, and frailty», *Nature Reviews Cardiology*, September 2018.

C. López-Otín, M. A. Blasco, L. Partridge, M. Serrano, G. Kroemer, «The hallmarks of aging», *Cell Press*, Juni 2013.

A. Cagan, A. Baez-Ortega, N. Brzozowska, F. Abascal, T. H. H. Coorens, M. A. Sanders, A. R. J. Lawson, L. M. R. Harvey, S. Bhosle, D. Jones, R. E. Alcantara, T. M. Butler, Y. Hooks, K. Roberts, E. Anderson, S. Lunn, E. Flach, S. Spiro, I. Januszczak, E. Wrigglesworth, H. Jenkins, T. Dallas, N. Masters, M. W. Perkins, R. Deaville, M. Druce, R. Bogeska, M. D. Milsom, B. Neumann, F. Gorman, F. Constantino-Casas, L. Peachey, D. Bochynska, E. S. J. Smith, M. Gerstung, P. J. Campbell, E. P. Murchison, M. R. Stratton, I. Martincorena, «Somatic mutation rates scale with lifespan across mammals», *Nature*, 2022.

M. Moqri, C. Herzog, J. R. Poganik, J. Justice, D. W. Belsky, A. Higgins-Chen, A. Moskalev, G. Fuellen, A. A. Cohen, I. Bautmans, M. Widschwendter, J. Ding, A. Fleming, J. Mannick, J. J. Han, A. Zhavoronkov, N. Barzilai, M. Kaeberlein, S. Cummings, B. K. Kennedy, L. Ferrucci, S. Horvath, E. Verdin, A. B. Maier, M. P. Snyder, V. Sebastiano, V. N. Gladyshev, Biomarkers of Aging Consortium, «Biomarkers of aging for the identification and evaluation of longevity interventions», *Cell*, August 2023.

E. H. Blackburn, «Telomeres and telomerase: their mechanisms of action and the effects of altering their functions», *FEBS Letters*, Februar 2005.

J. H. Yang, C. A. Petty, T. Dixon-McDougall, M. V. Lopez, A. Tyshkovskiy, S. Maibury-Lewis, X. Tian, N. Ibrahim, Z. Chen, P. T. Griffin, M. Arnold, J. Li, O. A. Martinez, A. Behn, R. Rogers-Hammond, S. Angeli, V. N. Gladyshev, D. A. Sinclair, «Chemically induced reprogramming to reverse cellular aging», *Aging*, Juli 2023.

Frauen und Männer altern unterschiedlich

L. Taylor, «Women live longer than men but have more illness throughout life, global study finds», *The BMJ*, Mai 2024.

A. Garmany, A. Terzic, «Global Healthspan-Lifespan Gaps Among 183 World Health Organization Member States», *Journal of the American Medical Association*, Dezember 2024.

Y. T. Wu, A. S. Niubo, C. Daskalopoulou, D. Moreno-Agostino, D. Stefler, M. Bobak, S. Oram, M. Prince, M. Prina, «Sex differences in mortality: results from a population-based study of 12 longitudinal cohorts», *Canadian Medical Association Journal*, März 2021.

N. W. Baumgartner, A. W. Capuano, L. L. Barnes, D. A. Bennett, Z. Arvanitakis, «Sex differences in the association between age-related decline in blood pressure and decline in cognition: A prospective cohort study», *medRxiv [Preprint]*, Januar 2025.

Der Einfluss unserer Hormone auf Gesundheit und Altern

R. A. Vaidya, S. Desai, P. Moitra, S. Salis, S. Agashe, R. Battalwar, A. Mehta, J. Madan, S. Kalita, S. A. Udipi, A. B. Vaidya, «Hyperinsulinemia: an early biomarker of metabolic dysfunction», *Frontiers in Clinical Diabetes and Healthcare*, Mai 2023.

K. M. Schmalenberger, T. A. Eisenlohr-Moul, M. N. Jarczok, M. Eckstein, E. Schneider, I. G. Brenner, K. Duffy, S. Schweizer, J. Kiesner, J. F. Thayer, B. Ditzen, «Menstrual Cycle Changes in Vagally-Mediated Heart Rate Variability are Associated with Progesterone: Evidence from Two Within-Person Studies», *Journal of Clinical Medicin*, Februar 2020.

H. N. Hodis, W. J. Mack, «Menopausal Hormone Replacement Therapy and Reduction of All-Cause Mortality and Cardiovascular Disease: It Is About Time and Timing», *The Cancer Journal*, Mai-Juni 2022.

A. Paganini-Hill, M. M. Corrada, C. H. Kawas, «Increased longevity in older users of postmenopausal estrogen therapy: the Leisure World Cohort Study», *Menopause*, November 2018.

M. J. de Kleijn, Y. T. van der Schouw, A. L. Verbeek, P. H. Peeters, J. D. Banga, Y. van der Graaf, «Endogenous estrogen exposure and cardiovascular mortality risk in postmenopausal women», *American Journal of Epidemiology*, 15. Februar 2002.

C. Costanian, R. Farah, R. Salameh, B. A. Meisner, S. Aoun Bahous, A. M. Sibai, «The Influence of Female Reproductive Factors on Longevity: A Systematized Narrative Review of Epidemiological Studies», *Journal of Gerontology & Geriatric Medicine*, 18. November 2022.

S. S. Yen, «Dehydroepiandrosterone sulfate and longevity: new clues for an old friend», *Proceedings of the National Academy of Sciences of the United States of America*, 17. Juli 2001.

S. R. Davis, R. J. Bell, P. J. Robinson, D. J. Handelsman, T. Gilbert, J. Phung,

R. Desai, J. E. Lockery, R. L. Woods, R. S. Wolfe, C. M. Reid, M. R. Nelson, A. M. Murray, J. J. McNeil, ASPREE Investigator Group, «Testosterone and Estrone Increase From the Age of 70 Years: Findings From the Sex Hormones in Older Women Study», *The Journal of Clinical Endocrinology and Metabolism*, 1. Dezember 2019.

A. Paganini-Hill, M. M. Corrada, C. H. Kawas, «Increased longevity in older users of postmenopausal estrogen therapy: the Leisure World Cohort Study», *Menopause*, 25. November 2018.

C. N. Jayasena, F. M. Alkaabi, C. S. Liebers, T. Handley, S. Franks, W. S. Dhillo, «A systematic review of randomized controlled trials investigating the efficacy and safety of testosterone therapy for female sexual dysfunction in postmenopausal women», *Clinical Endocrinology*, März 2019.

S. R. Davis, M. Moreau, R. Kroll, C. Bouchard, N. Panay, M. Gass, G. D. Braunstein, A. L. Hirschberg, C. Rodenberg, S. Pack, H. Koch, A. Moufarege, J. Studd, APHRODITE Study Team, «Testosterone for low libido in postmenopausal women not taking estrogen», *The New England Journal of Medicine*, 6. November 2008.

J. E. Rossouw, G. L. Anderson, R. L. Prentice, A. Z. LaCroix, C. Kooperberg, M. L. Stefanick, R. D. Jackson, S. A. Beresford, B. V. Howard, K. C. Johnson, et al., «Risks and benefits of estrogen plus progestin in healthy postmenopausal women: principal results from the Women's Health Initiative randomized controlled trial», *Journal of the American Medical Association*, 2002.

R. A. Lobo, «Where are we 10 years after the Women's Health Initiative?», *The Journal of Clinical Endocrinology & Metabolism*, Mai 2013.

L. L. Schierbeck, L. Rejnmark, C. L. Tofteng, L. Stilgren, P. Eiken, L. Mosekilde, L. Køber, J. E. Jensen, «Effect of hormone replacement therapy on cardiovascular events in recently postmenopausal women: randomised trial», *The BMJ*, 9. Oktober 2012.

A. Rosen Vollmar, S. Mahalingaiah, A. Jukic, «The menstrual cycle: a vital sign across the lifespan», *The Lancet Obstetrics, Gynaecology, & Women's Health*, 2025.

S. Y. Lee, E. N. Pearce, «Hyperthyroidism: A Review», *Journal of the American Medical Association*, 17. Oktober 2023.

L. Chaker, M. Papaleontiou, «Hypothyroidism: A Review», *Journal of the American Medical Association*, 2025.

M. Moqri, C. Herzog, J. R. Poganik, J. Justice, D. W. Belsky, A. Higgins-Chen, A.

Moskalev, G. Fuellen, A. A. Cohen, I. Bautmans, M. Widschwendter, J. Ding, A. Fleming, J. Mannick, J. J. Han, A. Zhavoronkov, N. Barzilai, M. Kaeberlein, S. Cummings, B. K. Kennedy, L. Ferrucci, S. Horvath, E. Verdin, A. B. Maier, M. P. Snyder, V. Sebastiano, V. N. Gladyshev, Biomarkers of Aging Consortium, «Biomarkers of aging for the identification and evaluation of longevity interventions», *Cell*, 31. August 2023.

S. Mark, «Allen, Biomarkers of Inflammation Mediate an Association Between Sexual Activity and Quality of Life in Older Adulthood», *The Journal of Sexual Medicine*, Mai 2017.

S. B. Doshi, A. Agarwal, «The role of oxidative stress in menopause», *Journal of Mid-life Health*, Juli 2013.

K. Wieczorek, A. Targonskaya, K. Maslowski, «Reproductive Hormones and Female Mental Wellbeing», *Women*, 2023.

Teil II **Die 7 Säulen der Longevity-Forschung**

Säule 1: Ernährung als Schlüssel zu Healthy Aging

H. Mu, Y. Yao, Y. Gong, T. Yang, «The role of fermented foods in healthy longevity: A review of potential anti-aging mechanisms», *Current Research in Food Science*, 31. Dezember 2025.

E. Grao-Cruces, J. R. Calvo, M. D. Maldonado-Aibar, M. d. C. Millan-Linares, S. Montserrat-de la Paz, «Mediterranean Diet and Melatonin: A Systematic Review», *Antioxidants*, 2023.

R. Estruch, E. Ros, J. Salas-Salvadó, et al., «Primary Prevention of Cardiovascular Disease with a Mediterranean Diet», *New England Journal of Medicine*, 2018.

A. J. Crum, E. J. Langer, «Mind-Set Matters: Exercise and the Placebo Effect: Exercise and the Placebo Effect», *Psychological Science*, 2007.

R. Waziry, C. P. Ryan, D. L. Corcoran, et al., «Effect of long-term caloric restriction on DNA methylation measures of biological aging in healthy adults from the CALERIE trial», *Nature Aging*, 2023.

I. Djuricic, P. C. Calder, «N-3 Fatty Acids (EPA and DHA) and Cardiovascular Health – Updated Review of Mechanisms and Clinical Outcomes», *Current Atherosclerosis Reports*, 17. November 2025.

W. Kraus, M. Bhapkar, K. Huffman, et al., «2 years of calorie restriction and cardiometabolic risk (CALERIE): exploratory outcomes of a multicentre, phase 2, randomised controlled trial», *The Lancet Diabetes & Endocrinology*, 2019.

S. Brandhorst, M. E. Levine, M. Wei, et al., «Fasting-mimicking diet causes hepatic and blood markers changes indicating reduced biological age and disease risk», *Nature Communications*, 2024.

L. Bellach, A. Kautzky-Willer, K. Heneis, M. Leutner, A. Kautzky, «The Effects of Caloric Restriction and Clinical Psychological Intervention on the Interplay of Gut Microbial Composition and Stress in Women», *Nutrients*, 6. August 2024.

J. Salve, S. Pate, K. Debnath, D. Langade, «Adaptogenic and Anxiolytic Effects of Ashwagandha Root Extract in Healthy Adults: A Double-blind, Randomized, Placebo-controlled Clinical Study», *Cureus Journal of Medical Science*, 25. Dezember 2019.

S. K. Myung, Y. Park, «Effects of Collagen Supplements on Skin Aging: A Systematic Review and Meta-Analysis of Randomized Controlled Trials», *The American Journal of Medicine*, September 2025.

D. Papadopoli, K. Boulay, L. Kazak, M. Pollak, F. A. Mallette, I. Topisirovic, L. Hulea, «mTOR as a central regulator of lifespan and aging», *F1000Research*, 2. Juli 2019.

R. J. Pettit-Mee, S. T. Ready, J. Padilla, J. A. Kanaley, «Leg Fidgeting During Prolonged Sitting Improves Postprandial Glycemic Control in People with Obesity», *Obesity*, Juli 2021.

J. Tavenier, J. O. Nehlin, M. B. Houlind, L. J. Rasmussen, T. Tchkonia, J. L. Kirkland, O. Andersen, L. J. Hartmann Rasmussen, «Fisetin as a senotherapeutic agent: Evidence and perspectives for age-related diseases», *Mechanisms of Ageing and Development*, 2024.

M. Hatori, C. Vollmers, A. Zarrinpar, L. DiTacchio, E. A. Bushong, S. Gill, M. Leblanc, A. Chaix, M. Joens, J. A. J. Fitzpatrick, M. H. Ellisman, S. Panda, «Time-restricted feeding without reducing caloric intake prevents metabolic diseases in mice fed a high-fat diet», *Cell Metabolism*, 2012.

A. Chaix, A. Zarrinpar, P. Miu, S. Panda, «Time-restricted feeding is a preventative and therapeutic intervention against diverse nutritional challenges», *Cell Metabolism*, 2014.

A. T. Hutchison, P. Regmi, E. N. C. Manoogian, J. G. Fleischer, G. A. Wittert, S. Panda, L. K. Heilbronn, «Time-restricted feeding improves glucose tolerance in men at risk for type 2 diabetes: A randomized crossover trial», *Obesity*, 2017.

K. Kessler, S. Hornemann, K. J. Petzke, M. Kemper, A. Kramer, A. F. H. Pfeiffer, N. Rudovich, «The effect of diurnal distribution of carbohydrates and fat on glycaemic control in humans: A randomized controlled trial», *Nutrition & Diabetes*, 2017.

S. Kiechl, R. Pechlaner, P. Willeit, M. Notdurfter, B. Paulweber, K. Willeit, P. Werner, C. Ruckenstuhl, B. Iglseder, S. Weger, B. Mairhofer, M. Gartner, L. Kedenko, M. Chmelikova, S. Stekovic, H. Stuppner, F. Oberhollenzer, G. Kroemer, M. Mair, T. Eisenberg, H. Tilg, F. Madeo, J. Willeit, «Higher spermidine intake is linked to lower mortality: a prospective population-based study», *The American Journal of Clinical Nutrition*, 1. August 2018.

M. Wei, S. Brandhorst, M. Shelehchi, H. Mirzaei, C. W. Cheng, J. Budniak, S. Groshen, W. J. Mack, E. Guen, S. Di Biase, P. Cohen, T. E. Morgan, T. Dorff, K. Hong, A. Michalsen, A. Laviano, V. D. Longo, «Fasting-mimicking diet and markers/risk factors for aging, diabetes, cancer, and cardiovascular disease», *Science Translational Medicine*, 15. Februar 2017.

N. Noshadi, A. Bonyadian, A. Hojati, M. Abbasalizad-Farhangi, M. Heidari, M. Darzi, H. Seyedhosseini-Ghaheh, M. Khajeh, F. Pourteymour, F. Tabrizi, M. Vajdi, G. Askari, «The effect of quercetin supplementation on the components of metabolic syndrome in adults: A systematic review and dose–response meta-analysis of randomized controlled trials», *Journal of Functional Foods*, 2024.

S. Li, R. HaMaia, H. Zhu, A. Clar, P. M. Rist, Y. Huang, J. E. Manson, H. D. Sesso, Y. Dong, «Effects of 2-year cocoa extract supplementation on inflammaging biomarkers in older US adults: findings from the COcoa Supplement and Multivitamin Outcomes Study randomised clinical trial», *Age Ageing*, 29. August 2025.

A. L. Lopresti, S. J. Smith, H. Malvi, R. Kodgule, «An investigation into the stress-relieving and pharmacological actions of an ashwagandha (Withania somnifera) extract: A randomized, double-blind, placebo-controlled study», *Medicine*, September 2019.

A. A. Soukas, H. Hao, L. Wu, «Metformin as Anti-Aging Therapy: Is It for Everyone?», *Trends in Endocrinology and Metabolism*, Oktober 2019.

K. Prasad, «Resveratrol, wine, and atherosclerosis», *International Journal of Angiology*, März 2012.

A. M. Saad, D. M. Mohammed, S. S. Alkafaas, S. Ghosh, S. H. Negm, H. M. Salem, M. A. Fahmy, H. E. Semary, E. H. Ibrahim, S. F. AbuQamar, K. A. El-Tarabily, M. T. El-Saadony, «Dietary polyphenols and human health: sources, biological activities, nutritional and immunological aspects, and bioavailability – a comprehensive review», *Frontiers in Immunology*, 3. November 2025.

C. Di Lorenzo, F. Colombo, S. Biella, C. Stockley, P. Restani, «Polyphenols and Human Health: The Role of Bioavailability», *Nutrients*, 19. Januar 2021.

M. I. Prasanth, B. S. Sivamaruthi, C. Chaiyasut, T. Tencomnao, «A Review of the Role of Green Tea (Camellia sinensis) in Antiphotoaging, Stress Resistance, Neuroprotection, and Autophagy», *Nutrients*, 23. Februar 2019.

Säule 2: Körperliche Aktivität: Bewusstes Bewegen im Alltag

J. K. Chhetri, R. H. Harwood, L. Ma, J. P. Michel, P. Chan, «Intrinsic capacity and healthy ageing», *Age Ageing*, 2. November 2022.

F. P. Cappuccio, L. D'Elia, P. Strazzullo, M. A. Miller, «Sleep duration and all-cause mortality: a systematic review and meta-analysis of prospective studies», *Sleep*, Mai 2010.

H. Ji, M. Gulati, T. Y. Huang, A. C. Kwan, D. Ouyang, J. E. Ebinger, K. Casaletto, K. L. Moreau, H Skali, S. Cheng, «Sex Differences in Association of Physical Activity With All-Cause and Cardiovascular Mortality», *Journal of the American College of Cardiology*, 27. Februar 2024.

M. C. Bernal, E. Batista, A. Martínez-Ballesté, et al., «A functional approach to model intrinsic capacity in ageing trajectories», *Scientific Reports*, 2025.

I. M. Lee, R. S. Jr Paffenbarger, C. H. Hennekens, «Physical activity, physical fitness and longevity», *Aging*, Februar-April 1997.

I. Bautmans, V. Knoop, J. Amuthavalli Thiyagarajan, A. B. Maier, J. R. Beard, E. Freiberger, D. Belsky, M. Aubertin-Leheudre, C. Mikton, M. Cesari, Y. Sumi, T. Diaz, A. Banerjee, WHO Working Group on Vitality Capacity, «WHO working definition of vitality capacity for healthy longevity monitoring», *The Lancet Healthy Longevity*, November 2022.

L. Veerman, J. Tarp, R. Wijaya, M. N. Wanjau, H. Möller, F. Haigh, P. Lucas, A. Milat, «Physical activity and life expectancy: a life-table analysis», *British Journal of Sports Medicine*, 20. Februar 2025.

F. Schwendinger, D. Infanger, E. Lichtenstein, T. Hinrichs, R. Knaier, A. V. Rowlands, A. Schmidt-Trucksäss, «Intensity or volume: the role of physical activity in longevity», *European Journal of Preventive Cardiology*, 6. Januar 2025.

H. Ji, M. Gulati, T. Y. Huang, A. C. Kwan, D. Ouyang, J. E. Ebinger, K. Casaletto, K. L. Moreau, H. Skali, S. Cheng, «Sex Differences in Association of Physical

Activity With All-Cause and Cardiovascular Mortality», *Journal of the American College of Cardiology*, 27. Februar 2024.

R. S. Mikkonen, K. Häkkinen, «Evidence for Periodizing Strength and/or Endurance Training According to Menstrual Cycle Phases to Optimize Female Athlete Performance Is Lacking», *Strength and Conditioning Journal*, Dezember 2025.

I. Bautmans, V. Knoop, J. Amuthavalli Thiyagarajan, A. B. Maier, J. R. Beard, E. Freiberger, D. Belsky, M. Aubertin-Leheudre, C. Mikton, M. Cesari, Y. Sumi, T. Diaz, A. Banerjee, WHO Working Group on Vitality Capacity, «WHO working definition of vitality capacity for healthy longevity monitoring», *Lancet Healthy Longevity*, November 2022.

Z. Yang, Y. Liang, L. He, L. Zhou, X. Peng, Y. Lai, C. Yuan, X. Liu, N. Zhou, W. Zhang, C. Sang, Q. Tong, X. Du, J. Dong, C. Ma, «Walking as a viable alternative to moderate-to-vigorous physical activity for improving cardiovascular outcomes in coronary artery disease patients», *International Journal of Cardiology: Cardiovascular Risk and Prevention*, 9. Juni 2025.

M. S. Tenan, R. M. Brothers, A. J. Tweedell, A. C. Hackney, L. Griffin, «Changes in resting heart rate variability across the menstrual cycle», *Psychophysiology*, Oktober 2014.

L. Bherer, K. I. Erickson, T. Liu-Ambrose, «A review of the effects of physical activity and exercise on cognitive and brain functions in older adults», *Journal of Aging Research*, 11. September 2013.

C. D. Reimers, G Knapp, AK Reimers, «Does physical activity increase life expectancy? A review of the literature», *Journal of Aging Research*, 1. Juli 2012.

D. C. Lee, A. G. Brellenthin, P. D. Thompson, X. Sui, I. M. Lee, C. J. Lavie, «Running as a Key Lifestyle Medicine for Longevity», *Progress in Cardiovascular Diseases*, Juni-Juli 2017.

A. Bendau, M. Petzold, A. Ströhle, «Bewegung, körperliche Aktivität und Sport bei depressiven Erkrankungen», *NeuroTransmitter*, 15. Februar 2022.

B. Bazgir, R. Fathi, M. Rezazadeh Valojerdi, P. Mozdziak, A. Asgari, «Satellite Cells Contribution to Exercise Mediated Muscle Hypertrophy and Repair», *Cell Journal*, 2017.

K. Kolappa, D. C. Henderson, S. P. Kishore, «No physical health without mental health: lessons unlearned?», *Bulletin of the World Health Organization*, 1. Januar 2013.

N. Mezghani, A. Ammar, O. Boukhris, R. Abid, A. Hadadi, T. M. Alzahrani, O. Trabelsi, M. A. Boujelbane, L. Masmoudi, I. Ouergui, K. Jamoussi,

M. Mnif, H. Mejdoub, P. Zmijewski, J. M. Glenn, K. Trabelsi, H. Chtourou, «The Impact of Exercise Training Intensity on Physiological Adaptations and Insulin Resistance in Women with Abdominal Obesity», *Healthcare*, 14. Dezember 2022.

S. L. Watson, B. K. Weeks, L. J. Weis, A. T. Harding, S. A. Horan, B. R. Beck, «High-Intensity Resistance and Impact Training Improves Bone Mineral Density and Physical Function in Postmenopausal Women With Osteopenia and Osteoporosis: The LIFTMOR Randomized Controlled Trial», *Journal of Bone and Mineral Research*, Februar 2018.

R. Lindner, et al., «HIIT vs. MICT in Women», *Sports Medicine – Open*, 2023.

M. Eggelbusch, B. T. Charlton, A. Bosutti, B. Ganse, I. Giakoumaki, A. E. Grootemaat, P. W. Hendrickse, Y. Jaspers, S. Kemp, T. J. Kerkhoff, W. Noort, M. van Weeghel, N. N. van der Wel, J. R. Wesseling, P. Frings-Meuthen, J. Rittweger, E. R. Mulder, R. T. Jaspers, H. Degens, R. C. I. Wüst, «The impact of bed rest on human skeletal muscle metabolism», *Cell Reports Medicine*, 16. Januar 2024.

S. L. Watson, B. K. Weeks, L. J. Weis, A. T. Harding, S. A. Horan, B. R. Beck, «High-Intensity Resistance and Impact Training Improves Bone Mineral Density and Physical Function in Postmenopausal Women With Osteopenia and Osteoporosis: The LIFTMOR Randomized Controlled Trial», *Journal of Bone and Mineral Research*, Februar 2018.

C. Sherrington, N. Fairhall, G. Wallbank, A. Tiedemann, Z. A. Michaleff, K. Howard, L. Clemson, S. Hopewell, S. Lamb, «Exercise for preventing falls in older people living in the community: an abridged Cochrane systematic review», *British Journal of Sports Medicine*, August 2020.

World Health Organization, «Guidelines on Physical Activity and Sedentary Behaviour», 2020.

A. Bendau, M. Petzold, A. Ströhle, «Bewegung, körperliche Aktivität und Sport bei depressiven Erkrankungen», *NeuroTransmitter*, 2022.

S. Kodama, K. Saito, S. Tanaka, M. Maki, Y. Yachi, M. Asumi, A. Sugawara, K. Totsuka, H. Shimano, Y. Ohashi, N. Yamada, H. Sone, «Cardiorespiratory fitness as a quantitative predictor of all-cause mortality and cardiovascular events in healthy men and women: a meta-analysis», *Journal of the American Medical Association*, 20. Mai 2009.

D. J. Bishop, J. Botella, A. J. Genders, M. J. Lee, N. J. Saner, J. Kuang, X. Yan, C. Granata, «High-Intensity Exercise and Mitochondrial Biogenesis: Current Controversies and Future Research Directions», *Physiology*, 1. Januar 2019.

H. Yang, T. Yang, J. A. Baur, E. Perez, T. Matsui, J. J. Carmona, D. W. Lamming, N. C. Souza-Pinto, V. A. Bohr, A. Rosenzweig, R. de Cabo, A. A. Sauve, D. A. Sinclair, «Nutrient-sensitive mitochondrial NAD+ levels dictate cell survival», *Cell*, 21. September 2007.

C. G. R. Perry, J. A. Hawley, «Molecular Basis of Exercise-Induced Skeletal Muscle Mitochondrial Biogenesis: Historical Advances, Current Knowledge, and Future Challenges», *Cold Spring Harbor Perspectives in Medicine*, 4. September 2018.

D. P. Leong, K. K. Teo, S. Rangarajan, P. Lopez-Jaramillo, A. Jr Avezum, A. Orlandini, P. Seron, S. H. Ahmed, A. Rosengren, R. Kelishadi, O. Rahman, S. Swaminathan, R. Iqbal, R. Gupta, S. A. Lear, A. Oguz, K. Yusoff, K. Zatonska, J. Chifamba, E. Igumbor, V. Mohan, R. M. Anjan, H. Gu, W. Li, S. Yusuf, «Prospective Urban Rural Epidemiology (PURE) Study investigators. Prognostic value of grip strength: findings from the Prospective Urban Rural Epidemiology (PURE) study», *The Lancet*, 18. Juli 2015.

Säule 3: Der Schlaf – unser unterschätzter Longevity-Booster

Y. Liu, A. G. Wheaton, D. P. Chapman, T. J. Cunningham, H. Lu, J. B. Croft, «Prevalence of Healthy Sleep Duration among Adults – United States, 2014», *Morbidity and Mortality Weekly Report*, 19. Februar 2016.

I. C. Mason, D. Grimaldi, K. J. Reid, C. D. Warlick, R. G. Malkani, S. M. Abbott, P. C. Zee, «Light exposure during sleep impairs cardiometabolic function», *Proceedings of the National Academy of Sciences of the United States of America*, 22. März 2022.

D. P. Windred, A. C. Burns, J. M. Lane, R. Saxena, M. K. Rutter, S. W. Cain, A. J. K. Phillips, «Sleep regularity is a stronger predictor of mortality risk than sleep duration: A prospective cohort study», *Sleep*, 11. Januar 2024.

K. Clephane, M. C. Wilson, A. N. Craig, J. R. Heiman, T. K. Lorenz, «Inflammation Predicts Sexual Arousability in Healthy Women», *Comprehensive Psychoneuroendocrinology*, November 2021.

R. Shah, V. K. Shah, M. Emin, S. Gao, R. V. Sampogna, B. Aggarwal, A. Chang, M. P. St-Onge, V. Malik, J. Wang, Y. Wei, S. Jelic, «Mild sleep restriction increases endothelial oxidative stress in female persons», *Scientific Reports*, 16. September 2023.

H. K. Meier-Ewert, P. M. Ridker, N. Rifai, M. M. Regan, N. J. Price, D. F. Dinges, J. M. Mullington, «Effect of sleep loss on C-reactive protein, an inflammatory marker of cardiovascular risk», *JACC*, 2004.

A. A. Prather, D. Janicki-Deverts, M. H. Hall, S. Cohen, «Behaviorally Assessed Sleep and Susceptibility to the Common Cold», *Sleep*, 1. September 2015.

L. Xie, H. Kang, Q. Xu, M. J. Chen, Y. Liao, M. Thiyagarajan, J. O'Donnell, D. J. Christensen, C. Nicholson, J. J. Iliff, T. Takano, R. Deane, M. Nedergaard, «Sleep drives metabolite clearance from the adult brain», *Science*, 18. Oktober 2013.

A. A. Putilov, E. G. Verevkin, «The yin and yang of sleep-wake regulation: gender gap in need for sleep persists across the human lifespan», *Sleep Breath*, 30. März 2025.

T. W. Kim, J. H. Jeong, S. C. Hong, «The impact of sleep and circadian disturbance on hormones and metabolism», *International Journal of Endocrinology*, 2015.

L. T. van Egmond, E. M. S. Meth, J. Engström, M. Ilemosoglou, J. A. Keller, H. Vogel, C. Benedict, «Effects of acute sleep loss on leptin, ghrelin, and adiponectin in adults with healthy weight and obesity: A laboratory study», *Obesity*, März 2023.

S. Pejovic, A. N. Vgontzas, M. Basta, M. Tsaoussoglou, E. Zoumakis, A. Vgontzas, E. O. Bixler, G. P. Chrousos, «Leptin and hunger levels in young healthy adults after one night of sleep loss», *Journal of Sleep Research*, Dezember 2010.

Säule 4: Darmgesundheit als Schlüssel zu noch mehr Wohlbefinden

K. Sanada, S. Nakajima, S. Kurokawa, A. Barceló-Soler, D. Ikuse, A. Hirata, A. Yoshizawa, Y. Tomizawa, M. Salas-Valero, Y. Noda, M. Mimura, A. Iwanami, T. Kishimoto, «Gut microbiota and major depressive disorder: A systematic review and meta-analysis», *Journal of Affective Disorders*, 1. April 2020.

F. Kong, F. Deng, Y. Li, J. Zhao, «Identification of gut microbiome signatures associated with longevity provides a promising modulation target for healthy aging», *Gut Microbes*, 2019.

L. Deng, J. Xu, Q. Xue, Y. Wei, J. Wang, «Healthy Ageing and Gut Microbiota: A Study on Longevity in Adults», *Microorganisms*, 14. Juli 2025.

M. Tsubokawa, M. Nishimura, T. Mikami, M. Ishida, T. Hisada, Y. Tamada, «Association of Gut Microbial Genera with Heart Rate Variability in the General Japanese Population: The Iwaki Cross-Sectional Research Study», *Metabolites*, 7. August 2022.

C. H. Tseng, C. Y. Wu, «From dysbiosis to longevity: a narrative review into the gut microbiome's impact on aging», *Journal of Biomedical Science*, 11. Oktober 2025.

J. Brito, G. J. Grosicki, A. T. Robinson, J. W. Coburn, P. B. Costa, K. E. Holmes, G. Lyon, Z. Hakonsson, F. Conti, A. J. Galpin, «Hormonal birth control is associated with altered gut microbiota β-diversity in physically active females across the menstrual cycle: a pilot trial», *Journal of Applied Physiology*, 1. März 2025.

J. G. Markle, D. N. Frank, S. Mortin-Toth, C. E. Robertson, L. M. Feazel, U. Rolle-Kampczyk, M. von Bergen, K. D. McCoy, A. J. Macpherson, J. S. Danska, «Sex differences in the gut microbiome drive hormone-dependent regulation of autoimmunity», *Science*, 1. März 2013.

C. H. Tseng, C. Y. Wu, «From dysbiosis to longevity: a narrative review into the gut microbiome's impact on aging», *Journal of Biomedical Science*, 11. Oktober 2025.

Y. Jing, Q. Wang, F. Bai, Z. Li, Y. Li, W. Liu, Y. Yan, S. Zhang, C. Gao, Y. Yu, «Age-related alterations in gut homeostasis are microbiota dependent», *NPJ Biofilms Microbiomes*, 25. März 2025.

Säule 5: Stressresilienz – Harmonie für den Geist

C. Fritz, S. Sonnentag, «Recovery, health, and job performance: effects of weekend experiences», *Journal of Occupational Health Psychology*, Juli 2005.

O. Suliman, A. Khalifah, Y. Alhoivi, A. Alshinqiti, A. Alrashidi, Y. Owedah, E. Alahmadi, et al., «The Effects of Stress on Women's Health and Illness: A Systematic Review», *Journal of Advances in Medicine and Medical Research*, 2025.

A. Korkmaz, G. P. Bernhardsen, B. Cirit, G. Koprucu Suzer, H. Kayan, H. Biçmen, M. Tahra, A. Suner, S. M. Lehto, D. Sag, F. Saatcioglu, «Sudarshan Kriya Yoga Breathing and a Meditation Program for Burnout Among Physicians: A Randomized Clinical Trial», *JAMA Network*, 2. Januar 2024.

A. Siebieszuk, A. F. Płoński, M. Baranowski, «Breathwork for Chronic Stress and Mental Health: Does Choosing a Specific Technique Matter?», *Medical Science*, 13. August 2025.

T. G. K. Bentley, G. D'Andrea-Penna, M. Rakic, N. Arce, M. LaFaille, R. Berman, K. Cooley, P. Sprimont, «Breathing Practices for Stress and Anxiety Reduction: Conceptual Framework of Implementation Guidelines Based on a Systematic Review of the Published Literature», *Brain Sciences*, 21. November 2023.

Techniker Krankenkasse, «TK-Stressreport 2025. Wie gestresst ist Deutschland?», 2025.

S. H. Seeley, B. Yanez, A. L. Stanton, M. A. Hoyt, «An emotional processing writing intervention and heart rate variability: the role of emotional approach», *Cognition and Emotion*, August 2017.

A. Pan, M. Lucas, Q. Sun, R. M. van Dam, O. H. Franco, W. C. Willett, J. E. Manson, K. M. Rexrode, A. Ascherio, F. B. Hu, «Increased mortality risk in women with depression and diabetes mellitus», *Archives Of General Psychiatry*, Januar 2011.

E. R. Walker, R. E. McGee, B. G. Druss, «Mortality in mental disorders and global disease burden implications: a systematic review and meta-analysis», *JAMA Psychiatry*, April 2015.

M. Klose, F. Jacobi, «Can gender differences in the prevalence of mental disorders be explained by sociodemographic factors?», *Archives of Women's Mental Health*, April 2004.

Säule 6: Oxidative Entgiftung und zelluläre Regeneration

H. Sies, «Oxidative stress: a concept in redox biology and medicine», *Redox Biology*, 2015.

R. Shah, V. K. Shah, M. Emin, S. Gao, R. V. Sampogna, B. Aggarwal, A. Chang, M. P. St-Onge, V. Malik, J. Wang, Y. Wei, S. Jelic, «Mild sleep restriction increases endothelial oxidative stress in female persons», *Scientific Reports*, 16. September 2023.

S. B. Doshi, A. Agarwal, «The role of oxidative stress in menopause», *Journal of Mid-Life Health*, Juli 2013.

X. Xu, Y. Pang, X. Fan, «Mitochondria in oxidative stress, inflammation and aging: from mechanisms to therapeutic advances», *Signal Transduction and Targeted Therapy*, 11. Juni 2025.

A. V. Kozlov, J. C. Duvigneau, T. C. Hyatt, R. Raju, T. Behling, R. T. Hartl, K. Staniek, I. Miller, W. Gregor, H. Redl, I. H. Chaudry, «Effect of estrogen on mitochondrial function and intracellular stress markers in rat liver and kidney following trauma-hemorrhagic shock and prolonged hypotension», *Journal of Molecular Medicine*, Juli-August 2010.

E. Grao-Cruces, J. R. Calvo, M. D. Maldonado-Aibar, M. D. C. Millan-Linares, S. Montserrat-de la Paz, «Mediterranean Diet and Melatonin: A Systematic Review», *Antioxidants*, 24. Januar 2023.

Säule 7: Die Energie unserer sozialen Beziehungen

A. G. Taylor, L. E. Goehler, D. I. Galper, K. E. Innes, C. Bourguignon, «Top-down and bottom-up mechanisms in mind-body medicine: development of an integrative framework for psychophysiological research», *Explore*, 2010.

C. L. Keyes, «Promoting and protecting mental health as flourishing: a complementary strategy for improving national mental health», *American Psychologist*, Februar-März 2007.

M. Piccinelli, G. Wilkinson, «Gender differences in depression. Critical review», *The British Journal of Psychiatry*, Dezember 2000.

A. M. Möller-Leimkühler, R. Bottlender, A. Strauß, W. Rutz, «Is there evidence for a male depressive syndrome in inpatients with major depression?», *Journal of Affective Disorders*, 2004.

T. G. K. Bentley, G. D'Andrea-Penna, M. Rakic, N. Arce, M. LaFaille, R. Berman, K. Cooley, P. Sprimont, «Breathing Practices for Stress and Anxiety Reduction: Conceptual Framework of Implementation Guidelines Based on a Systematic Review of the Published Literature», *Brain Sciences*, 21. November 2023.

B. R. Levy, M. D. Slade, S. R. Kunkel, S. V. Kasl, «Longevity increased by positive self-perceptions of aging», *Journal of Personality and Social Psychology*, August 2002.

Teil III **Gesund bleiben statt krank werden – den Fokus auf Prävention richten**

Krankheitsrisiken von Frauen

D. Zhu, H.-F. Chung, A. J. Dobson, N. Pandeya, G. G. Giles, F. Bruinsma, E. J. Brunner, D. Kuh, R. Hardy, N. E. Avis, E. B. Gold, C. A. Derby, K. A. Matthews, J. E. Cade, D. C. Greenwood, P. Demakakos, D. E. Brown, L. L. Sievert, D. Anderson, G. D. Mishra, et al., «Age at natural menopause and risk of incident cardiovascular disease: A pooled analysis of individual patient data», *The Lancet Public Health*, 2019.

D. A. Glei, S. Horiuchi, «The narrowing sex differential in life expectancy in high-income populations: effects of differences in the age pattern of mortality», *Population Studies*, 2007.

L. Taylor, «Women live longer than men but have more illness throughout life, global study finds», *The BMJ*, 2. Mai 2024.

T. Vos, A. D. Flaxman, M. Naqhavi, et al., «Years lived with disability (YLDs) for 1160 sequelae of 289 diseases and injuries 1990–2010: a systematic analysis for the Global Burden of Disease Study 2010», *The Lancet*, 2012.

World Health Organization, «The global burden of disease: 2004 update», *World Health Organization*, 2008.

C. J. Murray, et al., «Disability-adjusted life years (DALYs) for 291 diseases and injuries in 21 regions, 1990–2010: a systematic analysis for the Global Burden of Disease Study 2010», *The Lancet*, 2012.

Medizinische Vorsorge für Frauen

P. Puska, P. Jaini, «The North Karelia Project: Prevention of Cardiovascular Disease in Finland Through Population-Based Lifestyle Interventions», *American Journal of Lifestyle Medicine*, 19. März 2020.

B. Kurth, «Erste Ergebnisse der ‹Studie zur Gesundheit Erwachsener in Deutschland›», *Bundesgesundheitsblatt – Gesundheitsforschung – Gesundheitsschutz*, 2012.

Statistisches Bundesamt (Destatis), «Gesundheitsausgaben 2022», abgerufen am 21.12.2025 unter https://www.destatis.de/.

Robert Koch-Institut, Gesellschaft der epidemiologischen Krebsregister in Deutschland e. V. (Hrsg.), «Krebs in Deutschland für 2015/2016», 2019.

A. S. Morrison, «Screening in Chronic Disease, 2. Edition», *Oxford University Press*, 1992.

Robert Koch-Institut, «Lebenserwartung, Todesursachen und Säuglingssterblichkeit», *Gesundheit in Deutschland. Gesundheitsberichterstattung des Bundes*, 2015.

Robert Koch-Institut, «Gesundheitliche Lage der Frauen in Deutschland», 2020.

Robert Koch-Institut, «Präventionsausgaben in Deutschland», Stand 2025.

Warum die Zukunft der Medizin mit gesundem Altern beginnt

V. Gianfredi, D. Nucci, F. Pennisi, S. Maggi, N. Veronese, P. Soysal, «Aging, longevity, and healthy aging: the public health approach», *Aging Clinical and Experimental Research*, 17. April 2025.

A. J. Scott, M. Ellison, D. A. Sinclair, «The economic value of targeting aging», *Nature Aging*, 2021.

A. Scott, J. Ashwin, M. Ellison, D. Sinclair, «International Gains to Achieving Healthy Longevity», *Cold Spring Harbor Perspectives in Medicine*, 2023.

M. Burzyńska, M. Pikala, «Cancer Mortality in an Ageing Population: Evidence of Sex-Specific Divergence from a National Study in Poland», *Cancers*, 30. Januar 2026.

C. Geyer, J. McHugh, M. Tollefson, «Lifestyle Medicine for Women: The Time Is Now!», *American Journal of Lifestyle Medicine*, 1. April 2021.

T. Muka, C. Oliver-Williams, S. Kunutsor, J. S. Laven, B. C. Fauser, R. Chowdhury, M. Kavousi, O. H. Franco, «Association of Age at Onset of Menopause and Time Since Onset of Menopause With Cardiovascular Outcomes, Intermediate Vascular Traits, and All-Cause Mortality: A Systematic Review and Meta-analysis», *JAMA Cardiology*, 1. Oktober 2016.

V. Boccardi, J. Polom, «Searching for Beauty and Health: Aging in Women, Nutrition, and the Secret in Telomeres», *Nutrients*, 2024.

B. Xie, M. Li, Q. Wang, C. Fu, X. Wang, D. Zhu, «Years since menopause and its metabolomic signature with biological aging in women at midlife: a population-based study», *NPJ Aging*, 1. Juli 2025.

Teil IV **Deine individuelle Longevity-Strategie**

Deine Laborwerte

H. Orfanos-Boeckel, «Nährstoff-Therapie: Orthomolekulare Medizin & bioidentische Hormone – Mangel ausgleichen, Beschwerden lindern, Alterungsprozesse aufhalten», *TRIAS*, 2022.

H. Orfanos-Boeckel, «Nährstoff-Therapie. Der Praxisleitfaden: Orthomolekulare Medizin richtig dosieren und anwenden», *TRIAS*, 2023.

H. Orfanos-Boeckel, «Nährstoff- & Hormontherapie: Der Präventions-Leitfaden», *TRIAS*, 2025.

Female Health Hacks – kleine Strategien, die deinen Alltag spürbar leichter machen

N. Al Khathlan, M. Basuwaidan, S. Al Yami, F. Al-Saif, S. Al-Fareed, K. Ansari, «Extent of exposure to scented candles and prevalence of respiratory and non-respiratory symptoms amongst young university students», *BMC Public Health*, 11. Januar 2023.

Z. Nazir, A. Habib, T. Ali, H. Ghouri, M. A. Haque, «The unknown risks of scented candles! what science has to say: an editorial», *Annals of Medicine and Surgery*, 17. November 2023.

H. Jdidi, B. Dugué, C. de Bisschop, O. Dupuy, W. Douzi, «The effects of cold exposure (cold water immersion, whole- and partial- body cryostimulation) on cardiovascular and cardiac autonomic control responses in healthy individuals: A systematic review, meta-analysis and meta-regression», *Journal of Thermal Biology*, April 2024.

M. Li, Y. Zhao, Y. Wang, R. Geng, J. Fang, S. G. Kang, K. Huang, T. Tong. Eugenol, «A Major Component of Clove Oil, Attenuates Adiposity, and Modulates Gut Microbiota in High-Fat Diet-Fed Mice», *Molecular Nutrition and Food Research*, Oktober 2022.